新形势下中国核能安全利用的中长期发展战略研究

核能安全利用的中长期发展战略研究编写组

科学出版社

北京

内 容 简 介

本书基于国家自然科学基金委员会和中国科学院联合学科战略研究项目，介绍了几代核反应堆的技术和发展现状，结合国际形势，分析与判断我国在世界范围核能安全利用领域的地位和影响。本书还根据核能安全中长期发展趋势，提炼了其中若干重大科学问题，结合国家需求，提出到2030年或更长时间内核能安全利用的发展战略建议。

本书可供核物理、核能以及相关领域的科研工作者学习参考、了解本学科前沿动态，也可以供相关科研管理者决策参考使用。

图书在版编目（CIP）数据

新形势下中国核能安全利用的中长期发展战略研究/核能安全利用的中长期发展战略研究编写组编. —北京：科学出版社，2019.6

ISBN 978-7-03-061282-3

Ⅰ. ①新… Ⅱ. ①核… Ⅲ. ①核安全–发展战略–研究–中国 Ⅳ. ①TL7

中国版本图书馆 CIP 数据核字(2019)第 098562 号

责任编辑：钱 俊 周 涵 孔晓慧 / 责任校对：杨 然

责任印制：吴兆东 / 封面设计：无极书装

科学出版社出版

北京东黄城根北街 16 号

邮政编码：100717

http://www.sciencep.com

北京建宏印刷有限公司印刷

科学出版社发行 各地新华书店经销

*

2019 年 6 月第 一 版 开本：720×1000 1/16

2024 年 4 月第三次印刷 印张：24 1/2

字数：492 000

定价：168.00 元

(如有印装质量问题，我社负责调换)

“新形势下我国核能安全利用的中长期发展战略研究”课题主要成员名单

组　长		
王乃彦	院　士	中国原子能科学研究院
成　员		
詹文龙	院　士	中国科学院
王大中	院　士	清华大学
杜祥琬	院　士	中国工程物理研究院
张焕乔	院　士	中国原子能科学研究院
潘自强	院　士	中国核工业集团有限公司
阮可强	院　士	中国核工业集团有限公司
郑建超	院　士	中国广东核电集团有限公司
李冠兴	院　士	中国核工业集团有限公司
周邦新	院　士	上海大学材料研究所
叶奇蓁	院　士	中国核工业集团有限公司
徐　銤	院　士	中国原子能科学研究院
陈　达	院　士	南京航空航天大学
张作义	教　授	清华大学
徐瑚珊	研究员	中国科学院近代物理研究所
张东辉	研究员	中国原子能科学研究院
喻　宏	研究员	中国原子能科学研究院
项目秘书		
任丽霞	研究员	中国原子能科学研究院
马新勇	主　任	中国科学院学部工作局
高洁雯	业务主管	中国科学院学部工作局

执 笔 人

第 1 章　苏　罡　刘少帅　郭　晴
第 2 章　刘新建　杨　波　苏　罡　毛亚蔚
第 3 章　张　萌　苏　罡　周红波　郭　晴
第 4 章　苏　罡　马如冰　元一单　赵　博　霍小东
第 5 章　柴国旱
第 6 章　喻　宏　胡　赟
第 7 章　顾忠茂　晏太红　胡　赟　郑卫芳
第 8 章　邓国清
第 9 章　王　健
第 10 章　吴宗鑫
第 11 章　宋丹戎　秦　忠
第 12 章　程　旭
第 13 章　徐瑚珊　骆　鹏
第 14 章　蔡翔舟
第 15 章　刘森林　李静晶
第 16 章　张生栋　王建晨　刘丽君
第 17 章　顾忠茂　王　驹　范　仲　罗上庚　张生栋　张振涛

审 稿 人

第一篇　杜祥琬　叶奇蓁
第二篇　徐　銤　李冠兴
第三篇　赵志祥　张作义
第四篇　潘自强　张焕乔

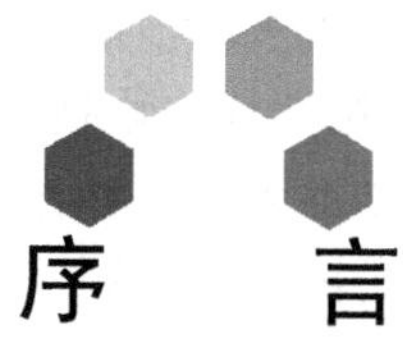

序　言

日本福岛核事故后，我国核能发展面临着前所未有的外部形势：一方面，我国面临的大气环境压力和能源结构调整对大力发展规模化绿色低碳能源的需求，使得核能发展显然将会在绿色低碳能源结构中发挥重大作用，同时我国制造业向中高端发展也迫切需要核能行业的发展，可以说，我国的能源发展和经济发展战略需求正逐渐推动着核能利用向前发展，核能发展面临着新的历史机遇；另一方面，日本福岛核事故这一核电发展历史上的第三次严重事故，再一次引起了国际社会对于核电潜在风险的关注，国际上尤其是欧洲的一些国家取消或缩减了核电发展计划，国内外对核电发展提出了更新更高的安全要求，国内公众也提高了对核电站安全的关注度。可以说，核能的安全发展面临着新的挑战。

我国核电技术发展本身也出现了一些新的态势：第一，我国核电的主力堆型压水堆核电站装机容量已经达到21.4千兆瓦，预期2020年将达到58千兆瓦，保证压水堆核电站安全可靠运行将是我们面临的主要任务。第三代压水堆核电技术已经实现国产化，在“走出去”战略的指引下，我们将大力推进核电技术出口。第二，快堆核电技术获得重大突破。中国实验快堆已实现运行，标志着我国在核电技术方面已积累了进一步发展的技术、人才和经验。我国政府已批准建造示范快堆电站，为实现压水堆—快堆—聚变堆的三步走战略又向前迈出了实质性步伐。已规划商用后处理厂项目，并启动了中法合作，近期又将核燃料后处理示范工程纳入下一阶段工作重点，我国后处理产业发展正逐步驶入快车道。快堆及其闭式燃料循环的发展战略正在逐步实施。第三，聚变能研究取得进展。第四，其他先进堆型和核能前沿技术正在蓬勃发展。高温气冷堆核电站示范工程项目预计于2019年建成并网发电，高温气冷堆的发展对于我国的压水堆—快堆—聚变堆的三步走战略将起到重要的补充作用，在特殊地点、特殊应用下发挥特有的作用。针对我国核能技术的未来发展和应用，也对超临界水冷堆技术、熔盐堆技术以及ADS嬗变技术开展了前期技术研究。

基于我国能源安全、核安全发展以及环境安全的需要，新形势下我国核能安全利用的中长期发展战略应考虑：①加强我国核电主力堆型压水堆核电站的安全运行和安全监管，确保压水堆核电站的稳定安全运行，减小对环境的影响，做好核安全的公众沟通；②进一步提升压水堆核电技术的更新换代和国产化，做大做强三代压水堆核电站技术；③加快第四代快堆技术及其闭式燃料循环技术的发展，实现三代压水堆技术向第四代快堆技术的平稳过渡，实现压水堆—快堆—闭式燃料循环技术的工业化验证；④作为核能技术利用的重要补充，稳固发展高温气冷堆的应用开发；⑤支持先进核能技术的发展，在压水堆—快堆—聚变堆的三步走战略下，进一步支持聚变能技术研究，以推动早期实现聚变能利用。跟踪和支持国际上较为先进的超临界水堆、ADS嬗变系统以及熔盐堆等前沿核能技术的研究。

本书的出版是来源于中国科学院学部咨询评议工作委员会和国家自然科学基金委员会联合批准设立的“新形势下我国核能安全利用的中长期发展战略研究”咨询项目，要求从科学技术的角度，研究在保证安全的基础上，实现高效发展核电建设中的若干关键问题。主要研究内容涉及：①日本福岛核事故后，全球核电发展的态势，分析和判断我国在世界范围内核能安全利用领域中的地位和影响；②我国核电形势及未来发展；③实现2020年规划目标面临的挑战，其中包括技术路线的选择和国产化问题、核电站的合理布局和内陆核电站、核燃料和燃料循环问题及实行“走出去”战略中存在的问题；④我国核能发展的长远目标；⑤建议。

项目组由26位专家组成(其中15名院士)，专门设立了由工作在第一线的中青年专家组成的撰写组，项目组下设17个小组，在深入地研究讨论的基础上分别负责17章的撰写工作，所以实际参加研究讨论的专家超过百人，每章成文后，再由两位最熟悉该专业领域的院士专家进行函评，函评意见反馈给撰写人进行修改后才最后定稿。可以说本书是上百位专家经过两年多共同努力的劳动成果。虽然付出了巨大的努力，但也难免还存在一些疏漏和不妥之处，诚恳地希望读者给以批评指正。

王乃彦

2017年12月

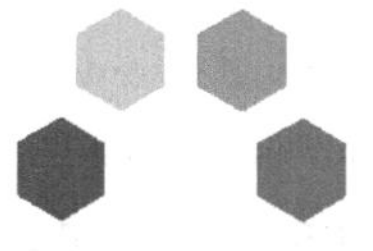

目　录

第二篇　快堆及其闭式燃料循环

第三篇　新型反应堆技术

第四篇 放射性废物管理

第一篇

我国核电发展路线及安全形势

第1章 我国核电发展技术路线研究

1.1 核能发展技术路线

“核科学技术是人类20世纪最伟大的科技成就之一。以核电为主要标志的和平利用核能，在保障能源供应、促进经济发展、应对气候变化、造福国计民生等方面发挥了不可替代的作用。”核工业是高科技战略产业，是国家安全的重要基石；发展核电产业属于国家的总体战略决策，是核工业发展的长远考虑，是保证国家能源安全、调整能源结构的重要手段，是综合国力的重要体现，也是国家科技创新的重点方向。

发展核电，首先要结合世界核工业发展历程，展望国际核电发展前景，最重要的是基于我国核电发展基础，分析我国核工业独特的优势和发展的短板，从而明确我国核电发展的技术方向，进一步实现核工业产业发展的路径，也就是核电的技术路线。核电发展的技术路线，核心是反应堆的类型，即堆型选择；其次是在明确了堆型的基础上，选择核能发电机组的类型，即机型；然后是相应配套的核燃料供应及后处理等循环技术、装备制造技术、核电站建造技术、核电站运营与维护技术等，围绕核电站全寿命周期（全寿期），实现全产业链、全燃料循环，实现在科技和产业上的持续、健康发展。因此，核电技术发展路线是指以堆型技术为核心的核电相关技术发展的路线。

核电技术发展路线要解决的问题主要有三个方面：首先是堆型选择，包括核燃料和核工业体系选择，决定核工业科技和产业发展的基础和方向；其次是机型选择和发展，满足能源市场需求，在安全和经济性间取得均衡，实现核工业科技、产品和产业发展目标；最后是寻求核工业可持续发展，闭式核燃料循环（closed fuel cycle，CFC）是主要的发展方向，长远来看，聚变是最终能源的解决途径。重要的是以上目标的实现路径，即采取什么渠道或者方法来实现，是自主研发还是引进技术等。

一直以来，一些人指责我国核电技术路线不统一，我国核电起步阶段建造的核电机组型号"五花八门"。这种论调确实扰乱了许多人的思想。问题的关键是这种观点有意或无意地混淆了"堆型"和"机型"两个不同的概念。所以，堆型与机型选择对我国核电发展具有战略意义，需要理清概念，论证清晰。

1.1.1　反应堆类型——堆型

堆型是聚焦于实现原子能利用的反应堆类型，按核反应堆划分为裂变和聚变两种。考虑到聚变能的利用还需要一段时间，本研究聚焦于裂变。

反应堆是由活性堆芯组成的，在其中维持裂变反应，大部分裂变能也在其中，可控地以热能的形式释放。堆芯内含有核燃料，由易裂变核素组成，通常还含有可转换物质，裂变中释放的中子几乎全部是高能的；因为具有热能水平的中子使铀 235 产生裂变的概率很高，所以使用慢化剂，燃料和慢化剂的相对数量和性质决定了引起裂变的大部分中子的能量；堆芯周围设置反射层，可以降低易裂变核素的临界质量；堆芯中由于裂变产生的热量由适当的冷却剂循环流动带出，如果要将反应堆中释放的能量转化为电力或者其他形式，需要将热从冷却剂传递给某种工质，以产生蒸汽或热气体。

核反应堆原则上可以根据引起反应堆中大部分裂变的中子的动能或者速度分为快中子反应堆（快堆）和热中子反应堆（热堆）。在快中子反应堆中，堆芯和反射层中都含有可转换物质，通过中子俘获转化为易裂变核素，在生产动力的同时，如果俘获产生的易裂变物质多于所消耗的易裂变物质，这种类型的反应堆称为增殖堆。如果反应堆堆芯中包含相当比例的慢化剂，则高能的裂变中子将很快被慢化到热能区内，大部分裂变由热中子引起，被称为热中子反应堆。在设计上，热中子反应堆具有更大的灵活性，慢化剂和冷却剂以及燃料物质都可以有较多的选择余地。

反应堆类型可以根据慢化中子采用的慢化剂来细分，慢化主要通过弹性散射反应实现，最好的慢化剂是由质量数低、不易俘获中子的元素组成的物质，例如，可以分为石墨慢化堆、重水或者普通水慢化堆、铍或者氧化物慢化堆；按照冷却剂的不同，划分为液态水冷却、液态金属冷却（包括钠、钠钾合金、铅、铅铋合金等）、熔盐冷却、有机化合物冷却、气体冷却（包括空气、二氧化碳和氦等），在沸水堆中，水在堆芯内沸腾，直接用裂变热来产生蒸汽做功。

热堆类型还可分为不同的堆型，包括压水堆、沸水堆、重水堆（HLW）等。举例来说：压水堆是采取低浓缩铀（丰度一般为 3%～5%）作燃料，加压轻水作慢化剂，加压轻水作冷却剂的反应堆；而重水堆是用天然铀作燃料（丰度一般为 0.7%），重水作慢化剂，重水或者轻水作冷却剂的反应堆。

在核燃料利用技术路线方面，早在 1983 年 6 月，国务院科技领导小组主持召开专家论证会，就提出了中国核能发展“三步（压水堆—快堆—聚变堆）走”战略，以及“坚持闭式核燃料循环”的方针。根据目前技术成熟度、资源可利用和核技术应用情况，现阶段决定反应堆核燃料和配套的核燃料及后处理技术是采取铀钚循环，钍铀循环路线需要进一步论证其可行性，以更好地利用我国可裂变核燃料资源。

从技术和产业能力来讲，目前我国的热堆发展已进入大规模应用阶段，可满足当前和今后一段时期核电发展的基本需要；快堆目前处于技术储备和前期工业示范阶段。为实现第二步战略以保证我国核电可持续发展，必须统筹考虑压水堆和快中子增殖堆核电站（简称“快堆”）及乏燃料后处理工程的匹配发展，较早地部署快堆及后处理工程的科研和示范工程建设，实现裂变核能资源的高效利用。乏燃料后处理工程的建设，还有利于实现核废物的处理和处置，达到废物最小化的目标，保障核能的绿色环保、可持续发展。图 1.1 给出了核反应堆的堆型和机型分类。

堆型的选择决定了国家核电发展技术路线的基础。堆型选择需要根据国家的工业基础、科研与教育、国民经济实力、国际合作等具体国情来决定，同时必须综合考虑堆型技术先进性、经济竞争力及配套的核燃料产业的发展情况；而随着核能产业化发展，以上因素会有整体的提升。例如，采用低浓缩铀燃料的核电站，就要求有由铀浓缩工厂等许多环节组成的核燃料循环工业体系相配套，而天然铀作燃料的核电站则可大为简化，不需要铀浓缩工厂。例如，加拿大发展天然铀加压重水堆，则需要建设以重水生产为核心的工业体系。不同堆型，其核燃料工业体系、核设备材料制造工业体系、核科学研究体系都会有很大的差别，因此，一个国家的核电产业化发展，堆型不能多了，否则就要建设多个体系，消耗大量财力物力。

1.1.2 核能发电机组类型——机型

在同一堆型范围内，核电站供应商为满足能源需求和不同市场要求，按照不

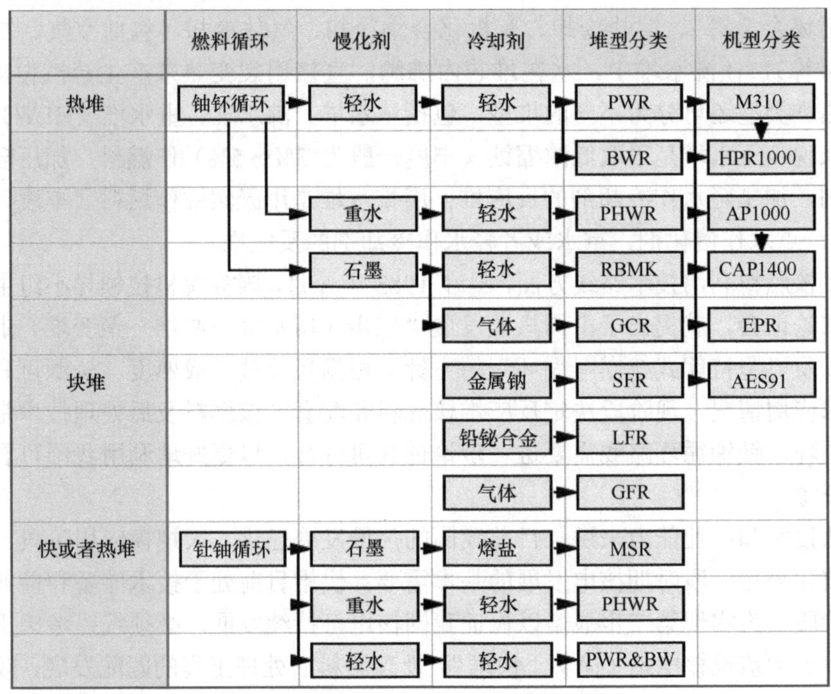

图 1.1 核反应堆的堆型和机型分类

同理念设计出不同的发电机组类型——机型，目标是将一次能源核能转变为二次能源电能（热能）。其主要差别在于，供应商是在面向市场和用户要求，在各自的科技和产业基础上，应用不同的研发设计理念完成的工程方案，在堆芯构造和核蒸汽供应系统（NSSS）、安全系统配置，常规岛系统，以及核辅助系统等方面可能存在不同。

例如，压水堆核电厂动力装置主要由压水反应堆，一次冷却剂回路，二次汽、水回路及其辅助系统组成。一回路冷却剂系统是将反应堆核裂变释放的热能带出反应堆，并传递给二回路系统以产生蒸汽，通常把反应堆、一回路冷却剂系统及其相应的辅助系统合称为核蒸汽供应系统。二回路热力系统是实现热能转变为电能的动力系统，蒸发器的给水吸收一回路热量变成高压蒸汽，推动汽轮机做功，带动发电机发电，做功后的乏汽在冷凝器内凝结，加热后重新返回蒸发器循环变成高压蒸汽。

一回路辅助系统主要用来保证反应堆和一回路冷却剂系统的正常运行，并在事故工况下，为核电厂提供必要的安全保护措施，确保在任何情况下，都能够使反应堆安全停堆，以防止放射性物质的扩散和污染，实现法规规定的安全目标。

按照基本功能可分为三类：第一类为反应堆装置的流体系统，基本功能是为反应堆正常运行和使用服务，包括化学和容积控制系统、硼回收系统、堆芯余热排除系统、设备冷却水系统、废燃料池冷却及净化系统等；第二类是专设安全设施，功能是在设计基准事故（DBA）时，用以确保反应堆停堆，并控制放射性和能量释放，使环境和人员不受损害；第三类是严重事故预防和缓解措施，是针对超出设计基准事故、可能产生堆芯明显恶化和裂变产物释放的事故，其特点是发生概率低但后果严重，并对压力容器和安全壳有威胁。还有一类是放射性废物处理系统，功能是收集、运送、贮存和处理放射性废物，防止污染环境，保证厂区内外人员收到的剂量在允许范围内，包括放射性废液、废气和废固处理系统等。

从安全角度出发，二回路系统的主要功能是将衰变热带走，设立了系列安全设施，如蒸汽发生器辅助给水系统，蒸汽旁路排放系统，向大气排放的安全阀、泄压阀等在事故后向核蒸汽供应系统提供吸收能量的手段；控制来自一回路泄漏的放射性水平等。

纵观世界核电发展，在同一堆型内，包容多个不同机型，少堆型、多机型是普遍情况，详见图 1.2 各国主要堆型和机型发展路径。

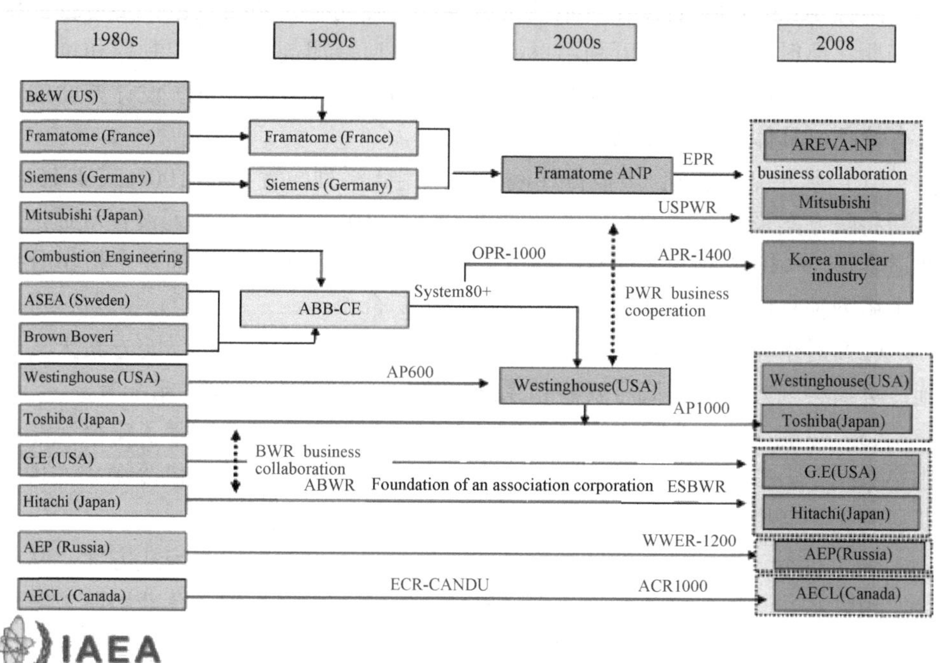

图 1.2 各国主要堆型和机型发展路径

核电站的不同机型，是在同一堆型范围内，核电站供应商为满足不同要求，按不同设计理念设计出来的。属同一堆型的不同机型，对核电工业体系和基础条件的要求基本一致，增加机型不会增加很多投入，反而有利于适应市场不同用户的要求，在市场竞争中也可灵活出牌，提高竞争力。例如，俄罗斯就设立了同属压水堆 AES 机型系列，包括 91 型、92 型、2006 型、2010 型等。我国的田湾核电站 1、2 号机组属于 AES-91 型，印度库丹库拉姆核电站属于 AES-92 型，是分别由圣彼得堡和莫斯科两个设计院在 V-320（WWER-1000）的基础上研发设计的机型。

俄罗斯的主力堆型 AES-2006 目前也存在一种堆型、两种机型的情况，其中圣彼得堡设计院（简称圣彼得堡院）的 AES-2006 以 AES-91（田湾一期）和 AES-91/99（芬兰投标）核电站理念作为设计基础，吸取 V-320（WWER-1000）的运行经验，参考 WWER-640 和 AES-92 研发所采用的设计方案改进最终研发所得；而莫斯科设计院（简称莫斯科院）的 AES-2006 以 AES-92（印度库丹库拉姆核电站 1、2 号）和 AES-91/99（芬兰投标）核电站理念作为设计基础，也吸取 V-320（WWER-1000）的运行经验，参考 WWER- 640 和 AES-91 研发所采用的设计方案改进最终研发所得。

两种 AES-2006 的设计方案的反应堆额定热功率、环路数量、不可替换设备的寿期、换料周期、电厂可利用率、反应堆出口冷却剂压力、控制棒和堆芯燃料组件数量及蒸汽流量等性能参数是基本一致的，仅仅是安全系统设计方面的设计各有特色，具体参数比较见表 1.1。

（1）能动系统方面：圣彼得堡院方案采用 4 系列配置（4×100%或 4×50%）；莫斯科院方案采用 2 系列配置（2×200%或 2×100%），每个系列设置双通道，每通道容量 2×100%或 2×50%；圣彼得堡院配置 4 台独立的柴油发电机组分别给四个系列独立供电，而莫斯科院则仅需设置两台。

（2）对于非能动堆芯注入手段，除中压安注箱外，圣彼得堡院方案无其他措施；莫斯科院方案增设低压安注箱系统，采用 4×33%低压安注箱配置。

（3）除能动的安全壳喷淋系统以外，圣彼得堡院方案还设置了安全壳非能动排热系统，4×33%配置，通过悬挂在外壳侧上方的换热水箱提供冷源来实现；莫斯科院无相似措施。

（4）对于二次侧排热的能动系统，圣彼得堡院方案采用直流式方案，从应急给水箱吸水并一次通过蒸汽发生器（SG），为 4×100%配置；莫斯科院方案采用闭合式 2 系列方案，每个系列为 2×100%配置。

（5）对于二次侧非能动排热系统，圣彼得堡院方案通过悬挂在外壳侧上方的换热水箱提供冷源来实现；莫斯科院方案通过空气冷却作为最终热阱来实现。

表 1.1　两个 AES-2006 方案在安全系统配置上的区别

安全系统	圣彼得堡院	莫斯科院
堆芯能动应急注入系统	实体分离、4 系列高低压安注系统，4×100%	混合式 2 系列高低压安注系统，使用泵和射水器，系列 2×200%，每系列双通道 2×100%
应急注硼系统	4 系列，4×50%	2 系列，2×100%，每系列双通道 2×50%
应急给水系统	4 系列，4×100%，带应急给水箱	无
蒸汽发生器应急冷却系统	无	闭合式 2 系列，每系列 2×100%
低压安注箱系统	无	4 系列非能动，4×33%；每系列 2 个水箱
蒸汽发生器非能动排热系统	4 系列非能动，4×33%	4 系列非能动，4×33%；每系列双通道，每通道设空冷器
安全壳非能动排热系统	4 系列非能动，4×33%	无

俄罗斯两个设计院设计的 AES-2006 都符合《轻水堆核电厂欧洲用户要求》（EUR），目前莫斯科院设计的 AES-2006 机型在新瓦 2 期有两台机组正在建设，在库丹库拉姆 3、4 号厂址上筹建两台；圣彼得堡院的 AES-2006 在圣彼得堡 2 期、波罗的海核电厂、白俄罗斯各有两台，共 6 台机组在建设中。

1.1.3　小结

可以看出，堆型选择取决于国家的核工业基础，也决定了核工业发展的方向；而机型则是根据国内外不同的市场需求、本国或者国际上的装备采购情况，为获得更好的安全性、经济性和可靠性，采取持续的优化改进；并且不同的机型设计根据不同的厂址条件，不同的装备采购情况，不同的建造、运行经验反馈有所不同。然而，属同一堆型的不同机型，核电工业体系和基础条件基本一致，增加机型不会增加很多投入，反而可得到很多好处。掌握多个机型有利于适应市场不同用户的要求，在市场竞争中提高竞争力。

1.2　核电先进国家堆型与机型选择

明确了技术路线、堆型以及机型的概念后，本节介绍核电先进或者先行国家的堆型以及机型的选择历程，从中得出对我国堆型和机型选择的启示。

1.2.1　各国核电技术路线发展历程分类

核电发展先行国的技术路线都是在自主研发的过程中自然形成的。自 20 世纪

50 年代始，如美国的压水堆和沸水堆，俄罗斯的压水堆和石墨水冷堆，加拿大的重水堆，英国、法国的气冷堆等，建立了独立的核工业体系，能够支撑反应堆、核燃料循环和装备工业。

第二种是走引进技术消化吸收和自主改进发展的道路，首先引进国际核能技术，通过示范工程建设，在后续电厂建设中，逐渐增加在设计、制造和建造中的参与份额，最终能够按照自身需求实现自主研发、设计，形成独立的长远发展路线。例如，法国引进美国压水堆，德国、日本引进美国压水堆和沸水堆两种堆型，韩国引进美国压水堆和加拿大重水堆的成功案例；法国引进技术成功，在自主研发和引进基础上，改进发展形成不同的有各自特色的机型，随着技术进步和单机容量规模扩大，形成不同的型号；并依据本国国情发展后处理厂和快堆技术，成功实现核电技术出口。

第三种是科技和工业发展不足以支撑核电发展，依靠国际承办商提供技术，虽然本土化能够达到 90%，但是核蒸汽供应系统仍旧依靠进口，例如，西班牙、比利时、芬兰和瑞士，发展出燃料制造优化和核能多用途利用技术；捷克制造能力很强，但是核燃料和仪控系统仍然依赖进口。

1.2.2 堆型与机型的选择

利用核能发电，在国际上已有 50 多年的历史。20 世纪 50 年代，美国、苏联等有核国家在进行核军备竞赛的同时也竞相发展核电。图 1.3 给出了核裂变反应堆技术的发展演变。1954 年，苏联建成一座电功率为 5 MW 的实验性核电站，其反应堆是石墨水冷堆（用石墨作慢化剂，加压水作冷却剂，低浓缩铀作燃料），它是在生产核武器钚的石墨水冷堆的技术基础上开发出来的。1957 年，美国建成一座电功率为 90 MW 的原型核电站，其反应堆为压水堆（加压水既作慢化剂，又作冷却剂，低浓缩铀作燃料），它是在核潜艇所用压水堆的技术基础上开发出来的。英国在 1956 年利用其石墨气冷堆（石墨作慢化剂，二氧化碳作冷却剂，天然铀作燃料），既生产军用钚又发电，建成两座军民两用堆核电机组，单机电功率为 46 MW。这些成就说明了利用核能发电在技术上是可行的。国际上把这些实验性和原型核电机组称作第一代核电机组。

在 20 世纪 50 年代期间，各国核科技界都对究竟什么样的反应堆用于发电为宜从技术可行性、安全性和经济性等方面进行探索和优选。

1953 年，美国发展反应堆的技术路线已基本确定：轻水反应堆，即压水堆或沸水堆，目标是实现近期能够在经济上具有竞争力的核动力堆。美国在建造希平

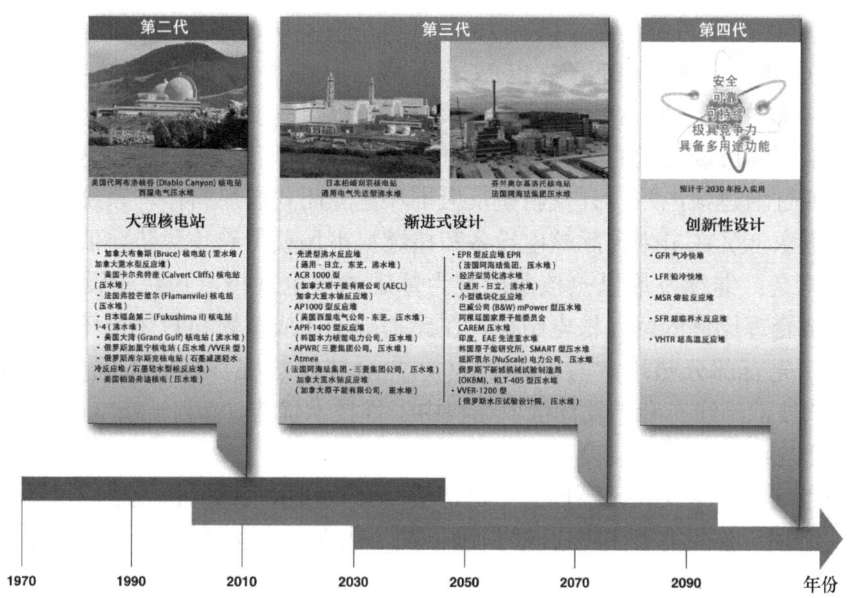

图 1.3　核裂变反应堆技术的发展演变

港压水堆核电厂和德累斯顿沸水堆核电厂的过程中，还资助了各种有可能用于发电的堆型的研发试验。最终鹦鹉螺号核潜艇和希平港核电厂的成功建造，证明轻水堆（LWR）是一种可靠的核动力装置，轻水堆成了美国核电发展的主线。美国轻水堆核电的经济性得到验证之后，首先在美国国内掀起核电厂建设的第一个高潮，1967 年核电机组订货达到 2560 万 kW。从 1969 年开始，美国核电总装机容量超过英国，居世界第一位，1973 年美国核电总装机容量已占世界核电总装机容量的 2/3。大批国内订货给美国核电厂供应商带来扩大生产能力和改进技术、降低成本的良机。西屋（Westinghouse）电气公司和通用电气公司趁机大规模向西欧和亚洲出口轻水堆技术与设备。轻水堆的经济性已远超过天然铀石墨堆，同时美国政府承诺向订货国家供应富集铀，使轻水堆成为世界核电建设最有吸引力的主导堆型。

苏联于 1954 年建成奥布宁斯克（APS-1）压力管式石墨水冷堆核电厂后，又于 1964 年建成新沃罗涅日压水堆核电厂。石墨沸水堆和压水堆两种堆型成为苏联核电发展的主力堆型。由于出现过切尔诺贝利核事故，石墨沸水堆逐步退出历史舞台。苏联发展的另一堆型为压水堆，它基本上与西方发展的压水堆类似，但它单机功率为 440 MW 的 VVER-440 没有安全壳，是安全设计上的缺陷，其中有两台出口到芬兰的增加了安全壳，至今运行良好。单机功率为 1000 MW 的

VVER-1000设置了安全壳，已有20台机组在俄罗斯、乌克兰及东欧运行良好，是比较成功的；我国田湾核电站采用两台从俄罗斯引进的核电机组，是VVER-1000的改进型AES-91，田湾核电站可以说既挽救了俄罗斯的核工业，也是俄罗斯国际市场开发的参考电站。发展核电是俄罗斯能源战略的重要组成部分，目标是通过增建核电站、开发新型反应堆和建立闭式核燃料循环系统，既满足国内电力需求，又在未来国际核电设备和核燃料市场获得竞争优势。俄罗斯的核电发展战略是：继续发展以热核反应堆为基础的核电规模，加快建设快中子反应堆，形成合理比例的两元核电结构，在此基础上建成核燃料封闭循环体系。在此体系内，先有部分热堆参与铀-钚循环，此后其他热堆参与钍-铀循环。俄罗斯认为，该技术路线有利于发挥俄罗斯快中子堆技术优势，有利于核电可持续发展，也有利于完善核不扩散制度。

20世纪50年代初，英国由于迫切想跻身核技术大国而快速建成了军用钚生产堆，它用天然铀作燃料，石墨作慢化剂，用空气直流冷却的石墨气冷堆，位于温茨凯尔，存在设计缺陷，冷却堆芯的空气直接排往大气，曾经发生过燃料棒破损，放射性物质被冷却堆芯的空气带出而污染奶牛草场的事故。之后，英国作了改进，发展了用CO_2气体冷却，用镁合金（Magnox）作燃料包壳的天然铀石墨堆，既生产钚，又用于核能发电（军民两用堆），于1956年建成了两台柯德豪尔型核电机组，在此基础上于60～70年代先后建成了26台这类核电机组，单机功率最大的达60万kW。但当军用钚储备足够后，英国认识到，这种堆若仅用于发电，发电热效率不高，经济性不好，发电成本不能与轻水堆相竞争，再加之CO_2泄漏率也较大，故80年代以来陆续关闭停运，至今已关闭18台。为了继续发展核电，英国又选择了“改进型石墨气冷堆”（AGR），用石墨作慢化剂，低浓缩铀作燃料，不锈钢作燃料包壳，CO_2作冷却剂，于70～80年代陆续建成这类机组14座，单机功率约600 MW；但多年运行经验说明，这种堆可利用率（负荷因子）甚低，一般不超过60%，经济性不好。因此，英国到80年代后期又改变主意，从美国西屋电气公司引进一座电功率为1200 MW的压水堆核电机组，于1994年建成发电。随着欧洲电力市场的放开，英国电力工业迅速衰败，其最大的电力公司BE被法国电力公司EDF兼并。英国电力市场被法、德的三家电力公司瓜分，进口的电量不断增加，现有投运核电机组19台中的18台气冷堆机组在不远的将来也将完成历史使命而退役，英国成了世界发达国家中最需要发展核电的国家。21世纪初，英国政府为改变电力依靠进口的局面和减排CO_2的需要，决定重振核电产业，提出到2025年建成2500万kW核电的宏大目标。但是英国并没有自己的技术储备，只能选择引进别国的技术。英国从最早发展核电的国家之一变成需要从别国引进核电技术的国家，不得不说，英国在发展核电的技术路线上的选择是不成功的。

法国在 20 世纪 50 年代初期也和英国一样，由于迫切要生产核武器用钚，建成了石墨气冷堆，用石墨作慢化剂，天然铀作燃料，空气冷却，而且建成了一台产钚和发电两用的机组，但它的发电量比自身的厂用电还小，故很难称之为核电站。法国之后又建了 4 台这类军民两用核电机组。经过实践，法国认识到：天然铀石墨气冷堆不是核电堆型的优选方向，于 60 年代末就下决心从美国西屋电气公司引进单机功率为 900 MW 级的压水堆核电机组，实现高起点，走批量化、标准化、自主化的发展道路。这类机组在法国境内已有 34 台在运行发电，并有 8 台出口国外。之后，法国决定再从美国西屋电气公司引进单机功率为 1300 MW 的核电机组，以提高核电经济性（单机功率较大，则经济性较好），至今已有 20 台机组在法国运行发电。在实现了 900 MW 机组和 1300 MW 机组自主化发展的基础上，又自主创新，设计建成了 4 台 1450 MW 的 N4 机组。至今，法国核发电量已占全国总发电量的 76%。近年来，法、德两国合作自主研发欧洲压水堆（EPR）。EPR 刚研发成功，法国就积极开拓包括美国在内的海外市场，目前正在芬兰、法国和中国（台山核电厂）建造 4 台 EPR 机组。但是法国阿海珐（AREVA）目前大力推出的核电机型 EPR，难以适应世界核电市场需求，单机容量过大，不适应大多数发展中国家发展核电的条件。EPR 安全系统冗余度过大、过于复杂、建造成本过高，成了法国在国外投标中失败的重要原因。

加拿大铀矿资源较丰富，20 世纪 50 年代即进行核电开发，由于当时加拿大没有铀浓缩能力，决定采用天然铀作燃料，用重水作慢化剂和冷却剂，建成坎杜（CANDU）型天然铀重水堆核电机组，至今有 19 台机组在加拿大国内运行，单机功率从 125 MW 发展到 900 MW，并出口到印度、巴基斯坦、韩国、罗马尼亚和中国（秦山三期 1、2 号机组）。加拿大结合本国国情选择技术路线的方针是可取的，CANDU 型重水堆核电经济性也尚可接受，但采用天然铀燃耗深度有限，乏燃料量大；而为了防止重水泄漏也使系统较复杂，故 CANDU 型重水堆的核电发展前景有限，加拿大正在研究新型重水堆核电方案。特别是重水堆良好的中子经济性使其具有灵活多样的燃料循环，它使得一个国家和业主有可能根据现有堆型和燃料供应的具体情况，优化燃料循环策略，提高燃料循环的经济性，提高资源的利用率。重水堆既可以直接利用堆后铀，也可以将堆后铀与贫铀混合降低富集度后使用。分析表明，将堆后铀与贫铀混合成等效天然铀，采用 37-元件棒束，在现有的 CANDU-6 上利用的方案，以及在新建的 AFCR（Advanced Fuel CANDU Reactor）上采用 CANFLEX 棒束直接利用堆后铀的方案，都具备技术可行性。

日本由于能源资源缺乏，早在 20 世纪 60 年代即着手发展核电。当初也走过弯路：由于想回避浓缩铀问题，便从英国引进了柯德豪尔型天然铀石墨气冷堆核电机组，建成发电后才认识到这种堆仅用作发电在技术上和经济上都是不可取的，随即改变技术路线，从美国引进沸水堆和压水堆，两种堆型并行发展，至今分别有 24 台沸水堆机组和 24 台压水堆机组在运行发电，单机功率从 300 MW 到 1300 MW。由美国通用电气公司，日本六家电力公司、两家设备制造公司（东芝、日立）合作开发的先进沸水堆（ABWR）已有两台机组在日本运行，并有一台机组在中国台湾建造中。日本通过引进、消化吸收美国技术，逐步达到了核电自主化，是成功的。

韩国于 20 世纪 70 年代开始发展核电，当初以进口为主，分别从加拿大进口了重水堆，从美国和法国进口了压水堆，都由外国厂商总包设计，韩国自己只分包一些部件制造（来图加工），以致到 80 年代中期已有 10 台机组运行发电了，但仍无自主能力。韩国政府认识到这点，决心依照法国模式，组织国内设计、研究、制造单位实行自主化战略，从美国引进了单机功率 1000 MW 的 System80 型压水堆核电机组，通过四台机组与国外合作设计建设和转让技术，实现了设计自主化和设备国产化。1992 年到 2002 年，在 System80+的基础上，韩国又成功开发 APR1400 先进压水堆，在国内在建/计划建设 10 台 APR1400，并开始向国际市场扩张，实施“走出去”战略，向海外出口核电设备和相关技术。2009 年底，韩国力压美国、法国等世界老牌核电出口国，成功与阿联酋签订价值 200 亿美元的核电厂建设协议，再加上后期运营、维护及为反应堆提供燃料等费用，协议总价值将高达 400 多亿美元。由此，韩国成为继美国、法国、俄罗斯、日本和加拿大后第六个“出口”核电厂的国家。韩国的技术路线选择是非常成功的，尤其在“走出去”这点上值得我国学习借鉴。

1.2.3 国际经验对我国堆型与机型选择的启示

认真研究分析世界各国核电的发展过程，可以得出一些十分重要的启示。

1. 正确选择本国的核电发展堆型与机型至关重要

法国和韩国的成功经验值得我们借鉴。这两个国家都是 20 世纪 70 年代初从引进美国技术起步，法国经过了不到 20 年，形成了自主知识产权的设计能力和关键装备制造能力，并提出了 EPR 独立设计方案。韩国经过了 30 年时间，坚持自主、国产和国内公司主导战略方针，形成了自主知识产权的堆型和关键设备制造能力，并于 2009 年成功出口阿联酋。

除了借鉴成功经验，我们也要吸取教训。对比 1.2.2 节介绍的英、法两国核电发展的历程可知，两国在几乎相同的技术基础上同时由石墨气冷堆起步。但是，经过实践，法国认识到：天然铀石墨气冷堆不是核电堆型的优选方向，于 20 世纪 60 年代末就下决心从美国西屋电气公司引进单机功率为 900 MW 级的压水堆核电机组，实现高起点，走批量化、标准化、自主化的发展道路。而英国作为气冷堆技术的开创者，当时刚刚开发成功的改进型气冷堆机组正在批量建造之中，英国还希望能用这种技术开拓国际核电市场，当然不愿意轻言放弃石墨气冷堆技术路线。加上发现北海油气田，能源供应充足，英国到 80 年代后期才意识到石墨气冷堆负荷因子很低，一般不超过 60%，经济性不好，因此改变主意，从美国西屋电气公司引进一座电功率为 1200 MW 的压水堆核电机组，比法国晚了 20 年。法国在这 20 年的时间里通过消化吸收美国的技术，形成了自主知识产权的设计能力和关键设备制造能力，并且成功出口了自己的核电技术——我国的大亚湾核电站采用的就是法国 M310 技术。英国由于没有自己的技术储备，若想建设核电站，只能从外国引进。英法在不同的技术路线的指引下经历了不同的发展历程，从而产生了迥然不同的结果。这中间的经验教训，值得我国认真吸取。

事实证明，一个国家发展核电过程中堆型与机型的选择对该国核电发展的影响极其深远，必须慎重。选择主力堆型与机型时需要根据自身的工业基础、科研与教育、国民经济实力、堆型的技术先进性与经济竞争性，以及国际合作等方面的具体国情慎重决定。

2. 统一堆型下的多机型是历史和现实技术进步的必然

无论是开创核电不同堆型的美国、苏联、英国、加拿大，还是引进技术的各国，在各种堆型长达几十年的发展过程中均随着技术的进步，陆续研发、兴建了众多型号的机组。前面介绍的法国，出于利用核电解决本国能源短缺问题的紧迫需要，大力自主研发，在机型设计和设备制造等方面取得了“青出于蓝而胜于蓝”的骄人业绩。法国从照搬美国西屋电气公司已开工建造的压水堆技术建造本国核电机组起步，到用自主创新开发的三代机型开拓国际市场，就推出过 CP0、CP1、CP2、CPY （即 M310 ）、P4、P4′、N4，乃至于三代 EPR 等众多的机型。没有人会因法国投运 58 台各种型号的压水堆机组，而怀疑其核电技术路线的统一性。

由此得出的结论是：判断一个国家核电技术路线的依据是堆型，而不是由于技术不断进步而出现的机型。任何一种机型都不可能是技术发展的终结，因而用某种机型来实现核电技术路线的统一是完全不现实的。统一堆型下的多机型是历史和现实技术进步的必然。

1.3 我国核电技术路线的发展历程与经验教训

我国核电发展从 20 世纪 70 年代动议以来，走过了 40 余年的历程，按照核电技术的水平状况和核电发展政策，可分为萌芽、起步、缓慢发展、批量发展和规模化发展以及转型发展等六个进程轨迹，如表 1.2 所示。

表 1.2 我国核电发展历史阶段与堆型技术变化

<table>
<tr><th>阶段</th><th>历史时期</th><th>基本目的</th><th>发展方针</th><th>自主技术</th><th>引进技术</th></tr>
<tr><td>萌芽</td><td>1970～1982 年</td><td>电力替代选择</td><td rowspan="2">零的突破</td><td>核潜艇动力堆</td><td>—</td></tr>
<tr><td>起步</td><td>1983～1994 年</td><td>掌握核电技术</td><td>CNP300</td><td>法国 M310</td></tr>
<tr><td>缓慢发展</td><td>1995～1999 年</td><td>缓解电力短缺</td><td>电力补充</td><td>CNP600</td><td>加拿大 CANDU
俄罗斯 AES-91</td></tr>
<tr><td>批量发展</td><td>2000～2005 年</td><td>缓解电力短缺</td><td>适度发展</td><td rowspan="2">CPR1000+
高温气冷堆
钠冷快堆</td><td>—</td></tr>
<tr><td>规模化发展</td><td>2006～2011 年</td><td>统一核电堆型</td><td>积极推进</td><td>美国 AP1000
法国 EPR</td></tr>
<tr><td>转型发展</td><td>2012 年至今</td><td>创造自主品牌</td><td>安全高效</td><td>“华龙一号”
CAP1400</td><td>—</td></tr>
</table>

宏观地了解了我国核电发展历程之后，再来介绍一下我国核电堆型技术的发展历程。

1.3.1 早期探索阶段确定了发展压水堆堆型

在 1958 年，国家计划委员会、国家经济委员会、水利电力部、机械工业部、高等教育部和中国科学院组建了原子能工程领导小组，拟议了我国首个核电项目，代号“581”工程，希望建成石墨水冷堆核电站，后因苏联专家撤走被迫中止。

不久后国家批准北京市和清华大学研究建设一座 5 万 kW 熔盐增殖核电站，因研究不到位、技术和工艺不成熟，暂停。

20 世纪 60 年代，国家批准上海交通大学在上海建一座小型核能发电试验装置，代号“122”工程，后移师“728”工程。

第二机械工业部计划在陕南建设一座气冷堆核电站，代号“830”工程，后因技术、经济原因自行撤销。

1972 年到 1973 年，水电、机械、核工业等部门组团出国考察，通过对世界各类核电站的建造、运行各种堆型及机组容量的技术经济比较分析，初步确定我国发展核电的技术路线，拟定了百万 kW 级、大型压水堆核电站方案；并制订了《1977—1986 年电力科学技术发展规划纲要》，明确提出发展新能源、建设核电站的方向。

主要原则是：采用世界先进、成熟技术，实现跨越发展；通过技贸结合，引进技术，加速国内设计、制造和管理水平的提高，实现国产化。当时的调研报告主要有两方面的结论。

核反应堆堆型：一致认为压水堆优于其他几种堆型。列出的理由：

（1）拥有数量较多，技术成熟，建造经验相对丰富；

（2）负荷因子较高，运行相对稳定；

（3）经济性能较好，造价相对较低；

（4）设备生产厂较多，选择合作伙伴相对方便；

（5）结构比较紧凑，国内已有研制小型压水堆动力系统的经验，掌握相关技术相对容易；

（6）我国已具备一定浓缩铀技术和工业基础，可以提供压水堆型核电站燃料等。

机组容量：在周密论证、比较后，认为：

（1）当时国际上已有（90～130）万 kW 大型核电机组的成熟技术，已成为世界发展趋势；

（2）大容量机组经济性远高于中小型机组（每千瓦造价可节省 20%左右）；

（3）我国拟建设核电站地区电网，如华东电网装机已接近 1000 万 kW，待核电站建成时预计电网装机可增至 1500 万 kW 以上，有接纳 100 万 kW 级大容量机组上网的潜力；

（4）可借鉴国外成功经验，通过技贸结合，引进技术，加速国内设计、制造及管理技术提高，缩短与国际水平差距。

1.3.2 以自主开发和引进+国产化模式发展两种机型

秦山核电站一期的自主开发，标志着我国核电自主开发的成功，也是我国军民融合的典范；以大亚湾核电站为标志，中国核电在 20 世纪 80 年代的第一轮发展中确立了以“引进+国产化”为主的路线。20 世纪 90 年代，中国经历了以纯粹购买核电站为目的（不包含技术转让内容）的第二轮引进，相继购买了加拿大的重水堆（秦山三期）和俄罗斯的压水堆（田湾一期），并且继续购买了法国核电站（岭澳-大亚湾后续项目），但同时也开工建设了自主设计、自主建造、自主调试、自主运营的 60 万 kW 秦山二期核电站，岭澳二期实现了百万千瓦核电机组的自主化。2002 年末至 2003 年初，国家确定新一轮核电发展路线，即直接引进国外最先进的第三代核电站技术。

第三轮引进确定了 AP1000 第三代核电站技术，由国家核电技术公司（下文简称国核技）负责技术的引进与消化吸收。自此，AP1000 成为我国三代核电自主化依托项目所选择的技术路线。然而，引进了 AP1000 之后，又以纯粹购买核电站为目的引进了法国第三代核电技术 EPR。

1.3.3 自主开发“华龙一号”和 CAP1400 两种机型

引进了 AP1000 之后，经过消化与吸收，国核技推出了基于 AP1000 技术的 CAP1400，属于我国自主研发的三代先进核电技术。与此同时，中国核工业集团有限公司（简称中核集团）与中国广东核电集团有限公司（简称中广核集团）也分别推出了自主三代技术 ACP1000 与 ACPR1000+。2013 年 9 月，为了更顺利地实现我国核电“走出去”的战略目标，在国家能源局的协调下，两集团将 ACP1000 与 ACPR1000+进行技术融合，形成具有自主知识产权的三代压水堆核电技术“华龙一号”（HPR1000）。总结我国核电技术的发展历程，不难得出一些经验与教训，我国未来选择核电技术时，也应该好好吸取这些经验与教训。

（1）技术方面：压水堆始终是我国核电技术的主流堆型。事实证明，我国选择大力发展压水堆的决策是正确的，因为压水堆的安全性与经济性都符合批量建设的条件。但是，在压水堆技术路线下，我国现在有美国的技术、法国的技术、俄罗斯的技术，引进的堆型技术差异很大，资源分散，总体来说，是不利于我国核电发展的。

（2）整体进程方面：我国的自主技术在二代具有后发优势，自主三代技术首堆工程进展顺利，是国际上唯一按期建造的核电站，积极参与国际竞争，四代处于世界领先水平，但距离产业化还有相当长的路要走；基础研究投入不够，成果共享机制欠缺。我国在制定核电发展路线时之所以会受到各方面的影响，主要是因为缺乏统一的宏观战略规划和强有力的执行约束。

1.4 研究结论

总结以上的论述，能够得出以下结论：

堆型选择取决于国家的核工业基础，也决定了核工业发展的方向，堆型选择对该国核电发展的影响极其深远，必须慎重。主力堆型选择决定了国家核工业发展方向，需要慎重决策，要根据自身的工业基础、科研与教育、国民经济实力、堆型和配套的核燃料技术先进性与经济竞争性，以及国际合作等方面的具体国情慎重决定。目前四代核电技术研发，面临着对六种堆型的选择问题，所以，为了我国核电的可持续发展，开展堆型的研究是非常有必要的。我国在反应堆技术开发早期也经历了石墨水冷堆、熔盐堆（molten salt reactor，MSR）、重水堆到压水堆的选择过程，最终从军民两用出发选择压水堆技术，实践证明是成功的。

在堆型技术的选择和确立后，应自主发展核电机型；而机型则是根据国内外不同的市场需求、本国或者国际上的装备采购情况，为获得更好的安全性、经济性和可靠性，所采取的持续的优化改进；并且是建立在掌握核心技术、建立装备和核燃料体系的基础上，实施持续改进、自主发展的路线；面对国内外市场需求，发展出自主、系列化的核电机型，形成可持续发展的健康模式。

堆型需要与国家法律和法规结合，机型研发设计应结合核心技术和装备实施标准化、系列化，特别是需结合工业基础和实践，建立起全面的技术标准体系，落实法律和法规；而机型的图纸设计，则根据不同的厂址条件，不同的装备采购情况，不同的建造、运行经验反馈有所不同。

判断一个国家核电技术路线的依据是堆型，而不是由于技术不断进步而出现的具体机型。任何一种具体机型都不可能是技术发展的终结，统一堆型下的多机型是历史和现实技术进步的必然。本着“少堆型、多机型”的原则，要允许多种机型共存。

目前四代核电六种堆型都投入研发，但是核电发展历史经验告诉我们，不可能选择多种堆型同步发展，否则会造成核工业资源浪费，急需评估确定主力发展堆型。

参 考 文 献

[1] 格拉斯登 S, 桑赛斯基 A. 核反应堆工程. 北京: 原子能出版社, 1986.
[2] 蒙菲尔德 P R. 世界核电站. 北京: 原子能出版社, 1997.
[3] 中国与国际核电先进国家核电发展比较研究. 能源局内部报告, 2012.
[4] 法国电力公司. 从起步到腾飞——法国压水堆核电厂的故事. 北京: 原子能出版社, 2001.
[5] Ministry of the Federation for Atomic Energy. White Book of Nuclear Power. 2001.

第 2 章

我国核电站布局和内陆核电站研究

2.1 发展核电有利于减排改善环境，实现绿色低碳发展

我国经济社会发展对能源需求持续增长，面临着国内资源环境制约日趋强化和应对气候变化减缓 CO_2 排放的双重挑战。当前我国生态环境污染形势已极其严峻，近年来 PM 2.5 造成的雾霾天气已经成为威胁人民健康和降低幸福指数的重要因素，治理雾霾已成为中国能源结构调整刻不容缓的战略任务。造成雾霾天气的主要原因就是工业燃煤、车辆燃油和供热等分散燃烧，要从根本上解决雾霾问题，呼吸到清洁的空气，就必须大幅度减少碳燃料的使用。鉴于核电是稳定、洁净、高能量密度的能源，发展核电将对我国突破资源环境的瓶颈制约，保障能源安全，减缓 CO_2 排放，实现绿色低碳发展具有不可替代的作用，核电将成为我国未来可持续能源体系中的重要支柱之一。我国核电发展坚持“安全高效”的方针，面临良好的发展前景。

中国是碳能源消耗大国，煤炭等传统化石能源在一次能源结构中占比过大；中国的 CO_2 排放量居于世界首位，来自国际社会的减排舆论压力很大，中国政府在 2009 年承诺在 2020 年单位国内生产总值（GDP）碳排放下降 40%～45%的目标。为达到这个目标，我国能源结构需要实现低碳转型，到 2020 年中国非化石能源电力将占总电力的 15%。核电从铀矿开采到废物处置全生命周期的每度电的碳排放量仅为 2～6 g，与风能和太阳能发电相当，比煤炭、石油和天然气排放量低两个数量级。在全球碳减排的边际成本中，核能的边际成本远低于风能、太阳能、碳捕获及封存等技术的边际成本。

若核电能实现 200 GW 的装机，就相当于取代近 5×10^8 t 标准煤，即替代约 1/5 的煤炭供给，极大减轻传统化石能源的供给压力，减少近 2×10^9 t CO_2 排放以及大量的 SO_2、NO_x、可吸入颗粒物等污染物，显著改善我国的大气质量。此外核燃料不需要大规模运输，可以显著减小我国长期形成的“北煤南运”的运输压力。同时未来核能作为优质的一次能源，不仅可以用于大规模发电，还可以用于制氢、海水淡化、供热制冷，对于城镇化的能源需求乃至开发燃料电池汽车都具有重要战略意义。

因此，规模化发展核电是必要的，国家在核电中长期发展规划中提出的目标是 2020 年实现运行 58 GW，在建 30 GW 核电装机。中国工程院预测 2030 年将实现 0.15 TW，在建 50 GW 核电装机。目前在核电技术、核电装备及配套的核燃料产业方面具备了规模化发展的条件。纵观核电发展历史，美国在核电建设高峰期，每年核电同时建设达 6～8 台机组，个别年份甚至有 10 台的记录。

2.2 内陆核电是否建设关系到核电发展长远布局

目前，我国内陆地区发展面临着保障能源安全和保护生态环境的双重压力，核电作为一种安全、清洁和高效的能源形式，是目前可以实现工业化生产的重要新能源，是解决能源需求、保障能源安全的重要支柱，是提高空气质量、应对气候变化、加速我国能源低碳转型、建设生态文明的重要手段。

根据环保部对我国备选厂址的分类评价和研究，我国目前比较成熟的备选厂址中有近四成是内陆厂址；而且随着内陆地区经济加快发展，未来电力供需缺口增大，特别是湘鄂赣三省，未来能源消费总量及人均能耗在数量上将有显著提升。三省能源供应特点是大中型水电基本开发完毕，火电受煤炭储量限制，电煤对外依存度超过 80%；石油、天然气也基本依赖从省外调入，仅依靠远距离输电和长途运煤难以保障用电安全；核电与可再生能源的发展是互补协同的关系。因此，国家在核电布局上，需要在沿海核电建设的基础上，发展内陆核电。由于发展、资源和环境矛盾的紧迫性，湘鄂赣三省的地方政府一直支持核电建设，湖南省连续几年坚持在每年的两会提出议案，并通过各种渠道呼吁建设核电。

内陆规划建设压水堆核电机组是我国核电发展布局的重要组成部分，是优化产业结构、推动地区经济发展的必然选择。2008 年，根据国家发改委的发改办能源〔2008〕336 号文，湘鄂赣（湖南桃花江、湖北大畈和江西彭泽）采用第三代压水堆核电技术，着手进行前期准备工作。截至 2014 年底，三个厂址累计投资分别超过 41.7 亿元、30 亿元、38 亿元。湘鄂赣三个内陆核电项目的厂址条件较好，技术论证较为充分。国家核安全局已批复三个厂址的选址阶段环境影响报告和厂址安全分析报告。湘鄂赣三个内陆核电项目得到地方政府大力支持，厂址得到良好保护，有条件进一步深化前期工作，具备项目开工条件。

影响核电厂址资源与分布的因素有很多，包括水资源分布、地震分布、电力市场空间、电源输入/输出情况、电力平衡、公众信心及经济条件等。核电的发展要放在能源和电力大环境中，统一考虑发展布局的原则，因此，在空间布局上我们梳理了六条基本原则：与电力负荷需求的预期相吻合；服从于国家能源供应整体战略；优先选择安全裕度大的厂址；先滨海厂址，后内陆厂址的时序安排，优先考虑经济性相对好的厂址；考虑区域社会对核电的接受度；厂址成熟度是建设安排的前提。

（1）与电力负荷需求的预期相吻合。

和平利用核能的唯一目的是解决能源供给问题，商业核电厂的建设初衷是为社会提供电力供应和实现盈利，核电厂址的建设安排时间上与电力负荷需求的预期相吻合应是基本前提。

（2）服从于国家能源供应整体战略。

我国一次能源分布不均匀，区域一次能源或二次能源的调入和调出是国家整体能源战略的必然安排，核电建设应服从于国家能源供应整体战略，发挥高密度核燃料优势，平抑全国范围电力大规模远距离输送的风险和成本。

（3）优先选择安全裕度大的厂址。

正视我国现阶段在核电工程技术方面的局限性，优先安排安全裕度大的厂址建设，是确保核安全的理性选择。

可以预期，人类的不懈努力必将带来核电技术的进步，使核能发电与社会环境更加友好，降低对厂址条件的要求。现有核电技术，随着严重事故缓解措施的完善和抵御多重极端自然灾害的有效工程措施的总结提出，以及在机型开发和工程设计能力上的实质提高，都将有效降低核安全风险，提高应对厂址条件的能力。

（4）优先考虑经济性相对好的厂址。

核电并不是唯一可选择的发电形式，核电在经济性上有竞争力，才有其存在的空间。现有厂址的条件有优劣之别，选择经济性相对好的厂址建设，有利于提高核电竞争力。

（5）考虑区域社会对核电的接受度。

核电建设离不开民众的支持，核电建设安排应考虑当地民众的支持率。

（6）厂址成熟度是建设安排的前提。

按程序完成厂址评价阶段的工作是基本要求，也是保证厂址安全的手段之一，安排建设的厂址不应有遗留问题，应该坚持技术研究在前，安排建设在后的原则。

2.3 我国核电厂选址的基本情况

我国自开始建设核电厂以来，经历了以秦山和大亚湾核电厂建设为代表的初始建设时期，以在沿海地区扩建和小批量新建为特征的适度发展时期，以及以批量翻版建设与引进第三代先进核电技术并举为特征的快速发展时期，不同发展时期核电厂选址有着不同的特点。

秦山和大亚湾核电厂址是我国核电建设初始时期选定的，其中秦山核电厂1985 年开始建设，1991 年建成并投入运行；大亚湾核电厂 1987 年开始建设，1994 年建成并投入运行，从 1985 年到 1994 年第一个十年，我国仅有秦山和大亚湾两个核电厂址，这一时期核电厂选址主要是在借鉴国际经验基础上的学习和实践过程。

从 1994 年到 2005 年属于核电适度发展时期，这一时期的核电建设主要集中在已选定的秦山和大亚湾核电厂址上扩建，新近增加了江苏田湾核电厂址，建设了两台俄罗斯 WWER 核电机组。尽管这一时期增加的新厂址不多，但伴随国家提出适度发展核电的政策，特别是经济发展对能源的需求增大，已开始了更大范围的核电厂选址，为后期的核电发展做准备。这一时期的核电厂选址主要集中在经济发展迅速的沿海地区，如辽宁、山东、江苏、福建和广东。

我国核电厂选址大范围展开始于 21 世纪初期的 2004 年左右，特别是国家的核电发展政策从“适度发展”调整为“积极发展”以来，核电建设的前期选址工作迅速铺开。这一时期核电厂选址的显著特点之一是沿海地区厂址迅速增多，而且核电厂址从沿海扩展到内陆地区。从 2004 年至 2009 年，通过国家核安全局审评确认的新厂址达到 13 个，其中滨海厂址 10 个，内陆厂址 3 个，加上原有的 3 个厂址，我国核电厂址已达 16 个。这一时期的核电建设处于前所未有的高峰期。在我国核电建设的第一个十年，仅有秦山和大亚湾两个核电厂址的 3 台机组，总装机约 210 万 kW；在第二个十年适度发展时期增加了江苏田湾厂址，核电建设达到 8 台机组，总装机约 640 万 kW；自 2005 年进入快速发展时期后，新建核电项目显著增加，处于在建包括已获批准的待建核电机组 45 台，总装机约 31600 万 kW。

实际上，在进入核电快速发展时期以来，除了已经获得批准的厂址之外，还有若干个省份开展了大量的核电厂前期选址工作，核电厂前期选址几乎覆盖了我国中、东部地区和全部的沿海省份。核电厂预选厂址的梳理也相当多，通过初步可行性审查的候选厂址还有数十个。当前核电厂前期选址的状况，反映出核电在国家能源结构调整以及减缓温室气体排放方面占有重要位置。

2011 年 3 月，日本福岛核事故发生后，国务院决定暂停审批包括已开展前期工作的核电项目，并对在役和在建的核电厂开展安全大检查。2012 年 11 月，国务院常务会议决定稳妥恢复核电正常建设，并批准了“十二五”期间相关的沿海核电建设项目，而内陆核电建设项目目前尚未启动。在《“十三五”能源规划（征求意见稿）》中仍然提出“保护好内陆厂址，深入论证内陆核电建设”。

2.4 我国内陆核电建设论证成果

我国在《核电中长期发展规划》中明确“优先安排沿海厂址，在深入开展风险分析论证后，再考虑内陆核电建设问题”；尽管我国内陆地区十分需要发展核电，但内陆地区的自然和环境条件是否适合发展，其特有的安全和环境问题能否解决，以及核电技术能否保证万无一失等问题需要我们进行认真研究和论证。2008 年以来，国家能源局、国家核安全局、国家国防科工局持续组织开展内陆核电研究，先后委托中国工程院、中国核能行业协会和相关核电企业对内陆核电的安全发展开展了大量研究论证工作，并在此基础上形成系列的论证报告。

其中，中国核能行业协会在组织开展内陆核电课题研究中，对于国外内陆核电的发展概况与环境安全评估进行了较为深入的研究，先后形成系列专题研究报告。这些研究报告既涉及国外内陆核电厂环境安全影响的技术评估，也涉及在环境信息公开与公众参与方面提升社会管理能力的经验反馈。

（1）《内陆核电厂需关注的问题及不同类型核电机组的适宜性分析》，编号：HN/KT/08-05，2008；

（2）《内陆核电厂水环境影响的评估》，中国核能行业协会，2011；

（3）《美国内陆核电厂的水环境影响评估》，中国核能行业协会，2011；

（4）《法国内陆核电厂放射性液态流出物的排放控制》，中国核能行业协会，2011；

（5）《吸取福岛核事故教训，保障我国内陆核电厂周围的水资源安全》，中国核能行业协会，2011；

（6）《内陆核电厂环境风险的评估和管理》，中国核能行业协会，2011；

（7）《内陆核电厂排放口下游浓度评价和监测方法研究》，中国核能行业协会，2013；

（8）《内陆核电厂水弥散条件的评估》，中国核能行业协会，2013；

（9）《内陆核电厂地下水途径的环境影响研究》，中国核能行业协会，2013；

（10）《美国内陆核电厂放射性液态流出物排放在受纳水体中长期累积影响的评估》，中国核能行业协会，2013；

（11）《内陆核电厂大气环境辐射影响的评估》，中国核能行业协会，2013；

（12）《内陆核电厂严重事故环境风险的评估与缓解措施》，中国核能行业协会，2013；

（13）《内陆核电厂严重事故工况下确保水资源安全的应急预案研究》，中国核能行业协会，2013；

（14）《美国核电厂的环境信息公开和公众参与及其对我国内陆核电厂的借鉴意义》，中国核能行业协会，2013；

（15）《内陆核电建设中几个重要问题的再研究》，中国核能行业协会，2015；

（16）《国外内陆核电发展概况》，中国核能行业协会，2015；

（17）《就王亦楠研究员有关内陆核电安全的质疑谈谈我们的看法》，中国核能行业协会，2015；

（18）《美国 Mississippi 河流域运行核电厂的环境影响评估研究》，中国核能行业协会，2015；

（19）《液态流出物放射性近零排放的概念与实施原则》，中国核能行业协会，2015。

2014 年，中国工程院院士联名建议，推进内陆核电建设；2015 年 2 月至 6 月受国家能源局的委托，中国工程院对我国内陆核电建设可行性进行了专题咨询研究。内陆核电厂研究成果汇总见表 2.1。在此基础上，国家发改委、工信部、环境保护部等六部委形成《内陆核电安全发展论证报告》。

表 2.1　内陆核电厂研究成果汇总

子课题	专题报告
1）放射性液态流出物排放控制与评估的再研究	内陆核电厂放射性液态流出物的排放控制技术研究（上海核工程研究设计院）
	内陆核电厂放射性液态流出物的排放控制技术研究（中国核电工程有限公司）
	内陆核电厂放射性液态流出物的排放控制技术研究（深圳中广核工程设计有限公司）
	内陆核电厂液态氚排放的评估研究
	内陆核电厂液态碳 14 排放的评估研究
	美国内陆核电厂放射性液态流出物排放的长期环境辐射监测与评估
	内陆核电厂液态流出物排放与地表水体本底放射性水平的比较与分析
2）内陆核电厂严重事故工况下确保水资源安全应急预案的实例研究	彭泽核电厂严重事故工况下确保水资源安全应急预案的实例研究
	桃花江核电厂严重事故工况下确保水资源安全应急预案的实例研究
	咸宁核电厂严重事故工况下确保水资源安全应急预案的实例研究
	芜湖核电厂严重事故工况下确保水资源安全应急预案的实例研究

续表

子课题	专题报告
3）放射性气载流出物排放的控制与评估	内陆核电厂放射性气载流出物排放控制与评估的再研究
4）空冷循环系统在内陆核电厂的应用研究	空冷循环系统在内陆核电厂的应用研究
5）内陆核电环境安全有关的公众常见问题回答	内陆核电环境安全有关的公众常见问题回答

2.5 国际内陆核电建设情况

我国核能行业和电力科技网等单位一直组织内陆核电的技术交流，但是国际上参与单位不多，并且配合几次技术交流后，明确表态国际上没有将内陆核电建设作为一个独立的问题，拒绝参加类似的活动。我国也有建设内陆核反应堆的经验，成功出口巴基斯坦的恰希玛核电站也是建在内陆。迄今为止国际核电发展的实践，也没有揭示出内陆建设核电对核电机型有什么特殊要求。

2.5.1 国外内陆在运核电机组

截至 2015 年 6 月底，世界上共有 435 台核电机组，总装机容量约为 4 亿 kW（398522 MWe），其中，内陆核电机组 242 台，总装机容量约为 2.2 亿 kW。按核电机组数计算，内陆核电机组占核电机组总数的 55.6%；按内陆核电总装机容量计算，占核电总装机容量的 54.8%。

截至 2015 年 6 月底，世界上有 19 个国家有内陆运行核电机组。美国、法国、俄罗斯、加拿大、乌克兰和印度是拥有内陆核电机组较多的国家，相应的内陆核电机组数分别为 75、40、30、18、15 和 14。

从目前内陆核电机组的堆型来看，大多数是 20 世纪 70 年代设计的二代堆型，当然也有一部分的二代改进型的反应堆，例如，美国 Palo Verde 核电厂采用的 CE System80 型反应堆，法国 Civaux 核电厂和 Chooz B 核电厂采用的 N4 型反应堆。这里特别要提到的是：

俄罗斯内陆运行核电机组中，还有 11 台与切尔诺贝利核电厂事故机组同类型的 LWGR 堆型（石墨慢化轻水冷却反应堆），其中 4 台为 20 世纪 70 年代初投运的 12 MWe 小型堆，其余 7 台为 20 世纪 70 年代后期或 80 年代初投运的 1000 MWe

LWGR。

日本福岛第一核电厂发生严重事故的 1～4 号机组是早期设计的沸水堆，其中，1 号机组采用具有 Mark Ⅰ型安全壳的 BWR-3 机组，2～4 号机组采用具有 Mark Ⅱ型安全壳的 BWR-4 机组。目前，在美国内陆运行的核电机组中，有 5 台为 BWR-3 机组（Mark Ⅰ型），14 台为 BWR-4 机组（Mark Ⅰ型或 Mark Ⅱ型），还有 1 台为更早期的 BWR-2 机组（Mark Ⅰ型）。此外，美国三哩岛核电厂（Three-Miles Island Nuclear Generation Station）的 2 号机组发生核事故，但 1 号机组至今仍在运行，美国核管理委员会（NRC）于 2009 年 10 月 22 日还颁发了允许该机组延寿运行 20 年的许可证。

2.5.2 国外内陆在建核电机组

截至 2015 年 6 月底，世界上共有 68 台在建核电机组，其中，中国在建 25 台沿海核电机组。在其余的 43 台机组中，有 23 台内陆核电机组。这些机组分属 8 个国家，其中，白俄罗斯尚无运行核电厂，是新建核电的国家。其中，有 12 台在建内陆核电机组是在日本福岛核事故后开工的，部分采用新的机型，例如，美国 4 台在建内陆核电机组采用 AP1000 机型；俄罗斯 1 台 VVER491 型机组和白俄罗斯新建设 2 台 VVER491 型机组，这是在田湾核电机组进一步改进后形成的三代机组，据报道，这种机型将会成为俄罗斯今后的主力机型；还有阿根廷自主开发的 CAREM 小型模块化压水堆。除了这些先进堆型外，还有印度采用的压力管式重水堆以及我国出口巴基斯坦的 30 万 kW 压水堆，也是在日本福岛核事故后开工的。

在日本福岛核事故前开工的在建内陆核电机组中，也有先进的和较为先进的核电机组，例如，俄罗斯于 2006 年开工的 1 台 864 MWe 的 FBR（快中子增殖堆）；俄罗斯分别在 2009 年和 2010 年开工建设的 2 台 VVER 392M 机型，这种机型采用非能动安全技术，也有报道称之为三代机型；美国 Watts Bar 核电厂 2 号机组开工较早，曾有停顿，后经 NRC 批准恢复建设，所采用的 4 环路 PWR 不断改进，有报道称属于二代改进型机组。此外，还有一些开工较早的二代机型，例如，斯洛伐克在建的 2 台 VVER 213 型机组和乌克兰在建的 2 台 VVER 392B 型机组，它们都是 20 世纪 80 年代后期开工建设的，至今尚未建成投产，原因可能较为复杂，需要跟踪相关的进展。

2.6 内陆核电建设特殊性

2.6.1 内陆核电实质是外部事故的成因不同

虽然内陆与沿海核电安全要求一致，适用的法律和法规完全相同，但由于内陆和沿海地区自然环境的差异，内陆选址过程中更加关注地震安全、洪水安全、用水安全等因素及所采取的工程措施。

按照核安全法规要求，核电厂厂址选择远离地震活动影响大的区域，避开能动断层，我国核电厂厂址设计基准地震的确定，采用了国际上最严格的标准，同时考虑极端情况下的地震影响与万年一遇的抗震设防标准。从前期厂址论证工作较为充分的湘鄂赣三个内陆厂址来看，厂址地震加速度峰值小于 0.15g，而三代压水堆核电机组抗震设防的设计值达到 0.3g，表明对上述三个核电厂采用三代标准压水堆核电技术设计，具有足够大的抗震安全裕量，地震安全有保障。

内陆厂址存在与沿海厂址起因不同的极端洪水事件，按照核电厂选址安全规定，必须保守考虑厂址区域可能发生的因降雨、上游溃坝、河道阻塞等产生的极端洪水事件及洪水事件组合的影响，厂坪标高要高于由上述事件组合的设计基准洪水位，并留有一定安全裕度（即“干厂址”），以保证内陆核电厂址不会受到流域洪水和涌浪的威胁。目前湘鄂赣三个内陆厂址的厂坪设计标高比设计基准洪水位分别高出 7～22 m，具有足够的防洪安全裕度。采用“干厂址”选址理念能够确保核电厂免受洪水淹没的影响。

内陆厂址循环冷却水大多采用冷却塔闭式循环方式，不会由于温排水而对取排水水域带来“热污染”，影响环境和生态；闭式循环耗水量较少，仅需沿海核电厂开式循环用水量 1%～3%的蒸发补水，因此，即使在枯水季节，内陆核电厂用水也不会影响所在地区水资源的分配及用水安全。

2.6.2 内陆核电实质是环境条件及容量不同

内陆核电厂厂址选择必须严格按照现行核安全法规，满足有关气态、液态流出物和人口分布的相关要求。以现行的核电厂运行为例，核电厂流出物中放射性核素的排放已经控制在很低的水平，对周围公众产生的辐射照射低于天然辐射照射的 1%，对周围环境造成的影响在天然本底的涨落范围内，是可以接受的。

我国内陆核电厂液态流出物排放标准比沿海更为严格，高出一个数量级。核电厂采用从源头控制放射性废物产生的设计，应用最佳可行技术（BAT）进行放射性流出物处理，进一步通过增加贮存罐、优化排放管理、加强环境监测等综合措施，在设计排放量的基础上按照合理可行尽量低的原则加以优化控制，排放口排放浓度完全可以满足国家标准，排放口下游 1km 达到饮用水水质要求。

日本福岛核事故后，国家核安全局制定了核电厂严重事故管理要求，以规章形式要求核电厂采取具体措施，预防和缓解严重事故的发生。

三代压水堆核电厂贯彻纵深防御理念，设置多道实体屏障，实现放射性物质的包容。先进大型安全壳，能够承受地震、龙卷风等外部自然灾害和火灾、爆炸等人为事故的破坏与袭击，以及大型商用飞机恶意撞击；耐受严重事故情况下所产生的内部高温高压、高辐射等环境条件，并保持其完整性，避免放射性物质向环境释放。

即使发生极端严重事故，三代核电厂设计能够产生的最大的放射性污水总量为 7000～10000 m^3。为防止这些放射性污水污染周围环境水体，设计中采取一系列措施，包括：反应堆厂房、核辅助厂房等安全厂房的放射性污水贮存；配备多台大容量的废液贮罐和临时废液暂存池，作为安全厂房废液贮存能力的补充或后备；设置防止泄漏的阻水剂、放射性污染物抑制剂、沸石过滤装置等，以备在紧急情况下使用，实现放射性废水的封堵及与地表水体间的隔离；厂址区域内预留空间，保证在产生废液的情况下，能够及时安置移动式应急废液处理装置。

通过上述措施，即使在极端情况下，实现放射性废液的“贮存、处理、封堵、隔离”，保障核电厂即使发生极端严重事故，放射性释放对环境的影响也是可控的，保障环境安全。

2.6.3 需要关注的方向

为充分利用国家核电厂址资源，确保核电布局合理，满足国家能源供应、结构调整的战略要求，加强内陆核电安全性问题研究，实现核电厂流出物“近零排放”，确保核电厂各种工况下水资源和水质安全，是优化布局、实现核电“安全高效”发展的重要内容。

我国相当数量的内陆省份缺乏一次能源，产煤大省经济发展更主要受到环境和水资源的制约。改变能源结构必须发展清洁替代能源，建设内陆核电也应该是重要选项之一。国内外电力建设实践表明，内陆水域的水电和核电建设并不矛盾，相反可以优势互补。为满足内陆长江等流域区域经济发展和内陆地方节能减排的要求，考虑长江流域等的资源禀赋和环境条件，适时启动内陆核电建设十分必要。国际上核电选址本无沿海和内地之分，核电项目建设有关地震、水源、大气弥散、放射性流出物排放法规要求无实质性区别。核电实践表明，正常运行核电站对环境的影响非常小并且不影响流域的其他功能需求。在事故情况下，合理的设计和应急组织措施能够保障核电及周边流域的环境安全。

为消除公众疑虑，持续完善针对我国内陆厂址的安全措施研究也是必要的，考虑到内陆核电厂厂址的特点，在液态流出物排放控制等方面要求更严，需进一步做好分析论证和公众接受方面的工作，加强核电项目社会稳定风险评估和综合效益分析工作，特别是要进一步开展公众宣传和做好利益共享机制。

2.7 内陆推动要靠市场牵引、创新驱动

2.7.1 按照能源需求、环境容量及资源禀赋划分用户

根据我国核电布局的原则，结合安全环保要求，能源、电力需求，能源资源与布局条件综合考虑。总体趋势是：沿海、东部是核电布局主体，是中国核电基地；中部崛起需要核电，特别是缺能、缺电省份；西部是水能、风能、太阳能的主体，核电、火电作为基本负荷，是水能、风能、太阳能的支撑保证能源。内蒙古、新疆、四川、重庆、甘肃、陕西、贵州、西藏等省（自治区、直辖市）需要综合利用火电、水电、风电、太阳能，四川、重庆等省（自治区、直辖市）需要核电。西部在利用风电、水电、太阳能发电时，核电、火电为基本负荷电源，保证清洁能源的稳定供应。

2.7.2 建议湘鄂赣三省建设示范工程解决电力需求

根据生态环境部对我国备选厂址的分类评价和研究，内陆核电厂是我国核电规模化发展的重要组成部分；而且随着内陆地区经济加快发展，未来电力供需缺口较大，特别是湘鄂赣三省，目前能源供应成为制约发展的瓶颈，能源消费总量及人均能耗在数量上需有显著提升。三省能源供应特点是大中型水电基本开发完毕，火电受煤炭储量限制，电煤对外依存度超过 80%；石油、天然气也基本依赖从省外调入，仅依靠远距离输电和长途运煤难以保障用电安全；受资源和经济等因素影响，可再生能源发展仍受制约。因此在核电布局上，我国需要在沿海核电建设的基础上，进一步发展内陆核电。

2.7.3 建议内陆建设核能供热示范工程解决供热

我国城市实施集中供热，供热热源仍以煤炭和天然气为主，存在着 CO_2 和污

染物减排问题，特别是天然气资源和价格受限，为解决城市供热热源和节能减排问题，发展核能供热是十分必要的，具有广阔的市场前景。基于我国的核电和反应堆技术基础及实验堆的经验，核能供热技术是可行的，安全是有保障的。

目前核能供热技术方案包括：中国核工业集团有限公司的泳池式低温供热堆技术、清华大学核能与新能源技术研究院的低温核供热堆技术、国家核电技术公司的 CAP200 供热小堆方案、国家电力投资集团有限公司（国家电投）的微压供热堆（HAPPY-200）技术和中核辽宁核电有限公司的大型商用核电机组供热技术、中国华能集团有限公司的高温气冷堆热电联产技术。各堆型技术方案有各自的特点，设计内容符合核安全总体要求和发展方向。

典型的技术方案为泳池式低温供热堆和核电机组抽汽供热方案。

图 2.1 给出了泳池式低温供热堆示意图。泳池式低温供热堆就是将堆芯放在足够深（＞21 m）的水池底部，利用水层的静压力提高堆芯出口水温（～100 ℃），从而使向热网供水温度（～90 ℃）达到热网需求。

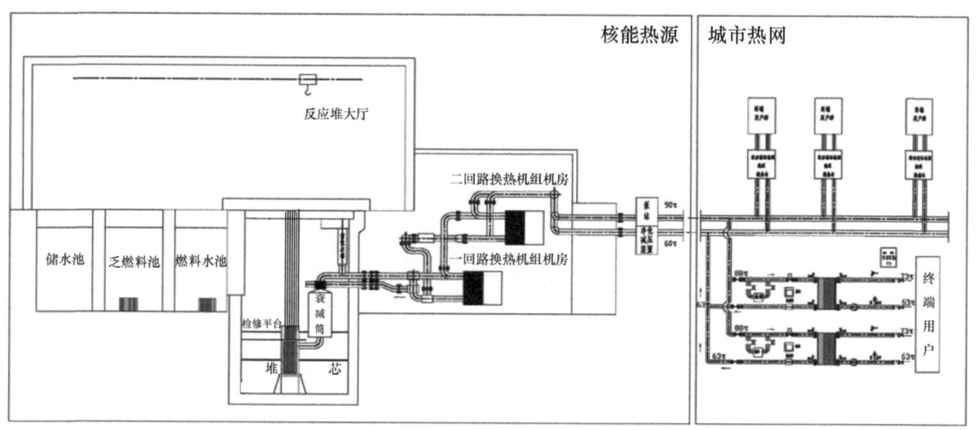

图 2.1　泳池式低温供热堆示意图

设计具有以下特点，能够做到“零堆熔、零排放、易退役”的特点，做到固有安全性，不会对环境和人员造成危害，并且易于拆除退役，厂址不会遗留放射性污染。

（1）在核设计中，选取合适的水铀比、采用空腔挤水器等措施，使慢化剂温度和空泡的反应性系数具有较大的负值；

（2）堆芯浸泡在深水池中，池内盛有 1200 m^3 水，余热依靠自然对流排至池水中，池水还可依靠非能动系统向大气散热，保持长期余热冷却；

（3）一回路系统运行在常压下，排除出现超压和失压事故的可能；

（4）反应堆混凝土水池全部埋入地下，不仅冷却剂不会流失，而且具有很强的防范外界事故的能力；

（5）在事故下有几层有效的包容空间，可避免放射性物质泄漏；

（6）在多重组合失效事件发生的情况下，反应堆不依靠人员干预或设备动作，本身具有维持在安全限值之内的能力，有足够长的持续时间，便于采取纠正措施。

一座 200 MW 泳池式低温供热堆可以满足（500～1000）万 m^2 的建筑面积供暖；一座 400 MW 泳池式低温供热堆可以满足（1000～2000）万 m^2 的建筑面积供暖。

根据《徐大堡核电厂一期供热工程可研报告》，采用抽汽进行区域供热的系统设置包括：热网加热蒸汽系统，热网加热器疏水系统，热网循环水系统，热网定压、补水系统。将汽轮机抽出的加热蒸汽输送至热网加热器，加热热网循环水。图 2.2 给出了核电机组实施区域供热示意图。

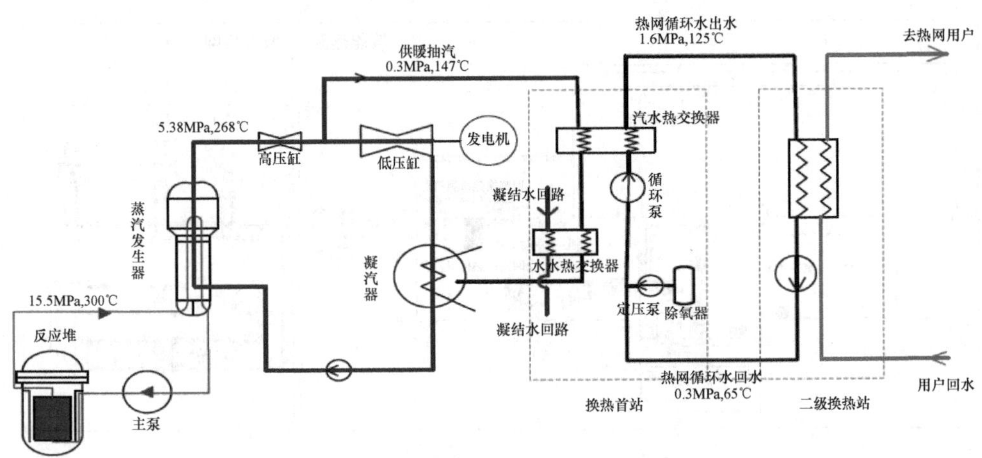

图 2.2 核电机组实施区域供热示意图

综合考虑到一回路冷却剂到热网用户之间有三道热交换器的隔离，即使在三道热交换器都出现泄漏的情况下，还可以通过阀门的隔离来终止泄漏。因此，可以防止放射性物质向热网最终用户的泄漏。

核电机组区域供热在国外已有成功的应用，采用汽轮机抽汽进行区域供热的方案是可行的；汽轮机抽汽进行区域供热的方案不会影响核电机组安全稳定运行，不影响原有的放射性包容设计；与火电热电联产相比，核电机组采用汽轮机抽汽进行区域供热的经济性是有竞争力的。

下阶段需要对技术可行性和经济性作进一步分析，对于小型供热堆条件成熟的可考虑开展示范工程，有条件的地方鼓励发展商用核电机组热电联供。

2.7.4 因地制宜探索与可再生能源协调发展

参考沙特能源城和俄罗斯下新城创新计划，根据西部资源特点，服务“一带一路”，核电应定位于清洁能源，双轮驱动，作为基荷参与大规模清洁能源基地建设，探索小型多样化满足不同能源需求。

（1）西南省份，“因地制宜，水核共建”，减少抗震设计要求，利用水电作为应急水源和电源，共用水电厂址和洞体，创新性地开发核电厂址；

（2）西北省份，与可再生能源耦合：研究核电作为基荷，与可再生能源耦合方式，需开展核电精确调峰的可行性研究；

（3）西部地区，在传统能源转化方面发挥优势；

（4）在分布式能源和传统能源转化方面，探索利用高温气冷堆和模块化压水堆的多用途优势，落实通过核能驱动的高温电解制氢系统与煤气化为核心的多联产系统进行耦合集成等方向。

参考文献

[1] 中国工程院. 我国内陆核电建设可行性咨询报告. 2015.
[2] 中国核能行业协会. 内陆核电研究报告. 2008.

第3章

我国核电"走出去"研究

3.1 国际核电市场态势分析

3.1.1 国际核电发展前景预测

1. 核电建设稳步回升

【2015 年核电情景】表 3.1 给出了世界核电发展现状（截至 2015 年）。2015 年全球核电产业取得了小幅度增长，新增 10 座反应堆并网发电，另有 8 座永久性退役；截至 2015 年 12 月 31 日，全球共有 441 座反应堆处于运行状态，压水堆占 61%，总功率达 381.9 GW；全球共有 69 座机组处于建设当中，发电功率达 67.8 GW；从第二代向第三代建设转变的过程中，面临工期和经济性的挑战。

表 3.1 世界核电发展现状（截至 2015 年）

地区	在建	计划	总投资/亿美元
北美	5	7	900
欧洲	4	19	1790
独联体国家	11	26	1630
西亚	3	14	750
东亚	37	103	5900
拉丁美洲	2	1	140
南亚	7	21	940
非洲	0	2	200
东南亚	0	4	220
总计	69	197	12470

【功率升级及延寿】在美国，超过 70% 的在运行反应堆都获得批复并得到 20 年的延长期限，开展现代化改造，提升安全性和功率；利用因子已经从建造时的 70%左右提高到 90%；核电站输出功率提高 5%～10%；2015 年，通过升级取得了 484 MW 的增长。

【退役及地质处置】2015 年共有 4 个国家 8 座机组永久性关闭，其中日本 5 座，德国、瑞典和英国各 1 座，已经开展核电站退役工作，瑞典积极推动地质处置。

【福岛核事故影响】福岛核事故后，各国组织了核电安全检查，国际原子能机构（International Atomic Energy Agency，IAEA）等国际组织推出了福岛核事故后的行动计划，值得重视的是，近期日本重启了核电站。

【铀资源保障】根据铀资源红皮书，世界现有铀资源可以充分保障按照目前核电增长速度，采取开式循环应用 110 年。

【核燃料循环】铀转化和浓缩能力集中在少数经济合作与发展组织（OECD）成员国和俄罗斯，18 个国家具备核燃料生产能力；7 个国家已经掌握了乏燃料后处理技术。

2. 未来核电前景看好

对于核电发展前景，IAEA 在 2015 年 9 月发布的《2050 年能源、电力和核电发展预测》中指出，全球核能发电量将在 2030 年以前持续增长，但增长速度较一年前的预期将有所放缓。全球核电装机容量预计将持续增长，低速情景预测可从目前的 3.73 亿 kW 增长到 2030 年的 4.35 亿 kW，直到 2050 年的 4.4 亿 kW；而高速情景则预测，到 2030 年可达 7.22 亿 kW，到 2050 年可达 11.13 亿 kW。长远看，核电“将在能源结构中扮演重要角色”“通过核电安审、修正、停堆，增强了对核安全的信心”。国际能源署 2013 年 11 月发布《2013 年世界能源展望报告》，指出“全球核能发展将显著增长”。由此可看出，核电将会长期持续发展。

福岛核事故发生后，除个别国家决定逐步退出核电外，主要核电国家仍坚持发展核电，不断完善法规标准，改进优化技术，推进核电建设工作，同时通过技术支持、提供贷款、人才培训等多种形式，同其他国家开展合作，进一步推动全球核电逐渐复苏。在福岛核事故后全球已经有 22 台核电机组相继开工，2004～2013 年全球核电建设情况见图 3.1。

3. 新兴核电市场广阔

从发展格局上来看，未来核电全球扩张主要源自传统有核电国家，重点是中

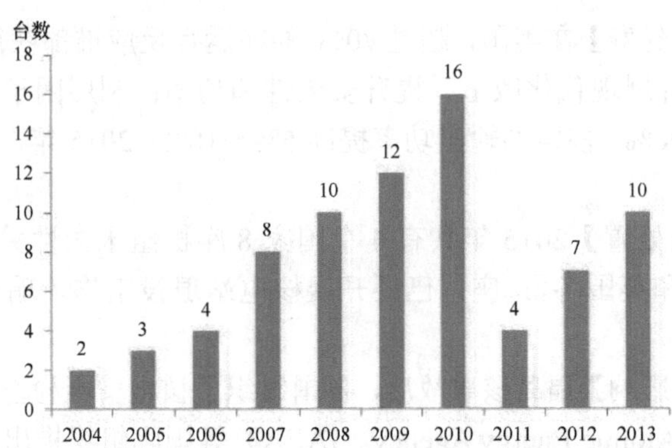

图 3.1　2004～2013 年全球新开工核电机组变化情况

国、印度和俄罗斯；美国、法国、韩国、俄罗斯在兼顾本国核电发展的同时，重点将投向海外市场；中欧、东欧、中东、东南亚、南非是传统核电大国争夺的重要市场。核电技术上，受福岛核事故影响，各国在兼顾经济性的同时，对核电安全性提出了更高要求，成熟先进、经济安全的三代和三代改进型技术将成为未来 10～20 年发展的主流；第四代核电技术预计在 2030 年后进入商业化阶段。

从国际核电市场开发细分来看，欧美和俄罗斯等发达国家和地区，除个别国家以外，能源电力供应对国民经济发展和人民生活来说已基本饱和，对核电的需求主要是为了减排温室气体的能源结构调整，主要面对国内替代能源市场需求，属于竞争激烈的强力竞争市场。对发展核电有强烈要求的是新兴经济发展中国家，其中拉丁美洲、非洲、中东、东南亚地区市场，能源需求量大，市场潜力巨大，这些地区发展核电主要是为了改变落后面貌，发展经济，提高人民生活水平，属于竞争性市场。新建核电主战场由发达国家转向新兴经济发展中国家，由于其经济、工业技术基础与发达国家不同，在核电建设上产生了许多新的要求和特点，将影响世界核电的发展。世界核电市场情况分类见表 3.2。

在“一带一路”沿线的 60 多个国家中，除中国外，涉及已有核电的国家有 19 个，计划发展核电的国家有 25 个。其中，规划建设核电机组有 140 台左右，总投资规模将超过 1.2 万亿美元。不仅如此，核电机组延寿市场也相当可观，预计未来 10～20 年，全球延寿机组有 230～280 台，市场规模达 1200 亿～1500 亿美元。

表 3.2 世界核电市场情况分类

		亚洲	美洲	非洲	欧洲
有核电有规划	• 有明确的核电规划 • 具备核法规体系 • 具备相应人力资源	日本、亚美尼亚、韩国、印度、中国、巴基斯坦、伊朗	美国、加拿大、阿根廷、巴西、墨西哥	南非	法国、英国、乌克兰、瑞典、西班牙、比利时、捷克、瑞士、芬兰、匈牙利、荷兰、斯洛伐克、保加利亚、罗马尼亚、俄罗斯、斯洛文尼亚
无核电有规划	• 有核电发展规划 • 核基础设施薄弱或无核基础	阿联酋、越南、约旦、孟加拉国、沙特、泰国、印度尼西亚、哈萨克斯坦、马来西亚、土耳其	智利	苏丹、埃及、加纳	波兰
无核电规划中	• 电力需求迫切 • 拟将核能作为解决方案	以色列、科威特、蒙古、菲律宾、新加坡、卡塔尔、叙利亚、斯里兰卡、阿塞拜疆	乌拉圭、玻利维亚、委内瑞拉、厄瓜多尔	阿尔及利亚、尼日利亚、纳米比亚、摩洛哥、肯尼亚、利比亚、突尼斯	白俄罗斯、阿尔巴尼亚、塞尔维亚、克罗地亚、爱沙尼亚、拉脱维亚

3.1.2 国际核电市场竞争环境分析

1. 当前国际核电市场竞争态势

主要核电国家在保持本国核电发展的同时，纷纷瞄准国际市场，积极争取并参与其他国家的核电项目，国际核电市场竞争逐步加剧。俄罗斯在国际市场上高歌猛进，2013 年，接连获得芬兰 Hanhikivi 核电厂建造合同，敲定匈牙利 Parks 核电厂扩建合同，将 VVER-1000 作为约旦首选堆型，俄罗斯还继续谋求中国田湾 5～8 号机组订单并向中国推销浮动核电厂与快堆，计划在南非建设 8 台 VVER 机组并积极与英国接触，另外，俄罗斯还继续关注其传统欧洲市场以及积极接触潜在发展核电国家，寻求在捷克、斯洛伐克、匈牙利、阿根廷、伊朗等国推销核电的机会。

日本核电在福岛核事故过去三年后又迅速转上了积极扩张之路。对内积极准备停运机组的重启，已有 16 台停运机组提出重启申请。对外向几乎所有有意建设核电的国家推销，尤其安倍内阁实施全面战略扩张政策，加强了政府在政治、外交上对核出口的领导和支持。2013 年三菱公司联合法国企业以高层推动的方式，争取到了土耳其西诺普核电厂项目。日本加大在英国核电市场的渗透力度，购买英国 NuGen 公司 60%的股份，计划在 Moorside 厂址建设 3 台 AP1000 机组。此外，日本政府积极与东欧四国（波兰、捷克、斯洛伐克、匈牙利）接触，与越南、阿联酋签署核能协议，与沙特、保加利亚启动核能合作谈判。

法国阿海珐一直在争取未来核电出口全球第一，计划2030年前出口反应堆数占全球新增核反应堆的1/3。韩国一直坚持打造核电强国，计划2030年前向海外出口80座反应堆。除2009年韩国电力企业联合体成功承揽价值186亿美元的阿联酋4台核电机组项目订单外，目前韩国电力公司还准备与阿联酋核能公司签订谅解备忘录，准备联手进军中东和非洲地区等第三方市场。美国积极参与英国、立陶宛、沙特等国核电项目招投标，向外推销AP1000技术，同时也在推广小堆技术，计划对外出口。

2. 核电出口竞争呈现的特点

目前国际核电市场竞争明显呈现如下特点：

（1）以先进的技术、可靠的安全保障、优质的服务为优势参与竞争。

在激烈竞争的国际核电市场，出口方如何把握机遇、赢得买方青睐、最终签订商务合同，其先进的技术、可靠的安全保障、优质的服务是关键优势条件。目前参与国际竞争的核电技术均为三代技术，出口商在国内拥有多个在役和在建核电机组，并拥有自主品牌，其安全保障也得到了进口方的普遍认可。

（2）以合理的价格、优惠的贷款条件、灵活的合作模式参与竞争。

顺利赢得商务合同不仅取决于先进的技术、可靠的安全保障、优质的服务等因素，价格合理、经济实惠、信贷优惠、合作模式灵活、与客户需求相适应等条件也是非常重要的因素。

（3）为拓展国外核电市场、增强海外竞争力，主动在国内进行战略调整。

海外核电市场竞争激烈，传统核电出口国家为了拓展海外核电市场，使其在竞争中能够稳操胜券，在国内主动进行战略调整。形成企业团队联盟是解决核电站系列服务的重要保障，以最具实力企业的代表平台作为项目技术输出的主体或总承包单位，联合相关企业围绕核电产业链各核心环节结成利益共同体，共同争取项目参与权、优先权并努力推进。

3. 未来核电出口新趋势

综合近期全球核能出口市场的最新动向，可以得出未来核电出口呈现的新趋势：

（1）经济性因素和解决融资问题成为能否获得项目订单的决定性因素。

（2）当前新兴核电市场主要位于发展中国家，在核电发展上存在融资困难的现象，项目建造成本高低、能否解决融资挑战是其选择核电堆型、确定合作堆型的重点考虑因素。近年来，俄罗斯核电技术几乎主导全球核电出口市场，一方面，由于俄罗斯核电机组造价相对较低，这对于各电力投资商极具吸引力；另一方面，俄罗斯还提供资金贷款，且采取较为灵活的项目建设方式，这对广大发展中国家及欠发达国家发展核电极为重要。

（3）国家顶层推动成为核电出口的新策略。当前各核电国家均十分重视以此方式获得核电项目订单。

（4）首堆建设的示范作用是能否获得订单的一大重要因素。在美国，核工业界普遍认为，如果沃格特勒和萨默尔核电厂的 AP1000 项目进展顺利，美国会加速核电发展计划，反之则停滞；而捷克也在泰梅林扩建项目招标中明确表示，AP1000 与 VVER-1200 参考核电厂的建造情况将直接影响到项目的招标结果。

（5）在新兴核电国家市场中，容量合适的中型核电机组成为首选。发展中国家出于经济承受能力及电网强健性考虑，大多倾向于选择容量不大的中型核电机组。

3.1.3 世界主要核电国家开拓国际市场的做法和经验

以下主要分析俄罗斯、韩国等在开拓国际市场方面的主要做法和经验，能为我国开展核电“走出去”提供非常重要的参考。

1. 俄罗斯国际市场

近年来，俄罗斯在国际核电市场竞争中取得了巨大成果，其在核电“走出去”方面所采取的策略、措施、手段等非常具有代表性和可借鉴性。俄罗斯国家原子能集团公司（Rosatom）在其 2011 年年报中，将其在国际核电市场上取得显著成绩的主要原因归纳为以下三点。

（1）相当丰富的核电建设与运行经验。从 1954 年开始运营核电，目前运行核电装机 2420 万 kW（装机总量仅次于法国），在国内以及国外一直在进行着核电站建造活动，针对其一系列堆型以及能动与非能动安全系统，持续开展设计、研究、试验与改进工作。

（2）独特、安全的三代技术设计，且已经在国内外开工建造。Rosatom 表示，不会将未在本国或其他合同方使用过的堆型设计用于其他国家核电项目中。新建核电站满足“后福岛”核电站建设的所有安全标准，那些潜在用户可以对俄罗斯承建的核电站进行全程监督。

（3）灵活的国际合作模式。如在中国田湾核电项目中，俄罗斯负责核岛的设计与建造，以及电厂建设监督与担保；而在土耳其阿库尤项目中，俄罗斯则采取 BOO（建设-拥有-经营）模式，负责设计、投资、建造以及电力销售。

俄罗斯开拓国际市场的主要做法和经验分析如下。

（1）政府全力支持，推动核电“走出去”。

俄罗斯始终把核电出口作为保持本国经济发展，实现经济增长目标的一项重要举措。在俄罗斯的工业发展进程中，核能产业成为俄罗斯优先发展的产业。21世纪伊始，俄罗斯出台《21世纪上半叶核能发展战略》，并明确提出占据国际核电市场的战略目标。俄罗斯把核电出口上升到国家战略层面，由国家元首、政府部门与相关企业一起组成推销团队，采用政治、经济、外交等多种手段积极向外推销核电，推动核电出口。在同印度的谈判中，俄罗斯就将核电出口与战斗机销售、航空母舰维护以及潜艇贸易等挂钩。俄罗斯通过降低输送给亚美尼亚的天然气价格来换取该国核电建设参与权。为了参与南非核能合作，在2013年3月金砖国家会晤期间，俄罗斯总统普京亲自游说南非总统祖马，表示愿意帮助南非发展核电，并提供资金和技术支持，帮助进行专家培训。

俄罗斯政府为支持核电“走出去”，积极推动双边外交，扩大双边核合作协定签署，为本国核电出口奠定了法律基础。目前俄罗斯已经与50多个国家签署了和平利用核能合作协定。

2013年12月，俄罗斯政府宣布为Rosatom划拨价值806亿卢布（约合24亿美元）的实物出资，用于支持本国核电行业发展，其中224.5亿卢布（约合6.8亿美元）用于海外核电项目建设。

（2）主动战略调整，整合资源。

进入21世纪以来，面对国际核能复苏的态势，为推动国内核能产业发展，提升自身的国际竞争力，俄罗斯主动对国内核能资源进行整合，从2006年起，政府采取一系列改革措施，将国内超过30家与核能有关的企业合并，组建了一家超大型国有公司，即俄罗斯国家原子能集团公司，由俄罗斯前总理基里延科担任总经理，负责对俄罗斯的民用核工业进行垂直一体化管理，其业务涵盖了民用核能工业的铀生产、铀浓缩、核能研发、核电厂建设与运营、核废料处理、核设备的生产和出口等，军用原子能机构和核研究机构也归其管理。通过改革重组，能够强有力地调动国内资源，支持核电投标竞争，满足发展中国家建设核电在资金、核燃料、建造运营、安全管理技术服务等全方位的要求，提高了俄罗斯参与国际市场竞争的能力。

（3）形成具有自主知识产权的三代核电品牌。

俄罗斯开发出一系列具有自主知识产权的核电机型，能够满足不同国家、不同电网规模的需求。其中AES-91、AES-92、AES-2006都被认定为三代核电技术，已经在俄罗斯国内以及中国、印度等国家开工建设，并保持着良好的建设和运行记录。近年来，由俄罗斯承建的核电站未发生过一起被国际原子能机构进行等级评估的事故，核电安全性得到国际验证。已经建成运行的中国田湾核电站（AES-91）和印度库丹库拉姆核电站（AES-92），起到了首堆工程整体验证和经济性示范作用，如田湾核电厂 1 号机组自 2006 年投产以来，性能不断提升，2010 年机组负荷因子达到 86.9%，从一定程度上讲，这对俄罗斯核电品牌起到了很好的宣传作用。Rosatom 海外开发部主任在接受《财经》采访时坦承，田湾核电站的示范意义对于俄罗斯此轮核电出口有着非比寻常的意义。

俄罗斯善于取长补短，对于自身比较落后的地方，充分利用国外先进技术，使机型性能和技术水平得到提升，并保持了自己的品牌。如俄罗斯顺应世界核电发展潮流，也采取了双层安全壳技术，同时鉴于自身的仪控技术相对落后，选择将德国西门子公司的数字化仪控系统应用到 AES-91 和 AES-92 型上。

（4）价格合理，具有较强的市场竞争力。

当前国际上在建核电反应堆采用的三代技术中，俄罗斯的 VVER 反应堆经济性最好，具有较强的竞争优势。

根据相关研究，俄罗斯国内建设的 AES-2006 型核电机组的建成价比投资为 3000～3500 美元/kW，考虑出口机组的价格会比在国内建设高，建成价比投资约为 4500 美元/kW；法国出口芬兰的 EPR，总承包合同价比投资 2000 欧元/ kW，后由于新监管要求、技术改进、福岛核事故等原因，项目不断拖期，比投资增加到 5000 欧元/ kW（折合 6900 美元/ kW）以上；根据西屋电气公司与美国一些电力公司签订总承包合同价推算和由电力公司的计算，AP1000 机组建成价比投资在 5000～7000 美元/ kW。

（5）提供优惠贷款，满足用户融资需求。

俄罗斯依靠自身强大的财力优势，有能力为成本高昂的核电建设提供融资。在国家综合策略指导下，能将油气出口带来的巨大收益，用于支持核电出口，通过向客户提供低于市场利率的优惠贷款，来满足用户的融资需求。

（6）采取灵活多样的合作策略。

俄罗斯根据不同国家情况，或单独竞标，或与当地企业组成联队，或通过收购、持股等多种方式参与核电项目竞标。如在捷克核电项目上，俄罗斯与捷克斯柯达核能公司组成联合团队，参与泰梅林 3、4 号机组的竞标。对于亚美尼亚电站 3 号机组建造项目，俄罗斯与亚美尼亚双方成立合资公司，俄罗斯持股 50%。而在芬兰核电项目谈判中，Rosatom 通过接手德国意昂公司（E.ON）持有的费诺公司 34%的股份，并通过债务融资方式参与 Hanhikivi 电厂建设。

（7）为潜在用户提供人员培训服务，为今后项目竞争打下基础。

在当前核能发展逐步复苏的态势下，有些老牌核电国家，由于长期未建造核电站，核电发展面临人才断档问题；而对于新兴核电国家，由于其刚刚开始发展核电，面临着人才短缺问题。Rosatom 抓住这一时机，对外宣称要把自己打造成全球核电人才培养中心，计划到 2030 年为全球培养 6 万名国际核电专家。在同孟加拉国签署核电站建设协议现场，基里延科当即表示："从明年起，孟加拉国的核电技术人员就可以在 Rosatom 参加培训。"在同越南核电合作中，Rosatom 帮助越南建立核科学技术中心，在河内理工大学图书馆建立核能信息中心，2012 年向越南提供 70 份 2012 年度的协议奖学金，用于培训原子能领域的专家。Rosatom 还将对已签订合同且承诺毕业后服从越南电力集团工作分配的学员给予每月 20 美元的额外补助。通过以上种种措施，为今后俄罗斯-孟加拉国、俄罗斯-越南开展进一步的合作打下基础。

（8）提升企业自主研发能力，构建海外竞争力的内功和基础。

正是切尔诺贝利核事故，倒逼了俄罗斯不断改进和完善已有技术，研发更为安全的核电新技术平台。与其他国家不同，在切尔诺贝利核事故发生后的二十几年里，俄罗斯并没有停止对核电站设计方面的研发与投资。如俄罗斯发明了"堆芯捕集器"并已装备在国内的所有核项目中。

（9）积极参与国际核事务，扩大影响力。

通过积极参与国际核事务，不断扩大自身的影响力，也是间接助推俄罗斯核电"走出去"的一个不可忽略的因素。俄罗斯在整个核燃料循环都有很强的服务能力，2012 年 Rosatom 铀产量达 7600 t，约占全球总产量的 13%。该公司拥有很强的铀浓缩能力和燃料制造能力，能满足全球 45% 的铀浓缩服务需求，以及 17% 的装配式燃料需求，2012 年为 67 座核反应堆（其中 34 座位于国外）提供了燃料。在普京的倡议下，俄罗斯与哈萨克斯坦联合成立了国际铀浓缩中心，向新开发核电及小规模发展核电的国家提供浓缩服务和低浓缩铀供应。

在燃料循环后端，俄罗斯通常采取燃料租赁模式，在帮助建造核电站时就承诺回收乏燃料。由俄罗斯提供的核燃料，进入反应堆使用后产生的乏燃料再运回俄罗斯临时贮存与后处理，进行再循环利用，燃料租赁既可以给服务供应商带来经济利益，同时能降低运营方的核电开发成本，解决其后顾之忧。孟加拉国驻俄罗斯特使塞夫•霍克曾表示，之所以选择俄罗斯进行核电合作就是因为其回收核废料，这是其他国家做不到的。

此外，俄罗斯还加入 OECD 核能署、国际核能合作框架（IFNEC）等平台，参与国际核活动，为其开展核能外交、对外宣传提供了一个更为广泛的平台，进一步提升了自身影响力。

2. 韩国国际市场开发

韩国核电成功“走出去”，除因其核电技术具有出色的经济性、国内核电良好的运行业绩和安全记录外，更离不开政府的战略决策、管理与支持等，现分析如下。

（1）制定和完善核电发展战略，培养核电成为战略出口产业。

韩国 90%以上的能源依赖进口，为保证能源供应安全，尽最大努力减少对进口能源的依赖，早期韩国就制定出核电发展的战略，且逐年完善，其核心主要有两点：一是将核电作为国内电力生产的一个主要能源，促进核能发展，以增强稳定的能源供应；二是培育核电及相关产业作为战略出口产业，通过核技术的进步，自主创新，获取国际竞争能力，打入国际市场。即使是福岛核事故之后，韩国依然坚持发展核电，并提出 2030 年国内 59%的电力将来源于核电，成为世界第三大核反应堆出口国的目标。

（2）技术路线明确，坚定不移推进核电国产化。

韩国核电早期也有多种堆型，为统一堆型，20 世纪 80 年代中期，韩国核产业界选择 ABB-CE System 80 的核蒸汽供应系统作为标准化设计的基础，开始核电厂的标准化设计。1987 年，韩国与当时的美国燃烧工程（CE）公司达成一项为期 10 年的核电技术转让协议，开始正式吸收和消化压水堆核电技术。1997 年，技术转让协议到期，韩国电力公司和美国西屋电气公司继续签订了为期 10 年的技术使用许可协议。在此期间，韩国继续开发自主化核电技术，并设计出“韩国标准核电厂”（KSNP-OPR1000），符合美国先进轻水堆设计要求。

总结起来，为加快核电国产化，尽量利用国际现有的先进技术，早日形成自己的核电品牌，供国内使用，减少不必要的重复进口，一是通过多个项目的建设，实现韩国标准化核电厂 KSNP（KSNP+）的国产化；二是培育研究和创新能力，依靠自己的力量设计和开发韩国新一代的 APR1400（ABB-CE System80+的改进型）；三是为长期稳定的国际合作，与西屋电气公司建立长期的商业联盟关系。

（3）完善核能发展的法规体系，确保核能发展目标。

为促进原子能科学与技术的研究和发展、和平利用和开发核能，1958 年韩国制定了原子能法，并根据实际情况不断修改。其目标是规范和促进原子能的发展、保护核设施的安全和辐射防护。原子能法、电力事业法、环境影响评价法和其他有关法律是韩国管理原子能利用的国家法律。原子能法的实施保证了韩国核电顺利快速的发展。

（4）管理体系清晰，权责明确。

韩国与核能相关的活动由多个组织机构计划和执行，主要有原子能委员会、核安全与安保委员会、工商能源部、教育科学技术部等，这些组织机构之间权责明确，共同推进核电发展。

根据原子能法成立的原子能委员会是核能政策的最高决策机构，由 9 到 11 名成员组成，代表了政府、学术界和产业界的各个部门。原子能委员会的主席由总理兼任。原子能委员会的主要任务是制定、贯彻、实施包括安全在内的各项有关和平利用原子能的政策，协调各部门的关系，分配国家有关和平利用原子能方面的预算，制定有关核燃料和反应堆方面的法规，确定核废物处置措施，办理主席和委员会决定的有关事宜等。

2011 年 10 月 26 日，韩国正式成立新的独立的核安全监管机构——核安全与安保委员会。该监管机构直接受总统领导，全面负责韩国核安全、安保及保障工作，包括核电许可、检查、执行、事故与应急响应、防止核扩散与安全保障、进出口管制和物理保护等。

工商能源部（原知识经济部）主要负责能源政策、核电站的建设与运营、核燃料供应与放射性废物管理。韩国电力公司、韩国水力和核电公司、韩国核燃料公司、韩国核环境技术研究所等一些重要工程单位都隶属于工商能源部。教育科学技术部负责核能研发和核能推广应用工作。

为推动核电“走出去”，韩国以总理为核心领导核电“走出去”战略决策体系，以工商能源部、教育科学技术部为主，财政经济部、外交贸易部为辅助，由原子能委员会进行监督和指导，最后由总理进行项目合作协调，如图 3.2 所示。

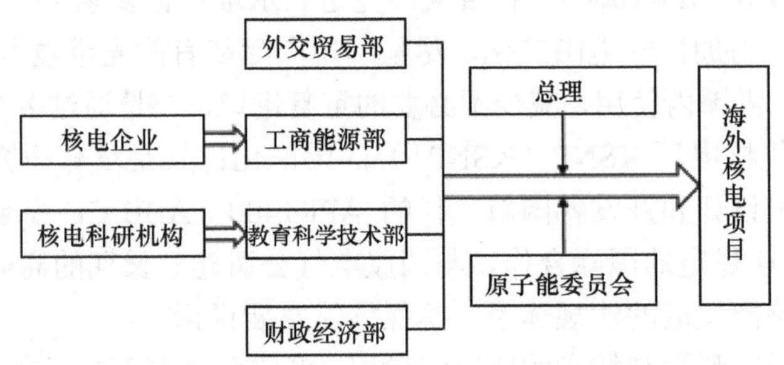

图 3.2　韩国核电“走出去”战略决策体系

（5）注重核电工业组织体系建设，实行专业化分工与合作。

在海外市场的开拓中，韩国电力公司是唯一的统帅，负责谈判和签订合同以及主导整个项目，其他企业在其带领下提供一站式核电服务。虽然韩国电力公司对外是一个整体，但其内部专业化分工非常明确。韩国电力公司本身有四家与核电有关的公司，其中韩国水电与核电有限公司负责项目的全面管理以及电厂运行和施工监督，韩国电力工程公司负责电厂设计；韩国核燃料有限公司负责燃料供应；韩国电厂服务与工程公司负责电厂维护与维修。韩国电力公司的合作伙伴有提供设备和材料的斗山重工以及其他一些建筑公司，如现代工程建设集团和三星 C&T 公司。这种对外整体、对内分工的模式把整体性的凝聚力和分工合作的专业性结合在一起，使韩国核电在“走出去”过程中能协调一致、提高效率，从而更充分发挥整体竞争优势。图 3.3 给出了韩国核电工业团队。

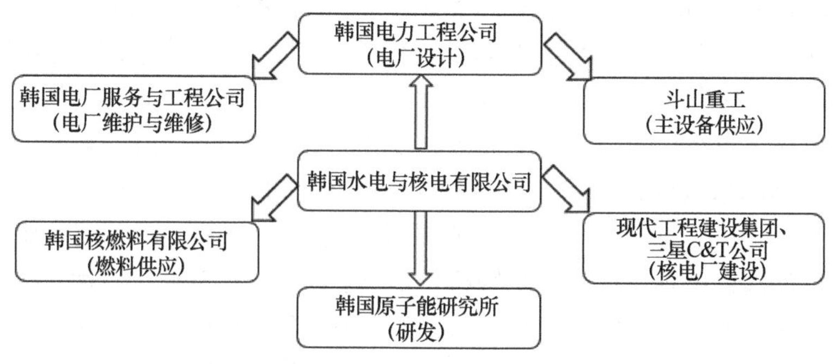

图 3.3　韩国核电工业团队

（6）政府合理引导和大力支持。

在进军国际市场的过程中，韩国政府作为韩国核电“走出去”战略的制定者，依然积极为韩国企业提供政策、外交、财政等多方面的大力支持。阿联酋项目谈判中，韩国政府就发挥了重大的协调作用。土耳其项目也是在韩国政府的支持下，韩国电力公司才放弃了对土耳其政府提供担保的要求，使其在该项目中重获优势。此外，罗马尼亚重水堆项目、摩洛哥 OPR1000 项目、加拿大的 APR1400 项目以及最新的与越南、印度尼西亚合作的过程中，韩国政府都积极协调，整合所有的资源以国家行为去争取项目和合作。政府的大力支持是韩国核电进军国际市场的坚强后盾和重要保证。

（7）培养供应商和承包商，积累出口经验。

韩国从 1978 年引进美国西屋电气公司的古里一号项目开始，便以提高国产化为中心，通过采用零散分包来代替总承包，以获得技术，并培养了大量的有经验的核电供应商和承包商。如通过多年的培养，斗山重工已经成长为世界最大的核电厂设备供应商，能够提供完整的反应堆和蒸汽发生器。现代工程建设集团和三星 C&T 公司通过参与国内反应堆的建设工作，获得了专利建设技术，并宣传其施工周期为世界最短。

韩国在培养供应商和承包商的同时，积极鼓励其走出国门参与海外核电站的建设，并积累了丰富的出口经验。如斗山重工在美国本土取得了西屋电气公司的AP1000主要核心设备供应权，并成了三代核电核心设备的固定供应商。海外核电设备和零件业务的供应以及出口经验的积累，为韩国核电顺利进入国际市场奠定了基础。

（8）强化核电品牌推广。

韩国国内核电良好的运行业绩和安全记录是韩国核电“走出去”的前提，也是韩国核电品牌建立的基础。多年来，韩国核电有着出色的运行效率，韩国核电厂的平均功率损失率为3.6%，为世界最低，远低于OECD成员国的平均值6.4%。在安全性方面，韩国核电30多年来从未发生过一起事故。2010年，韩国核电厂的平均非计划停堆率仅为0.1，相比之下，美国、法国和加拿大2008年的指标均在1以上。

在进军国际市场的过程中，韩国核电主打其自主研发且拥有自主知识产权的OPR1000和APR1400两个品牌。在韩国电力公司的统筹下，韩国水电与核电有限公司负责韩国核电项目支持与品牌推广活动。在推广过程中，其注重通过韩国企业与海外企业或外国政府的交流与宣传，在宣传其国内核电良好的运行业绩和安全记录的同时，不断地推销OPR1000和APR1400的成熟性和经济性。如APR1400的造价为2300美元/kW，低于欧洲压水堆（EPR）等其他同等规模的核电造价。

（9）针对不同需求，提供不同解决方案。

韩国向海外推销的核电技术不仅限于APR1400，它还在根据不同的市场需求推出不同的设计。APR1400在阿联酋获得成功之后，韩国电力公司计划以此为基础向欧洲市场推出欧版设计，即EU-APR1400，特别是在芬兰。韩国还在向印度尼亚西推销其OPR1000技术。另外，韩国电力公司在2010年宣布将以OPR1000为基础，推出一款面向国际市场的三代堆型APR1000，主要面向中东和南亚。这种根据不同市场需求，推出特定产品的策略使韩国在核电出口方面具有更大的灵活性，获得成功的机会也就更大。

（10）内外结合，注重人才培养。

韩国不仅重视国内核电人才的培养，同样也非常重视对外人才的培训。KEPCO及其下属企业均建有教育培训机构，同时面向国内外提供核电项目相关培训服务。2010年，KEPCO在韩国政府的帮助下建立了国际核电研究生院，以更好地为海外项目培训人才。这不仅可以加强本国在核电方面的国际交流，发挥传播和宣传韩国核电技术的作用，更重要的是能够为其海外项目提供优质的本地人才，与当地核电部门建立良好的关系，从而促进海外项目的顺利实施。

3.2 我国核电“走出去”现状及面临的挑战

3.2.1 我国核电“走出去”现状

近年来，在国家支持下，我国核电“走出去”不断取得新突破。中核集团累计出口 1 座核研究中心、5 台微型反应堆、6 台核电机组（2 台投运、4 台在建），积累了丰富的国外核电建设和运营管理经验。

1. 中巴核能合作成果丰硕

中核集团承担了巴基斯坦恰希玛核电项目 4 台核电机组项目（C-1、C-2、C-3、C-4）的建设。恰希玛核电站一期工程（C-1）是中国向国外出口的第一座核电站（32.5 万 kW），该核电站 2000 年 6 月并网发电，被巴基斯坦政府赞为“优秀典范”，成为中巴核能合作的不朽丰碑。恰希玛核电站一期工程以良好的运行记录获得了国际原子能机构以及巴基斯坦政府的高度评价，向世界证明了中国核电出口的实力。2014 年 6 月 18 日，恰希玛核电站 2 号机组（C-2）通过最终验收并交付巴方。目前，C-3、C-4 项目已进入安装阶段，施工进展顺利，主要关键节点工期均有所提前。恰希玛核电项目的成功实施，在拉动中国核电成套设备出口的同时，也带动了中国核电标准“走出去”，进一步巩固了中巴两国全天候战略合作伙伴关系。

2013 年 2 月 18 日，中国与巴基斯坦签署卡拉奇核电项目（K-2/K-3）建设合同，成功实现了我国具有完整自主知识产权的百万千瓦级核电技术首次出口。项目采用中核集团自主研发的 ACP1000 三代百万千瓦级核电技术，具有完整的自主知识产权。ACP1000 技术成功出口巴基斯坦，标志着我国自主研发的世界最先进核电技术走向国际市场，这对实现我国由核电大国向核电强国的成功跨越起到积极的作用，对奠定我国核电强国的地位具有重大战略意义。K-2/K-3 项目的成功实施，将有利于我国优化出口贸易结构，推动国内高端制造装备产能释放；有利于促进我国核电技术取得更大进步；有利于保障我国核电队伍的稳定发展和经验积累；有利于进一步巩固中巴全天候战略合作伙伴关系。

除上述项目外，中巴双方就后续核电合作达成共识，2013 年 7 月巴基斯坦总理访华期间，双方同意继 K-2/K-3 之后，继续开展后续核电项目的合作。2014 年 2 月 19 日，巴基斯坦总统访华期间，在两国领导人的见证下，中核集团与巴方签署后续核电项目合作协议，计划继续采用 ACP1000 技术在恰希玛厂址（C-5）和穆扎法尔格尔厂址（M-1/M-2 项目）合作新建 3 台百万千瓦级核电机组。

2. 新兴核电市场开发取得积极进展

在国家首脑高度重视、政府部门大力支持的情况下，我国在国际核电市场上积极争取，采取多种形式，参与新兴核电市场开发，不断取得新突破。

2013年在中国、阿根廷两国元首见证下，核能合作纳入两国行动计划。阿根廷同意与中方开展本国重水堆项目和压水堆项目合作，并邀请中核集团参与CAREM 小堆常规岛国际竞标。2014年，习近平主席拉美之行期间，中阿双方签署了《关于合作在阿根廷建设重水堆核电站的协议》。中国和苏丹签订了政府间和平利用核能合作协定，中核集团积极争取苏丹第一座核电站的建设。2013年底，国家能源局局长访问沙特期间，中核集团与沙特核能及可再生能源城及其下属的TAQNIA 公司签署了核能合作谅解备忘录，为下一步开展合作奠定基础。我国还积极拓展伊朗、哈萨克斯坦、马来西亚、巴西等其他海外核电市场。

2013年，中广核集团与罗马尼亚达成合作开发切尔纳沃达核电3、4号机组意向；中广核集团与中核集团合作，将参股英国欣克利角核电项目。2014年6月，李克强总理访问英国期间，中英双方就核电领域发表联合声明，同意在满足英国独立核监管机构严格要求的条件下，在英国部署中国反应堆技术。另外，国核技在南非、巴西等国开展了核能开发相关工作。2014年11月24日，国核技、美国西屋电气公司与土耳其国有发电公司（EUAS）签署合作备忘录，启动在土耳其开发建设4台核电机组（采用CAP1400和AP1000技术）的排他性协商。

另外，核电相关设备也获得出口机会，根据中美一项双边协议，中国企业将向美国佐治亚州和南加利福尼亚州的核电站提供零部件。

3.2.2 我国核电“走出去”已经具备的基本条件

1. 拥有自主知识产权的先进核电品牌

以“华龙一号”和CAP1400两种机型为代表的系列先进压水堆机型实现了核电产品和技术自主化。其中“华龙一号”是中核集团、中广核集团通过充分的技术融合，自主研发的先进百万千瓦级核电机组，采用“能动与非能动相结合”的安全设计理念，具有“177堆芯”“单堆布置”“双层安全壳”“60年设计寿期”等重要技术特征，完成了全部试验验证工作，满足关于先进核电技术最新设计安全要求；系统性地自主研发了设计或计算软件，形成了该方案的核心技术和自主知识产权；并立足于我国核工业体系和中国装备制造能力，实现了核燃料、压力容器、蒸汽发生器以及重要设备自主化制造，国产化率将达到85%以上。CAP1400

核电型号是基于对我国引进的 AP1000 非能动理念和先进核电技术的消化吸收与依托项目的工程经验，以及国家重大专项的试验研究、设备研制，在国家重大科技专项及新型举国体制与政产学研用的推动下，突破引进技术限制，通过集成创新与再创新形成的具有自主知识产权的大型先进压水堆型号。以上两种机型为代表的系列先进压水堆机型彻底摆脱了国外技术垄断和产权限制，成为能够参与国际核电市场竞争、具有核心竞争力的自主品牌产品。

2. 我国拥有完整的核工业体系

中国是世界上少数几个拥有比较完整核工业体系的国家之一。已掌握铀矿地质勘查、铀矿开采、纯化、转化、浓缩、燃料元件加工等环节相关技术，后处理中试工程已进入热试验阶段，为实现闭式循环创造了条件。随着核电的发展，铀资源开发利用及核燃料循环产业实现了较大幅度的技术进步，在一些关键环节实现了工艺技术的跨越提升和生产能力的扩大，初步形成了为国内核电配套、满足核电发展需求的新型核燃料循环产业体系，成为我国核电可持续发展以及核电出口的重要基础。

在核燃料循环技术能力和燃料保障供应方面，可以满足核电出口的需要，可为出口核电机组提供首炉装料和后续换料。

3. 核电工程设计、建设、运行能力和水平不断提升

经过几十年努力，中国核能产业从无到有，得到了巨大发展，在核电安全保障、核电站设计、设备制造、工程建设、运行管理和科技研发等方面具备了较强实力，为实现我国核电“走出去”奠定了基础。

中国在役核电站保持安全稳定运行，业绩良好。20 年来，未发生 2 级及以上运行事件，主要运行参数高于世界均值，部分指标达到国际领先水平。在建核电规模世界第一，在建核电项目安全、质量、进度、投资、技术、环境保护等均得到有效控制，总体进展顺利。核电工程设计、建设、运行、装备制造能力得到国际同行的认可。出口巴基斯坦的核电项目以良好的运行记录获得了 IAEA 以及巴基斯坦政府的高度评价，在国际范围内获得了良好口碑，为今后的核电“走出去”工作树立了典范。

4. 核电装备制造和供应能力满足核电出口需要

伴随我国核电规模逐渐发展以及国内良好的政策与市场环境，我国核电装备制造业得到快速发展。目前国内核电主设备产能已达到每年 12 台/套以上，中国核电在建产能已经位居世界第一。国内围绕核岛主设备的制造，五大重装集团共

投资约 300 亿元，提高了重型装备批量制造能力，改善了运输条件，完成了重型装备沿海基地建设。通过技术合作、消化吸收实现了设备制造的国产化；依托国家自主化项目，开发了拥有自主知识产权的技术，为我国核电装备早日走出国门创造了极为有利的条件。

5. 核能科技研发为核电可持续发展及海外出口提供持续动力

经过多年发展与积累，我国已基本具备核电设计能力，初步形成以中国核工业集团公司、中国广核集团有限公司和国家核电技术有限公司为骨干，高等院校、制造企业参与的核电科技研发设计体系。通过重大专项支持，形成了高温气冷堆工程化研发设计能力，高温气冷堆核电站示范工程已经顺利开工。在自主研发基础上，与俄罗斯合作的中国实验快堆（CEFR）建成发电。通过产学研用融合，有力促进我国三代和四代核电技术的进步，为我国核电“走出去”提供持续推动力。

6. 核电人才培养和保障能力提供有力支撑

我国核电经过 30 多年的发展，逐步培养了一支具有设计、建造、运行和管理百万千瓦级先进压水堆核电厂能力的产业化队伍，并在此基础上加快人才培养，以适应核电规模化发展需求；在核电安全、技术、人才培养等领域加强国际合作，与世界许多国家和国际组织建立起密切的合作关系，国外先进技术和经验的引进，为我国高起点、高水平发展核电提供了可利用的资源。这为实现“走出去”战略提供了有力的人才保障。

7. 核电“走出去”上升到国家战略

2013 年 10 月 11 日，国家能源局公布了《服务核电企业科学发展协调工作机制实施方案》，首次提出核电“走出去”战略，对核电企业“走出去”给予方向性指引，并推动将核电“走出去”作为我国与潜在核电输入国双边政治、经济交往的重要议题；提升核电行业的核心竞争力，加强对核电出口的组织和领导，按照“统一思想，集中目标，整合资源，形成合力”的原则，支持企业以工程建设、设备制造、技术支持和国家银行贷款等多元化方式参与国际项目竞争，不断提高我国核电整体水平和国际竞争力。2014 年政府工作报告中，推动核电等技术装备走出国门被首次写入。

国家领导人对核电“走出去”非常重视。2014 年荷兰核安全峰会期间，国家主席习近平在与英国首相卡梅伦会见时提出要在核电等领域打造示范性强的“旗舰项目”。国务院总理李克强在 2013 年底的国事访问中也多次推销中国核电。

综上所述，我国实现核电“走出去”已具备很好的优势，拥有良好的基础和条件。

3.2.3 我国核电“走出去”面临的挑战

我国核电出口虽然取得了一定成果，但要想实现具有自主知识产权的核电技术与核电设备出口，还需艰苦的努力，面临着一系列挑战。

1. 自主品牌三代核电技术尚需验证

30 多年来，通过引进、消化、吸收国外大型商用核电技术和持续的自主创新研发，我国已实现百万千瓦级核电站的自主设计、自主制造、自主建设和自主运营，并组织开发了具有完全自主知识产权的三代核电技术。中核集团和中广核集团两家企业联合研发的三代技术“华龙一号”已完成设计并开始建造，具有完整自主知识产权，通过了 IAEA 反应堆通用设计审查（GRSR），国内示范工程进展顺利，巴基斯坦项目已经开工建设，实现了“走出去”，但是仍需通过工程建设和关键设备制造来验证。国家核电通过引进、消化、吸收和再创新，在西屋电气公司 AP1000 技术基础上，开发了具有自主知识产权的 CAP1400，其示范工程前期工作也在推进当中。

2. 海外出口融资优势未能充分体现

目前，国际核电新兴市场重心位于发展中国家，这些国家在选择核电项目时，除了对引进技术及参考电站有较高要求外，另一个重要的考虑因素就是核电出口国能否提供灵活、优惠的融资条件。俄罗斯在出口海外核电项目中，能够根据不同用户需求，采取灵活多样的融资模式，提供相当额度的优惠贷款；甚至在部分项目中，提供政府贷款担保，因而在其他因素相同的情况下，更能赢得用户青睐。同俄罗斯、韩国相比，目前我国在核电出口融资方面的优势并未体现，出口贷款优惠甚至存在劣势。近年来，国家对“走出去”出台了一些支持鼓励政策，但这些政策相对零散。金融机构批准的两优贷款规模不足，不能充分发挥对核电出口项目的明显支持性作用。

3. 核电业界尚未形成有效合力

随着近来我国核电企业“走出去”步伐明显加快，为了促进“走出去”工作，政府层面，我国建立了核电“走出去”领导和协调机制；企业层面，相关核电企业也联合组成了“走出去”产业联盟。但是，由于缺乏国际化经营和开发经验、经营行为不够规范等原因，往往出现各自为战，甚至个别项目无序竞争的迹象。此外，核电出口项目审批程序复杂，多头审批，审核环节多，期限较长，审批效率有待提高，整体来看，核电业界资源尚未形成有效合力，政府、企业间的协调需要进一步加强。俄罗斯、日本、韩国等海外竞争对手为提升自身国际竞争力，主动对国内核能资源进行整合，整体出击，往往形成政府、企业、财团合作的形式，占据竞争优势。

4. 核电装备企业设计能力薄弱，有些设备出口受到限制

受国家核工业产业布局的影响，目前装备制造集团的设计技术还比较薄弱，国内装备制造企业在“来图加工”模式下处于产业链的低端，盈利能力较弱，难以长期良性发展；制造过程中技术质量问题的处理周期过长，使得项目进度难以控制，这种局面不利于制造企业功能优势的发挥和技术能力完整配套。在一定程度上掣肘中国核电“走出去”战略的实施。

我国的核电技术、软件已经实现自主化，建立起自主知识产权体系，燃料和关键设备可基于现有工业体系实现国产化，但是在数字化仪控系统等某些设备上，国内还正在研发中，不具备自主设计与制造能力，出口上受到一定的限制。

3.3 核电“走出去”科技及产业发展方向

从技术角度出发，核电产品“走出去”的基本条件包括：成熟产品，即构成产品特征的主要技术及其要素成熟、稳定（标准化）；独立产权，即型号整体具有自主知识产权和独立出口权，并且实现核心技术自主化、关键工具自主化、验证能力自主化、燃料产品自主化（无知识产权限制）；产业能力，即具有完整成熟的供应链体系，或成熟的全球供应链整合能力；标准体系，即产品所依赖的技术标准体系得到国际业界承认和接受，或至少得到特定进口国认同，并具有执照申请和产业本地化适应能力。具体来说，有四方面需要开展研究。

3.3.1 完善大型先进压水堆核电技术自主创新体系建设

大力支持核电三代技术自主品牌研发，把“华龙一号”等自主技术堆型作为国家当前及未来一段时间核电“走出去”战略重点品牌，持续改进优化设计，提高安全性、经济性与成熟性，增强国际市场竞争力，实现“中国制造”到“中国创造”的跨越。

1. 核心产品系列化、标准化、多样化，满足不同市场需求

面对不同的市场需求，提供不同功率规模和用途的核电型号是一个核电强国的重要标志。因此以不同功率等级的型号为牵引，采用相同设计体系和较为固定的设备选型形成的满足不同市场需求的型号就成为持续发展的主要战略。在此过程中，需形成可支持系列化型号高效开发的设计体系，形成与之相适应的设备供应能力（供应链），同时型号需要满足电网的适应性要求。

自主三代核电技术已经形成系列化发展路线图。例如，CAP 系列产品，从 CAP100、CAP600、CAP1000 到下一步四环路更大功率核电技术；为了完全掌握和充分发挥引进技术的特点，建议实施 CAP 系列化型号开发，扩展核能使用范围和市场，降低全产业链成本，提升全产业链效率。目前 CAP 系列化包括不同功率等级的三代非能动压水堆，如 CAP1000、CAP1400、CAP1700、CAP-S 等。

2. 安全性持续改进完善，取得国际认证

走向国际市场，取得国际认证是必需的，其中 IAEA GRSR 具有重要作用。IAEA 组织国际资深专家团队，依据吸取福岛经验反馈的 IAEA 最新版本的安全设计法规和安全评价要求，对三代核电技术的完整性和全面性进行审查。

2015 年，“华龙一号”通过了 IAEA GRSR，认为在设计安全方面是成熟可靠的，满足 IAEA 关于先进核电技术最新设计安全要求，其在成熟技术和详细的试验验证基础上进行的创新设计是成熟可靠的，为走出去参与国际竞争取得国际认证。2016 年 4 月 27 日，IAEA 召开 CAP1400 GRSR 验收会，审查认为，上海核工程研究设计院提交的 CAP1400 PSAR，总体达到 IAEA 安全法规标准的最新要求。此次 IAEA 通用反应堆安全评审的顺利完成，标志着 CAP1400 进一步获得国际权威机构的认可，为 CAP1400 在更高层次上参与国际竞争奠定了坚实的基础。中核集团小堆技术 CAP100 也取得了 GRSR 认证，是国际上第一个取得认证的技术。

英国拥有支撑核电建设的成熟配套环境，但因缺乏自主核电技术，不得不以开放姿态接受他国核电企业前来淘金。据了解，目前在英国市场展开竞争的核电技术至少有四种，除了 EDF 将在 Hinkley Point C 和 Sizewell C 项目采用的欧洲压水堆（EPR），还包括 NuGeneration 拟在 Moorside 核电站采用的西屋 AP1000 技术、日立旗下 Horizon Nuclear Power 在 Wylfa 项目拟采用的改进型沸水堆（ABWR）技术，以及布拉德韦尔 B（Bradwell B）项目拟采用的中国“华龙一号”技术。

上述四种技术之中，目前只有EPR于2012年底通过了以严苛、漫长而著称的通用设计评估（GDA），历时5年。AP1000和ABWR尚未完成GDA，我国的“华龙一号”技术则已于2015年2月启动了GDA预评审，值得注意的是，由于AP1000在完成GDA第二阶段评估后主动选择暂停后续审核；福岛核事故爆发后，日本本土核电规模急速萎缩，技术出口随之成为其未来核电乃至经济增长的核心战略，目前仍在实质推进GDA的只有日立针对英国市场开发的ABWR。按照目前进度，ABWR不出意外将在3年内完成GDA。

3. 提升经济性在市场竞争中取胜

经济性成为三代核电规模化建设的重大挑战，可以从以下几方面改进：

从核电的不同环节，如设计、制造、采购、建安、运维等方面系统梳理可提高经济性的环节并形成系统方案。

针对确定的型号，系统化地开展标准化设计、标准化施工、标准化运维研究工作。

研究由于引入非能动理念和系统简化，对三代核电发电成本的影响因素及影响程度。

充分吸收项目建设的经验反馈，提高人员综合技术水平，系统性提高模块化综合设计能力，优化模块设计水平。

搭建和应用可支撑模块化建造的多方协同作业数字化平台，提高管理的效率和准确度。

4. 加强自主核电技术标准体系建设

我国核电标准化通过引进、消化、吸收、自主设计、自主建造、自主制造、自主运营，并在核电站工程及运行实践中不断完善，已经形成了行之有效的、与国际接轨的技术规范和要求体系，能够基本满足60万kW级和百万千瓦级二代改进型核电厂建设的需要。2007年国防科工委和有关部门制订了《压水堆核电厂标准体系建设“十一五”规划》，提出了要基本建成适应我国国情、技术先进、统一完整的压水堆核电厂标准体系的总体目标。2009年国家能源局发布《压水堆核电厂标准体系建设规划》和《压水堆核电厂标准体系项目表》，规划的压水堆核电厂标准体系全面覆盖二代改进型和基本覆盖三代压水堆核电厂。图3.4给出了压水堆核电厂标准体系框架结构图。

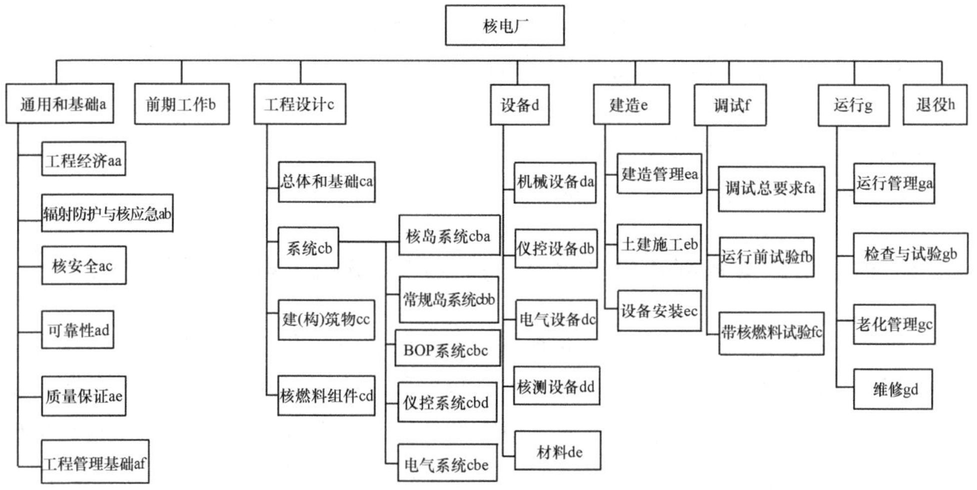

图 3.4 压水堆核电厂标准体系框架结构图

支持核电“走出去”的标准体系，必须既能支持核电产品的形成，又能为出口对象国甚至国际业界所认同，即具有广泛适用性、成熟性和权威性。因此，体系的建设应首先具有导向明确的顶层设计，能够达成体系的统一自洽和上层法规原则在体系纵向贯通；其次应完整配套，包括覆盖核电全生命周期，标准颗粒度及其布局应合理协调平衡，通用性与针对性之间应统筹互补；再次是成熟性和权威性，即体系建设应基于良好的实践和行业共识，这包括参考或采用国际业界认同的成熟标准和权威文献等；最后是应具有普遍适用性，这需要体系在达成国际化的同时能够保持自主化。作为核电强国引领发展的必要条件，体系自主化是标准体系跟随技术实践而发展的内在原动力，而长远的国际市场扩张更离不开自主化成熟体系的保驾护航。

采标原则是严格遵循国内法律法规，满足国内现行有效的适用标准规范，参考并补充采用国际最新有效的适用规范标准(包括国际标准和地区标准)。这包括：

（1）遵照执行国家核安全局发布，或与国务院其他部门联合发布的现行有效的部门规章（主要为核安全法规）。

（2）参照执行国家核安全局发布，或与国务院其他部门联合发布的现行有效的核安全导则。

（3）遵照执行国家核安全局发布的《福岛核事故后核电厂改进行动通用技术要求（试行）》和《“十二五”期间新建核电厂安全要求》。

（4）遵照执行我国已颁布的现行有效并适用的强制性国家标准。

（5）根据其适用性参照执行我国非强制性国家标准、行业标准。

（6）国际标准作为支撑性工业标准的补充。

由于上层的法规和导则等文件，基本采用国际原子能机构的相关准则和文件，包括国标和能标在内的核电行业标准又大部分采用了国外权威的成熟标准，关键的自主化能力需要研究，重点突破。

3.3.2 提升核电装备制造自主水平，提供产业链的核电系统解决方案

中国核电装备制造业发展的主流是向专业化、批量化、规模化和集约化方向发展，现已形成以上海电气、东方电气、哈电集团为主体的三大核电装备制造基地；中国一重、二重和上重为主的大型锻件和反应堆容器制造集团；以及一批核级泵阀、堆内构件、控制棒驱动机构、环吊、主管道、核级电缆等配套设备的专业厂家。投资 200 多亿元建成河北秦皇岛、上海临港和广州南沙出海口重型装备制造基地，初步具备年产 10 套左右百万千瓦级核电主设备的能力，能够支撑核电规模化建设需求。

提高装备制造企业的主设备研发和设计能力，消除关键设备产能瓶颈，推动相关企业开展合作，以项目为载体，打造集设计、制造、服务于一体的核电设备成套供应商，全面提升我国装备制造业自主水平，使主要设备、材料研发、制造能力满足核电出口的需要，也可以装备先行走出去。

1. 由国产化上升为自主化，突破国际限制

自主化表示业主所在国单位有能力在商务上和技术上对项目负责，外方只是某些分项目的分包商，或在技术上进行咨询和指导；国产化则是在总项目中，业主所在国单位承担部分任务，而项目的责任方可为外方，也可为业主所在国单位。即自主化是谁负责的问题，国产化是谁干活的问题。上述概念既适用于电站设计，也适用于设备制造、安装与调试。

核电走出去需要转变观念，核电技术和装备由“国产化”向“自主化”跨越。自主化核心是自主标准体系和专利知识产权战略。

经过国家核电装备国产化政策引导、核电项目建设带动，核电装备厂积极投入，核电装备国产化取得了重大突破。从核岛压力容器、蒸汽发生器、核级泵阀到常规岛的汽轮发电机组等都具备了批量化的供货条件，包括核岛主泵和核级集散控制系统（DCS）两大国产化难点，也已经通过自主攻关或者与国外合作等各种不同的形式，掌握了核心技术，实现了自主集成。

2. 形成 NSSS 成套供应能力，发挥集成优势

与国际上核电强国相比，中国核电技术水平和装备制造集成能力相对落后，主要体现在缺少具有自主知识产权的核心技术，没有像西屋、GE、AREVA 那样具有核蒸汽供应系统（NSSS）集成供货能力的企业集团。

应进一步研究核电堆型技术研发和产业化发展模式，推动设备设计和制造能力的融合。通过市场推动、项目引导，推动国内技术力量和设备制造企业重组，发展和打造具有研发、设计、制造和成套能力的核蒸汽系统供应能力。

3. 提高工艺水平和工艺过程控制，形成稳定生产能力

核电装备质量问题还是时有发生，究其原因，装备制造业是复杂的流程工业，从设计、制定工艺、材料选择到热加工、冷加工、试验、测试，质量控制点非常多，制造工艺需要一个不断成熟和固化的过程，这样产品质量才能稳定和提高。

另外，有的制造企业确实还存在管理不善的问题，在质保体系建设、核安全文化建设过程中还有漏洞，核文化、核质保体系的建立和完善并行之有效是一个长期艰苦的过程。

4. 创新思维和先进科技应用将带来装备业产业革命

核电重启引发核电新一轮提速，这再次给装备制造业带来了难得的发展机遇。尤其是“华龙一号”的开工建设及其“走出去”战略的日渐明朗，装备制造业的拉动效应也变得日益可期。“华龙一号”三代核电技术的示范工程开工将强有力地促进装备制造业发展，高度对接《中国制造 2025》行动纲领，探索互联网+、3D 打印等创新思维和科技手段应用，积极响应“一带一路”重大倡议部署。

特别是 3D 增材打印技术在核能领域的应用具有广阔的前景。自主化燃料原型组件下管座已顺利完成，国内首次实现了 3D 打印技术在核燃料元件制造的应用，此次使用的 3D 打印设备为激光成型设备，在精密成型方面具有优势，目前设备正处于预验收阶段，对设备成型质量进行检测后，将进行星形架、格架及测高仪零部件等各种复杂零件的 3D 打印技术的应用，具有广阔的应用空间。

3.3.3 配套核燃料循环技术与产能协调发展，创新模式共同走出去

我国在核燃料循环前端（铀矿勘探、采冶、提纯、铀转化、铀浓缩、燃料制造）已经形成完整的供应能力，能够承诺向核电进口国提供全寿期的核燃料全产业链的供应与服务，将大大提高我国出口核电的国际竞争力。

我国核燃料循环后端（乏燃料储运、后处理、回收燃料的制备和再循环、最终处置）的产业在建设中，随着核电出口增长，有些国家没有乏燃料处理、废物处置能力，需要考虑出口核电项目乏燃料回收及后处理、废物最终处置相关的政策及技术问题。

1. 建设区域性铀纯化转化中心和核燃料元件加工中心

把我国核燃料循环服务体系打造成面向两个市场、具有国际竞争力的产业，不断完善铀浓缩研发和产业体系，加快新一代离心机的研发与工业化应用，适度超前安排核燃料元件生产线建设，在满足国内核电发展需求的同时，具备向海外出口核电项目，提供配套铀浓缩和核燃料供应服务的能力，在承担地区供应方面能够发挥一定作用。

2. 乏燃料储运技术和产品

在燃料循环后端，在建造核电站时就应考虑回收乏燃料。提供核燃料的同时，考虑乏燃料临时贮存、运输与后处理，进行再循环利用，燃料和乏燃料处理既可以给服务供应商带来经济利益，同时能降低运营方的核电开发成本，解决其后顾之忧。

3. 后处理技术和产能建设

到 2020 年，中国核电站乏燃料累积存量将超过 10000 t，每年从核电站卸出的乏燃料超过 1000 t，其后每年从核电站卸出的乏燃料将随核电站总装机容量的增加而递增。目前我国乏燃料堆内贮存容量不同程度地接近饱和，随着核电规模快速增长和核电走出去的持续增长，面临着乏燃料存储和处理的日益增加的需求，亟须建设乏燃料运输和贮存厂，特别是大规模商用后处理厂。

3.3.4 提升安全监管和运行维修技术，保障全寿期服务能力建设

不同国家对于核电体系需求不同，但是市场取决于能否提供系统解决方案。能够提供涵盖整个产业链条的核电系统解决方案，是区别于单个环节竞争对手的核心优势。从国际核电市场需求分析，目标国家更希望核电企业能够提供涵盖核燃料、项目投资、系统设计、工程建造、装备制造、发电运行、技术服务等整个产业链条的核电系统解决方案，降低分包风险和协调成本，其中特别需要建设和提供核能产业法律法规建设、核安全监管能力培育能力。

我国的核安全监管正围绕机构队伍、法规制度、技术力量、精神文化四块基

石，按照审评和许可、监督和执法、辐射环境监测、应急响应、经验反馈、技术研发、公众沟通、国际合作八个支柱领域，初步构建起一座坚实的、强有力的核与辐射安全监管大厦，为全面完成《核安全规划》所确定的目标和任务，有效履行国家核安全局的使命、践行社会主义核心价值观并最终实现远景目标奠定了基础。

仍需要加强的工作包括奠定法规制度基石。制定《原子能法》，完善以《原子能法》《核安全法》（已颁布）和《放射性污染防治法》为统领的核领域法律顶层设计。建设核与辐射安全监管技术研发基地项目，形成独立分析和试验验证、信息共享、交流培训三大平台。项目共计 10 个重点工程项目，覆盖核设施、核安全设备、核技术利用、铀（钍）矿伴生放射性矿、放射性废物、放射性物品运输、电磁辐射装置和电磁辐射环境监管以及核材料管制与实物保护等主要方面，以及选址、设计、建造、调试、运行、退役等所有环节。国家核与辐射安全监管技术研发基地建设项目正按照整体规划、分步实施的原则进行建设。

参 考 文 献

[1] IAEA. Power Reactor Information System (PRIS). 2015.
[2] IAEA. Nuclear Power Reactor in the World. 2015.
[3] 国际能源署(IEA). 能源科技展望(2015). 2015.
[4] IEA 与经合组织核能机构(NEA). 核能技术路线图. 2015.
[5] 中国与国际核电先进国家核电发展比较研究.
[6] 中国工程科技发展战略研究院. 中国战略性新兴产业发展研究报告2015, 产业篇(核电及核燃料产业国际化发展). 北京: 科学出版社, 2014.

第4章 我国压水堆技术发展路线研究

4.1 世界压水堆核电发展现状及趋势

核科学技术是人类20世纪最伟大的科技成就之一，以核电为主要标志的和平利用核能，在保障能源供应、促进经济发展、应对气候变化、造福国计民生等方面发挥了不可替代的作用。

4.1.1 世界压水堆核电发展现状及预测

第一座商用核电站建于20世纪50年代，经过近60年的发展，核电及配套的核燃料技术成为日益成熟的产业，在世界上成为继火电及水电以外第三大发电能源，能够规模化提供能源并实现二氧化碳及污染物减排。进入21世纪以来，核科学技术作为一门前沿学科，始终保持旺盛的生命力，深受国际社会的广泛重视和关注，世界各国对其投入的研究经费更是有增无减，推出大量的创新反应堆及配套核燃料和核能多用途等方案，在裂变和聚变领域不断取得突破。

截至2015年底，全球共有30个国家运营核电机组，在运核电机组共442台（含3台快堆），总装机容量382 GW，提供了全世界约11%的电力；另外还有66台机组在建，总装机容量70.3 GW。在运机组中有283台压水堆、78台沸水堆、49台重水堆、3台快堆。在建机组中有56台压水堆、4台沸水堆、4台重水堆、1台快堆、1台高温气冷示范堆。压水堆占绝大多数，这种领先趋势还会继续扩大。沸水堆和重水堆占比仅次于压水堆，未来仍将有一定发展空间[1]。

在原子能机构2014年的预测中，到2030年，核电装机容量从目前的372 GWe

增至低值预测的 401 GWe 和高值预测的 699 GWe。这些预测反映了低值预测和高值预测分别为 8%和 88%的正增长，表明支持继续使用核电的基本面没有发生变化。特别是发展中世界人口和电力需求的增长、对核电在减少温室气体排放方面作用的认识、能源供应安全的重要性以及化石燃料价格的变化无常均表明，核能长期而言将在能源结构中发挥重要的作用。

4.1.2 核电产业发展特点及趋势

核电产业作为世界新能源产业的重要构成部分，行业发展具有独特的规律，可以归纳为科技发展、行业市场、财务经济和社会政治四方面的特点。首先核电科技发展需要长周期、复杂的、跨学科的研发、试验验证过程，作为能源应用，还需要满足核级产品要求，通过装备制造和建造，最终在全生命周期内实现安全高效运行；核电市场具有市场容量相对较低但是科技含量高、价值高的特点，但是在防核扩散和进出口管制方面受制于国际公约；核电的发展布局需要考虑高投入和长周期回报的特点，但是从长寿期和核燃料与运行费用较低的角度来说，核电的经济性较好，并且具有不断改进、提升的空间；同时核能具有社会和政治敏锐性。综合来看，鉴于对科技、社会和经济的带动及国家能源安全的保障，特别是有利于促进军民融合发展，核电发展应该能够很好地平衡公众对于风险的担忧。

在目前核电发展基础上，着眼于规模化和可持续发展，国际上核能领域创新领域和发展方向可以概括如下：

（1）铀资源利用最优化和放射性核废物最小化。为实现放射性核废物容积和监管时间的最小化，同时实现裂变燃料的更有效利用，应建立先进的闭式核燃料循环，包括先进的压水堆和快堆及乏燃料后处理工程的匹配发展。在四代核能系统研发中提出多种技术方案，需要注意的是需要配套开发核反应堆技术和核燃料循环技术。

（2）实际消除严重事故场区外影响，做到取消场外应急的目标。在核电站严重事故或极端自然灾害情况下，放射性释放不致对周边环境造成严重影响，不会导致周围居民的大量撤离，以及对周边环境的长远影响。目前压水堆技术采取先进的能动和非能动理念，提升固有安全性，四代核电技术面临同样的挑战，以“设计上实现实际消除大规模释放”。

（3）增强经济竞争力，减轻财政负担。未来的核能系统应该维持目前的低运行费用，降低项目投资和建造周期，采取适合的科技手段达到简化、标准化、预制和模块化。挑战同样是如何做到安全、简单和低成本，资源优化和废物最小化。

（4）探索核能多用途利用。小堆具有供电、供热、供汽、海水淡化等多种用途，具有安全性、成本效益、灵活性等特点，在开发海洋战略、分布式综合能源方面有独特的、不可替代的优势。在积极开发非电力市场方面，主要方向包括高温工艺热的工业化应用，需要开发耐高温、耐高辐照和耐腐蚀的材料。

4.2 我国压水堆核电发展现状

4.2.1 我国核电发展总体情况

60 多年前，党中央做出了发展我国原子能事业的战略决策，我国建立了完整的核科研和核工业体系。通过 30 多年的发展，我国核电产业已经初具规模，在运核电机组 26 台，总装机容量 24.42 GW，世界排名第 5；在建机组 24 台，总装机容量 26.25 GW，占世界在建总装机容量的 36%，居世界第一[2]。

我国目前核电装机容量仅占总电力的 3%左右，远低于欧美日韩等发达国家；并且相比于全球核电站运行经验超过 16000 堆年，中国核电站运行经验约 180 堆年。可以看出，我国核能产业发展仍处在初级阶段。长远来看，随着国家发展，能源需求呈现多元化增长，并且环境和生态文明的建设对核电的需求和核电在我国能源中的地位将凸显。2012 年 10 月，国务院通过了《核电中长期发展规划（2011—2020 年）》，规划明确到 2015 年，国家预备实现运行核电装机达到 4000 万 kW，在建规模 1800 万 kW，到 2020 年核电发展目标为运行装机 5800 万 kW，在建 3000 万 kW[3]。

4.2.2 我国核电发展各领域现状

1. 在役核电站保持了良好的安全运行记录[4]

我国目前在运行的核电机组的平均负荷因子达到 85%～90%，年均满负荷发电能力达 7000 h 以上，主要运行指标进入世界先进行列。运行中产生的放射性废物量逐年下降，废物排放量比国家允许值低两个数量级，工作人员照射剂量小于国家标准限值的 25%。上网电价在 0.39～0.46 元/(kW·h)，低于或相当于当地脱硫燃煤机组的标杆电价，经济上有竞争力。

2. 核电装备及建设已具备快速发展的良好基础[5]

在《国务院关于加快振兴装备制造业的若干意见》《国务院关于加快培育和发

展战略性新兴产业的决定》指引下，多部委相继出台鼓励与扶持核电设备国产化的配套政策措施；以核电项目为依托，不断提升装备制造产业能力，核电主设备制造布局和体系基本形成。目前，中国核电装备制造业发展的主流是向专业化、批量化、规模化和集约化方向发展。通过实施国家重大科技专项，提高了核电装备行业的技术水平，主设备和关键设备大部分由国内供货，设备国产化率超过85%。设备制造商的装备水平属国际一流，三大动力集团均具备年供应 3～4 套核电装备的能力，加上近年来，火电发展减速，腾出更大的产能，可以说我国完全有能力每年建设 6～8 台核电机组，设备行业的发展为核电大国奠定了基础。

3. 积极推进闭式核燃料循环及废物处置[6]

我国已成为世界上少数几个拥有完整核工业体系的国家，成功实现铀浓缩离心机国产化，我国已建成完善的核电用锆材生产体系，自主研制的 CF2、CF3 核燃料元件，正在进行随堆考验。我国核电厂的核燃料供应完全立足国内。

每个核电厂每年卸出 20～30 t 乏燃料，存贮在核电厂内部的乏燃料厂房中，乏燃料厂房存贮的容量可满足 15～20 年的卸料量和一个整堆的燃料。压水堆核电站乏燃料中含有约 95%的 U238、约 0.9%的 U235、约 1%的 Pu239、约 3%的裂变产物、约 0.1%的次锕系元素（minor actinides，MA）。其中仅裂变产物和次锕系元素为高放和长寿命放射性废物，其他均是可再利用的战略物资。我国实施闭式核燃料循环的技术路线，提取乏燃料中的 U 和 Pu 作为快中子增殖堆的燃料。自主设计的我国第一座动力堆乏燃料后处理中间试验工厂（中试厂）热试成功，正式投产；并正在规划自主建设我国首个商业规模的乏燃料后处理工程，为实现我国闭式核燃料循环奠定基础。我国已建成快中子实验堆，并投入运行；正在研发并建自主示范快堆，为开发第四代核电技术，充分利用核资源，以及下一代核电技术发展奠定基础。

乏燃料中的次锕系元素可利用快堆或加速器驱动次临界系统（accelerator driven subcritical systems，ADS）来嬗变，使其变废为宝，ADS 具有较高的嬗变支持比，中子能谱更硬，安全性较好。我国正在开展 ADS 的研究。

高放废物的处置：裂变产物放射性核素含量或浓度高（4×10^{10} Bq/L），释热量大（2 kW/m^3），含有毒性极大的核素。占所有废物体积的 1%，但占放射性总量的 99%。高放废物通过玻璃固化，采取三重工程屏障：玻璃固化体、废物罐、缓冲材料，用以阻水，防止核素迁移；然后进行与生物圈隔离的深地层埋藏。

可以说核电厂的乏燃料是严格受控的，不会出现任何安全问题。高放废物危害远小于煤电等废弃物，经玻璃固化和三重工程屏障处理，以及深地层最终处置，不会给环境、人类带来危害。

4. 压水堆作为主力商业堆型仍将是我国发展核电的首选

压水堆核电技术作为世界核电主流技术，凭借其结构紧凑、功率密度大，同时经济上基建费用低、建设周期短、轻水价格低的显著特点，在目前世界上在运行核电机组中占据了 67.2%的比例，成为各国发展核电的首选。伴随着核电发展的不同阶段，在经历了第一代的原型堆、第二代的商业堆之后，目前已发展到第三代核能系统水平。第三代轻水堆核电厂在燃料及反应堆技术、安全系统等方面采用了现代化的技术，在安全性和经济性等方面都有了显著提升。在此轮国际核电市场竞争中，各主要核电出口国推出的主要核电堆型仍为压水堆：俄罗斯原子能公司主要推广的机型为 AES-91、AES-92 和 AES-2006 型，目前已赢得 20 多项境外合同；美国西屋电气公司主推机型 AP1000，在全球有 8 台机组在建；法国 AREVA 公司主要推广 EPR，全球有 4 台在建。我国在 30 余年核电发展中，同样选择了压水堆作为主力堆型。截至目前，在运行的 19 座核电机组中有 17 台为压水堆，同时在《核电中长期发展规划（2011—2020 年）》中明确压水堆核电机组是实现发展目标的首选堆型。

5. 三代首堆项目建设需要工程验证

目前，我国在建的三代堆工程项目的进度都有不同程度的滞后，其中包括 4 台 AP1000 机组和 2 台 EPR 机组。世界首台 AP1000 机组——浙江三门核电站 1 号机组 2018 年 6 月首次并网成功。

综合来看主要原因如下：

（1）首堆研发后，设计方案没有及时固化、标准化：在施工过程中，设计不断出现变更，导致施工经常返工；设备技术条件修改，计划配合不好，导致工厂化制造、模块化施工优势体现不出来。

（2）设计开发与设备研制需要配套：成熟的技术需要通过关键设备制造来落实，成熟的设计必须完成设备的适应性设计，没有实际工程设备支撑的设计就有相当大的不确定度。

（3）关键设备制造有很大的挑战：特别是非能动技术需要的屏蔽主泵、爆破阀等都具有很大的制造难度，需要一个研制、试验和验证的过程。

（4）三代核电技术建设工期存在延误，在国际核电发展历程中并不是没有先例的。特别是 AP1000 核电机组是系统地采用先进非能动技术的三代电站，作为世界上首台电站，在建设过程中出现一些问题，导致工期有一些推迟，我国对于承担的风险需要积极应对。

6. 福岛核事故后，安全改造与技术研究持续推进[7]

福岛核事故后，对现有核电厂进行针对性安全检查，是国际核能监管机构普遍采取的行动，且都重点关注极端外部事件的设防、严重事故的预防和缓解、应急准备和响应等方面。

美国核管理委员会（NRC）审查特别小组（NTTF）以《加强 21 世纪反应堆安全的建议》的形式针对监管框架、地震洪水抵御能力、严重事故缓解能力、应急准备、监督有效性等方面提出了 12 条综合建议，并形成了三条基本结论，即福岛核事故的事故序列不太可能在美国发生；美国已经采取的措施可以减少堆芯损伤和大规模放射性释放发生的可能；美国核电厂的继续运行和执照活动没有紧迫风险。NRC 一方面系统性、有步骤地组织福岛核事故的经验反馈工作；另一方面也在按部就班地实施既定的安全审评和审批工作。

欧盟理事会于 2011 年 3 月 25 日要求对欧盟所有核电厂进行“压力测试”。5 月 13 日欧洲委员会和欧洲核安全监管机构组织（ENSREG）就测试的范围和步骤达成一致，形成了内容详细的指导文件，从 6 月 1 日起对欧盟 143 台机组进行安全核查，包括三个阶段，即预评估（自查）、国家审查、同行评议，计划 2011 年底形成初步结果，2012 年 6 月完成全部程序。“压力测试”的关注点为设计基准（如地震、洪水、极端外部事件）的确认，抗震和防洪的裕量分析，全厂断电（SBO）和丧失最终热阱的应对能力，严重事故管理等方面。结论是欧洲境内核电站的安全性是有保障的，但仍需进行持续改进。以法国为例，法国原子能安全委员会表示，法国境内的 58 座核反应堆和燃料循环设施“具备足够的安全性能，然而要保证这些设施的持续运行，须尽快提高其抵御超过现有安全裕量的极端事故工况的能力”。此外，法国电力集团根据福岛核事故的反馈，针对每个电站提出了近、中、远期的改进行动，以进一步提高安全水平。从上述主要核大国的行动来看，吸取福岛核事故经验教训，开展深入的技术分析和安全研究，提高在运核电站和新建核电站安全水平将会是一项长期持续的工作。

福岛核事故后，中国行业和监管部门组织安全检查，结果表明，中国核设施风险可控、安全有保证；并发布了《福岛核事故后核电厂改进行动通用技术要求》，已在中国所有运行与在建核电厂全面实施；发布了《核安全与放射性污染防治“十二五”规划及 2020 年远景目标》，上述文件提出的新建核电厂安全要求主要涉及以下领域：修订和强化纵深防御体系、包括多重失效在内的超设计基准事故（BDBA）的应对能力、实际消除大量放射性释放以缓解场外应急、内外部灾害的防护。通过行业开展的系列研究得出结论："中国核电采用压水堆技术路线，无论从堆型、自然灾害发生条件和安全保障方面来看，切尔诺贝利和福岛事故序列在中国不可能发生"。

7. 三代核电技术自主化研发取得突破，实现自主品牌[8]

先进压水堆必须满足国家核安全法规的要求，并与国际IAEA导则、美国《先进轻水堆用户要求》（URD）和EUR文件等关于先进核电厂安全性和经济性要求及指标接轨，还需要考虑福岛核事故后在外部灾害、严重事故、应急等方面更高的核安全要求。总体来说有以下几个方面。

（1）安全设计要求：核电厂设计必须有足够大的裕量，提高抗震要求，延长操作员不干预时间；设置严重事故预防和缓解措施，通过概率风险评价（PRA）分析，要求内部和外部事件造成的堆芯熔化概率小于10^{-5}/堆年，大量放射性释放概率小于10^{-6}/堆年；严重事故缓解措施应满足纵深防御的原则；由累积发生频率超过1×10^{-6}的严重事故放射性释放导致的电厂边界处人员全身剂量小于0.25 Sv。

（2）性能设计要求：核电厂按60年的运行寿期设计，在整个寿期内年平均可利用率应高于87%，燃料平均燃耗不低于60000 MWd/tU，具有符合跟踪能力，具有较高的放射性废气废液的净化能力等，以提高电厂的运行性能和环保性能。

（3）建设进度应比现有电厂有显著的改善，在考虑初始资本费、燃料成本和运行维修成本后，与参考煤电厂脱硫电价相比应有经济优势。

（4）后福岛时代压水堆核电技术要求将呈现以下新的趋势：加强应对极端外部灾害的能力，包括防洪、防水淹和抗震能力；进一步完善超设计基准事故和严重事故的预防与缓解措施；完善事故管理与应急管理体系，针对长时间全厂断电和多机组严重事故有相应的管理措施。

国家发布的《核安全规划》和《新建核电厂安全要求》中关于核电技术方面，在明确安全指标的同时，强调未来的核电技术在满足最新核安全法规标准的前提下，应当在先进性和成熟性之间取得平衡；并要求"'十三五'及以后新建核电机组力争实现从设计上实际消除大量放射性物质释放的可能性"。

我国在核电总体设计、核岛设计、关键设备和材料国产化、先进燃料元件制造、数字化仪控系统开发等方面都取得重大进展。自主设计的三代核电"华龙一号"已开工建设，拥有完全自主知识产权，已出口巴基斯坦2台。在引进、消化吸收AP1000核电站技术基础上，自主研发的三代核电CAP1400示范工程也已开工建设。

8. 核电市场需求呈功率阶梯化、用途多样化发展态势

我国核电市场未来可预见的，仍将以百万千瓦级及以上压水堆为主要机型，同时，中小型、多用途堆型也将拥有广阔的市场需求，需要核能行业去开拓。

我国有很多不发达地区受制于其电网容量小，无法发展大型核电机组，而中小型堆可以满足其多种能源的需求。例如，海上钻井平台、远离大陆的海岛、大型工业区能源多种需求、新建城镇化供热等特殊厂址和特殊需求。中小型堆具备良好的厂址适应性、高度的安全性，可以满足其电力需求以及非电领域（包括工业工艺蒸汽、区域供热、海水淡化和制氢等）的需求。

IAEA 预测，在未来的 20 年，占能源消耗总量 50% 的供热领域——城市区域供热、工业工艺供热、海水淡化等对清洁能源的需求会快速增加。目前，仅全球城市区域供热一项的采暖能耗约占能源消耗总量的 16%，供热市场规模是电力市场的约 1.7 倍。

4.3 我国压水堆核电技术发展原则探讨

4.3.1 安全是核电的生命线

核电安全的基本目标是确保核电厂不会对个体和社会健康造成显著的威胁，其最基本的目标是防止核电厂向环境释放放射性物质，也包括防止事故对电厂造成损伤，保护电厂工作人员的人身安全等。发展核电，必须按照确保环境安全、公众健康和社会和谐的总体要求，把核安全文化和“安全第一”的方针，落实到核电规划、研发设计、建设、运行、退役全生命周期及所有相关产业，因此，安全性成为我国堆型与机型选择时考虑的重要因素，在安全的前提下稳步推进我国核电发展已经成为共识。近年来，IAEA 不断强调“实质消除大规模放射性”这个概念，我国核安全规划中要求“从设计上消除大规模放射性释放”，亦是指在核电站严重事故或极端自然灾害情况下，放射性释放不致对周边环境造成严重影响，不会导致周围居民的大量撤离，以及对周边环境的长远影响。

未来提高核电安全的总体思路：在提高固有安全性的理念指引下，在燃料和堆芯安全的前沿领域，开展前瞻性和基础性的科学研究；采用先进的燃料和堆芯设计，加上先进的安全系统，能够显著提高压水堆的固有安全水平，有可能推动压水堆技术的革命性发展；投入开展堆芯熔融机理研究，优化完善事故预防与缓解的工程技术措施，包括熔融物堆内滞留（IVR）技术、堆芯熔融物捕集器和消氢技术等；可以说，核安全的最终目标就是维持安全壳的完整性，需要开展包括

安全壳失效概率计算、源项去除等预防及缓解措施研究，应对安全壳隔离失效、安全壳旁路和安全壳早期失效及其他导致安全壳包容功能失效的事故序列。具体方向包括：保证四道屏障的完整性（特别是安全壳的完整性），保证五层纵深防御的有效性，采用耐事故燃料元件，先进堆芯设计，提高安全措施的可靠性，放射性废物最小化，采用先进的智能化仪控系统，延长操作员不干预时间和厂外支持时间，加强严重事故堆芯熔融机理研究，实际消除大规模放射性释放，增强固有安全性，最终目标是技术上实现减缓或者不需要场外应急。

4.3.2 经济性决定产业发展前景

在数种动力堆型、多种核电机组型号研制成功之后，在电力市场中与其他能源竞争，在国际市场中与其他国家核电竞争，是否取得优势，能否推广应用、批量建设，是经济性起决定作用；当然前提是满足安全法规要求，解决了工程可行性及运行维修可实现性之后。行业发展需要的是能够在批量建设的情况下带来长期效益的核电机型，只有这样，才能合理利用资源，达到利益最大化。

采取的措施包括：①合理范围内尽可能提高燃耗，在国际核电发展的过去 30 年中，平均燃耗从 33000 MWd/tU 提高到 50000 MWd/tU，随核燃料技术的发展，燃耗将进一步提高；②提高机组热效率和发电功率，虽然核电蒸汽参数受限，但仍可采用这项指标评价，探索通过汽轮机改造等方法得到有效提升；③提高核电机组可利用率，包括能力因子和负荷因子等；④缩短建造周期，强化管理、模块化设计和建造；⑤简化设计，通过研发创新和设计优化，不仅能够简化系统、减少设备，还能够有助于降低运行和维护成本；⑥标准化设计和批量化建设能够有效降低平均投资成本；⑦设备制造国产化；⑧延长电站运行寿命；⑨充分利用厂址条件，一厂多堆建设。

4.3.3 核电产业发展应由国产化向自主化提升

我国在推动核电国产化所取得的成绩有目共睹，但是要实现核电产业可持续发展，参与国际竞争，需要实现自主化发展。国产化是针对消化吸收引进技术而言的，我国核电技术起步及升级时，把国产化作为实现追赶战略的重要组成部分；产业自主化发展是一种立足于自主决定产业发展的目标、规模、路径、进程，自主选择产业技术进步方式；核电产业具有核工业和电力工业双重属性，军民结合战略性产业，也是产业关联度极高的高技术产业，需要迈入自主化发展阶段。为促进和实现我国核电“走出去”战略，国内新建核电站更应倾向于选择具有完全自主知识产权、国产化程度高的机型。

核电产业自主化思路：应将掌握核电产业发展的主动权和技术主导权作为目标；充分利用国内、国际两种资源，以我为主、中外合作，创新核电产业发展模式和发展战略；坚持核电技术的自主研发、集成创新，结合对引进技术的改进创新，旨在形成比较完整的自主化核电工业体系、较强的产业技术创新能力；具备批量化、规模化、自主建造中国品牌先进核电站的综合能力。

4.3.4 探索核能一体化模式，落实核安全责任

应当看到，核安全是由成熟先进核电型号研发到开展合适的选址和设计，由高质量的装备制造到施工建造，全寿期的核电厂成功运行、维护，政府负责的有效的安全监督管理构成，其中运营商承担核设施的安全运行，负有主要责任。而建立全国共享、一体化的核电站运行、维护经验共享体系，一体化的设计、供应商和运营商的经验反馈体系，对于保证高安全水平和高效经济的运行性能是必要并且迫切的。

为保证全寿期核安全和经济目标，需要加强运行和维修安全技术与管理研究，提高在役核电站安全运行水平，延长使用寿命；建立数字化核电站实现设计、供应商和运行经验反馈体系；开展以机器人为代表的先进的设备状态监测检修及评价技术。

4.4 最新的 IAEA 设计法规明确发展趋势

4.4.1 新一代核电厂设计的安全要求

我国参照 IAEA 建立了较为完善的法规体系。我国《核动力厂设计安全规定》（HAF 102—2004）是以 IAEA 2000 年发布的《核动力厂安全：设计》（NS-R-1，2000 版）为蓝本制定的，发布至今已有十几年，为我国核动力厂的设计、制造、建造、运行和监督管理过程提供了有效的指导。

NS-R-1 发布后，IAEA 对 NS-R-1 先后进行了两次修订：第一次是于 2012 年发布了《核动力厂安全：设计》（SSR 2/1—2012），在 SSR 2/1—2012 中，IAEA 明确表示该文件只反映了截至 2010 年国际核电的技术进步、所积累的反馈和经验，未包含福岛核事故的经验反馈；第二次是 IAEA 结合福岛核事故的经验反馈，于 2016 年 2 月正式发布了《核动力厂安全：设计》（SSR 2/1—2016，Rev.1）。

1. 实际消除

根据 SSR 2/1—2016，HAF102 修订稿（征求意见稿）引入了“实际消除”的概念。在“2.3 安全设计”中提出了“必须‘实际消除’可能导致高辐射剂量或大量放射性释放的核动力厂事件序列；必须保证发生概率高的核动力厂事件序列没有或只有微小的潜在放射性后果。安全设计的基本目标是在技术上实现减轻放射性后果的场外防护行动是有限的甚至是可以取消的”。

在纵深防御第四层次、乏燃料水池的设计、设计扩展工况（DEC）分析、安全分析、外部灾害等方面分别提出了设计上实际消除的相关要求。

2. 纵深防御

（1）纵深防御第四层次的调整。

（2）根据 SSR 2/1—2016，HAF102 修订稿（征求意见稿）将纵深防御第四层次的目的调整为“减轻第三层次纵深防御失效所导致的事故后果。这一目标通过阻止这些事故进程和缓解严重事故的后果得以实现”，另外，HAF102 修订稿（征求意见稿）新增了“必须‘实际消除’可能导致早期或者大量放射性释放的事件序列”。

（3）纵深防御的独立性。

（4）根据 SSR 2/1—2016，在 HAF 102 修订稿（征求意见稿）的“2.4 纵深防御概念”和“4.4 纵深防御的应用”中，强调了纵深防御的独立性，即“纵深防御概念的应用主要是通过一系列连续和独立的防御层次的结合，以防止事故对人员和环境造成危害”“纵深防御的各个层次之间必须尽实际可能地相互独立”和“避免一个层次的失效降低其他层次的有效性”等，并强调了用于设计扩展工况的安全设施（例如，对于缓解燃料熔化事故后果的设施）应尽实际可能地与安全系统独立。

3. 核动力厂状态分类明确了设计扩展工况

根据 SSR 2/1—2016，HAF102 修订稿（征求意见稿）引入了设计扩展工况的概念，并对典型的核动力厂状态进行了调整（图 4.1），即包括正常运行、预计运行事件、设计基准事故和设计扩展工况，其中又将设计扩展工况分为无燃料明显损伤的事故工况和堆芯熔化的事故工况两种；并明确了应对设计扩展工况的相关要求，如提出应对设计扩展工况的安全设施、设计扩展工况辐射监测等要求。

运行状态
事故工况
设计扩展工况
正常运行
预计运行事件
设计基准事故
无燃料明显损伤
堆芯熔化

图 4.1 核动力厂状态分类

在应对设计扩展工况的安全设施、安全设施与安全系统独立、开展设计扩展工况分析、安全设施的设计规格书和辐射监测等方面，提出了明确要求。

HAF102 修订稿（征求意见稿）在安全重要物项的设计基准、设计限值、反应堆停堆、反应堆堆芯的应急冷却、进入安全壳、安全壳状态控制等条款中，将 HAF102-2004 要求的设计基准事故扩展为事故工况，包括了设计扩展工况的相关要求。

4. 安全壳结构完整性

根据 SSR 2/1—2016，HAF102 修订稿（征求意见稿）对保持安全壳结构完整性提出了设计要求，包括运行状态和事故工况下避免丧失安全壳结构完整性，并不得导致早期或大量放射性物质释放；设计中可以采用安全壳过滤排放系统，以在丧失安全壳冷却的情况下通过主动、受控过滤排放，避免安全壳整体结构失效等。还要求能使用移动设备恢复安全壳排热能力。同时，删除了 HAF102-2004 中的双层安全壳、安全壳强度、安全壳定期试验等方面的要求。

4.4.2 减缓场外应急，提出相应的安全目标和措施

事故应急准备和响应是减小核电站可能危害的最后和必要的屏障。目前在建的第三代核电机组已然提高了安全目标，但尚未做到实际消除大规模放射性释放，因此还不能取消场外应急，但减缓场外应急是第三代核电厂的设计目标之一。而正在研究的第四代核电站的目标是能够取消场外应急，即不存在场外风险。

减缓场外应急必然要求从设计上提高电厂的安全特征，减少事故发生的概率，并设置完善的严重事故缓解措施，降低严重事故时向环境的放射性物质释放量。特别是在美国三哩岛事故和苏联切尔诺贝利事故后，为了消除公众对核电的疑虑，欧洲、美国和 IAEA 都提出了改善先进核电厂安全特性的定性和定量指标，简单概括如下：

为了开发安全性更高的下一代核电厂，法国和德国在 1987 年提出与核电安全相关的关键问题，其中就包括减小环境释放源项和应急计划，实际消除安全壳早

期失效导致的大量放射性释放。之后，各国对这个概念不断发展完善，提出了具体需要消除的工况，包括停堆状态下安全壳打开时堆芯熔化、高压熔堆、安全壳旁通型堆芯熔化、氢气燃爆（hydrogen combustion，H2C）、压力容器内外蒸汽爆炸等。

对于简化场外应急，则是提出了有限区域和有限时间的影响准则，如严重事故工况下，应急撤离区域不超过 800 m，隐蔽的区域不超过 3 km，3 km 之外不应有长期的作物种植和食物摄入限制。日本福岛核事故之后，西欧核监管协会（WENRA）在 2013 年正式发布了《新建核电厂设计安全》，参考 IAEA 建议的预防行动区（PAZ）和紧急防护行动规划区（UPZ）范围，提出新反应堆要从设计上实现 3 km 撤离区和 5 km 隐蔽区的目标。

美国在 1986 年提出了核电厂定量安全目标，后来成为广泛熟知的两个“千分之一”：

（1）核电厂事故对附近典型居民的急性死亡风险不应该超过美国公民所承受的其他事故导致的急性死亡风险总和的千分之一；

（2）核电厂运行对周边居民的癌症死亡风险不应该超过其他所有原因导致的癌症死亡风险总和的千分之一。

为实现两个“千分之一”的安全目标，NRC 提出了核电厂导出概率安全定量化目标：核电厂设计必须做到堆芯损坏概率（CDF）小于 10^{-4}/堆年，大量放射性早期释放概率（LERF）小于 10^{-5}/堆年。之后一些技术文件（如 URD）对新建核电厂提出了更高的技术要求，如 CDF 小于 10^{-5}/堆年，LERF 小于 10^{-6}/堆年。

美国核电厂按照 10CFR100 的规定，设置 10 mi（1 mi=1.609344 km）的烟羽应急计划区。随着先进压水堆和沸水堆、高温气冷堆等新堆型设计的出现，设计单位和研究机构纷纷向 NRC 申请减小场外应急计划区。对于场外应急计划区减小的范围，典型的数值为 2 mi 和 0.5 mi。

IAEA 对核电厂安全原则和应当实现的安全目标也有系统要求，既包含概率安全目标，也有欧洲实际消除大规模释放的要求。如在 INSAG12 中，对于新建核电厂，要求其严重堆芯损伤概率应低于 10^{-5}/堆年。新建核电厂的一个重要的目标是实现“实际消除导致早期大量放射性物质释放”的事故序列，而使用现实假设和最佳估算分析考虑导致安全壳晚期失效的严重事故以致它们的后果仅需要在时间和区域上采取有限的保护措施。

我国核电经过 30 多年的发展，已经形成一套包括选址、设计、建造、运行与事故管理、放射性废物管理、应急准备、环境影响评价等全领域的安全法规和标准。我国核安全法规、标准总体上参照代表国际核电最高水平的 IAEA 安全标准制定，并持续改进，不断提高，保持与国际先进水平接轨。我国的《“十二五”期间新建核电厂安全要求》明确提出了新建核电厂堆芯损伤频率和大规模放射性释放频率要分别低于 10^{-5}/堆年和 10^{-6}/堆年；并要求从“十三五”开始，新建核电厂要从设计上实际消除大量放射性物质释放。可以看出，我国对新建核电厂的安全要求是按照世界上的最高标准进行的。

4.4.3 设计上实现“实际消除”的通用技术措施

实际消除大量放射性释放，是核电厂纵深防御原则的重要目标。总结现有核电厂的设计和运行经验，压水堆核电厂在实际消除大量放射性释放与减缓场外应急方面，其通用技术措施的目标包括：①防止堆芯熔化；②保持反应堆压力容器的完整性；③保持安全壳的完整性；④防止乏燃料的放射性释放。除此以外，要做到实际消除大量放射性物质释放的可能性，核电厂还需要采取合理的运行操作和事故管理规程。

1. 防止堆芯熔化

核电厂发生事故后，首先要保证堆芯冷却，以防止堆芯熔化，避免放射性物质从燃料释放到回路中。为保证堆芯冷却，对于破口类事故，要求有可靠的水源和电源，以实现堆芯注入；对于非破口类事故，还要求反应堆冷却剂系统（RCS）能够完全降压，以实现堆芯注入，或者一回路形成自然循环，将堆芯余热排出到二回路或安全壳外。

2. 保持反应堆压力容器的完整性

当堆芯熔化不可避免时，要尽可能保持反应堆压力容器的完整性，避免放射性物质从回路释放到安全壳中。目前可以采用的方法有堆内捕集器和反应堆压力容器外部冷却，以实现熔融物堆内滞留。压力容器若能保持完整，也避免了堆外蒸汽爆炸（ex-vessel steam explosion，EVE）和堆芯熔融物与混凝土的相互作用（MCCI）等威胁安全壳完整性的现象。

3. 保持安全壳的完整性

不论反应堆压力容器是否熔穿，都应保持安全壳的完整性，防止放射性物质从安全壳释放到环境中。如果发生安全壳失效，将意味着大量放射性物质的释放，所以针对安全壳内的各种严重事故现象，核电厂应该有一系列的严重事故缓解措施，以保持安全壳的完整性，防止放射性物质大量释放。目前压水堆核电厂威胁安全壳完整性的 7 大主要严重事故现象及其应对措施总结如下：

（1）为了避免高压熔堆引起的安全壳直接加热（direct containment heating，DCH），一般在稳压器上设置专用快速卸压阀。这个阀门必须有足够大的容量，以避免缓慢卸压可能引起的锆水反应加剧。

（2）针对安全壳内的可燃气体，一般采用点火器或非能动氢复合器，其目标是控制安全壳内的平均氢气浓度小于 10%。对于局部氢气燃爆问题，可以采用合理设计隔间通道的方法，防止氢气局部聚集。

（3）为了避免安全壳超压风险，可以增加安全壳热量排出系统的可靠性和冗余度，包括增加安全壳喷淋的数量和保证可靠水源，采用非能动的热量导出系统等。

（4）为了避免压力容器外蒸汽爆炸现象，一般采用干堆坑设计，或者反应堆压力容器外部冷却的措施，防止压力容器熔穿。前者排除蒸汽爆炸所需水源，后者阻止熔融物释放，都可以从根本上消除蒸汽爆炸发生的可能。

（5）为了避免发生 MCCI 和安全壳底板熔穿，可以采用 IVR 或堆芯熔融物捕集器。前者避免了压力容器熔穿，后者在堆芯熔融物熔穿压力容器后把其收集起来并冷却。

（6）针对安全壳的旁路失效，核电厂主要采取增加隔离可靠性、提高低压系统设计压力等措施。为了减小界面 LOCA 引起的严重事故的释放量，要求与反应堆冷却剂系统相连的正常工况使用的系统，必须位于有包容功能的厂房内；与冷却剂系统相连的事故工况下使用的系统，应尽量设置于安全壳内。针对蒸汽发生器传热管破裂（SGTR）旁路释放，采取必要的措施，防止 SGTR 下蒸汽发生器发生满溢。

（7）应该考虑大型商用飞机撞击核电厂的后果，并采取合理的措施，如在安全壳外增加防止大型商用飞机撞击的保护壳。

安全壳的完整性对消除大规模放射性释放有重大意义，根据严重事故时 MAAP 计算的结果，放射性物质的释放共分 12 组（表 4.1）。

表 4.1 严重事故时放射性物质分组

组别	成分
第 1 组	Nobles （Xe＋Kr）
第 2 组	CsI＋RbOH
第 3 组	TeO_2
第 4 组	SrO
第 5 组	MoO_2

续表

组别	成分
第 6 组	$CsOH+RbOH$
第 7 组	B_2O
第 8 组	$La_2O_3+Pr_2O_3+Nd_2O_3+Sm_2O_3+Y_2O_3$
第 9 组	CeO_2
第 10 组	Sb
第 11 组	Te_2
第 12 组	$UO_2+NpO_2+PuO_2$

其中仅第 1 组为气态，因此只要安全壳的完整性得到保障，液态和固态的放射性物质的释放是可以防止的。

三哩岛核电站的事故后果充分说明了这一点。三哩岛事故时安全壳内放射性总量为：Xe133-2.22×10^{18} Bq，Xe135-1.11×10^{17} Bq，I131-1.85×10^{17} Bq。由于安全壳内压力不高，泄漏率很小，经测量，排放到环境的放射性总量为 9.25×10^{16} Bq，Xe133 占 60%，I131 为 5.55×10^{11} Bq。80 km 半径内 200 万居民受集体剂量当量约 20 人·Sv，公众最大个人剂量小于 1 mSv，远低于场外应急干预水平（10 mSv）。相反，切尔诺贝利核电站由于没有安全壳，放射性物质释放的总量达 12×10^{18} Bq，（6～7）$\times10^{18}$ Bq 为惰性气体，其中 I131-（1.3～1.8）$\times10^{18}$ Bq，Cs134-0.05×10^{18} Bq，Cs137-0.09×10^{18} Bq，周围 10%的居民所受剂量大于 50 mSv，近 5%的居民所受剂量达 100 mSv，严重超标。福岛核事故同样由于第三道屏障不完整，带来严重的环境后果。事故时释放 I131-1.5×10^{17} Bq，Cs137-1.2×10^{16} Bq，同时还有大量含放射性物质的水从安全壳泄漏，渗入土壤、水源和地下水，造成严重的环境长期污染，被迫撤离大量居民。但福岛辖区内 195345 位受检居民中未发现有损健康的案例。

4. 防止乏燃料的放射性释放

乏燃料池位于安全壳外，贮存着从反应堆卸出的乏燃料组件。在乏燃料池完全丧失冷却时，池水将升温、沸腾、水位下降，导致乏燃料裸露和冷却不足，可能有燃料熔化的风险。若乏燃料池发生破裂，池水流失，也会导致燃料裸露并熔化。燃料熔化后，会造成放射性物质释放和氢气释放，而氢气释放会进一步加重事故后果。

确保乏燃料池中水位高于乏燃料组件顶部，是乏燃料组件得到足够的冷却，防止乏燃料大量放射性释放的关键。为了避免乏燃料组件裸露，采取的措施主要有：提高乏燃料池结构的抗震设计，设置温度、水位监测系统，以及乏燃料池事故后补水措施等。

5. 管理措施

核电厂运行操作以及事故管理也是实际消除大量放射性释放的重要环节之一。核电厂都会根据电厂状态，制定相应的管理规程。规程的制定在于充分合理地利用电厂现有的安全设施以及可用的其他设施进行严重事故的预防和缓解，尽可能降低事故的影响和后果。

对于设计基准事故，开发有相应的应急操作规程（EOP）预防设计基准事故演变为严重事故；在极小的概率下，堆芯发生熔化，电厂开发的严重事故管理导则（SAMG）负责将电厂恢复到可控的稳定状态并预防/缓解对工作人员和公众的放射性后果。福岛核事故发生后，进一步开发有极端破坏管理导则（EDMG）应对极端事件。

几套层次递进的规程/导则，体现了纵深防御的理念，极大程度上起到了预防严重事故发生以及缓解严重事故后果，减轻或终止放射性释放的作用。

4.5 “华龙一号”和 CAP1400 技术特点

核能发电始于 20 世纪 50 年代，在半个多世纪中经历了不同阶段的发展。今天分布于 31 个国家的 435 座核电反应堆提供了全世界 11%的电力。伴随着核电发展的不同阶段，核电厂的设计也产生了“代”的概念。在经历了第一代的原型堆、第二代的商业堆之后，第三代轻水堆核电厂在燃料技术、热效率以及安全系统等方面采用了现代化的技术。公认的三代轻水堆标准主要源自两个文件：美国电力研究院发布的《先进轻水堆用户要求》（URD）和欧洲电力用户组织发布的《轻水堆核电厂欧洲用户要求》（EUR）。URD 和 EUR 对第三代核电厂（或先进核电厂）提出了全面的要求，包括安全设计、性能设计以及经济性等方面。21 世纪以来，第三代核电厂如 AP1000 与 EPR 已经实现了首批工程应用。

4.5.1 “华龙一号”：能动与非能动相结合的先进核电厂

“华龙一号”是中核集团和中广核集团共同开发的、具备能动与非能动相结合安全特征的先进核电厂。它是基于现有压水堆核电厂成熟技术的渐进式设计，具备包括 177 堆芯、CF3 先进燃料组件、能动与非能动安全系统、全面的严重事故预防与缓解措施、强化的外部事件防护能力和改进的应急响应能力在内的先进设计特征。针对关键的自主创新技术如非能动系统、堆芯和主设备开展了大规模的试验验证。“华龙一号”的设计满足国际上对于先进轻水堆的用户要求，满足最新的核安全要求，并且考虑了福岛核事故的经验反馈。基于出色的安全性与经济性，“华龙一号”为国内与国际核电市场提供了卓越可行的技术解决方案。

设计理念

核反应堆必须确保的基本安全功能是：控制反应性，排出堆芯和乏燃料热量，包容放射性物质和控制运行排放，以及限制事故释放。为实现基本安全功能，纵深防御概念贯彻于“华龙一号”安全有关的全部活动，以确保这些活动均置于重叠措施的防御之下。安全重要的构筑物、系统与部件设计成能以足够的可靠性承受所有确定的假设始发事件，这是通过冗余性、多样性及独立性等设计准则来保证的。能动与非能动相结合的安全设计是“华龙一号”最具代表性的创新，同时也是满足多样性原则的典型案例。设计继承了成熟可靠的能动技术，同时增加非能动系统作为交流电源丧失情况下能动系统的备用措施。能动与非能动相结合的技术用于确保应急堆芯冷却、堆芯余热导出、熔融物堆内滞留、安全壳热量排出等安全功能（图 4.2）。需要指出的是，非能动系统的应用并不意味着可以降低能动系统的设计要求。能动系统的可用性仍须置于首位予以保证，非能动系统作为备用措施。

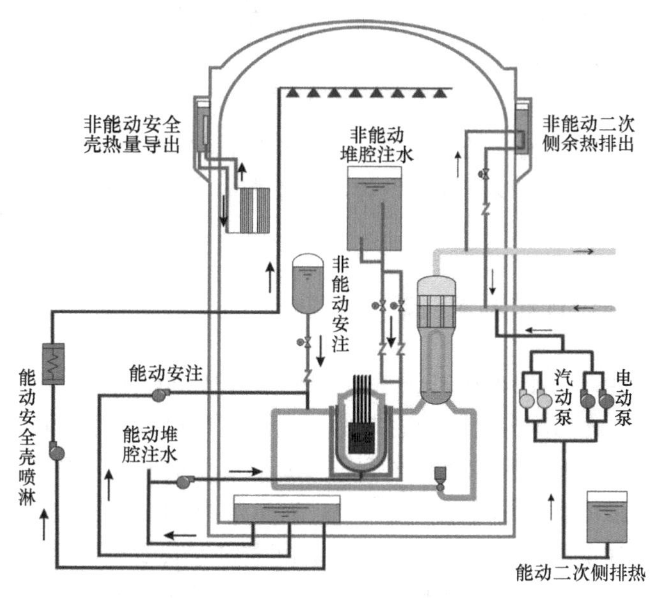

图 4.2　能动与非能动系统

红色：能动；绿色：非能动

扫描二维码可看彩图

依靠核电厂的固有安全性，假设始发事件不会产生与安全有关的重大影响，或只使电厂产生趋向于安全状态的变化。以下是几个典型实例：堆芯设计为负反应性系数反馈；在断电情况下控制棒通过重力插入堆芯；在反应堆冷却剂系统保持完整及蒸汽发生器二次侧导出热量的条件下，反应堆冷却剂系统能够建立起自然循环。

福岛核事故后，“实际消除大规模放射性释放”的概念引起了广泛的讨论。为实现控制大规模放射性释放概率低于 10^{-7}/堆年的目标，“华龙一号”针对基于概率论与确定论方法确定的严重事故序列采取了完善的严重事故预防与缓解措施，设计中强调了安全壳完整性的保持。

为了进一步消除剩余风险，设计中考虑了适当的措施和充足的裕量以保护电厂免受地震、洪水和大型商用飞机撞击等超设计基准外部事件的袭击。通过设置移动泵和移动柴油发电机，提高了应急响应能力。水箱贮存水量和专用电池容量能够维持非能动系统持续运行 72 h，对于延长电厂自治时间具有显著意义。作为福岛核事故后新研发的堆型，“华龙一号”吸取了事故经验并且采取了措施，能够有效应对类似的事故情景。

“华龙一号”的运行性能和经济目标符合 URD 与 EUR 的要求，如电厂可利用率、设计寿期和换料周期。多数设备都经过了验证并可以在国内加工制造，提供了更经济和便利的设备供应链。破前泄漏和一体化堆顶结构等先进技术的应用也降低了建造、维护的成本和周期。

“华龙一号”的研发坚持自主创新路线，具备独立的自主知识产权。例如，堆芯装载 177 组 CF3 先进燃料组件，是中核集团多年科研的显著成果。中核集团也开展了自主化设计软件的研发，涉及堆芯设计、热工水力设计与事故分析、设备与系统设计等领域。

4.5.2 CAP1400 的总体设计和技术创新

为确保型号的先进性，CAP1400 基于世界先进的 AP1000，采用非能动以及简化的设计理念，其研发遵循国内外最新有效的核电法规导则和标准，满足 URD 等三代核电技术文件要求，充分反映国内外目前 AP1000 工程化过程中的设计变更及改进。CAP1400 的总体设计思路是：提高电厂容量等级，优化电厂总体参数，平衡电厂设计，重新进行全厂安全设计、工程设计和关键设备设计，全面推进设计自主化与设备国产化，积极应对福岛核事故后的国内外技术政策，实现当前最高安全目标，满足最严环境排放要求，进一步提高经济性，从而使综合性能达到三代核电的世界领先水平。

CAP1400 通过堆芯功率增大、设计标准化、设备国产化和模块化施工等措施进一步提高经济性。同时设计考虑提高 CAP1400 的厂址适应性。采用固有安全、增大裕量、非能动理念以及纵深防御，进一步提高电厂安全裕量和延伸事故缓解能力。充分考虑辐射防护最优化和放射性废物最小化原则，提高环境友好性。充分利用可靠性设计理念，确保在低维护要求下获取电厂较高的发电可靠性，充分考虑电厂的可维修性和可达性，考虑利用 PRA 指导及平衡电厂设计。采用先进的一体化数字仪控系统，系统高度集成化、保护功能多样化，控制室设计充分考虑人因并通过完整的功能需求分析和功能分配进行人机接口设计。

4.6 我国自主核电技术能够满足“设计上实现实际消除大规模释放”

4.6.1 “华龙一号”设计上实现“实际消除”的通用技术措施

“华龙一号”机组的设计满足国家核安全局已颁发的现行有效的核安全法规和核安全导则的要求，同时也参照国际原子能机构所颁布的最新安全标准要求；兼顾机组的安全性和经济性，满足三代核电技术的指标要求，具备完善的严重事故预防与缓解措施；并吸收福岛核事故的经验反馈，考虑应对福岛核事故的相关改进措施。

针对压水堆核电厂的严重事故现象，“华龙一号”机组的设计都有完善的严重事故预防与缓解措施（详见图 4.3），真正做到了消除威胁安全壳完整性的严重事故现象，实现了实际消除大量放射性释放。

以下逐项介绍“华龙一号”机组各项严重事故预防和缓解措施，并说明“华龙一号”机组在现有三代机组设计中的优势。

（1）针对非破口的事故序列，设置了二次侧非能动余热排出系统（PRS）。作为严重事故预防措施，PRS 系统在发生全厂断电等非破口事故时，为堆芯及一回路的热量导出提供手段。在发生全厂断电等非破口事故且辅助给水系统汽动泵启动失效的情况下，PRS 系统能够导出堆芯余热及反应堆冷却剂系统各设备的显热，在 72 h 内将反应堆维持在安全状态，保证反应堆运行安全，从而降低堆熔概率。

（2）针对发生破口的事故序列和其导致的安全壳升温升压，增大了安全壳自由容积，并设置了安全壳喷淋系统（CSP）。增大的自由容积限制了破口类事故发生时安全壳内部的升压速率，强化了安全壳对放射性物质的滞留作用；破口类事

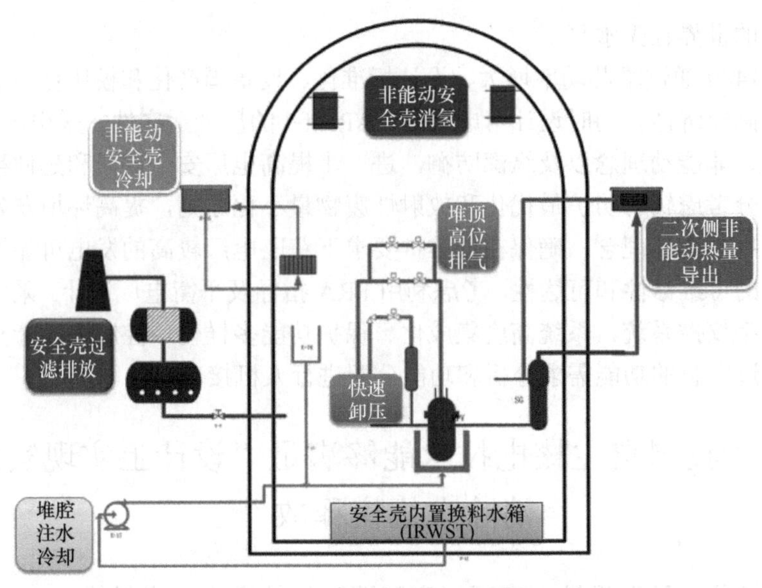

图 4.3 “华龙一号”机组严重事故预防与缓解措施

故发生后投入运行的 CSP 系统使安全壳压力迅速降低，这样，安全壳内外压差也相应降低，裂变产物泄漏源随之减少，厂外放射性水平得以限制，另外，CSP 系统能够有效减少安全壳内的气载裂变产物量（特别是碘），这也极大地限制了厂外放射性后果。

（3）针对不可凝气体对反应堆堆芯传热的不利影响，设置了反应堆压力容器高位排气系统。反应堆压力容器高位排气系统分为正常排气子系统和事故后排气子系统两部分。事故工况下，事故排气系统由主控室手动操作，迅速排出压力容器上封头可能出现的蒸汽或不可凝气体，从而防止这些非凝结气体对反应堆堆芯传热的影响，有利于事故管理。

（4）针对高压熔堆导致的安全壳大气直接加热，设置了一回路快速卸压系统。在严重事故工况下，快速卸压阀执行排放卸压功能，由操纵员在控制室根据有关的严重事故管理导则的规定手动开启阀门，完成反应堆冷却剂系统的快速卸压，从而避免高压熔堆及其导致的安全壳直接加热。

（5）针对压力容器外蒸汽爆炸、MCCI 和安全壳地板熔穿的现象，设置了堆腔注水系统（CIS）。CIS 系统通过淹没反应堆堆腔、冷却反应堆压力容器外壁的方式，有效导出堆芯熔融物衰变热，从而维持了压力容器的完整性，实现了严重事故工况下的压力容器内熔融物滞留，从而避免了压力容器外蒸汽爆炸、MCCI 以及安全壳地板熔穿的发生。该系统包括能动和非能动两个子系统，这种设计理念可保证严重事故后系统具有更强的生存能力和可用性，与同为三代堆型的 EPR 的堆芯捕集器和 AP1000 的 IVR 系统相比具有更明显的优势。

(6) 针对安全壳内氢气的燃烧与爆炸，设置了安全壳消氢系统（CHC）。位于不同隔间的非能动氢气复合器可以持续、稳定地消除安全壳内的氢气，将氢气浓度降低到安全限值以下，从而避免了氢气爆炸而导致的安全壳失效。同时，“华龙一号”增大的安全壳自由容积以及优化的隔间和流道设计也有效降低了氢气燃烧和爆炸的可能性。计算显示，“华龙一号”的 CHC 系统能够保证各种工况下安全壳内大空间氢气浓度均被控制在 7.1%以下，从而预防和阻止氢气燃爆的发生。基于这些设计措施，“华龙一号”实际消除了氢气燃爆现象。

（7）针对安全壳晚期超压，设置了非能动安全壳热量导出系统（PCS）和安全壳过滤排放系统（CFE）。基于非能动技术的 PCS 系统在超设计基准事故工况以及全厂断电和喷淋系统故障相关的事故工况下，自动投入运行，完成安全壳的长期排热，将安全壳压力和温度降低至可接受的水平，以保持安全壳的完整性，计算表明，PCS 系统水装量可维持事故后 10 天内不干涸，因此，操纵员有充裕的时间进行补水操作。CFE 系统以主动卸压的方式使得安全壳内部压力不超过其承载限值，从而确保安全壳完整性，该系统的过滤装置减少了放射性物质向环境的释放，限制了厂外放射性水平。与同为三代堆型的 EPR 和 AP1000 相比，“华龙一号”应对安全壳晚期超压的手段更多，安全性更高。

（8）针对伴有安全壳旁通的严重事故工况，“华龙一号”通过事故管理和设计改进消除了其放射性大量释放的风险。针对 SGTR 事故，“华龙一号”将高压安注改为中压安注，并采用了 100 ℃/h 的快速降温策略，使得 SGTR 事故后，蒸汽发生器不会满溢，有效保证了大气释放阀和安全阀的关闭，从而避免了放射性物质通过蒸汽发生器阀门排放到环境，实际消除了 SGTR 事故引起的安全壳旁通风险。对于界面 LOCA，“华龙一号”在设计中考虑了这种风险，在与一回路相连的系统上，在安全壳内外均设置了隔离阀，用于事故后的迅速隔离，避免界面 LOCA 引起放射性大量释放。

（9）针对安全壳开启时的严重事故工况，通过设计和运行管理避免放射性物质的大量释放。在停堆状态下安全壳打开时，“华龙一号”的设计和运行措施可以实现在大量放射性物质释放可能发生之前安全壳设备闸门和人员闸门的可靠隔离（关闭）。

（10）针对外部事件，“华龙一号”核电厂采用双层安全壳设计。外层安全壳可以抵御飞机撞击和龙卷风飞射物及外部爆炸等外部事件，避免外部事件对保证核电厂安全的系统造成影响。同时安全壳环形空间通风系统确保环形空间保持持续的负压状态，该负压状态能有效引导内、外部的泄漏都向该环形空间汇集，从而可以避免来自安全壳的泄漏直接进入环境。在排放之前，内层安全壳和外层安全壳的泄漏都要经过过滤。另外，安全壳设计要求能保护地下水，不使放射性核素或化学物质在事故工况下渗漏到地下水中。“华龙一号”核电厂的双层安全壳设计做到了“壳内有事，壳外安全；壳外有事，壳内安全”。

（11）针对乏燃料水池可能的丧失冷却剂或丧失冷却现象，改进了乏燃料储存水池的冷却和监测手段方案。乏燃料水池丧失冷却剂或丧失冷却将导致乏燃料严重损伤，并引起放射性物质的释放。按照国家核安全局在《福岛核事故后核电厂改进行动通用技术要求》中对乏燃料水池的补水及水位监测提出的具体要求，“华龙一号”的设计考虑了该技术要求，并在设计上采取措施以满足该技术要求，从而实际消除了乏燃料水池因丧失冷却剂或丧失冷却导致乏燃料严重损坏的工况。

（12）“华龙一号”核电厂其他设计改进还包括：设置厂区附加电源，同时设置小柴油发电机系统，并采用一拖一的应急柴油发电机组改进方案；应急供水改进，通过对需要应急供水的系统和设备分析，以及对电厂外部水源和内部可用水源的分析，确定应急供水方案；临时供电的设计改进，通过分析确定供电方式及临时电源的容量；提高 DVC 有效性，改善事故工况下主控室可居留性。

（13）表 4.2 给出了主流三代核电厂消除主要严重事故现象的预防和缓解措施对比。

表 4.2　主流三代核电厂消除主要严重事故现象的预防和缓解措施对比

现象	预防和缓解措施		
	EPR	AP1000	“华龙一号”
堆芯熔化	能动中低压安注 安注箱 应急注硼	堆芯补水箱 安注箱 非能动余热排出（PRHR）	能动中低压安注 安注箱 二次侧非能动余热排出 应急注硼
高压熔堆	一回路卸压系统	自动卸压系统（ADS）	一回路卸压系统
压力容器熔穿	无	IVR	堆腔注水系统
堆外蒸汽爆炸	干堆腔	IVR	堆腔注水系统
底板熔穿	堆外捕集器	IVR	堆腔注水系统
氢气燃爆	氢气复合器	点火器	氢气复合器
安全壳超压	安全壳喷淋	安全壳喷淋 非能动安全壳冷却系统	安全壳喷淋 非能动安全壳热量导出系统 安全壳过滤排放系统 更大的安全壳容积
安全壳旁通	事故管理和设计改进	事故管理和设计改进	事故管理和设计改进

续表

现象	预防和缓解措施		
	EPR	AP1000	"华龙一号"
大飞机撞击	双层安全壳 反应堆厂房、电气厂房、燃料厂房 APC 壳保护	无	双层安全壳 反应堆厂房、电气厂房、燃料厂房采用外层安全壳及防护厂房保护 两个安全厂房物理隔离，位于反应堆厂房两侧
乏燃料池事故	水位及水温监测 事故后补水系统	水位及水温监测 事故后补水系统	水位及水温监测 事故后补水系统

（14）从表 4.2 中可以看出，"华龙一号"在应对安全壳超压、大飞机撞击方面，具有多重和完善的应对措施，与其他三代核电厂相比，具有明显的先进性。

（15）在应对高压熔堆、氢气燃爆、安全壳旁通等方面，"华龙一号"保持了与其他三代核电厂相当的水平。

（16）"华龙一号"核电厂的设计在国际上处于领先水平，是我国自主研发的具有强大国际竞争力的先进堆型。其采用了多种严重事故预防和缓解措施，应用了能动与非能动相结合的概念，切实地降低了堆芯熔化概率和安全壳失效风险，能够比较全面地做到实际消除大量放射性释放。

4.6.2 CAP1400 设计上实现"实际消除"的通用技术措施

CAP1400 安全设计充分考虑了纵深防御前四个层次，以及严重事故的预防和缓解[9]。CAP1400 的纵深防御系统和安全系统完全独立，另外，在仪控系统设计中考虑了电厂控制系统（PLS）、保护和安全监测系统（PMS）及多样化驱动系统（DAS），以更好地应对共因失效问题。对于一些可能会导致大量放射性释放的序列，设计考虑了针对性预防和/或缓解措施，具体描述如下。

（1）防止高压熔堆：利用自动卸压系统（ADS）1～4 级卸压，与设计基准事故（DBA）缓解策略相融。ADS 第 4 级爆破阀具有很高的可靠性及冗余性，相应的仪控系统设置保障了足够的冗余性和多样性。堆腔与安全壳大空间没有直接的流道，避免高压熔堆后发生安全壳直接加热。

（2）防止安全壳旁通：与反应堆冷却剂系统（RCS）相连的辅助系统按抵御 RCS 全压设计，防止界面失水事故（ISLOCA）发生；SGTR 事故后能自动防止蒸汽发生器（SG）满溢，在二次侧阀门打开后利用 ADS 第 4 级阀门卸压防止堆芯放射性物质向大气释放。

（3）防止氢气爆燃：利用氢气控制系统（VLS）中冗余的点火器点燃氢气，

防止氢气爆燃；氢气复合器（PAR）主要用于应对DBA下产生的氢气，严重事故下也能发挥一定作用。安全壳结构有利于氢气交混，安全壳能承受100%锆水反应产生的氢气绝热等容燃烧而不损坏。考虑了氢气独立火焰对安全壳的影响。

（4）采用IVR策略，防止堆外蒸汽爆炸及MCCI的发生。

（5）防止安全壳晚期失效：利用IVR将熔融物滞留在压力容器内；利用PCS带出安全壳内热量，排放阀具有冗余性和多样性，与安全壳内事故无关，还具有后备冷却能力。

（6）CAP1400设计有完善的规程指导操纵员进行事故缓解相关操作，包括报警响应规程（GOP）、应急操作规程（EOP）及严重事故管理导则（SAMG）等。

（7）CAP1400严重事故预防和缓解所需的设备，将经过对应事故环境条件的考验，确保需要时可用。

另外，CAP1400具有防止反应性快速引入和防止安全壳敞开即停堆条件下的严重事故发生的措施。

CAP1400具有很强的抵御外部事件的能力：设计安全停堆地震0.3g，屏蔽厂房设计考虑抗商用飞机恶意撞击，厂坪和厂址选择符合干厂址条件并且留有一定的裕量。

CAP1400核电厂安全壳设计满足低泄漏的要求，即使在堆芯发生严重损伤的情况下，只要安全壳完好，其对应的放射性泄漏量不会超过“500TBq 等效 I131剂量”。

PSA分析结果表明，CAP1400核电厂导致高辐射剂量或高放射性释放量的电厂事件序列发生的可能性极低，电厂大量放射性释放频率小于1.0×10^{-7}/堆年。

CAP1400设计中充分考虑了纵深防御前四个层次要求，具有很好的独立性，充分考虑严重事故的预防和缓解，针对风险重要的事故情景，设置了对应的有效的预防和缓解措施，严重事故发生并导致大量放射性释放的概率极低。综合CAP1400安全设计特点、确定论分析和PSA评价结果，基于对实际消除的上述解读，分析认为CAP1400满足“实际消除”的要求。

4.7 进一步提升安全性和经济性的关键技术方向

4.7.1 耐事故燃料元件（事故容错燃料元件）研发

燃料的先进性是反应堆的先进性的重要基础。福岛核事故中，严重事故下燃料熔化引起的放射性物质释放以及锆水反应引发的氢爆引起了全世界对于核能安全的强烈关注，充分暴露了现今基于锆合金包壳的轻水堆核燃料在抵抗严重事故性能方面存在的安全风险。在各国进一步强化核安全的背景下，在美国能源部（DOE）和 OECD/NEA 的联合推动下，目前耐事故燃料（ATF）研究已成为后福岛时代国际核燃料界一个新的研究方向，美国发布的技术规划见图 4.4。

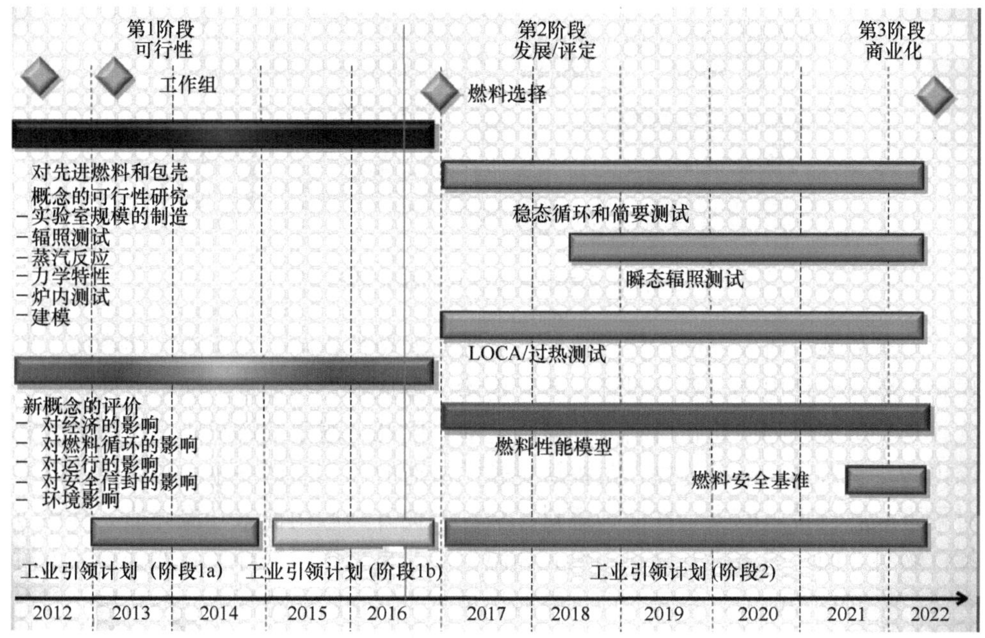

图 4.4　美国发展耐事故燃料的技术规划

耐事故燃料元件设计的目标是：在 DBA 和 BDBA 工况下能够抵御高温、一定时间内可防止裂变产物释放、可燃气体产生量在容许范围内、保持堆芯可冷却能力，同时，与现有 UO_2-Zr 燃料系统相比，其在正常工况下的性能能够得到保持或有所提高。耐事故燃料以新型先进包壳和芯块材料应用为显著特征，将在很大程度上有别于现有的反应堆燃料组件，耐事故燃料的研究和应用，需解决在关键性能指标、评价标准、新型包壳及芯块制备和性能表征等方面的一系列关键技术。

从目前来看，耐事故燃料的研发可以考虑以下三个方向：提高现有锆合金包壳的高温抗氧化能力及强度，如增加包壳涂层；研发具有高强度和抗氧化能力的包壳材料，如非锆合金、SiC 材料包壳，以及与新材料相关加工技术；发展比 UO_2 具有更好性能和裂变产物保持能力的新型燃料，如 UO_2 芯块添加物、U_3Si_2、UN、弥散燃料等，研发能耐高温的燃料芯块，可以在现役核电站和未来核电站应用。图 4.5 给出了我国耐事故燃料的研发路线图。

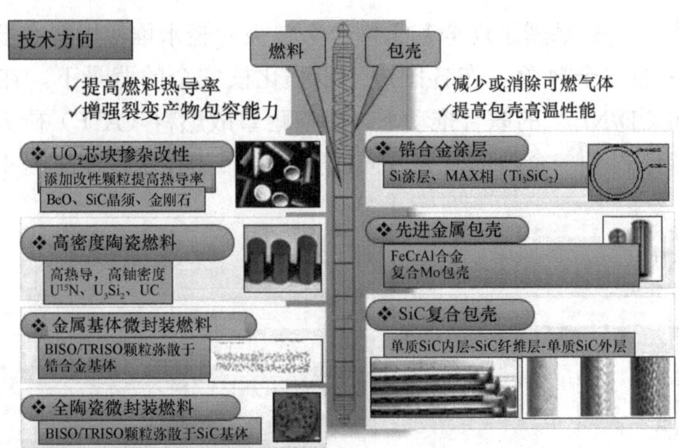

图 4.5　我国耐事故燃料的研发路线图

耐事故燃料研发和应用将给核能发展带来颠覆性影响。由于放射性物质主要保存在燃料元件内部，要从设计上实际消除大量放射性物质释放的可能性，最佳选择是将事故序列中止在燃料元件破损之前。因此，耐事故燃料研发作为国际和国内研发新方向，能够为操作员提供更长的应对时间和缓解严重事故后果，需要对耐事故燃料带来的安全性能和燃料经济性的提升与应用前景开展评估。具体包括：燃料方面，显著提升燃料和包壳高温性能、提高燃料热导率和增强事故下对裂变产物的包容能力；包壳方面，能够尽量减少或消除锆水反应、提高包壳高温性能等；将给中子物理、热工水力以及事故进程带来影响，降低燃料元件和包壳及堆芯（燃料）熔化的风险；缓解或消除锆水反应导致的氢爆风险；提高事故下裂变产物的包容能力；开展燃料、堆芯设计与安全分析初步论证，论证自主先进核电技术以及在役核电站使用耐事故燃料的可行性、安全性及经济性，此外梳理耐事故研究的关键技术难点，为集中力量开展技术攻关确定方向。

4.7.2　严重事故机理及预防缓解措施研究

严重事故研究可分为两个主要方向：一是严重事故现象学，目的是掌握堆芯熔融机理，并建立分析模型和计算软件；二是严重事故缓解措施，目的是减轻后果。前者是后者的基础，因为只有建立在全面机理认识上得出的解决方案才是确实可行和经得起时间考验的，前者为基础研究，后者为工程（应用）研究。因为严重事故的基本物理现象可能有相似性，我们可以参考欧盟提出的严重事故研究问题，但是针对不同的解决方案（缓解措施），我们研究的侧重点应该也不一样。

1. 严重事故机理研究

在严重事故中，反应堆堆芯熔化可能使得前两道屏障失效，导致一定份额的放射性产物（以气溶胶形式存在的气体或固体）释放至可承受一定压力的安全壳。如果最后一道屏障失效，那么裂变产物可能释放至环境。因此，某种意义上可以说核电安全的最终目标就是维持安全壳的完整性。

压水堆核电站严重事故条件下，堆芯余热排出手段丧失引起堆芯裸露，燃料元件由于失去冷却而升温，包壳氧化不但释放裂变产物和氢气，而且产生大量热量，加速堆芯熔化和迁移，导致熔融物落入下腔室，与那里的冷却剂相互作用形成碎片床，烧干后再融化，最终熔穿下封头。如果此时压力容器的压力较高，形成高压熔融物喷射，对安全壳直接加热（DCH），可能造成安全壳早期失效。抵达堆坑地面的熔融物将与混凝土相互作用（MCCI），逐渐侵蚀安全壳底板，同时产生不可凝气体，均可导致安全壳晚期失效。

就目前对轻水堆严重事故的了解，对安全壳完整性的威胁主要如下：

（1）安全壳直接加热（DCH）；

（2）堆外蒸汽爆炸（EVE）；

（3）氢气燃爆（H2C）；

（4）安全壳长期超压（containment long term over-pressurization，CLOP）；

（5）安全壳旁通及泄漏（containment bypass and leakage，CBL）；

（6）底板熔穿（basemat melt penetration，BMP）。

由此可见，严重事故涉及的物理过程和现象非常复杂。为了方便研究，一般将事故现象进行分类，然后对各现象进行模拟实验，帮助建立模型和计算程序。

2. 严重事故缓解措施研究

为了解除或降低严重事故对安全壳完整性的威胁，现代核电厂采用各种各样的严重事故缓解措施，如表 4.3 所示。

表 4.3 严重事故缓解措施

严重事故缓解措施	避免的威胁	备注
堆芯再淹没	EVE、BMP、LOP	可能增加 H_2 产量
下封头内 IVR	EVE、BMP、LOP	如果 IVR 失效，有 EVE 和 BMP 风险
熔融物堆外滞留（EVR）（堆芯捕集器）	EVE、BMP、LOP	
消氢（点火器、PAR）	H2C	
安全壳冷却（喷淋、非能动冷却系统）	LOP	
安全壳过滤排放	LOP	不能去除惰性气体、非水溶 FP
RCS 泄压（ADS）	DCH	

其中 IVR 和 EVR 被认为是实现“实际消除大规模放射性物质释放”安全目标的有效严重事故缓解措施。相应地，严重事故分别被终止于压力容器内和安全壳内。IVR 的关键策略是通过反应堆堆腔注水淹没，将堆芯熔融物滞留于压力容器下封头内，而 EVR 是通过布置在安全壳内的堆芯捕集器对堆芯熔融物进行收集和冷却。著名的堆芯捕集器包括 AREVA EPR 堆型的扩展式堆芯捕集器、俄罗斯 VVER 堆型的坩埚式堆芯捕集器。

堆芯熔融的终止是消除严重事故威胁的关键。从严重事故的进程来看，可以在三个位置（阶段）进行有效堆芯捕捉：堆芯、下封头和堆坑。在严重事故的早期，如果 ECCS 得到恢复，则可以实现降级堆芯。福岛核事故后，有些核电国家正在考虑增加一套独立的安注系统，来强化 ECCS 的可用性。所以，防止堆芯迁移仍然是严重事故缓解的第一措施。

严重事故发展到后期，大部分熔融物已经迁移到下封头，这时可以采用冷却 RPV 的方式来实现 IVR。IVR 是一个比较受欢迎的严重事故缓解的兜底措施，因为它实施起来比较简单，对反应堆传统设计的改变较少。IVR 论证过程需要知道下封头内熔池换热的最大热负荷以及外部的极限冷却能力。这两参数的确定都是充满挑战的任务，特别是熔池换热，目前它的计算还留有争议，原因是堆内进程的复制性和不确定性。对于那些对 IVR 持怀疑态度的人，他们偏向于采用 EVR 技术，即在安全壳内设法（如开发堆芯捕集器）对熔融物进行有效冷却。对超大堆来说，EVR 是熔融物滞留的唯一选择。以下简要介绍 IVR 和 EVR 的应用情况。

1）IVR

IVR 是一种重要且关键的预防和缓解严重事故后果的措施，其具体策略为：在严重事故下，将压力容器下封头浸没于注入堆腔的冷水中，通过压力容器外部冷却，并与其他安全功能（如一回路卸压等）同时作用以保持压力容器（RPV）的完整性，从而将落入 RPV 下封头的堆芯熔融物滞留在压力容器中，防止大多数可能威胁安全壳完整性的堆外现象（安全壳直接加热、蒸汽爆炸、熔融物-混凝土反应等）。

2）EVR

在压力容器外安装堆芯捕集、冷却和稳定系统，可阻止 MCCI 的发生，实现熔融物在压力容器外滞留，最终消除或降低大规模放射性释放的概率。相比于 IVR，EVR 的设计具有较大的自由度，所以，目前国际上普遍认为，对于超大功率的堆型，EVR 更有优势。

目前在世界范围内应用 EVR 的堆型有：法国 AREVA 的 EPR 压水堆（超大功率），俄罗斯的 AES-91 压水堆，美国 GE 的经济简化沸水堆（ESBWR），日本 MHI 的 US-APR1400 压水堆，韩国 APR1400 的改进版（欧洲版）。尽管都采用 EVR，但在设计和技术上各有特点。EPR 核电站采用“扩展”式堆芯捕集器对熔融物进行收集，其最大的特征是有一个用于堆芯熔融物展平的扩展区域，用来降低单位面积的热流密度，保证熔融物被水覆盖后冷却的有效性。AES-91 压水堆设计提出的“坩埚式”堆芯捕集器，将熔融物收集于一个类似于坩埚的容器内进行冷却。针对“坩埚式”的堆芯捕集器，俄罗斯做了许多实验来研究：牺牲材料与熔融物之间的物化反应、熔融物与热交换器壁之间的相互作用、器壁烧蚀速率、水与熔融物中不锈钢相互作用、冷却系统的 CHF、熔融物热工特性与物性、多组分熔融物相图等。

3. IVR 在 CAP1400 和“华龙一号”中的应用

福岛核事故后，国家核安全局针对核电安全提出了更为严格的要求，新建的反应堆要求能实现“实际消除大量放射性物质释放”。为实现这些目标，严重事故预防和缓解措施是至关重要的。中国第三代压水堆设计偏重于应用 IVR 策略，“华龙一号”和 CAP1400 即为这种类型的两个先进压水堆型号。

CAP1400 是由国家核电技术有限公司设计的 1400 MWe 反应堆。CAP1400 基本上继承了 AP1000 的设计理念和技术特征。由于功率提升，国家核电技术有限公司及其合作单位开展了一系列的研究，包括 IVR 的设计和量化研究工作。一个缩比于 CAP1400、类似于 ULPU 的实验台架被建设在上海交通大学，用来验证反应堆压力容器外部冷却的有效性。

“华龙一号”是由中核集团和中广核集团联合研发设计的 1000 MWe 反应堆。“华龙一号”同样利用非能动安全概念，布置了非能动安全壳冷却系统和二次侧非能动余热排出系统。不过，“华龙一号”的 IVR 策略具有“能动+非能动”的特点，即外部冷却的冷却水可由泵（能动）或重力（非能动）驱动。这一设计理念旨在提高冗余性和安全裕度。基于其在国内设计/建造/运行压水堆的丰富经验，中核集团和中广核集团已经完成了“华龙一号”的诸多研发设计工作。

4. 纳米流对沸腾传热和临界热流密度的提升

纳米流作为一种新型工作流体，具有优良的流动和传热能力。从研究的角度来看，通过纳米流提高传热，增强堆芯熔融缓解措施的容量是有意义的。具体开展的工作包括：

（1）纳米流的组成，包括新型纳米材料、在辐射工况下效应及有效纳米流的制备实验；

（2）实验针对自然对流和强迫循环工况下对沸腾传热和临界热流密度的增强效应研究；

（3）在严重事故系统中应用纳米流相关工程技术研究。

4.8 在役核电站运维技术研究

4.8.1 在役核电站运行和维修安全技术和管理研究

（1）认真落实新核安全法规的要求，以及国家核安全局关于应对福岛核事故的各项措施。

（2）在运行和维修领域：应用风险监测（RM）和运行指数缓解系统（MSPI）工具的风险导向方法进行运行的风险管理和维修策略制定，有效提升负荷因子，提高核电站的年发电量。

（3）运行事故管理：在应用事件导向的事故处理规程（EOP）基础上，研究开发状态导向的事故处理规程（SOP）编制和应用，制定 SAMG 应对设计扩展工况（包含熔堆事故），研究极端破坏管理导则（EDMG）的适应性及制定原则，研究制定应对福岛核事故类似的极端自然灾害的管理措施。

（4）开发、使用高性能和长寿命燃料，加深燃耗，延长换料周期到 18 个月，提高核电站的可利用率；并通过改进燃料包壳材料，减少正常运行工况下放射性释放，提高安全性。

（5）老化及延寿：确定核电站老化管理及延寿策略和顶层设计，采用工艺参数监测（PDM）技术平台，开展设备可靠性研究和关键设备、材料老化状态评价和寿命预测，开发老化监测和缓解技术，建立老化管理信息平台和数据库。

（6）开发先进的核电站监测技术和数字化 I&C 系统升级，优化人机界面，提高运行可靠性和安全性。

4.8.2 数字化核电站研究

数字化核电站是指通过对电厂物理和工作对象的全生命周期量化、分析、控制和决策，提高电厂价值的理论和方法。以增强核电站全寿期安全经济运行业绩为导向，以提高核电站科研设计水平、优化核电工程建设绩效、支撑核电厂安全高效经济运行为目标，全面推进科研、设计、工程、运营各业务领域数字化工作，提升客户服务能力，助力国际市场拓展。

以建立数字化核电站为抓手，实现设计、供应商和运行经验反馈体系，探索核能一体化模式。

推进信息技术在核电各业务领域的全面应用，形成以数字化科研为基础，以智能化设计为手段，核电工程建设绩效全面提升、基于物理电厂与数字电厂的智能化运营的数字核电产业格局，以贯穿核电厂全周期的信息集成整合平台和核电大数据体系为支撑，有效支持核动力科研创新、工程设计优化、工程建设创效和核电厂运营智能化发展，核电技术创新与管理创新发挥成效，使得核电站全寿期运营核心竞争力显著提升。

4.8.3 先进的设备状态监测检修及评价技术[11]

目前运行核电厂反应堆的设计寿命一般为 40 年，还有可能延长到 60 年的裕量空间，但从各主要核电国家及我国近 30 年核电厂实际运行经验看，一些关键部件在恶劣环境下长期运行易发生结构损伤，致使部分核电设备、结构会在运行中出现故障，若不能及早发现缺陷的存在，就可能造成严重后果。因此，对核电设备进行严格的检测和维护，及时发现和更换老化、故障设备，对保证核电站安全运行具有决定性意义；核电厂内核岛局强辐射区使人工检测维护操作不可能，因此，广泛采用机器人是提高核电站监检测、维护水平的必由之路。

1. 针对反应堆设备在役检查、老化管理和延寿等方面的监检测及评价技术亟待研究

现有核电厂的监检测和评价技术以定性检测为主，不能对在役设备进行元素分析、力学性能检测。基于激光的先进监检测技术具有非接触、分辨率高等优点，其在解决高放射条件下复杂结构和部件（如堆内狭窄部位、特殊焊接部位等）、关键设备的状态监检测及元素分析等问题方面有较大的发展潜力和独特的优势，能对缺陷和损伤（如减薄、裂纹）等进行直接有效的监测，可较大提升监检测和评价效率，使检测停机时间进一步缩短，对提升我国核电厂的设备的利用率和核电厂的经济性十分必要。

目前我国核电装备维护，主要基于定期维护方式，与国际上正积极研究推进的基于风险分析和设备状态的维护方法存在差距，核电厂老化相关的数据库和模型尚不完善，基于缺陷进展行为、结构寿命预估和结构概率安全分析等的核电装

备维护理论和核电厂维护方案优化方法方面与国际先进尚有一定差距，随着新的先进的检测技术的引入，制定适合我国国情的评价技术和标准十分必要。

2. 核反应堆监检测、维护和评估的智能机器人具有现实的刚性需求，亟待加大研发力度

核电具有高放射性、高温、高压等恶劣运行环境，其监检测、维修技术大多情况下非人力所及。国外核电厂机器人的发展历史较长，特别是在 2011 年日本福岛核事故之后，各主要核工业国家更是加大了核电厂机器人研究方面的投入。发展至今，已经形成了监检测、维护和维修、应急救灾等多个系列的核电厂机器人家族。

国内核电厂机器人起步较晚，相关产品还主要依赖进口。我国虽通过国家高技术研究发展计划（863 计划）、国家重点基础研究发展计划（973 计划）等鼓励支持核用机器人技术研究，然而由于核电厂机器人技术要求高、涉及学科面广，国内产品的整体水平与进口产品及实际需求尚存在明显差距。

因此，面向核电厂运行、延寿及退役整个过程，研制集超声（含激光超声）、激光诱导、电磁、射线、红外视频、老化性能监测与评估功能的核电智能机器人系列很有必要。

3. 研制集监检测、维护和评估技术的智能机器人群协同工作平台，是未来核电领域的长远需求

虽然国际国内的研发机构开发出了形式多样、用途各异的核电厂机器人，并取得了一些成功的应用，但在未来相当长一段时间内，核电厂机器人在以下一些方面依然应该是着力研究的方向：智能化水平低，基本不具备故障诊断能力；检测功能单一，缺乏多源信息感知和处理能力；自主行动能力差，对遥控人员操作水平依赖程度较高；多种检测、维护机器人之间各自为战、缺乏协作；关键设备的耐辐射水平仍待提高；恶劣环境下天线通信能力不足。为使不同用途、不同功能的机器人协同工作，开发机器人群协同工作平台具有持续迫切的需求。

参 考 文 献

[1] IAEA. Power Reactor Information System. 2016.

[2] 苏罡. 中国核能科技“三步走”发展战略的思考. 科技导报, 2016, 34(15): 33-41.

[3] HPR1000: 能动与非能动相结合的先进核电厂. Engineering, 2016, 2(4).

[4] 核电中长期发展规划(2011—2020 年). 2011.

[5] 叶奇蓁. 我国核电及核能产业发展前景. 南方能源建设, 2015, 2(4): 18-21.

[6] 国家核安全局. 福岛核事故后核电厂改进行动通用技术要求. 2016.

[7] 中国工程院"我国核能发展的再研究"项目组. 我国核能发展的再研究. 北京: 清华大学出版社, 2015.

[8] 郑明光, 严锦泉, 申屠军, 等. CAP1400 的总体设计和技术创新. Engineering, 2016, 2(1): 105-110.

[9] 严锦泉, 史国宝, 林诚格, 等. CAP1400 安全设计与实际消除大量放射性释放. 核安全, 2016, 15(1): 76-83.

[10] 马卫民, 元一单, Sehgal B R. 压水堆堆内熔融物滞留策略: 历史回顾与研究展望. Engineering, 2016, 2(1): 111-119.

[11] 中国工程院. 关于"加强核反应堆关键设备运行状态监检测、维修及评价技术研究"的建议.

第5章 核能安全利用

5.1 福岛核事故后全球核电发展态势

5.1.1 核电发展史上历次严重事故及其启示

核能作为一种清洁能源，对缓和世界能源危机起到了重要的作用，然而其在解决人类能源难题的同时，也带来了新的安全隐患，历史上实际发生的、有影响的核电厂严重事故有三起，分别是美国三哩岛核事故、苏联切尔诺贝利核事故和日本福岛核事故。

1. 三哩岛核事故

三哩岛核事故是于 1979 年 3 月 28 日发生在美国宾夕法尼亚州萨斯奎哈纳河三哩岛核电厂 2 号机组（TMI-2）的一次部分堆芯熔化事故。这是美国核电历史上最严重的一次事故，事故定级为 5 级（国际核事件分级表（INES），最高为 7 级）。事故 2h 后，由于谣传有大量放射性物质逸出（实际上，通过安全壳的包容功能，只有少量放射性物质通过辅助系统释放到了环境中），核电站附近的居民惊恐不安，约 20 万人自行撤出这一地区。

三哩岛核电站 2 号机组采用压水反应堆结构，结构简图如图 5.1 所示。事故之前，反应堆正在稳定地接近满功率运行。当地时间清晨 4 时，蒸汽发生器给水系统出现故障，汽轮发电机自动停机，控制棒插入反应堆，反应堆功率下降，至此核电厂响应正常。辅助给水泵按照预设的程序启动，但是相应的隔离阀门在此前的例行检修中没有按规定打开，导致辅助给水系统不能正常投运，8 min 之后操作员才发现此错误，打开阀门，但蒸汽发生器已烧干，反应堆冷却剂温度和压力增加，顶开稳压器卸压阀，冷却剂流入卸压箱（卸压箱是用来冷却和凝结从反应堆系统内释放出来的蒸汽的）；然而稳压器卸压阀由于故障未能自动回座，致使堆芯压力恢复正常值后冷却剂继续注入卸压箱，造成卸压箱水满外溢，含有放射性的水灌进了安全壳厂房，一直流进疏水坑；冷却剂的持续外泄使得反应堆压力降至正常值以下，应急堆芯冷却系统启动，高压安注泵把水补进反应堆压力容器；操作员根据观测，稳压器已灌满水了（但这是假象，实际上压力容器内水位不足），因此他们决定关闭应急堆芯冷却系统，停止了向堆芯内注水；这一系列的管理和操作上的失误与设备上的故障交织在一起，使一次小的故障急剧扩大，造成堆芯熔化的严重事故。

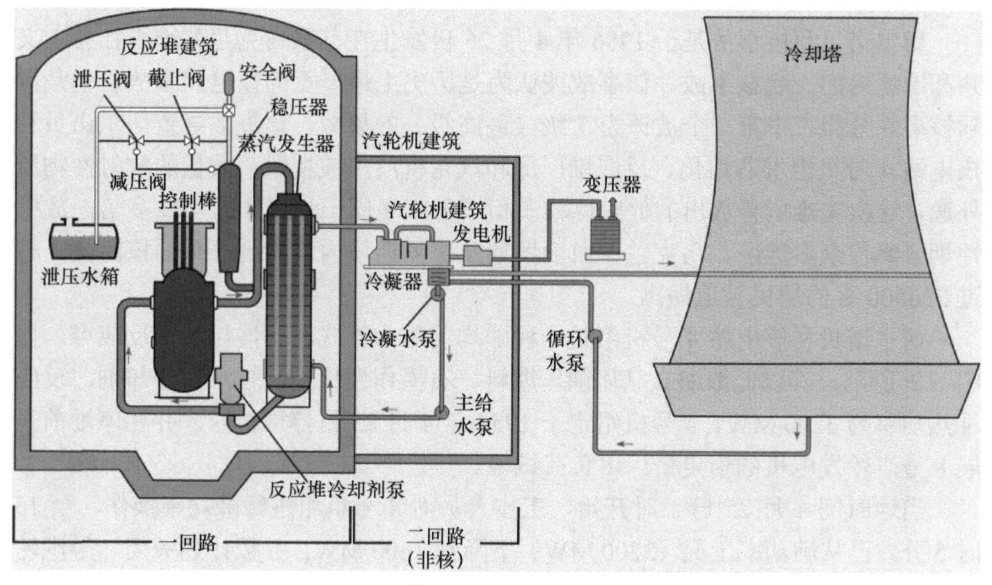

图 5.1　TMI-2 机组的结构简图

三哩岛核事故在经济上造成了严重的后果，直接经济损失达 10 亿美元之巨。但核电厂的紧急停堆系统和专设安全设施等发挥了积极作用，使事故后果得到了有效控制，特别是安全壳在三哩岛事故过程中发挥了重要作用，三哩岛核事故没有造成大量放射性释放，仅有少量放射性物质释放到周围环境，在公共安全及健康上几乎没有不良影响，核电厂附近 80 km 以内的公众，平均每人由于该事故受到的剂量不到一年内天然本底照射的百分之一。三哩岛核事故彰显了安全壳作为核电厂最后一道实体安全屏障的重要性；运行人员的错误操作和机械故障是此次事故的重要原因，这也提示人们，核电厂运行人员的培训、面对紧急事件的处理能力、控制系统的人性化设计等细节对核电厂的安全运行有着重要影响。

通过对三哩岛核事故的调查和经验反馈，并通过大量严重事故研究，发现了大量当时核电厂设计和安全认知中的不足，特别是原有核电厂设计中所考虑的最大可信事故——反应堆冷却剂系统主管道的双端断裂事故，事实证明其不具包络性。美国等提出了三哩岛核事故行动计划，并提出了相对完整的设计基准事故的概念。此外，还提出了人因工程的概念。三哩岛核事故后，国际上高度重视核电厂的人误对核电厂安全的影响，开展了大量的研究工作，对主控室的人机界面和核电厂内一切可能发生人机关系的部位都给予了关注。

2. 切尔诺贝利核事故

切尔诺贝利核事故是于 1986 年 4 月 26 日发生在苏联乌克兰苏维埃社会主义共和国境内的一起核事故，该事故被认为是历史上最严重的核电厂事故，也是国际核事件分级表中第一个被评为 7 级（最高级）的事故。该事故导致切尔诺贝利核电站 4 号机组堆芯熔化、反应堆厂房和汽轮机厂房被摧毁，大量的放射性物质外逸，这次灾难所释放出的放射性物质相当于广岛原子弹爆炸的 400 多倍。放射性烟云飘往众多地区，乌克兰、白俄罗斯及俄罗斯境内均受到严重的核污染，超过 336000 名的居民被迫撤离。

切尔诺贝利核电站 4 号机组是一种非均匀压力管式石墨慢化沸水反应堆，如图 5.2 所示，其以低浓缩二氧化铀作燃料、石墨作慢化剂、轻水作冷却剂，反应堆热功率为 3200 MW。4 号机组定于 1986 年 4 月 25 日停堆检修，并在停堆前开展 8 号汽轮发电机的惰走带厂用负荷试验。

当地时间 4 月 25 日 1 时开始，工作人员对 4 号机组进行降功率操作，至 13 时 5 分，已从满功率工况（3200 MW）下降到 1600 MW，并按计划关闭 7 号汽轮机。根据试验大纲，14 时把反应堆应急堆芯冷却系统与反应堆冷却剂系统强迫循环回路断开，以防止试验中应急堆芯冷却系统动作；23 时 10 分，继续降功率；按照试验大纲规定，应在热功率 700～1000 MW 下进行试验，但是，按低功率下运行规程解除局部自动调节系统时，操作人员未能及时消除堆芯中碘氙的不平衡状态，结果使功率降到 30 MW 以下；尽管此时堆芯已被碘氙严重毒化，操作人员仍决定继续进行试验，并为了达到试验计划的功率水平，操作人员违反试验大纲及运行规程规定将大部分控制棒提出。为了保证试验后有足够的冷却，所有 8 台主循环水泵全部投入运行；此时堆芯冷却剂入口温度接近饱和工况，蒸汽分离器内的水位也下降到紧急状态标志以下。为了避免停堆，操作人员切除了许多相关的事故保护系统。26 日 1 时 23 分 04 秒，为了试验又关闭了汽轮机入口截止阀，

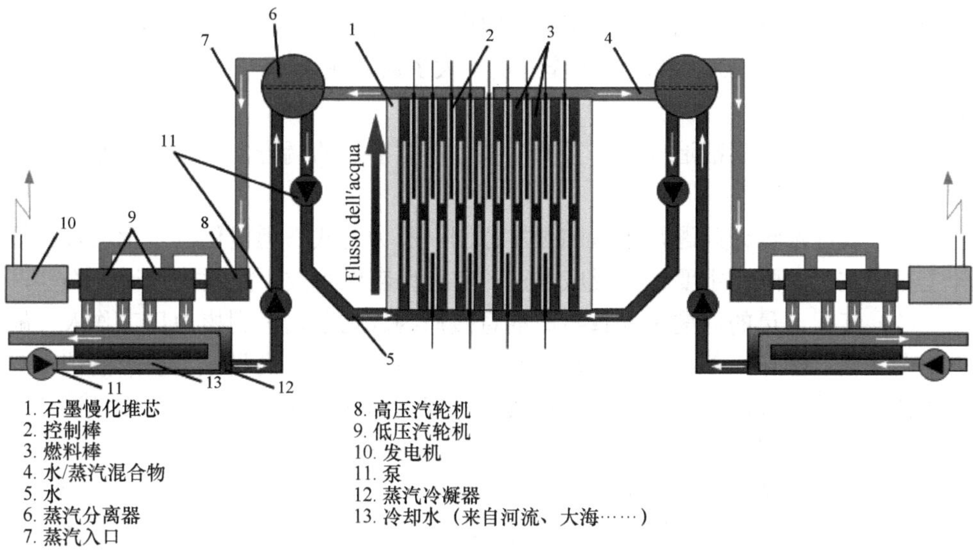

图 5.2　压力管式石墨慢化沸水反应堆

随着汽轮机的隔离，4 台循环水泵开始惰转。

由于压力管式石墨慢化沸水反应堆设计的缺陷，当反应堆处于 20%额定功率以下运行时，容易出现极大的不稳定性，而试验恰恰就在接近 20%额定功率进行。试验开始后不久，反应堆功率开始急剧上升，大部分冷却剂已经接近闪蒸的饱和点，具有正空泡反应性系数的压力管式石墨慢化沸水反应堆出现功率增长、蒸汽量增加、正反应性引入、功率进一步增长的循环进程，从而进入失控状态。1 时 23 分 40 秒，值班长命令按下紧急停堆按钮，使所有控制棒和事故保护棒全部插入堆芯，几秒钟后，控制室感觉到了若干次震动。实际上，控制棒插入时刻的挤水效应引入大量正反应性，使反应堆功率在 4s 内就增大到满功率的大约 100 倍；功率的突然暴涨，使燃料爆炸碎裂，碎裂的燃料与冷却剂剧烈反应引起蒸汽爆炸，大约在 1 时 24 分，接连听到两次爆炸声，石墨燃烧，一回路系统和反应堆厂房被破坏，大量放射性物质释放入大气。1 时 30 分，值勤消防人员从附近城镇出发赶往事故现场，经过消防人员、现场值班运行和检修人员以及附近 5 号、6 号机组施工人员共同努力，大火于 5 时左右被扑灭。

这次灾难总共损失约 2000 亿美元，成为近代历史中最“昂贵”的灾难事件之一。切尔诺贝利事故造成了较为严重的辐射效应，1986 年 4 月 26 日清晨在厂址上的 600 人中，134 人遭受了较高的剂量（0.8～16 Gy），患上了放射病。其中，28 人在事故发生后的三个月内死亡，另有 19 人在 1987～2004 年死于各种原因，不一定与辐射照射有关。此外，根据联合国原子辐射影响科学委员会（UNSCEAR）的 2008 年年报，530000 名恢复操作人员中大多数人在 1986～1990 年所受剂量为 0.2～0.5 Gy。

切尔诺贝利核事故造成了严重的后果，根据事后的调查，将事故的原因归为以下几点：

（1）反应堆设计问题是事故的根本原因。压力管式石墨慢化沸水反应堆在设计上存在重大缺陷，主要包括反应堆正的空泡反应性系数、控制棒设计缺陷等。

（2）工作人员的问题是导致事故的直接原因。切尔诺贝利核电厂工作人员缺乏安全文化，操作简单粗暴，管理混乱。在核电厂状态不满足试验要求的情况下仍坚持做试验，采取了一系列严重违反运行规程的误操作，触发了反应堆设计中存在的潜在安全问题，导致反应性过快引入而造成严重事故。

（3）没有安全壳是最终造成大规模放射性释放的重要原因。由于压力管式石墨慢化沸水反应堆没有坚固的安全壳和有效的放射性包容措施，一回路系统超压爆破直接导致了反应堆厂房严重损毁，最终造成大规模放射性释放。

切尔诺贝利核事故进一步彰显了核电厂安全壳的重要性。国际社会通过对切尔诺贝利核事故的调查和经验反馈，提出了核安全文化的概念。

继三哩岛核事故之后，切尔诺贝利核事故进一步使核安全成为国际社会普遍关注的问题，国际上要求共同加强核设施安全的呼声日益高涨，从而导致了《核安全公约》出台并自 1996 年生效。《核安全公约》是全球核安全领域最重要的国际公约。《核安全公约》规定每三年召开一次履约审议大会，必要时将召开特别大会，各履约方应就为履行该公约的每项义务已采取的措施提交报告，以供审议。其目的是通过加强缔约国自身核设施的安全和国际合作，实现和保持世界范围的高水平的核安全；保护个人、社会和环境免受电离辐射的伤害；防止发生具有辐射后果的事故，一旦发生此类事故，则减轻其后果。

需要说明的是，由于我国核电起步较晚，核电堆型主要采用了技术成熟的压水堆技术路线，因此我国境内没有类似切尔诺贝利核电厂的压力管式石墨慢化沸水反应堆，在我国不可能发生类似切尔诺贝利核事故的核事故。切尔诺贝利核事故后，虽然国际上对该堆型开展了大量安全研究，并实施了大量安全改进，至今仍有少数类似机组在运行，但都已制订了退役计划，压力管式石墨慢化沸水反应堆不久将退出历史舞台。

3. 福岛核事故

福岛核电厂事故发生于 2011 年 3 月 11 日，当日 14 时 46 分（东京时间）太平洋发生地震（简称“3·11”大地震），随后引发海啸，导致位于日本东北部地区的福岛第一核电厂系统设备大范围受损，堆芯余热无法排出，多机组发生堆芯熔化、氢气爆炸、厂房被毁、大量放射性物质外逸，该事故是继切尔诺贝利核事故之后又一个被评定为最高级 7 级的核事故。福岛核电厂是当时世界装机容量最大的核电厂，由福岛一厂、福岛二厂组成，共 10 台机组（一厂 6 台，二厂 4 台），均为沸水堆，该事故主要造成福岛第一核电厂 6 台机组受损，其中 1～4 号机组损毁最为严重。

福岛核电厂采用的堆型是沸水堆，沸水堆由压力容器及其中间的燃料元件、十字形控制棒和汽水分离器等组成。沸水堆核电站工作流程是：冷却剂（水）从堆芯下部流进，在沿堆芯上升的过程中，与燃料棒进行热量交换，变成蒸汽和水的混合物，经过汽水分离器和蒸汽干燥器，分离出的蒸汽推动汽轮发电机组发电。福岛核电厂核岛部分的结构设计如图 5.3 所示。

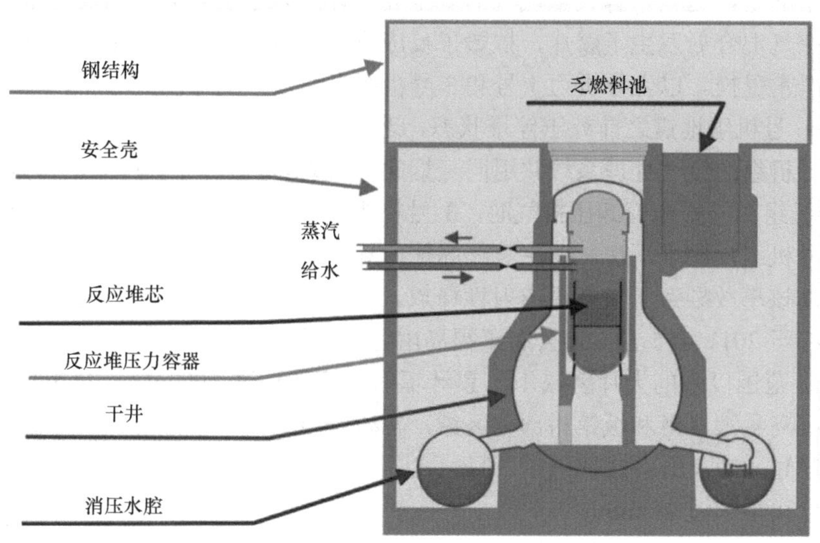

图 5.3　福岛核电厂核岛部分的结构设计图

通常，为了安全起见，反应堆冷却系统有三种供电方式，分别为电网供电、柴油机供电和汽轮机发电供给。“3·11”大地震摧毁了福岛第一核电厂的外部电力供应，循环冷却系统在没有电力供应的情况下停止运转，此时核电厂自动紧急启动了柴油发电机组，以维持循环冷却系统的运行，不幸的是海啸导致海水灌入摧毁了柴油发电机组，8 h 过后循环冷却系统停止运转。由于失去冷却循环，反应堆压力容器中的冷却水在不断地吸收衰变能，变成蒸汽，液位下降，同时压力容器内的温度和压力不断升高。为了保证反应堆压力容器的安全，需打开蒸汽减压阀降低压力容器内的压力，将蒸汽排放到抑压水池（消压水腔）中，这样重复进行，压力容器内的液位持续下降，最后堆芯露出液面。

当堆芯露出大约 3/4 的时候，金属包壳的温度超过 1200 ℃，与水蒸气发生锆水反应，产生大量的氢气，同时释放出的大量热量加速了堆芯熔化；在熔堆的过程中释放出大量裂变产物，如氙、铯、碘等，以及裂变产物气溶胶，气态和气溶胶的裂变产物及锆水反应产生的氢气从蒸汽卸压阀排放到抑压水池，然后进入安全壳（干井）；安全壳设计的承压能力为 4～5 个大气压，随着大量裂变产物气溶胶和氢气注入安全壳内，再加上沸腾的抑压水池使得安全壳如沸腾的压力锅一般，安全壳压力上升到 8 个大气压，随时有可能发生爆炸；为保护安全壳的安全，降低内部压力，只有将氢气、惰性气体以及部分裂变产物气溶胶排放到安全壳外，然而不幸的是，这些带有大量氢气的安全壳气体进入了安全壳外的反应堆厂房，氢气和空气混合后发生了爆炸，摧毁了反应堆厂房屋顶，所幸的是反应堆的安全壳没有严重受损。以上分析为 1 号和 3 号机组发生爆炸的原因。

4～6 号机组地震之前处于停堆状态，乏燃料储存在乏燃料池中。由于 3 号机组和 4 号机组的废气处理系统共用同一烟囱，地震等原因导致其中阀门位置异常，在 3 号机组实施安全壳卸压排气时，3 号机组带有大量氢气的安全壳气体逆流进入了 4 号机组反应堆厂房，发生氢气爆炸，导致 4 号机组反应堆厂房严重损毁。

福岛核事故导致了大规模放射性释放。日本政府与东京电力公司的联合应急指挥中心于 2011 年 5 月 6 日公布了福岛附近辐射量污染地图，该图显示核电站西北 30 km 范围以外的大片区域 1 年累计辐射量可能超过 100 mSv；核电厂 30 km 以外的福岛县浪江町和饭馆村部分区域，辐射强度达到 19 μSv/h，1 年累计辐射量可能超过 100 mSv。在核电站 30 km 以外的其他几座城市的部分区域，1 年累计辐射量可能超过 20 mSv。

根据 IAEA 于 2015 年 8 月发布的《福岛第一核电站事故——总干事的报告》，参与应急行动的近 2.3 万名工作人员中，所受剂量超过 100 mSv 的人数为 174 人，公众所受剂量普遍较低或非常低。在受到该事故引起的辐射照射的工作人员和普通公众中，没有观察到任何辐射相关的死亡或急性病。预计不可能察觉到这批工作人员的癌症发病率的任何增加，更不可能察觉到受辐照公众及其后代中与辐射相关的健康效应的任何增加。在福岛核事故后对核电厂附近区域儿童甲状腺筛查过程中，由于采用高灵敏度超声显像设备，查出了许多若使用常规筛查设备不可能检测出来的无症状的甲状腺异常，但通过与一个远离福岛核电厂区域儿童的筛查对比，结果类似，表明在调查中检测出的甲状腺异常不大可能与福岛核事故引起的辐射照射有关。

福岛核事故发生后，东京电力公司、日本政府以及国际社会对福岛核事故开展了大量调查和研究，目前总体认为，福岛核事故既是天灾，也是人祸。其根本原因是日本核能界长期鼓吹并建立的日本核电安全神话，使得一些日本核电厂不能客观认识面临的核电安全风险，未能及时有效地采取安全改进行动以消除或降低核安全风险。其直接原因是核电厂遭遇了超过核电厂设计基准的极端自然灾害，导致核电厂系统设备大范围受损，多个机组堆芯熔化和大规模放射性释放，最终导致了极其严重的财产损失和周围环境长时间大范围严重污染。还有一个原因是当时日本核安全监管机构不独立，未能有效发挥核安全监管作用。

福岛核事故的发生，促使学术界、工业界和核安全监管部门对核安全的理念和核电厂安全保障措施进行重新审视和反思，进一步提高了对核安全的认识，促进了核安全学科的发展、核安全技术的进步和核安全监管能力的飞跃。

福岛核事故对《核安全公约》而言是一个重要的历史转折点。福岛核事故后，国际社会对核电厂安全的信心受到极大损害，公众对核电的可接受性成为各国核能事业发展的最大瓶颈和障碍。《核安全公约》的有效性和透明度也遭到来自缔约方的质疑和挑战，IAEA 在福岛核事故后面临巨大压力和改进动力，制订并正在实施一系列核安全改进计划，包括对现行《核安全公约》及 IAEA 安全标准的全面审核与制修订。

同时，福岛核事故也促进了对核安全文化认识的深化。国家核安全局会同国家能源局、国家国防科技工业局于 2014 年 12 月 19 日发布了《核安全文化政策声明》，其中阐明了监管部门对核安全文化的基本立场和态度，以及培育和实践核安全文化的原则要求，为营造全行业良好核安全文化氛围提出倡议，号召全社会共同提高核安全水平。

需要说明的是，沸水堆核电厂也是技术比较成熟的核电堆型，由于其比压水堆少了一个回路，系统相对简单，在以往二代核电技术为主导的时期，概率安全分析结果表明沸水堆堆熔概率比压水堆低，安全性比压水堆高。但从目前严重事故缓解的角度，特别是福岛核事故经验反馈来看，由于福岛第一核电厂的安全壳较小，不利于安全壳的承压和放射性物质的包容。我国大批建设和运行的压水堆核电机组采用大型干式安全壳，事故情况下放射性包容能力较强，安全性更高。福岛核事故是由超过设计基准的极端外部事件引发的，至今为止我国在建和运行的核电厂都位于外部灾害特别是地震危害较低的区域，核电厂附近海域没有形成大海啸的条件，历史上也没有发生过大海啸的记录和证据，核电厂对台风、暴雨等也采取了非常保守的设计措施和应对预案，在我国不可能发生类似福岛核事故的核事故。

4. 总结

回顾三哩岛、切尔诺贝利以及福岛核事故，发生这三次核事故的核电堆型各不相同，分别是压水堆、压力管式石墨慢化沸水反应堆、沸水堆。可以说自 1979 年三哩岛核事故之后，通过大量的安全研究和经验反馈，压水堆核电厂设计不断完善，至今没有再发生过严重事故；这三次核事故的主要原因也不同，分别是设备故障以及事故现象认识不足问题、设计缺陷以及员工的核安全文化问题、安全隐患以及极端自然灾害问题。随着核电厂设计安全水平的不断提高，核电厂应对极端自然灾害的能力已显得越来越重要；这三次核事故都发生了堆芯熔化，但放射性释放及其影响有很大差别，主要原因是是否有坚固可靠的安全壳。由此可以得出：我国核电采用压水堆技术路线，无论从堆型、自然灾害发生条件和安全保障方面来看，类似福岛和切尔诺贝利事故序列在我国不可能发生。

但为了进一步提高我国核电的安全水平，建议：

（1）排出堆芯余热是确保安全的关键，核电厂设计时应进一步提高其可靠性；

（2）反应堆安全壳是包容放射性物质的最后一道实体屏障，核电厂设计时应进一步提高其可靠性；

（3）核电厂设计时应进一步考虑各类极端外部事件及其可能的叠加组合；

（4）核电厂操作人员对核安全发挥着非常重要的作用，应进一步强化核电厂的运行安全管理，提高核电厂工作人员的核安全文化水平。

至今为止，世界核电历史上已发生过三次严重事故，每次严重事故都对核电的发展造成了深远影响，但同时都极大地推动了核电技术的升级和核安全技术与核安全管理的进步，进而把核安全水平提高到更高阶段。

三次重大核电事故启示我们：必须强化核电运营单位对核安全的全面责任，核电建设和运营等单位必须坚守“安全第一，质量第一”的原则，始终把核安全文化作为关注的重点，高度重视肩头承担的重大社会责任，改进完善核安全文化长效机制，将安全意识、责任意识融入核电从业人员的血液之中，在确保安全的前提下发展核电，造福人类。必须全面落实我国核安全监管部门的独立监管职责，加强核安全监管体系和人员队伍建设，保障核安全。

5.1.2 福岛核事故后各国核电计划发展变化和态势

2011 年 3 月日本福岛核事故发生后，国际相关组织和世界各主要核电国家高度关注，纷纷采取响应行动，并着手制定应对类似事故的对策。此次事故不但导致日本对能源结构进行调整，世界各国对发展核电的态度也发生了微妙变化。

福岛核事故前，各国对核电的态度较为积极，特别是发展中国家都制订了积极的核电发展计划。而美国与俄罗斯（苏联）两个发生过核电事故的国家也将核电提上政策议程。欧洲的意大利、英国对于核电的态度也较为积极，德国在 2010 年还通过了延长到期核电站运行期的决定。

福岛核事故发生后，以日本、德国为代表的国家纷纷采取了消极的核电政策，决定短期甚至永久性放弃核电，多数国家对发展核电持谨慎态度，世界核电发展进入减速调整期。

近几年，随着能源结构短缺和全球变暖的影响，世界各国核电的发展渐渐走出核事故阴影，各国逐渐修改自身的核电发展政策，一定程度上说，后福岛时代国际核能回暖已拉开大幕。

本书针对福岛核事故后各主要核电国家和新兴核电国家的核电计划发展和态势进行总结，以进一步了解全球核电的发展方向。

1. 美国：积极调整核电发展战略

福岛核事故后，奥巴马重申了 2011 年《国情咨文》中的目标：到 2035 年，美国 80%的电力将来自包括核能在内的清洁能源。

2012 年 2 月 9 日，美国 NRC 正式批准了美国南方电力公司（Vogtle 电站）的建设运营 2 台 AP1000 联合执照申请（COL）。随后，V. C. Summer 也获得 COL。美国本土的 AP1000 正式开始建造。这是在福岛核事故后不久就获得批准的第一批核电项目，并且均为内陆核电厂，具有重要意义。

2014 年 9 月 16 日，美国 NRC 宣布已核准通用电气（GE）–日立核能公司（GE-Hitachi）经济简化型沸水堆（ESBWR）的设计认证规则，至此美国 NRC 完成了 5 种标准反应堆设计的认证工作，并颁发了设计合格证，即 ESBWR、通用电气公司的 ABWR 以及西屋电气公司的 System80+、AP600 和 AP1000。这些堆型的标准设计证书的颁布，为后续美国国内核电站的 COL 申请奠定了基础。

与此同时，美国政府 2014 年 5 月发布了新版能源战略《作为经济可持续增长路径的全面能源战略》。新战略仍将核能作为一种低碳能源，并将通过支持相关研究、开发和部署项目来促进包括核能和可再生能源在内的低碳能源发展。报告表示：“核能提供了零碳排放的基荷电力，政府正在通过能源部（DOE）支持核能的研发和部署。能源部一直高度重视通过小型模块堆许可证申请技术支持计划加速推进小型模块堆的商业化和部署进程。”

近几年来，美国若干企业及科研机构已推出至少七八种小堆设计，也使美国成为目前小堆设计品种最多的国家。在联邦政府方面，美国能源部最近出台的2014～2018年发展战略仍将小型模块堆列为主要支持对象。虽然西屋电气公司和巴威宣布减资小堆研发项目，但美国能源部立即表示将继续提供资助。由此可见，美国政府对核电发展仍持积极态度，并努力在核电站小型化方面进行积极的调整。

近些年，随着美国境内核电站反应堆陆续进入退役期，美国核电业显得有些“增长乏力”。不过，美国能源信息署（EIA）近期公布的数据却显示，尽管面临核反应堆“退役潮”的压力，但长期来看，美国核电装机量将保持增长态势。

目前，美国共有62个核电站，99台核电机组正在运营，总装机容量为10412.3万kW。过去4年间，美国共关闭了4个核电站，共5个核电机组，其中包括去年刚刚关闭的装机容量604 MW的Vermont Yankee核电站。由于建设时间较早，眼下美国有许多核电站都进入了退役阶段。2015年10月Entergy公司就宣布，将于2019年中期关闭其在马萨诸塞州的装机容量678 MW的Pilgrim核电站。与此同时，位于新泽西州的Oyster Creek核电站也宣布将于2019年关闭。2016年10月，美国卡尔洪堡核电厂1号机组在运行43年后被永久关闭。

虽然南卡罗来纳州的V. C. Summer核电站的两台在建AP1000机组，由于建造工期严重拖延，部分投资方于2017年8月宣布放弃继续建造而处于暂停状态，不过，美国核电的发展前景目前来看仍然保持乐观。位于田纳西州东南部的Watts Bar核电站2号核电机组，装机容量约为1150 MW，已于2016年开始商业运营；美国佐治亚州东部的Vogtle核电站的两台AP1000机组仍在坚持建造，每个装机容量约为1117 MW。

总体来看，美国保持了福岛核事故前一贯的支持发展核能和对核能的基本定位，即要发展核电，但定位在清洁能源，作为清洁能源之一继续发展。

2. 俄罗斯：积极开拓海外市场

福岛核事故后，俄罗斯宣布对核能应用现状进行评估，但不会发生方向性改变，为防止类似福岛核事故的发生，俄罗斯已永久关停第一代核反应堆机组5台，计划到2020年，第一代核反应堆将全部停止使用。截至2015年底，俄罗斯共有35台在运核电机组，总净装机容量26.05 GWe；有8台在建机组，总装机容量为7104 MWe。目前，俄罗斯国内核电装机容量占国内电力总容量的18%。2014年5月23日，普京在圣彼得堡国际经济论坛上表示，核能在俄罗斯能源总量中所占份额应该达到25%，俄罗斯还将继续建设20个以上的大型核电机组。

俄罗斯政府除了推进国内核电建设计划外，还积极向亚洲和中东地区拓展业务。承担俄罗斯全部核电相关业务的俄罗斯原子能公司在福岛核事故后加快了核电建设进程。2012 年 12 月，该公司宣布将于 2030 年之前投资 3000 亿美元在国内外分别新建 38 个和 28 个核电机组。

有关数据表明，近几年俄罗斯原子能公司在国际市场上斩获颇多。仅 2014 年，俄罗斯先后与匈牙利、孟加拉国、印度、约旦以及伊朗等国签订了核电站建设或意向协议，涉及新建核电机组近 20 台。

综合而言，俄罗斯将继续保持对核电发展的积极态度。

3. 日本：零“核”政策的变迁

福岛核事故后，日本紧急关闭了 4 座核电站的 11 个核电机组，并暂停了在建核电站的工程施工，随后日本陆续关停核电站，到 2012 年 5 月 5 日，日本电力行业实现了福岛核事故后的第一次无核化。2012 年 7 月 1 日，大阪核电站 3 号机组在抗议声浪中正式重启，结束了 57 天的“零核电”状态。

为解决能源问题，日本在震后 3 个月制定了降低核电依赖性的能源战略，菅直人内阁表示要把太阳能、风力和生物能源等作为基础能源，将建设节能社会作为能源政策的支柱。此后，野田佳彦内阁试图继续菅直人的能源战略，计划到 2040 年实现“零核电”。由于遭到了多方反对，野田内阁不得不放弃了“零核电”计划，核电政策进退维谷。安倍晋三就任日本首相后表示废止野田内阁的“零核电”政策，并于 2014 年 4 月 11 日通过了新的《能源基本计划》，将核能定义为“重要的基荷能源”，彻底告别“零核”方针。7 月 17 日，日本核监管局宣布，批准仙台核电站恢复运营，这意味着日本重启核能计划已经迈出了最具实际性的一步。

由于福岛核事故的发生，日本政府的核电政策也在徘徊中变化。从事故后初期的完全弃核，到最近将核能定义为“重要的基荷能源”，体现了日本政府在核能发展战略上的犹豫不决，也从侧面反映了核电的发展不再仅仅是一个简单的安全问题，而是受到社会政治、经济、文化以及环境等各方面影响的综合性问题。

日本政府在福岛核事故后采取了一系列的措施对核能发展以及核电安全监管体系进行了重大的调整。这些措施包括：①监管体系进行了根本性的修改，新建立了监管机构 NRA，NRA 与核能发展部门完全独立，核安全监管将是 NRA 唯一责任。②根据法规和规章对应急响应领域进行结构调整以加强预防和响应的权威。③基于新监管要求进行安全评价。④完成全国范围内的厂址断裂带评价。⑤建立核行业性组织日本核安全学院（JANSI）以提升电厂的安全性。⑥继续处理福岛第一核电站。NRA 将福岛第一核电站作为“特殊核设施”进行管理并建立监督和评价委员会；针对 NRA 提出的行动清单，东京电力公司执行相应的行动计划来减少放射性物质和确保安全退役；确保福岛核电站处于稳定状态。⑦针对其他机组必须在 NRA 基于新的监督要求下进行许可后才能进行重新启动。这些行动的开展为通过新的《能源基本计划》奠定了基础。

在 2011 年以后的 4 年中，日本的化石燃料消费量和温室气体排放量一直无法得到有效的控制，同时电力紧张的情况也持续出现。2015 年 5 月，日本自然资源及能源咨询委员会批准了一项“最佳能源构成”计划，其中指出，到 2030 年核发电量占日本总发电量的 20%～22%。在 2011 年福岛核事故后，日本国内反对核电的声音持续不断，但此富有争议的计划仍被日本政府给予推进。2015 年 8 月，日本九州电力公司川内核电厂 1 号机组反应堆已重启成功。川内核电站 2 号机组于 2015 年 11 月 17 日结束了原子能规制委员会（规制委）的最终检查，进入商业运行。川内 1、2 号机组成为福岛核事故以来日本首批恢复全面运行的核电机组。除了川内 1、2 号机组之外，关西电力公司高滨核电站 3、4 号机组和四国电力公司伊方核电站 3 号机组也通过了规制委的审查。高滨 3 号和 4 号机组分别于 2016 年 1 月和 2 月重启，但不久之后再次关闭。伊方 3 号机组 2015 年 10 月下旬已获得了当地政府的同意，并于 2016 年 8 月重启。

4. 欧洲：核电发展立场的分化

福岛核事故使欧洲的核电政策发生了动摇和分化。一方面，福岛核事故勾起欧洲各国政府对早年苏联切尔诺贝利核事故的惨痛回忆，社会对核电站安全性十分敏感；另一方面，由于尚未找到更合适的替代能源，若废弃核电站将面临十分现实的能源供应问题。各国政府采取了不同的抉择，德国、瑞士的反核态度最为坚决，法国、英国、捷克和波兰等大部分国家对核电站的热情不减。

5. 其他新兴核电国家的崛起

截至 2016 年 12 月 31 日，全球共有 448 座在运核电反应堆，总装机容量为 391 GWe，较 2015 年增加约 8.3 Gwe；共有 61 座反应堆在建。核电扩展以及近期和长期增长前景仍集中在亚洲（40 座），特别是中国（21 座）。全球有 2 个无核电国家正在建设本国首批核电机组（白俄罗斯和阿联酋），阿联酋第一座核电厂，即位于巴拉卡的所有 4 座反应堆继续施工建造，白俄罗斯位于奥斯特洛韦茨的第一座核电厂的两台机组继续施工建造，计划在 2019 年和 2020 年进行调试；另有 15 个无核电国家已批准建设首批核电机组或已制订核电发展计划。这 15 个国家分别是孟加拉国、智利、埃及、印度尼西亚、以色列、约旦、哈萨克斯坦、朝鲜、立陶宛、马来西亚、波兰、沙特阿拉伯、泰国、土耳其和越南。

福岛核事故对各国核能战略的影响各异，有核、无核国家大部分都制定了明确的核能发展政策（表 5.1），但是也要清楚地认识到各国根据自身需求制定的核能策略受政治、经济等因素影响较大，并不是一成不变的。

表 5.1　福岛核事故后各国核电发展政策

国家	核电发展政策
日本	将核能定义为“重要的基荷能源”，加入能源基本计划，为尽早重启核电站做准备
中国	确保安全情况下，稳步发展核电
韩国	放慢核电发展速度，到 2035 年将核电比重调整到 29%，逐渐减少对核电的依赖度
越南	坚定发展核电，力争 2020 年建成首堆。目前计划推迟
印度尼西亚	坚定发展核电，计划 2025 年实现核电装机 400 万 kW
泰国	积极发展核电，计划 2030 年核电装机 200 万 kW
马来西亚	继续发展核电，计划建造两座 100 万 kW 核电站，受福岛核事故影响，计划推迟，但仍未放弃发展核电的计划
菲律宾	巴丹核电站重启计划虽被否决，但仍考虑发展核电
俄罗斯	积极推进核电开发，大力开拓海外市场
德国	逐步放弃核电，并关闭了 5 座运转时间最长的核电站，所有核电站在 2022 年前全部关闭
瑞士	境内 5 座在役核电站将于 2020 至 2034 年期间逐步关闭，将不重建或更新核电站，完全放弃核电
意大利	由于缺乏民众支持，核电站重启计划搁浅，走上无核道路
法国	维持目前核能政策，2014 年 6 月颁布《能源政策议案》，到 2025 年核电份额由 75%降至 50% 以下
比利时	分两步放弃核电：在 2015 年关闭 2 个核电机组，在 2025 年底前关闭另外 5 个核电机组，前提是必须有足够的替代电力供应，并避免能源价格暴涨
英国	出台了鼓励地方政府新建核电站的财政激励政策。英国欣克利角 C 项目于 2016 年 7 月获得法国电力公司董事会批准，2016 年 9 月英国政府批准了该项目以及有关投资的一些新条件
捷克	保持现有核电设施规模，并加大核电投资
芬兰	重申继续发展核电的政策
瑞典	重申继续发展核电的政策
波兰	计划继续推进新核电站建设
罗马尼亚	计划继续推进新核电站建设
美国	仍将核能作为一种低碳能源，支持核电发展的态度不动摇

5.1.3　福岛核事故后全球核电安全发展变化和态势

福岛核事故后，虽然各国基于本国国情的考虑对于发展核电的战略差异较大，但是关于核电安全发展的态势却呈现出许多共同的特点：

福岛核事故后，各核电国家均针对运行和在建核电厂开展核安全检查以及安全再评估，以全面了解国内核电厂的安全现状，确认核电厂应对外部事件特别是地震、海啸以及洪水等的能力，发现薄弱环节并提出改进要求；根据安全检查和评估结果，通过安全改进全面提升核电厂预防和缓解严重事故的能力。

另一方面，一些国际组织或国家在检讨核安全要求在法规方面存在的不足，希望通过制定新建核电厂安全要求，进一步提高新建核电厂的安全水平，并同时为运行核电厂改进提供指导建议。

2012 年 10 月，西欧核监管协会发布了《新建电厂设计安全》（初稿 9），并于 2013 年 3 月发布了最终版，其中包含了基于福岛核事故的一些主要的经验反馈，全面阐述了其对新建核电厂中几个关键安全问题的技术见解。这些关键问题包括：新的核电厂纵深防御分级方法；使用多样性、实体隔离或功能隔离的方法保证构筑物、系统和设备（SSC）之间的独立性，保证纵深防御体系各层次的独立性；在核电厂设计中考虑超设计基准事故（如多重故障事故）；对于可能发生堆芯熔化的事故，在设计中采取措施降低潜在的向环境的放射性物质释放；实际消除所有可能导致早期或大规模放射性物质释放的事故序列；在发生设计基准外部灾害时不应该导致堆芯熔化事故；由外部灾害引起的可能导致早期或者大量放射性释放的堆芯熔化事故序列应该从实际上消除；考虑商用大飞机的恶意撞击等。

2014 年 7 月 8 日，欧盟理事会通过了对核安全指令的修订案，要求其成员国应在 3 年内将新的核安全指令转化为本国的国家法规。与 2009 年发布的前一版相比，新指令的主要修改包括：①对国家框架和监管机构的独立性提出明确要求；②在欧盟范围内设立高水平的核安全目标要求；③建立国家框架和监管机构的自评估与同行评估制度；④对核安全事务的透明度提出明确要求；⑤对核设施首次安全评审和定期安全评审提出明确要求；⑥对场内应急准备与响应提出明确要求；⑦对核安全文化提出明确要求。

截至 2015 年 3 月底，IAEA 秘书处已对通用安全要求（GSR）的 GSR Part 1《法律、行政法规、政府框架》、GSR Part 4《设施和活动的安全评价》，专用安全要求（SSR）的 SSR 1《核设施厂址安全评价》、SSR 2/1《核动力厂设计安全》等提出了修订建议。特别是，2016 年 2 月，IAEA 正式发布了 SSR 2/1《核动力厂设计安全》1 版，其中考虑了福岛核事故经验教训。

2014 年 3 月 24 日至 4 月 4 日，核安全公约第六次审议大会在维也纳召开。审议大会提出了国际社会需要共同关注的主题和挑战，例如，核安全监管透明度、有效性及能力建设；核安全公众沟通与危机管理；国家层面的核安全责任及严重事故时对公众的保护；核安全与安保之间的整合、协调与监管；监管方和被监管方的管理体系建设与安全文化建设；核安全相关工作人员数量和质量的保持与知识管理；新技术应用、长期运行和延寿所带来的问题及挑战；严重事故的预防、缓解及事故后的长期响应行动与恢复；对极端自然灾害的国际和国家级安全研究；对实际消除大规模或早期放射性物质释放的安全目标的关注等。

《核安全公约》缔约方外交大会于 2015 年 2 月 9 日在维也纳召开。大会在协商一致的基础上通过了《维也纳核安全宣言》（以下简称《宣言》）。《宣言》充分肯定了各缔约方在福岛核事故后采取的一系列核安全改进措施；在自愿原则指导下，要求各缔约方的新建核电厂满足《宣言》中提出的安全目标，合理可行地对现有核电厂开展持续改进；鼓励各方充分参考国际原子能的安全标准。《宣言》要求从 2017 年公约第七次审议会议开始，各缔约方应对本国执行宣言的情况进行报告，提交大会审议。

这些针对新建核电厂的设计安全要求，其实质上是对现有核安全要求的进一步补充和完善，以进一步提高核电厂的安全性。可以看出，福岛核事故后世界核电发展的态势是对核电安全的进一步重视，对核安全的认识和核安全水平持续提高。

安全要求的变化，促使三代核电技术成为新建核电项目的主流选择。目前，世界上具有代表性的第三代核电技术主要有 ABWR（先进沸水堆）、ESBWR（经济简化沸水堆）、EPR（欧洲压水堆）、APR1400（韩国先进压水堆）、AP1000（先进非能动压水堆）AES-2006（VVER-1000 俄罗斯先进压水堆）、AES-TOI（VVER-1200 俄罗斯非能动安全先进压水堆），以及我国自主研发的第三代核电技术，如 HPR1000 和 CAP1400 等堆型。

模块化小型堆以及四代反应堆成为未来核能堆型研究的主要方向。2000 年，“第四代国际核能论坛”确定了六种进一步研究开发堆型：超高温气冷堆（VHTR）、超临界水冷堆（SCWR）、钠冷快堆（SFR）、气冷快堆（GFR）、铅冷快堆（LFR）和熔盐堆（MSR），其开发的目标是要在 2030 年左右创新地开发出新一代核能系统，使其在安全性、经济性、可持续发展性、防核扩散、防恐怖袭击等方面都有显著的先进性和竞争能力。福岛核事故后，美国、俄罗斯以及中国等在小型堆以及移动式反应堆研发方面投入巨大。而核聚变技术则是更远期的发展方向。

5.1.4 福岛核事故后我国核电安全发展变化和态势

福岛核事故前几年，我国出于能源安全保障和节能减排指标压力等综合因素的考虑，对核电发展进行数次提速。2007 年国务院通过的《核电中长期发展规划（2005—2020 年）》，把核电的发展目标确定为：到 2020 年，全国发电总装机容量达 10 亿 kW，核电运行装机容量争取达到 4000 万 kW，在建 1800 万 kW，即中国核电装机比重从当时的 1.7%上升到 4%左右。2010 年 3 月，曾考虑大幅调整核电容量至（7000～8000）万 kW。2011 年则有专家提出到 2020 年核电装机容量达 1 亿 kW。

2011 年 3 月 11 日，日本福岛第一核电站发生了事故，核电的安全性问题在全世界范围内引发极大的关注。2011 年 3 月 16 日，国务院召开常务会议强调，要充分认识核安全的重要性和紧迫性，核电发展要把安全放在第一位。会议还做出四项决定：①立即组织对中国核设施进行全面安全检查。通过全面细致的安全评估，切实排查安全隐患，采取相关措施，确保绝对安全。②切实加强正在运行核设施的安全管理。核设施所在单位要健全制度，严格操作规程，加强运行管理。监管部门要加强监督检查，指导企业及时发现和消除隐患。③全面审查在建核电站。要用最先进的标准对所有在建核电站进行安全评估，存在隐患的要坚决整改，不符合安全标准的要立即停止建设。④严格审批新上核电项目。抓紧编制核安全规划，调整完善核电发展中长期规划，核安全规划批准前，暂停审批核电项目，包括开展前期工作的项目。

随后，国内暂停了核电项目的审批，并展开了一系列核电安全检查。2012 年 10 月 16 日，国务院批复《核安全与放射性污染防治“十二五”规划及 2020 年远景目标》（简称《核安全规划》），要求各省（自治区、直辖市）人民政府和有关部门切实加强组织领导和沟通协调，将《核安全规划》确定的目标要求纳入年度工作计划，制订具体实施方案，加大投入力度，健全工作机制，落实工作责任。《核安全规划》结合全国核设施综合安全检查和日常持续开展的安全评价结果，深入分析了当前核安全工作中存在的薄弱环节以及面临的挑战，给出了核安全及放射性污染防治的指导思想、原则和目标，以及重点任务和重点工程。

2012年10月24日，国务院总理温家宝主持讨论并通过《核电安全规划（2011—2020 年）》和《核电中长期发展规划（2011—2020 年）》。两个核电规划的公布意味着自福岛核事故以来，国内暂停的核电建设正式重启。会议对当前和今后一个时期的核电建设作出部署。①稳妥恢复、正常建设：合理把握建设节奏，稳步有序推进；②科学布局项目：“十二五”时期只在沿海安排少数经过充分论证的核电项目厂址，不安排内陆核电项目；③提高准入门槛：按照全球最高安全要求新建核电项目。新建核电机组必须符合三代安全标准。

福岛核事故后，中国积极参与国际核安全标准的制修订工作。根据对福岛核事故的深入分析，总结出中国核电法规修订过程中需考虑的 26 个方面的内容，主要涉及核安全管理体制、厂址安全性、设计安全、运行管理和事故应急 5 个方面，制订了《福岛事故后我国核动力厂安全法规制修订行动计划》。另一方面，国家核安全局于 2012 年 6 月至 2013 年 9 月组织编制了《"十二五"期间新建核电厂安全要求》（报批稿），用于指导和规范新建核电厂的选址、设计和建造工作，在运行、退役和监督管理中参照使用。

《"十二五"新建核电厂安全要求》制订的依据是我国现行的核安全相关法律法规，结合国际上最先进的标准，汲取福岛核事故已有的认识和经验教训，并吸纳我国核设施综合安全检查的成果，以及 IAEA 和核能先进国家为提高核电厂安全水平所提出的改进要求，充分考虑国内外运行及在建核电厂的设计、建造和运行技术与经验，以及美国用户要求（URD）、欧洲用户要求（EUR）的有关要求，进一步强化了多样化设计理念以及利用最新技术和研究成果持续提高核电安全的理念，是在执行现行核安全法规的基础上，对一些安全重要事项的补充和延伸。这些安全要求的更新和提出，为我国在福岛核事故后重新启动核电建设起到了重要作用。

福岛核事故后，我国在核电发展道路上谨慎前进，一直坚持在保障核电安全基础上稳步发展核电的基本方针。2014 年初，国家能源局下发的《2014 年能源工作指导意见》中提出，要适时启动核电重点项目审批，稳步推进沿海地区核电建设，做好内陆地区核电厂址保护。我国先后实质上批准开工田湾核电厂 3、4 号机组，阳江 5、6 号机组，红沿河 5、6 号机组，福清 5、6 号机组，防城港 3、4 号机组，以及田湾核电厂 5、6 号机组。另外还有徐大堡核电厂、三门核电厂二期、海阳核电厂二期、陆丰核电厂以及 CAP1400 示范工程等一批项目正在国家核安全局的安全审批过程中，为下一步国务院正式批准这些项目奠定基础。

李克强总理于 2014 年 8 月召开的国务院常务会议提出，要大力发展清洁能源，开工建设一批风电、水电、光伏发电及沿海核电项目。截至 2015 年底，我国核电总体趋势是运行核电机安全稳定运行，在建核电厂质量可控，三代核电厂建设顺利推动。

自 2016 年 2 月开始，以 IAEA 于 2016 年 2 月最新发布的 SSR-2/1 *Safety of Nuclear Power Plants*：*Design* 为蓝本，国家核安全局组织开展了对 HAF102《核动力厂设计安全规定》的修订工作，至 2016 年 7 月底完成报批稿，2016 年 10 月正式发布，其中主要改进内容包括：①强化对于可导致公众和环境不可接受放射性后果的预防；②通过采取严重事故缓解措施，避免早期释放和对周围环境的长期污染；③通过强化核电厂设计，包括强化纵深防御第四层次以及考虑外部事件灾害并维持足够裕量等来预防严重事故；④强化最终排热手段的可靠性；⑤强化应急动力供应；⑥增强燃料贮存的安全性，避免燃料裸露；⑦提供接口，便于在必要时使用移动设备；⑧强化应急响应设施的性能。此外，国家核安全局还参考美国联邦法规 10CFR150 有关大型飞机撞击影响的要求，在 HAF102-2016 中明确提出了核电厂应对大型商用飞机恶意撞击方面的要求。

2017 年 9 月，《核安全法》正式颁布，已于 2018 年 1 月 1 日施行。

5.1.5 福岛核事故后我国核电发展面临的新形势

世界能源发展面临供求紧张和减排二氧化碳缓解全球变暖等严重问题，迫切要求核电复苏和发展。20 世纪 60～70 年代，核电对煤电、油电的经济竞争力的强大优势，成了核电大发展的强大驱动力。在长期的二代和二代改进机型发展时期，核电保持了对煤电的竞争优势，近几年世界主要核电机型开发商推出的三代机型，安全性能大幅提高，对世界核电的复苏产生重要影响。福岛核事故后我国核电发展面临的新形势主要有以下几个方面。

（1）调整能源结构、发展低碳清洁能源需求。

“富煤、缺油、乏气”的自然资源条件决定了我国一次能源结构中以煤炭消耗为主，占到我国能源总消耗的 66%，而世界能源消耗以石油和天然气为主，见表 5.2。这种以煤为主的一次能源结构不利于国家的长期稳定发展，而且我国的节能减排技术推广缓慢，主要能源平均利用率长期偏低，造成了严重的资源浪费和环境污染。

表 5.2　2014 年中国、美国、全世界一次能源消费结构对比

	中国	美国	全世界
煤炭/%	66	19.7	30
石油/%	17.5	36.4	32.6
天然气/%	5.6	30.2	23.7
水能、核能等/%	10.9	13.7	13.7

我国在 2009 年的哥本哈根世界气候大会上曾向世界做出庄严承诺：一是到 2020 年，非化石能源占一次能源消费的比重达到 15%左右；二是到 2020 年，单位 GDP 二氧化碳排放强度比 2005 年下降 40%～45%。在 2015 年的巴黎气候大会上我国政府承诺，继续兑现 2020 年前应对气候变化行动目标，积极落实自主贡献。这些自主贡献主要是：将于 2030 年左右使二氧化碳排放达到峰值并争取尽早实现，2030 年单位 GDP 二氧化碳排放比 2005 年下降 60%～65%，非化石能源占一次能源消费比重达到 20%左右，森林蓄积量比 2005 年增加 45 亿 m^3 左右。

2015 年中共十八届五中全会提出，“推动低碳循环发展，建设清洁低碳、安全高效的现代能源体系，实施近零碳排放区示范工程”。

在当前国际能源格局的变化趋势中，以水电、核电、太阳能、风能、地热能、海洋能、生物质能等新能源和可再生能源的发展研究最为迅速。其中核能具有能量密集、稳定、成本低廉、温室气体排放少等优点，将成为我国能源结构调整有力手段。

为了保持经济的快速稳定增长，同时兼顾环境因素，发展核电是我国调整能源结构、发展清洁低碳能源的必然选择。

（2）核电发展带动高端制造业发展作用明显。

核电工业是现代高科技密集型的国家战略性产业，核能的发展对推动我国制造业的发展将起重要作用。其发展不但实现了自主创新能力大幅提升，扩大了我国在核燃料循环、核电装备、核技术应用等高新技术领域的产业规模，同时有效带动了我国高技术产业（涉及材料、机电、电子、仪表、冶金、化工、建筑）整体发展，而且先进的核科学技术可实现对传统产业的改造升级，实现我国制造业向中高端发展的升级。

（3）核电“走出去”，提高国际竞争力。

中共十八届五中全会提出了“加强现代能源产业建设”的要求，要求积极转变发展方式，实现我国核电事业又好又快安全发展，加快科技进步和创新，打造具有自主知识产权的核电品牌，尽快形成后来居上的强劲竞争力，走出国门，在世界核电技术制高点和市场占据一席之地，实现由核电大国向核电强国的转变。

2015 年，我国核电“走出去”迈出重大步伐，巴基斯坦卡拉奇二号机组项目顺利开工，首次实现“华龙一号”核电技术出口。中广核集团与英国、中核集团与阿根廷分别签署合作协议，合作投资建设有关核电项目。

核电技术和产品的输出对提升我国在世界经济市场中的竞争力将发挥独特作用。

（4）公众对核电的态度成为核电持续发展的关键影响因素。

随着世界能源问题和温室气体排放问题的日益严重，核电凭借其自身优势成为国际能源领域的投资热点。福岛核事故的发生却引发了公众对核电发展的质疑。公众对核电的理解和接受程度，如同核电经济性和安全性一样，已经成为核电能否实现持续发展的关键影响因素。

（5）核能发展与其他清洁能源发展密切相关。

传统意义上，清洁能源指的是对环境友好的能源，即环保、排放少、污染程度小的能源，一般包括核能和可再生能源，如水能、风能、太阳能、生物质能、海潮等。

在所有的可再生能源中，水能仍然扮演着非常重要的角色，目前，我国已建成常规水电装机容量占全国技术可开发装机容量的48%。与国外水电开发发达国家相比，我国依旧处于水电开发的早期阶段，后续开发仍有相当大的空间。

2006 年以来，中国风电行业以惊人的速度迅速发展。自 2009 年中国新增风电装机容量超过美国之后，中国风电进入了较为平稳的发展阶段。2014 年我国风电新增装机容量 23.2 GW，累积装机容量 114.6 GW，成为继火电、水电之后的第三大电源，占总发电量比例不足 3%，与发达国家 20%以上的风电入网电量相比，我国的风电发展水平仍然有待急速提高。

在国务院《关于促进光伏产业健康发展的若干意见》及一系列配套政策支持下，我国太阳能光伏发电快速发展。至 2014 年底，并网太阳能发电 2652 万 kW，发电 231 亿度，太阳能发电占比千分之六。从总量上来说，我国的太阳能资源十分丰富。目前，全球太阳能光热发电项目主要集中在西班牙、美国等少数几个国家，我国的太阳能光热发电仍处于研发阶段，尚不具备太阳能光热发电站的整体设计能力。

截至 2014 年底，全国发电装机容量 13.6 亿 kW，同比增长 8.7%。其中，水电装机 30183 万 kW，同比增长 7.9%；火电 91569 万 kW，同比增长 5.9%；核电 1988 万 kW，同比增长 36.1%；并网风电 9581 万 kW，同比增长 25.6%，并网太阳能发电 2652 万 kW，同比增长 67%。相比之下，火电在装机总量中所占的比例出现下降。在 2014 年电源工程投资中，水电、核电、风电投资规模分别为 960 亿元、569 亿元、993 亿元，清洁能源投资所占比例已经超过 70%。值得注意的是，2014 年我国风电投资规模首次超过火电。

随着太阳能、风能等装备技术的发展，太阳能、风能发电价格不断降低，越来越具有经济竞争性；同时，随着电网储电技术和智慧电网的快速发展，太阳能、风能等可再生能源也将逐渐摆脱受日夜自然变化和天气严重影响的局面。未来我国将以七彩能源（包括水，火（煤、油、天然气），核，风，太阳，生物，以及其他）为共存互补的能源供给形式，以具有自动电能储备和放电的智慧电网为纽带，为我国社会的绿色低碳和谐可持续发展提供强大动力。

因此，核能在能源发展中的预期比例与其他清洁能源的发展密切相关，应动态地考虑核能与其他清洁能源的关系。核电的发展需要在国家大的能源结构发展的前提下统一协调考虑。

（6）我国核电技术水平与国际上先进核电技术水平差距缩小。

目前，我国三代核电引进消化吸收和再创新步伐加快；自主知识产权的高温气冷堆示范工程即将进入调试装料阶段，自主化先进压水堆核电机组“华龙一号”示范工程福清 5、6 号机组与防城港 3、4 号机组开工建设，并成功落地巴基斯坦。中国实验快堆实现了自主研究、自主设计、自主建造、自主运行和自主管理。此外，在快堆、先进研究堆、核军工、核技术应用、受控核聚变等领域不断拓展。我国核电领域技术水平正在不断缩小与国际上先进水平的差距，某些领域如核电建造水平等还处于世界领先水平。

但我们应清醒地看到，虽然我国核电已具备自主设计、自主建造、自主调试、自主运行、自主管理的能力，但某些关键设备还受制于人；知识产权的核心即设计和安全分析软件还依赖于国外公司早期开发的软件，自主研发设计和安全分析软件及其工业应用还尚需时日。此外，在我国核电走出去的过程中，由于受利益冲突的影响，一些国外的公司甚至政府部门很可能会设置层层障碍，我国核电走出去的道路将充满艰辛和坎坷，存在很大的不确定性。

5.1.6 小结

历史上 3 次重大的核事故，均不同程度地改变了世界核电发展的格局。同时也应该清楚地认识到每次重大核事故的发生也促进了核电安全水平的进一步提升。选择发展更加安全与经济的核能发电，是社会发展的历史必然。

福岛核事故后，全球核能行业发展进程极不平凡，我国核能行业发展也应充分考虑当前新形势，合理把握节奏，稳中求进，理性推进核电建设。

5.2 我国核电形势及未来发展

5.2.1 核电发展的安全问题和安全要求

国际原子能机构的 75INSAG-3《核电安全的基本原则》中有这样一段文字：“无论怎么努力，都不可能实现绝对安全，就某种意义来说，生活中处处有危险。”

可以说，安全是人类永恒的问题，只要有人类存在，就永远会面对安全问题。核能因其“历史出身”以及核能技术的尖端性和复杂性，公众视角下的核安全更是有着“特殊”的分量。从以往出现过的“谈核色变”到“抢盐风波”“切尔诺贝利巨鼠说”等，都可见公众对于核能的“陌生”和“恐惧”。为了消除人们对核安全的疑虑，政府、企业使出浑身解数，努力开展科普宣传，但公众对核电的接受度迄今仍是业界无法回避的课题。

核电安全有五大基石：①严格选址；②纵深防御；③保守设计；④质保体系；⑤独立核安全监管与核安全许可证制度。此外，围绕核电厂设计、制造、建造、调试、运行等，开展了大量科学研究，建立了经验反馈体系，开展同行评估，并实施定期安全评价，使得核电安全设计和管理水平不断完善，安全水平持续提高。事实上，从科学技术和数据统计分析的角度来看，现有的核电厂应该属于最安全的工业系统之一。但是，核设施自身安全水平的提高和改进，并不一定能同等改善公众对核能的风险认知。

有关核电安全的争论，实际上是每个人都在用他们各自的尺度来衡量。尺度不一样，争论永远达不成共识。大家只有先认同一个尺度，然后用这个尺度来衡量某个事情的时候才有可能性达成共识。

1979 年，美国发生三哩岛核事故。该事故的发生迫使美国不得不再次面对核电厂的风险究竟有多大，以及“多安全是足够的”等问题。而解决这个问题的途径，只能是建立一套合理的核电厂风险度量方法，以及为风险设定一个可接受的阈值。美国将这个可接受的风险阈值称为“安全目标”。

1986 年，在经过 6 年左右的编制和讨论后，美国 NRC 发布了 51FR30028: *Safety Goals for the Operations of Nuclear Power Plants*；*Policy Statement*。在这个文件中，美国 NRC 确定了定性安全目标、定量安全目标和通用性能指导值。

两个定性的安全目标是：应该为公众的个体成员提供保护，以致其不因为核电厂的运行而对生命和健康承担明显的附加风险；与可行的竞争发电技术相比，核电厂运行对生命和健康的社会风险应该可比较或更少，并且没有明显的社会附加风险。

作为对“没有明显的附加风险”的解释，美国 NRC 确定了两个定量安全目标：对紧邻核电厂的正常个体成员来说，由反应堆事故所导致立即死亡的风险，不应该超过美国社会成员所面对的其他事故所导致的立即死亡风险总和的千分之一。对核电厂邻近区域的人口来说，由核电厂运行所导致的癌症死亡风险不应该超过其他原因所导致癌症死亡风险总和的千分之一。

为了实际上和监管意义上的可操作性，文件还推荐了通用性能指导值，作为美国 NRC 成员检验安全目标是否得到满足的指导。经过评估，立即死亡风险是控制因素，所以通用指导值针对大规模放射性释放给出：与传统的纵深防御概念和事故缓解理念一致，要求安全系统具有可靠的性能，向环境释放的放射性物质的总平均频率应该小于 10^{-6}/堆年。

在 1986 年的声明中，美国 NRC 没有给出堆熔频率，但由于广泛的评价表明安全壳的条件失效概率基本上是 10^{-1}，所以使用中经常演化出堆熔频率小于 10^{-5}/堆年。

在 IAEA 的文件中，堆熔频率和大规模放射性释放频率有时也被称为概率安全目标。

风险的评价离不开概率风险评价技术，但概率风险评价结果具有不确定性。其原因主要来源于模型的完整性、模型的适当性和输入数据的不确定性。以输入数据的不确定性为例，一个 8 级地震发生的频率究竟有多大？或者一万年内究竟可能发生多大的地震？或者反应堆压力容器的破裂频率究竟多大？事件越极端，不确定性越大，这需要在使用这个技术时有很清醒的认识。

目前，国内一些人简单地以堆熔频率等数据作为衡量核电厂安全水平的唯一尺度，竞相追求极端数据，本身是对概率风险技术的滥用和误导，也不利于深刻地认识和理解核安全问题。

而在福岛核事故发生后，美国 NRC 成立了特别工作组，在其研究报告《为在 21 世纪增强核安全的建议》中总结说，两个千分之一的安全目标“即使提供了对人员的充分保护，但向环境的大规模放射性释放也是内在的不可接受的”。的确，美国 NRC 当初提出的核电厂“安全目标”只涉及人员保护的问题，没有涉及环境保护的问题。但也要看到，以当时的技术很难对环境保护给出一个合理定量的技术要求。

福岛核事故后，我国提出了实际消除大量放射性物质释放的安全目标。国家核安全局于 2013 年 9 月完成了《“十二五”新建核电厂安全要求》（报批稿）的编制工作，于 2016 年 2～7 月组织开展了 HAF102《核动力厂设计安全规定》的修订工作，并于 2016 年 10 月正式发布了 HAF102-2016《核动力厂设计安全规定》，该文件以 IAEA 最新发布的 SSR 2/1《核动力厂设计安全》版本 1 为蓝本，并采纳了美国联邦法规 10CFR50.150 有关核电厂应对大型商用飞机恶意撞击的要求。HAF102-2016 采纳了设计扩展工况的理念，扩展了核电厂的设计包络范围，并对核电厂应对极端自然灾害的能力提出了更高要求，使核电厂具有更好的预防和缓解严重事故的能力。我国是国际上最早采纳 IAEA 的安全要求 SSR2/1 版本 1 制定发布新版《核动力厂设计安全规定》的国家，这使我国核电的设计安全水平达到了国际最高水平。我们认为，新建核电厂只要能满足 HAF102-2016 的要求，就可实现实际消除大量放射性释放的安全目标要求。对于那些已经在建和运行的核电厂，我国将通过定期安全审查等机制努力实施安全改进，使其尽可能满足新的安全要求。但作为核安全工作人员，我们强烈呼吁要理性认知核安全。

5.2.2 理性认知核安全

之所以说我国核电是非常安全的，是最安全的工业系统之一，就是靠这两个千分之一目标数据来支撑的。值得骄傲的是，经过大量评估，我国现有的核电都可以满足甚至远低于这两个千分之一的附加风险。

我国核电站年负荷因子都在85%以上，非计划停堆次数基本都是零。非计划停堆是保护性停堆，一般是设备故障引起，也有可能是操作人员误操作导致。我国核电站的非计划停堆情况，个别电站一年一次到两次，大部分是零。这说明我国核电站的运行包括操作人员的操作，是相当安全可靠的。在世界核运营者组织（WANO）主要运行性能指标中，我国运行核电机组普遍处于国际较高水平，部分机组达到国际先进水平，有些机组更是名列前茅。

5.2.3 核电安全是发展中的安全

没有达不到的安全，如果想要安全，不计代价的话，多安全都可以达到。但是如果代价太高，核电价格社会不能接受，那么这个安全对核电就没有意义。核电要可持续发展，就要把握好经济性与安全性这两个因素。

实际上，核安全水平提高到非常高，对公众安全水平并不会带来太大的改善，而花费的资源是对社会资源的浪费。还有，核安全水平提高了，并不代表公众的安全水平就提高了。如果由于经济性，国家不选择核电，只选择火电，那么火电导致的社会风险可能更高。众所周知，煤矿在中国是典型的高风险行业，这样一来，整个社会的风险可能会不降反升。

公众也承认：世界核电迄今为止一万多堆年的运行记录是优秀的，核事故发生的概率相对其他供电行业的事故率很低。而他们所不能接受的是：核事故一旦发生就会是灾难性的后果。

核电安全应该是发展中的安全，不能怕不安全就不发展。在发展过程中，要注意安全，在保证安全的前提下促进发展。习近平总书记提出的新的核安全观——发展和安全并重，应该如此解读。

我国核电发展面临的不是技术问题，不是资金问题，也不是安全问题，而是公众认知问题。如何加强与公众沟通、创新沟通方式、增进互信，将是核电安全工作的重中之重。

显而易见，秉持开放、透明的态度，加大核安全信息公开，确保公众知情权，是促进理性认知核安全的重要一环。

5.2.4 四位一体，改善核电的公众接受性

我们也应清醒地看到，在开展科普宣传、信息公开、公众参与和舆情应对工作时，大家应清醒地认识到我们国家比国外任何一个国家都复杂、困难。公众沟通工作要针对不同的群体，一定要有相应的对策。光靠科普宣传是不够的，光靠信息公开、公众参与也是不够的。因此需要综合施策：第一要政府主导、合力施策，光靠企业是肯定干不好的，必须政府抓。第二要周密谋划、循序推进，事先要把各种情况、各种“工况”都要设想到，都有对策。第三要两手并重、双管齐下，一是要彻底做好科普宣传、信息公开、公众参与，切实保证公众的知情权、参与权、监督权和收益权；二是要根据我国相关法规和政策，做好舆情的管控工作，降低甚至消除虚假信息的传播和不利影响。第四要实现利益共享，风险共担。要意识到对于一个国家、一个地方政府或者一个普通民众，风险接受性是不同的。只有当当地民众也切实感受到核电带来的利益时，他们才能接受核电带来的很低的附加风险。

国家核安全局于 2015 年 11 月 9 日发布了《环境保护部（国家核安全局）核与辐射安全公众沟通工作方案》，推动建立健全科普宣传、信息公开、公众参与、舆情应对“四位一体”的公众沟通工作机制。

另外，与其他行业相比，核电风险有其不容忽视的特殊性。核安全学科作为支撑核能与核技术利用事业发展的生命线，必须加快建设和发展步伐。

5.3 实现 2020 年规划目标面临的挑战

5.3.1 实际消除大规模放射性释放的问题

为进一步提高核电厂安全水平，强化核电厂预防和缓解严重事故的能力，实现实际消除大量放射性物质释放的安全目标，需要扩大核电厂的设计包络范围，强化核电厂的纵深防御体系，进一步提高核电厂的安全水平。

如图 5.4 所示，核电厂设计包络范围从原来的正常运行、预计运行事件和设计基准事故扩大到正常运行、预计运行事件、设计基准事故和设计扩展工况（DEC）。图 5.4 体现了对设计扩展工况和超设计扩展工况（BDEC，即剩余风险）的安全考虑。

DEC 包括：①选定的核电厂系统设备多重故障状态，如全厂断电（SBO）、丧失最终热阱；②选定的严重事故，包括相应的严重事故现象。

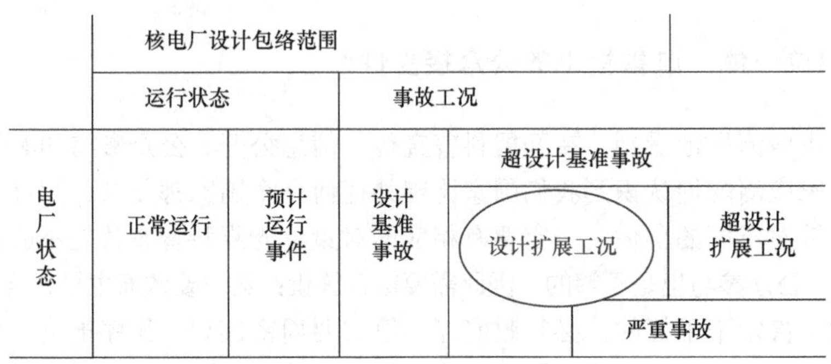

图 5.4 核电厂工况分类示意图

BDEC 是在核电厂设计和运行中通过采取有效措施后发生概率很低的或基于目前人类认知水平没有识别的极端事故情景。福岛核事故表明剩余风险仍然是不能忽略的重要因素。风险无所不在，任何社会或工业活动不可能做到绝对安全，但我们需要了解风险、控制风险。对于核电厂剩余风险，需在核安全合理可达到的尽量高（AHARA）原则下，采取现实有效的措施减轻其后果。

强化后的纵深防御体系（表 5.3）采用了专设安全设施、附加安全设施和补充安全措施。专设安全设施用于应对设计基准事故；附加安全设施用于应对设计扩展工况，是附加的专设安全设施，如严重事故快速卸压阀等；补充安全措施用于极端工况下的工程抢险和减轻剩余风险的后果，如核电厂的安全壳过滤排放措施，厂外应急计划，电厂专门配置的用于核电厂大范围损伤状态后果缓解的移动电源、移动泵、贮水池等，以及核电集团和国家层面设置的用于支援核电厂工程抢险的移动设备等。

表 5.3 强化后的纵深防御体系

纵深防御层次	目标	基本措施	对应核动力厂工况
第一层次	对异常运行和失效的预防	保守设计与高质量建造和运行	正常运行
第二层次	控制异常运行并检测失效	控制、限制和保护系统及监测设施	预计运行事件
第三层次	将事故控制在设计基准以内	专设安全设施和事故规程	设计基准事故（假设单一始发事件）
第四层次	控制严重工况，包括严重事故预防（4a）和后果缓解（4b）	附加安全设施和事故管理	设计扩展工况，包括多重失效（4a）、严重事故（4b）
第五层次	极端工况下的工程抢险；放射性物质释放后果的缓解	补充安全措施、大范围损伤管理指南、厂外应急响应	超设计扩展工况（剩余风险）

在强化的纵深防御体系框架下，第四层次要求在核电厂设计中加强应对设计扩展工况的设计措施，考虑其适当性和可靠性，在事故预防和事故缓解的设计措

施之间达成更合理的平衡。相关的核电厂安全分析应表明，在严重事故工况下，安全壳能维持完整性，不会有显著的放射性释放到环境，这就意味着从设计角度可以不需要设置安全壳过滤排放系统，可以优化厂外应急措施，简化甚至可以取消厂外应急行动。而第五层次仍要求，在核安全合理可达到的尽量高原则下，通过采取补充安全措施（如设置安全壳过滤排放系统或措施）、编制大范围损伤管理指南以及开展厂外应急准备等工作，以减轻剩余风险的后果，达到实际消除大量放射性释放的安全目标。

在国家核安全局于 2016 年 10 月正式发布的 HAF102-2016《核动力厂设计安全规定》中，已对实际消除大量放射性释放做出了明确要求，总体上与上述内容一致，也可以说上述内容是对 HAF102-2016 相关内容的解读。我们认为，新建核电厂只要能满足 HAF102-2016 的要求，就可实现实际消除大量放射性释放的安全目标要求。新建核电厂具有完善的严重事故预防和缓解性能，不仅进一步降低了发生严重事故的概率，即使在严重事故状态下还有很多完善的工程措施，确保事故后果可控。所以我们可以自信地说，实现实际消除大量放射性释放的安全目标，对于新建核电厂技术上已不存在挑战，但对于那些已经在建和运行的核电厂困难重重。我国将通过定期安全审查等机制努力实施安全改进，使已有核电厂尽可能满足新的安全要求。

世界核电发展史上的三次严重事故，充分体现了核安全的特性，即核能行业相比其他行业特别突出的技术的复杂性、事故的突发性、污染后果的难以消除性、影响的难以感知性、社会公众的极度敏感性。

核安全已经成为我国国家安全的重要组成部分，考虑到核电厂安全的极端重要性以及人类认知的局限性，建议在核电厂安全设计中倡导合理可达到的尽量高的核安全理念，即核电厂在达到法规要求安全水平的基础上，应采取一切合理可达到的现实有效的措施，使核电厂达到更高的安全水平。

5.3.2 正常运行的近零排放问题

人类生活的地球上，放射性无处不在。小剂量的放射性对人体有害还是有益？目前没有科学结论。为了更好地保护人和环境，国际辐射防护委员会（ICRP）提出了辐射防护的基本假设，即线性无阈假设。电离辐射致生物学效应按效应的性质可分为确定性效应和随机性效应。其中随机性效应是指效应的发生概率随受照剂量的增加而增加，而严重程度与受照剂量无关的效应。这种效应不存在剂量阈值，只要机体受到电离辐射照射，即便剂量很小，也有可能发生随机性效应，尽管发生率很低。根据线性无阈假设，小剂量的辐射危害由高剂量照射得到的数据作线性外推而得到，实际上偏高地估计了低剂量所产生辐射的危害。这种假设导致了公众对小剂量辐射照射的过分担忧。

为了保护人和环境免受电离辐射的危害，IAEA 联合多个国际组织，提出了公众剂量限值、公众剂量约束值以及豁免和解控的剂量准则。我国在相关法规和标准中等同采用了国际辐射剂量限制体系。全球天然辐射的本底平均水平为 3.4 mSv/年，年最大受照个人的有效剂量超过 10 mSv，据此确定公众剂量限值为 1 mSv/年。考虑到 20 世纪大气核试验以及核事故对公众的辐射影响，以及日常生活中可能接受到其他人工辐射源的影响，将核电厂正常运行的公众剂量约束值确定为 0.25 mSv/年（国际推荐值为 0.25 mSv/年）。公众剂量约束值是公众辐射防护最优化的上限，是核电厂辐射防护最优化设计和管理不可超越的限值。豁免和解控是判定是否需要进行辐射防护管理的界限，其剂量准则为 0.01 mSv/年，为剂量限值的 1/100。

1. 近零排放的概念

随着人们对环境保护认识的提高，国际上于 20 世纪 70 年代提出了“零排放”的概念，主要指废水排放为零。后来，引入更科学的术语“近零排放”，指无限地减少污染物或废物排放到几乎为零的活动，其中的污染物或废物包括气态、液态和固态污染物或废物。废水的“近零排放”则定义为废水的排放总量近乎为零，或废水中的污染物的排放浓度近乎为零，使得其污染物浓度对受纳水体是无害的。

核电厂液态流出物放射性近零排放定义为：核电厂向环境排放的液态流出物中的放射性核素浓度低于解控水平；核电厂受纳水体中的人工放射性核素浓度接近于零。本节给出了近零排放定量指标，并将此作为判断核电厂液态流出物中的放射性核素是否达到近零排放的基准。

1）核电厂液态流出物放射性解控水平

排放总量：《核动力厂环境辐射防护规定》（GB 6249—2011）规定的核电厂液态流出物放射性排放总量控制值。

排放浓度：GB 6249—2011 和《核电厂放射性液态流出物排放技术要求》（GB 14587—2011）规定的核电厂液态流出物放射性排放浓度控制值。对于滨海厂址，槽式排放出口处的放射性流出物中除氚（H3）和 C14 外，其他放射性核素浓度不应超过 1000 Bq/L；对于内陆厂址，槽式排放出口处的放射性流出物中除氚和 C14 外，其他放射性核素浓度不应超过 100 Bq/L。

2）受纳水体中放射性核素浓度

GB 6249—2011 和 GB 14587—2011 中规定的水体浓度控制值。内陆核电厂排放口下游 1 km 处受纳水体中总β放射性不超过 1 Bq/L，氚浓度不超过 100 Bq/L。

此外，近零是一种趋势，因此近零排放的努力是无止境的。现行标准规定的排放总量和排放浓度控制值是根据当前的处理技术和运行管理水平，考虑社会经济因素制定的一个最优化目标值，是“近零排放”的基本要求。随着技术的进步和管理的改进，以及社会对更优环境的诉求，将进一步降低排放浓度和排放控制水平。近零排放应是企业持续努力的方向，力求通过设计改进和采取先进处理技术，进一步降低排放浓度和排放总量；优化排放管理，进一步降低受纳水体放射性核素浓度，使得内陆核电厂液态流出物排放更少，更近零。

2. 近零排放评估

1）用饮用水标准指导水平确定解控水平

对于各类污染物，生活饮用水标准是最严格的标准。世界卫生组织（WHO）的生活饮用水标准确定了各种放射性核素的指导水平。核电厂正常运行时，液态流出物中除氚和 C14 外的主要放射性核素为 Co60、Co58、Cr51 和 Mn54、Fe59，有些核电厂还排放 Ag110m。根据这些核素的指导水平，确定内陆核电厂液态流出物的解控水平为 100 Bq/L。表 5.4 列出了 WHO 生活饮用水标准指导水平与核电厂液态流出物解控水平和实际排放水平。氚目前在技术上没有可行的处理方式。我国和世界各国及各国际组织一样，对氚和 C14 实施总量控制，都进行排放浓度控制。

表 5.4　WHO 生活饮用水标准指导水平与核电厂液态流出物解控水平和实际排放水平

主要核素	WHO 生活饮用水指导水平	解控水平	实际排放水平
Co60	100 Bq/L	总和为 100 Bq/L	小于 100 Bq/L，典型值可能小于 30 Bq/L，甚至小于 10 Bq/L
Co58	100 Bq/L		
Cr51	10000 Bq/L		
Mn54	100 Bq/L		
Fe59	100 Bq/L		
Ag110m	100 Bq/L		
H3	10000 Bq/L		10^6 Bq/L
C14	100 Bq/L		10^2 Bq/L

2）用饮用水标准筛选水平确定水体浓度

生活饮用水标准中的筛选水平是最严格的指标。核电厂液态流出物中的放射性核素基本都是β核素，除了氚和C14是弱β核素外，其他放射性核素基本都可以在总β测量值中有所反映，因此采用生活饮用水筛选水平作为近零排放指标。我国生活饮用水标准对氚没有控制，世界各国对氚的控制水平大小不一，因此采用了最严格的欧盟饮用水标准作为氚的近零排放控制指标。C14 排放量很低，当氚在水体中小于 100 Bq/L 时，C14 将小于 0.1 Bq/L。表 5.5 给出了水体近零排放指标与国际相关饮用水标准的比较。

表 5.5　水体近零排放指标与国际相关饮用水标准的比较

国际组织/国家标准	总β指标值	氚指标值
WHO 饮用水指标	1 Bq/L（筛选值）	10000 Bq/L
加拿大卫生部饮用水指标	1 Bq/L（筛选值）	7000 Bq/L
美国 EPA 饮用水指标	注 1	740 Bq/L
欧盟饮用水指标	注 1	100 Bq/L（筛选值）
我国生活饮用水卫生标准（GB 5749—2006）	1 Bq/L（筛选值）	—
GB 6249—2011，GB 14587—2011（排放口下游 1 km 受纳水体）	1 Bq/L（筛选值）	100 Bq/L（筛选值）
水体近零排放指标（排放口下游 1 km 受纳水体）	1 Bq/L	100 Bq/L

注：未规定总β指标值，各β/γ放射性核素的浓度指标按照参考剂量进行推导。

3）运行核电厂液态流出物剂量评估

我国运行核电厂正常运行对公众的辐射影响很小。对秦山核电基地已经运行的 7 个机组的辐射环境影响进行了现状评价。源项取自 7 个机组 2008 年至 2012 年实际运行排放数据的平均值，其中，秦二扩工程运行时间较短，其源项数据采用秦山二期的实际运行排放数据。评价结果显示，秦山核电基地 7 个运行机组液态流出物排放所致公众最大个人剂量约为 0.14 μSv/年，比公众个人剂量限值低 4 个量级，比豁免水平低 2 个量级，约为我国居民所受天然辐射的两万分之一。表 5.6 列出了我国部分核电厂正常运行气、液流出物所致公众剂量的更为保守的预评价结果。由此可见，我国运行核电厂液态流出物所致公众剂量远小于解控水平 10 μSv/年。

表 5.6　我国部分核电厂正常运行气、液流出物所致公众剂量预评价结果

核电厂	个人有效剂量/（μSv/年）
田湾核电厂 3 号和 4 号	4.03
宁德核电厂 1 号和 2 号机组	0.735
红沿河核电厂 1 号和 2 号机组	0.372
大亚湾和岭澳核电厂 6 台机组	5.45

4）长江水系和国外河流本底水平

综合文献报道，我国长江水系本底水平和国外河流本底水平列于表 5.7 中。由表 5.7 可见，水体近零排放指标仅比长江水体本底平均值大一个数量级。

表 5.7　长江水系和国外河流本底水平

项目	长江水系		国外河流
	均值	范围	
总 α/(Bq/L)	0.06	0.001～0.6	0.01～0.38
总 β/(Bq/L)	0.13	0.01～0.87	0.02～0.8
K40/(Bq/L)	0.1	0.002～2	0.03～1.75
Ra226/(mBq/L)	6.8	＜0.5～97	0.5～140
U/(μg/L)	0.75	＜0.03～10.5	0.03～63.1
Th/(μg/L)	0.3	0.01～5.7	0. 009～0.42
H3/(Bq/L)	6.3	0.5～24.6	0.1～312.9
Sr90/(mBq/L)	9.6	0.5～67.4	0.6～94.7
Cs137/(mBq/L)	1.2	＜0.001～9.2	0.5～9

5）NORM 设施液态流出物排放水平

在 20 世纪 80 年代全国天然放射性水平调查中，对工业活动已造成或将来可能造成环境辐射增高的地区也作了加密布点调查，我国部分人为活动造成天然照射明显升高（NORM）。工业矿区周围环境水中天然放射性水平调查结果见表 5.8。调查

表 5.8　NORM 工业矿区周围环境水中天然放射性核素浓度

企业位置	企业类别	K40/（$\times10^{-1}$Bq/L）		Ra226/（mBq/L）		U/（μg/L）		Th/（μg/L）		受纳水体
		测值	比值[a]	测值	比值	测值	比值	测值	比值	
四川	磷酸盐	2.17	2.21	4.7	2.04	1.10	1.25	0.44	1.83	旭水河
四川	磷酸盐	4.53	5.16	8.0	2.58	0.63	5.30	0.13	2.60	斧溪河
四川	磷酸盐	1.33	1.07	3.0	0.54	2.10	2.84	0.10	0.42	沱江
湖南	硫铁矿	0.65	3.0	188	14.2	8.61	13.0	0.20	3.33	浏阳河
湖南	铅锌矿	0.37	1.71	19.6	1.48	1.22	1.85	0.04	0.67	湘江

a 测量值/当地对照点均值。

区域天然放射性核素浓度的比值最高达 14.2，对周边环境水体造成一定的影响。

3. 实现近零排放的措施

1）严格遵守法规标准要求

我国建立了比较完善的核与辐射监管法规标准体系。主要有《中华人民共和国放射性污染防治法》《放射性废物安全管理条例》等法规体系；《电离辐射防护与辐射源安全基本标准》，（GB 18871—2002）、GB 6249—2011 和 GB 14587—2011 等强制性国家标准，特别是 GB 6249—2011 和 GB 14587—2011，对核电厂液态流出物排放管理做出了具体的规定。核电厂液态流出物近零排放的定量指标与 GB 6249—2011 和 GB 14587—2011 规定的控制值一致，因此只要按照 GB 6249—2011 和 GB 14587—2011 的规定进行液态流出物排放管理，就达到了近零排放。

2）持续降低排放浓度和排放控制水平

近零排放是持续追求的目标，也应是企业持续努力的方向。随着技术的进步和管理的改进，以及社会对更优环境的诉求，应在严格遵守液态流出物排放的法规标准基础上，力求通过设计改进和采取先进处理技术，进一步降低排放浓度和排放总量；优化排放管理，进一步降低受纳水体放射性核素浓度，使得核电厂液态流出物排放更少，更近零。

（1）进一步实施液态流出物源头控制。

持续开展堆芯设计和运行控制研究，改进堆芯设计和运行管理，从源头上减少进入三废处理系统的放射性核素产生量，实际消减液态流出物放射性排放量。

（2）持续应用最佳可行技术（BAT）。

持续研究和积极推进放射性废液处理最佳可行技术，任何情况下都考虑采取最佳可行技术的可能性，尽可能降低液态流出物中的放射性核素活度浓度，使液态流出物中放射性含量持续“近零”。

（3）优化排放设计和管理。

增加流出物贮存罐，开展优化排放口设计研究，开展均匀性排放控制研究，优化排放控制程序，在必要时将受纳水体流量和下游 1km 处放射性活度浓度作为液态流出物排放控制指标，确保排放的均匀性控制，减小对环境的影响。

（4）强化受纳水体稀释能力和环境容量在核电厂址选择中的地位。

在核电厂址选择中，将受纳水体的稀释能力和环境容量作为比选的关键指标，在合理情况下，提高其在核电厂址选择中的作用和地位，可行地减少对核电厂周围环境水体的影响。

（5）从“合理可行尽量低”的角度持续评价液态流出物排放控制水平。

开展环境影响预评价和现状评价的研究，从“合理可行尽量低”的角度确保厂址选择、设计、运行和退役均满足近零排放要求，使得核电厂液态流出物排放总量和排放浓度尽可能更低。

同时，开展工艺监测、流出物监测和环境监测研究，实现可监测、可控制和可监督。

4. 建议

（1）进一步加强公众宣传和国际交流，在更广泛的领域达成共识：内陆核电厂在选址、设计、建造、运行和退役中应满足 GB 6249—2011 和 GB 14587—2011 这两个强制性国家标准要求，实现内陆核电厂液态流出物的放射性近零排放。

（2）积极开展堆芯设计和运行控制研究，尽量减少进入三废处理系统的放射性核素产生量。积极选择和研究放射性废水处理最佳可行技术，尽可能降低液态流出物中的放射性核素活度浓度。使得内陆核电厂在选址、设计、建造、运行和退役中在满足 GB 6249—2011 和 GB 14587—2011 中关于液态流出物排放要求的基础上，进一步降低排放浓度，使液态流出物排放更“近零”。

（3）持续开展研究，进一步提高内陆核电厂液态流出物放射性近零排放水平。

参 考 文 献

[1] 《中国电力百科全书》编辑委员会,《中国电力百科全书》编辑部. 中国电力百科全书核电发展卷. 3 版. 北京: 中国电力出版社, 2014.

[2] 核动力运行研究所. 2015 国别报告——核安全. 2015.

[3] 环境保护部核与辐射安全中心. 全球新兴核能发展国家形势分析. 国际信息专报, 2013.

[4] 环境保护部核与辐射安全中心. 全球核能安全动态第 3 期, 2015.

[5] IAEA. IAEA Fukushima Report. 2014.

[6] 2017 年核技术评论. IAEA Report GC(61)/INF/4, 2017.

[7] 汤搏. 核安全问题的简要历史和若干基本概念. 2014.

[8] 刘新华, 等. 核电厂近零排放. 2016.

[9] 中国核学会. 2014—2015 核科学技术学科发展研究报告. 北京: 中国科学技术出版社, 2016.

第二篇

快堆及其闭式燃料循环

第 6 章

我国快堆发展情况

6.1 快堆发展情况介绍

6.1.1 国际发展情况

国外快堆发展已超过半个世纪，共建成过不同功率的大小快堆 27 座（其中钠冷快堆 23 座，另早期的实验堆汞冷和钠钾冷各两座），包括：①实验堆 17 座；②原型堆 7 座；③商用验证堆 3 座。积累的快堆运行经验超过 350 快堆年，钠冷快堆技术已达到了基本成熟的阶段。

表 6.1 列出了国外已建快堆和设计的部分快堆。其中，自 1981 年 12 月首次满功率运行以来，截至 2018 年，俄罗斯的 600 MWe 原型快堆 BN-600 已成功连续运行 38 年，平均负荷因子达到 74.4%。

表 6.1 国外快堆发展概况

国家和快堆	功率热/电/MW	堆型	冷却剂	燃料	运行时间	类别			
						实验堆	原型堆	经济验证堆	商用堆
美国									
Clementine	0.025/0	回路型	Hg	Pu	1946～1952 年	√			
EBR-Ⅰ	1.2/0.2	回路型	NaK	U 合金	1951～1963 年	√			
LAMPRE	1.0/0	回路型	Na	熔 Pu	1961～1965 年	√			
FERMI	200/66	回路型	Na	U 合金	1963～1975 年	√	（√）[a]		
EBR-Ⅱ	62.5/20	池型	Na	U 合金（U，Pu，Zr）	1963～1998 年	√			
SEFOR	20/0	回路型	Na	UO_2	1969～1972 年	√			
FFTF	400/0	回路型	Na	（Pu，U）O_2	1980～1996 年	√			
CRBR	975/380	回路型	Na	（Pu，U）O_2			√		

续表

国家和快堆	功率热/电/MW	堆型	冷却剂	燃料	运行时间	类别			
						实验堆	原型堆	经济验证堆	商用堆
ALMR	nx840/303	池型	Na	（U，Pu，Zr） （Pu，U）O_2					√
SAFR	nx873/350	池型	Na	（U，Pu，Zr）				√	
法国									
Rapsodie	20～40/0	回路型	Na	（Pu，U）O_2	1967～1983年	√			
Phenix	653/254	池型	Na	（Pu，U）O_2	1973～2010年		√		
SPX-1	3000/1242	池型	Na	（Pu，U）O_2	1985～1998年			√	
EFR	3600/1500	池型	Na	（Pu，U）O_2					√
德国									
KNK-Ⅱ	60/21.4	回路型	Na	（Pu，U）O_2	1977～1991年	√			
SNR-300	770/327	回路型	Na	（Pu，U）O_2	（1994年）[b]		√		
SNR-2	3420/1497	回路型	Na	（Pu，U）O_2				√	
印度									
FBTR	42/12.5～15	回路型	Na	（Pu，U）C	1985年至今	√			
PFBR	1250/500	池型	Na	（Pu，U）O_2	2014年临界		√		
日本									
JOYO	100～140/0	回路型	Na	（Pu，U）O_2	1977年至今	√			
MONJU	714/318	回路型	Na	（Pu，U）O_2	1994年至今[c]		√		
DFBR	1600/660	双池	Na	（Pu，U）O_2				√	
CFBR	3250/1300	池型	Na	（Pu，U）O_2					√
英国									
DFR	60/15	回路型	Na	U合金	1959～1977年	√			
PFR	600/270	池型	Na	（Pu，U）O_2	1974～1994年		√		
CDFR	3800/1500	池型	Na	（Pu，U）O_2				√	
意大利									
PEC	123/0	回路型	Na	（Pu，U）O_2		√			
俄罗斯									
BR-2	0.1/0	回路型	Hg	Pu	1956～1957年	√			
BR-5/10	5～10/0	回路型	Na	Pu，PuO_2	1958～2003年	√			
BOR-60	60～12	回路型	Na	（Pu，U）O_2	1969年至今	√			
BN-350	700/130	回路型	Na	UO_2	1972～1999年		√		
BN-600	1470/600	池型	Na	UO_2	1980年至今		√		
BN-800	2000/800	池型	Na	（Pu，U）O_2	2014年临界			√	（√）
BMN-170	nx425/170	池型	Na	（Pu，U）O_2					（√）
BN-1200	2800/1200	池型	Na	氮化物/（Pu，U）O_2					√
BN-1800	4500/1800	池型	Na	（Pu，U）O_2					√
韩国									
PGSFR	392/162	池型	Na	（U，Pu，Zr）			√		

a FERMI 原作原型堆设计。

b SNR-300 建成，因地方政府反核而未装料，已拆除。

c MONJU 1994 年二回路发生钠泄漏后停堆至今，目前日本政府已决定退役。

上述快堆国家如法国、美国核能已有相当规模，不管积存的乏燃料已处理与否，长寿命高放废物急待处理，更加重视嬗变快堆，法国 600 MWe 示范快堆 ASTRID 正在设计中；德国、英国虽无快堆工程建设计划，但参加了欧盟快堆科研和法国 ASTRID 科研工作。

俄罗斯已有丰富的快堆工程经验，800 MWe 的 BN-800 已投入商业运行，又欲占领未来快堆市场，积极走向高功率商用快堆。1200 MWe 大型快堆 BN-1200 已完成设计和设计验证，准备兼有 MA 嬗变研究的功能，计划 2025 年建造；小型铅铋快堆 SVBR-100 正处设计和科研阶段，目前正在积极探讨与中方合作建造；完成了铅冷快堆 BREST-OD-300 数据合理性的研究和科研，目前已开始建造，多功能钠冷快中子研究堆 MBIR 准备建造以代替运行了 40 多年的 60 MWt BOR-60，该堆位于俄罗斯季米特洛夫格勒，已经开始建造。

日本从 20 世纪 60 年代开始发展快堆技术，截至目前共建成两座快堆，分别是实验快堆常阳（JOYO）和原型快堆文殊（MONJU）。由于文殊快堆不断出现问题，日本政府已决定其退役。福岛核事故后，日本政府重新调整了核能政策，其核能发展的重点方向为增强反应堆安全性能、提高乏燃料储存及后处理的能力和继续推进核燃料循环政策。目前正在研发 1500 MWe 的大型商用快堆 JSFR，部署时间未定。

韩国设计的 150 MWe 原型快堆 PGSFR 正在处于设计阶段，快堆金属燃料及其高温电解技术已经掌握。韩国科技部在韩国原子能研究院（Korea Energy Research Institute，KAERI）专门成立了一个机构推进快堆。

印度缺少能源，具有强国意图，积极发展快堆，500 MWe 原型快堆 PFBR 在建设中，正在等待装料许可。之后准备推广 4 座同型快堆。印度已掌握金属燃料技术，不久将进入高增殖的金属燃料 600 MWe 快堆建造阶段，该堆比起 PFBR 有高的增殖和较小的钠空泡系数，之后，还准备推广 1～2 座。

国际上各国均考虑建堆的经济性，大多快堆也均有商用目标。目前各国计划建造的快堆见表 6.2。

表 6.2　各国计划建造的快堆

国家	快堆名称	电功率	计划建成时间
法国	ASTRID	钠冷 600 MWe	—
日本	JSFR	钠冷 1200 MWe	—
俄罗斯	BN-1200	钠冷 1200 MWe	2025 年
印度	4×PFBR	钠冷 4×500 MWe	2020 年
中国	CFR600	钠冷 600 MWe	2023 年
韩国	PGSFR	钠冷 150 MWe	2028 年

6.1.2 我国快堆发展概况

我国快堆技术的发展已有 50 多年，大致分为基础研究阶段（1967～1986 年），以 65 MW 热功率实验快堆为工程目标的应用研究阶段（1987～1993 年），中国实验快堆的工程研发和建造阶段（1990～2012 年），以及 600 MWe 示范快堆 CFR600 的设计、科研、验证、建造阶段（2013～2023 年）。

1. 快堆技术基础研究

在前核工业部（中国核工业集团公司前身）领导下，我国快堆技术的开发始于 20 世纪 60 年代中后期，在北京 194 所组织了约 50 人的科研队伍进行基础研究，重点放在快堆堆芯中子学、热工流体、钠工艺和材料、小型钠设备和仪表。到 1986 年前，建成了约 12 台套实验装置和钠回路。其中包括一座快中子零功率装置（图 6.1），该装置于 1970 年 6 月 29 日首次临界。这一阶段的研究工作是我国快堆技术的前期基础研究阶段，为此后我国快堆技术发展提供了技术储备。

图 6.1 快中子零功率装置（1970 年 6 月 29 日）

2. 快堆技术应用研究

1987 年起快堆技术发展被纳入 863 计划，成为该计划能源领域的一个重要项目。在 863 计划中，确定了 65 MWt（25 MWe 装机）实验快堆的工程目标，安排了九大课题、61 个子课题，1988～1993 年以中国原子能科学研究院为主持单位，与西安交通大学、清华大学、核工业一院、核工业 404 厂、上海交通大学、湖南大学、钢铁研究总院、郑州机械研究所合作，共 500 余人，以该实验快堆为工程目标进行预研论证。重点为快堆设计、钠工艺、材料和燃料以及快堆安全研究，建成 20 余台套装置。这一阶段是我国快堆工程技术的研究阶段，为中国实验快堆的设计和建造进行了技术准备。

3. 快堆工程技术发展

1）中国实验快堆

中国实验快堆（CEFR）是我国快堆工程发展的第一步，其目的是：积累快堆电站的设计、建造和运行经验；运行后作为快中子辐照装置，辐照考验燃料和材料，也作为钠冷快堆全参数实验平台考验钠设备和仪表，为快堆工程的进一步发展服务。

CEFR 主要设计参数见表 6.3。

表 6.3　CEFR 主要设计参数

项目	单位	参数
热功率	MW	65
电功率	MW	20
反应堆堆芯		
高度	cm	45
当量直径	cm	60
燃料（首炉）		UO_2
U235（富集度）	kg	236.6（64.4%）
线功率（最大）	W/cm	430
中子注量率（最大）	$n/(cm^2·s)$	$3.2×10^{15}$
最大燃耗	MWd/kg	60
堆芯入/出口温度	℃	360/530
主容器外径	mm	8010
一回路		

续表

项目	单位	参数
钠量	t	260
一回路钠泵	台	2
总流量	t/h	1328.4
中间热交换器	台	4
二回路		
环路数		2
总钠量	t	48.2
总流量	t/h	986.4
三回路		
蒸汽压强	MPa	14
蒸汽流量	t/h	96.2
设计寿命	年	30

1995 年，中国实验快堆工程立项。在完成前期设计和实验验证的基础上，2000 年 5 月浇灌第一罐混凝土，开始中国实验快堆的建造。2002 年 8 月实现核岛厂房封顶，2005 年 8 月堆容器首批部件吊入厂房开始堆本体安装，2006 年 2 月开始核级钠进场灌装。2010 年 7 月中国实验快堆实现首次临界，2011 年 7 月实现首次 40%功率并网发电，2014 年 12 月实现满功率运行，达到设计指标。

我国快中子增殖反应堆的发展战略是“实验快堆、示范快堆、商用快堆”三步走，中国实验快堆是第一步。为降低后续开发的技术风险、提高技术及工程经验的继承性，中国实验快堆在方案选择上就考虑了后续的发展。我国快堆工程技术发展的第二步是示范快堆。

2）中国示范快堆

中国示范快堆（CFR600）是一座设计额定发电功率 600MW 的池式钠冷快堆。根据示范快堆电站在安全性、可持续性等主要目标应达到第四代核能系统的要求，结合 CEFR 工程实践经验，并借鉴其他快堆国家的方案，确定了 CFR600 总体技术方案。CFR600 主系统原理图见图 6.2，目标参数见表 6.4。

目前，CFR600 已完成初步设计，正在开展施工图设计。2017 年 12 月开始土建先期施工，计划于 2020 年 1 月完成核岛主厂房封顶，2022 年 8 月堆本体开始充钠，2023 年 1 月开始首次装料，2023 年 4 月达到首次临界，2023 年 12 月达到首次满功率。

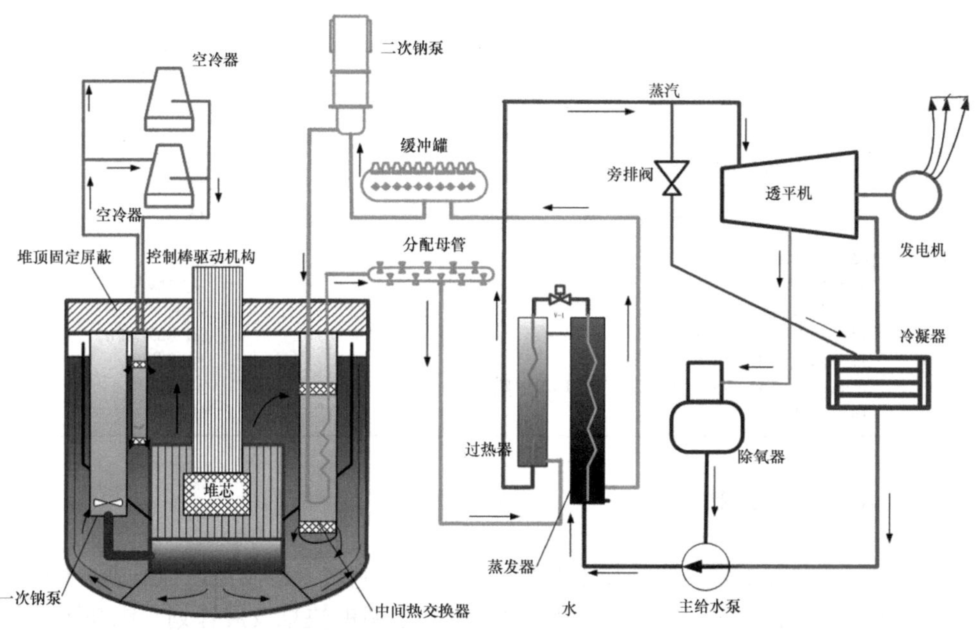

图 6.2　示范快堆 CFR600 主系统原理图

表 6.4　示范快堆 CFR600 目标参数

参数名称	数值或质量指标
总体参数	
电功率/MW	600
热功率/MW	1500
热效率	40%
设计最大比燃耗限值/(MWd/t)	100000
回路数	3（钠-钠-水）
反应堆堆芯	
堆芯高度/mm	1000
燃料棒最大线功率设计限值/(kW/m)	43
控制体吸收材料	碳化硼（B_4C）
一回路参数	
入口钠温/℃	358
出口钠温/℃	540
钠流量/(kg/s)	7144
反应堆气腔压力/MPa	0.15
环路数	2
二回路参数	
蒸汽发生器入口钠温/℃	505
蒸汽发生器出口钠温/℃	308
钠流量/(kg/s)	5962
环路数	2

续表

参数名称	数值或质量指标
三回路参数	
蒸汽发生器入口给水温度/℃	210
蒸汽发生器出口蒸汽温度/℃	485
过热蒸汽产量/(t/h)	2280
蒸汽发生器出口蒸汽压力/Pa	14
非能动事故余热排出系统	
布置位置	主容器内
通道数量×换热功率/MW	4×9
设计功率（总）/MW	36（2.4%Pn）
堆芯熔化概率	$<10^{-6}$
严重事故下大量放射性物质释放至环境的频率	$<10^{-7}$
电厂寿期/年	40

6.1.3 发展趋势分析

进入 21 世纪以来，快堆技术在世界范围内得到进一步发展，俄罗斯、印度、法国、中国等国均有快堆在建工程项目或提出了新的快堆发展计划。纵观国际快堆领域技术发展态势，呈现出大型化和小型模块化两个方面的发展趋势。

1. 大型商用快堆

全球第四代核能论坛提出六种堆型作为第四代先进反应堆，其中有三种是快中子反应堆，钠冷快堆作为其中技术最成熟的一种，除了技术具有先进性之外，也具备进行大规模工业开发的基础。

当前尤为关注以下方面：重视燃料后处理，致力于形成闭式燃料循环；重视反应堆安全性能的提升，致力于降低发生堆芯熔化及大规模放射性释放的频率，提高反应堆应对严重事故的能力。

在乏燃料后处理方面，快堆可以对水堆乏燃料中的长寿命废物进行嬗变，减少核废料体积及需要地质储存的时间，从而缓解给环境带来的长期压力，是形成闭式燃料循环的一个重要环节。俄罗斯、美国、法国、日本等核电发达国家积累的水堆乏燃料越来越多，乏燃料储存及后处理的压力日益增大，其发展快堆的一个重要目的是对长寿命放射性废物进行嬗变，以形成闭式燃料循环，有效管理核废料，减轻环境压力。

在安全性能提升方面有以下发展趋势：提高安全设计标准，增加对设计扩展工况的考虑，符合第四代先进核能系统安全指标要求，以降低堆芯熔化概率及大规模放射性释放概率；增强反应堆的固有安全性；研发和应用非能动安全技术，如在堆上采用非能动停堆系统、非能动余热排出系统、置于堆内的堆芯熔化收集器等；开展严重事故理论及实验研究，增强反应堆抵御严重事故风险的能力；降低钠泄漏概率，以降低发生钠水反应及钠火的风险。

2. 小型快堆

在可应用于特殊场合（如偏远地区、海岛、深海等）的小型化长寿命可移动反应堆方面，快堆也很有优势。20 世纪 90 年代开始，小型快堆由于具有安全性高、厂址要求低、利用形式多样、总体投资规模较小等优势，能够灵活满足市场及特殊场合需求，得到了核能技术发达国家的重视。而液态金属冷却（钠冷或铅铋冷却）小型快堆具有换料周期更长、固有安全性更高、结构更为紧凑等优势，是美、俄、日等国家小型堆的重要类型和研究方向。

用于特殊场合的小型化、长寿命快堆是快堆技术未来的重要发展方向。各国研发中的先进小型快堆具有以下方面的发展趋势。

（1）提高安全性能：引入固有安全和非能动安全的设计理念，重视堆芯自然循环能力和非能动事故余热排出；重视新型燃料和冷却剂应用，提高堆芯固有安全性。

（2）进行模块化设计：反应堆一体化设计，精简系统，减少换料操作等现场操作；简化运行和操控等。

（3）提高经济性：通过模块化设计和组合达到一定功率规模，减少厂址、运维人员及辅助设施的需求，提高经济性；通过增大换料周期、提高负荷因子等措施，提高单个发电规模的经济性。

（4）提高防核扩散性：反应堆在制造厂进行封装，运行寿期结束后整体回收更换或退役。

6.1.4 我国快堆发展差距和亟待解决的问题

目前，国际上俄、美、法、日等主要有核国家均把快堆技术作为裂变核能的未来发展方向。从国际上来看，钠冷快堆已经历基础研究、关键技术攻关、示范应用等反应堆技术发展的必要途径，并建成多座实验堆、原型堆以及商用示范验证堆等，其技术已成熟，具备商业应用和工业化推广的条件。

我国快堆技术经过了从技术基础研究和应用研究近 50 年的发展，建成了一座实验堆，并正在开展示范快堆的设计开发和建造工作。受益于国家的大力投入和科技人员的大力协同攻关，目前我国在钠冷快堆的关键基础技术、设计技术、关键设备、安装、调试和运行等方面均积累了一定经验，已掌握部分关键技术，正在向全面掌握钠冷快堆技术的目标迈进。

但相比国际上快堆技术发达的国家，必须认识到我国目前仍存在较大的差距和发展瓶颈。国外已建成和运行过原型快堆和大型示范性快堆，而我国仍处于实验快堆运行和积累经验以及示范快堆开发阶段。快堆电站规范标准体系、工程设计技术、燃料材料技术、设备自主化能力以及形成闭式燃料循环所需配套技术等方面还有待尽快提高。

具体来讲，我国快堆方面存在下述关键技术亟待解决，需重点关注。

1）燃料技术（MOX、金属）

混合氧化物（MOX）燃料是我国快堆燃料近、中期发展的需求，金属燃料是我国快堆燃料长期发展的需求。燃料性能的提升能够大幅度提高快堆的安全性和经济性。全面掌握快堆 MOX 燃料和新型金属燃料包壳材料技术、芯块制造工艺和技术、燃料和材料辐照考验技术，实现快堆燃料向高安全、高燃耗性能指标的突破。

2）关键设备

关键设备是快堆技术实现工业化的核心。需依托国内相关设计院和各大设备制造厂商，开展关键设备设计技术、制造工艺和技术、测试鉴定技术等关键设备相关技术的开发，进一步提升关键设备研发和制造能力，完全实现关键设备制造国产化。

3）安全技术

安全性是核能生存和发展的根本要求。全方面研究快堆提升安全性的关键技术，开发如非能动停堆技术和余热排出技术等在内的非能动安全技术，提高安全分析技术水平，研究固有安全的反应性反馈机理和热量排出机制，开发新型事故预防和缓解技术，进一步提升快堆的整体安全性水平。

4）严重事故研究

针对各类型快堆研究严重事故的发生机理，研究严重事故下的反应堆行为规律和现象，掌握严重事故下反应性反馈规律和热量排出机制，开发严重事故缓解措施和技术，研发快堆严重事故分析程序，提升严重事故分析技术水平。

5）先进的快堆设计技术

国际上计算机技术发展突飞猛进，我国的超级计算机硬件发展已经达到世界领先水平，传统的反应堆设计计算方法和软件的发展已远远落后于计算机硬件的发展，目前美国等发达国家已经结合最新的计算机硬件发展水平来启动新一代反应堆设计计算软件的开发研制工作。中核集团应引领国内潮流，赶上国际发展趋势，在反应堆设计计算领域实现新一代计算方法创新和计算软件突破。

6.2 我国快堆发展思路与目标

6.2.1 发展思路

我国快堆的发展思路如下：

（1）加强军民深度融合，坚持快堆及核能在我国能源供给中的战略定位；

（2）推进技术原始创新，进一步提高快堆核能系统的安全性、可靠性和经济性；

（3）建好示范快堆工程，依托示范工程形成钠冷快堆工业化商用能力；

（4）推进小型快堆的研发和示范，拓宽快堆应用范围。

6.2.2 发展目标

我国快堆的发展目标如图 6.3 所示：

（1）近期（2020 年左右），基于中国示范快堆实现快堆闭式核燃料循环示范应用；

（2）中期（2035 年），实现快堆作为第四代核能主要堆型工业推广；

（3）远期（2050 年），实现快堆和闭式核燃料循环规模化发展，实现核能作为主力能源的战略目标。

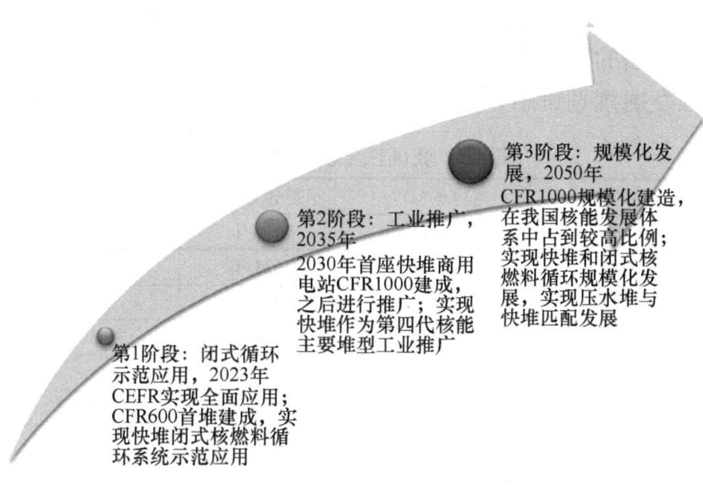

图 6.3 我国快堆发展目标

6.3 我国快堆发展方向与重大行动计划

为实现2035年工业推广和2050年规模化发展的目标，我国快堆工程技术发展的第二步是正在设计建造的600 MWe示范快堆CFR600，第三步是电功率1000 MW级的大型高增殖商用快堆（CFR1000），该型号将作为我国规模化商用推广的机型。

1）近期（2020年左右）发展目标

实现实验快堆的全面应用，取得燃料、材料辐照考验、快堆工艺研究等阶段性成果。到2023年时CFR600首堆将建成，并开始进行CFR600小规模推广建造。

2）中期（2035年）发展目标

该阶段目标是实现快堆作为第四代核能主要堆型工业推广。该阶段重点开发大型高增殖商用快堆CFR1000，要求经济性可竞争，同时开始应用现场燃料循环的合金燃料，避免厂外燃料运输。预计首座CFR1000于2030年左右建成运行，之后进行批量规模化推广建造和运行。CFR1000批量推广之后要求有较优的经济性。

3）远期（2050年）发展目标

该阶段目标是实现快堆和闭式核燃料循环规模化发展，实现压水堆与快堆匹配发展。重点进行商用型号CFR1000的规模化推广，争取截止到2050年左右时，我国先进的闭式核燃料循环核能系统已初具工业规模，实现压水堆与快堆的匹配发展，重点发挥快堆在增殖核燃料、提高铀资源利用率以及嬗变长寿命高放废物、减少核废物等方面的重要作用，实现核裂变能的可持续发展。

我国快堆发展规划设想和关键燃料循环实施的匹配需要见表6.5。

表6.5 我国快堆发展规划设想

序号	核电站	电功率/MWe	开始建造时间	建成时间	燃料
1	CFR600	600	2017年	2023年	MOX
2	n×CFR600	n×600	2023年	2028年	MOX
3	CFR1000	1000	2025年	2030年	金属
4	n[a]×CFR1000	n×1000	2035年	2050年[b]	金属
备用：					
（3）	CFR1000	1000	2025年	2030年	MOX
（4）	n×CFR1000	n×1000	2035年	2050年[b]	MOX

a “n”表示按可获工业钚量决定建堆数量；

b 非指建成时间，指到2050年商用快堆达到规模化发展。

6.4 措施建议

（1）制订“两个百年”核能发展长期规划，落实“热堆、快堆、聚变堆”三步走的国家战略，突出快堆在嬗变和增殖方面的重要作用，让核能及快堆具有长远发展规划的支持；配套制订乏燃料后处理、先进快堆燃料和放射性废物处理处置规划，保证核能的可持续、环境友好的发展。

（2）在现国家能源局授牌的“国家能源快堆工程研发（实验）中心”基础之上，规划、建设快堆国家重点实验室。

（3）设立先进核燃料循环专项支持基金，加大对快堆安全技术、先进燃料、先进材料、关键设备、干法后处理、三废处置技术等的科研投入，打牢快堆发展基础。

（4）小批量规划一批商用快堆及配套形成闭式循环的设施；对示范快堆 CFR600 给予电价、税收等政策方面的支持，以带动在导入期的核燃料循环体系的良性发展。

第7章 我国快堆闭式核燃料循环技术

7.1 核燃料循环的两种方式——一次通过和闭式循环

7.1.1 核燃料循环概念

核裂变能系统的核燃料循环（本报告主要指铀-钚燃料循环）指从铀矿开采到核废物最终处置的一系列工业生产过程，它以反应堆为界分为前段和后段。核燃料循环分为闭式循环（CFC）和一次通过循环（once-through cycle，OTC）。两种循环方式在核燃料循环前段没有差别，均包括铀矿勘探开采、矿石加工冶炼、铀转化、铀浓缩和燃料组件加工制造。两种循环方式的差异在核燃料循环后段：闭式循环包括从反应堆中卸出的乏燃料中间储存、乏燃料后处理、回收燃料（Pu 和 U）再循环、放射性废物处理与最终处置。回收燃料可以在热中子堆（热堆）中循环，也可以在快中子堆（快堆）中循环，如图 7.1 所示，图中左侧表示热堆（主要是轻水堆（LWR）闭式循环，右侧表示快堆（FR 或 ADS）闭式循环（以干法后处理方案为例，也可采用水法后处理方案）。对于一次通过循环，乏燃料从反应堆卸出后，经过中间储存和包装之后直接进行地质处置。

7.1.2 核燃料一次通过循环与闭式循环方式的比较

1. 核燃料一次通过循环方式不能满足核能可持续发展需要

核燃料一次通过循环是最简单的循环方式，在铀价较低的情况下较为经济，

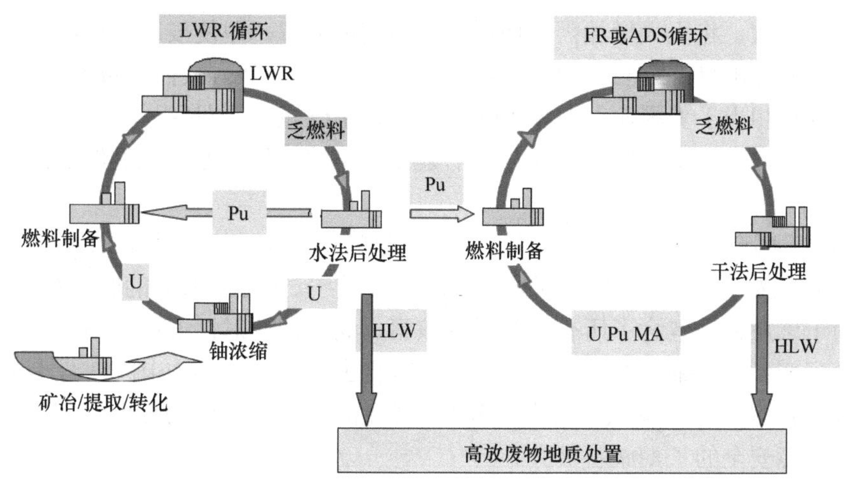

图 7.1　热堆闭式循环与快堆闭式循环示意图

也有利于防扩散（100 年之内）。但该方式存在如下问题：

（1）铀资源不能得到充分利用。

一次通过循环方式的铀资源利用率约为 0.6%，而乏燃料中约占 96% 的 U 和 Pu 被当作废物进行直接处置，造成严重的铀资源浪费。以 IIASA-WEC 2000 年报告中的预测为例，如图 7.2 所示，按照地球上常规铀资源量 1480 万 t 计，核燃料一次通过循环方式只能供全世界的核电站使用上百年。

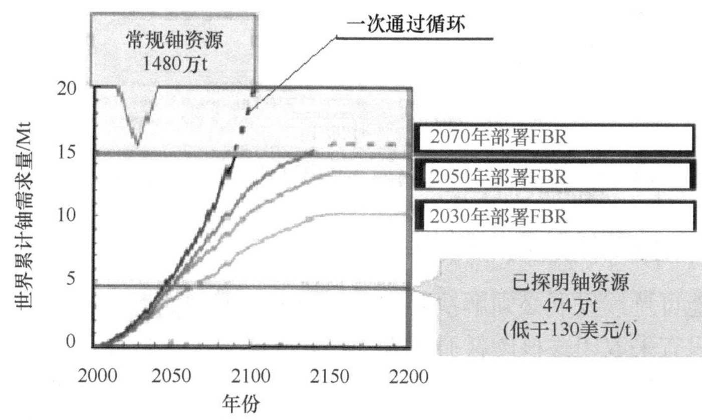

图 7.2　世界常规铀资源可利用时间预测（IIASA-WEC 2000 年报告）

（2）需要地质处置的废物体积太大。

将乏燃料中的废物（裂变产物和次锕系元素）与大量有用的资源（铀、钚等）

一起直接处置，将大大增加需要地质处置的废物体积。即使按照全世界目前的核电站乏燃料卸出量（约 1.05 万 t/年）估算，一次通过循环方式需要每 6～7 年就建造一座规模相当于美国尤卡山库（设计库容 7 万 t）的地质处置库。只要全世界核电装机容量增加 1 倍，则需每 3 年左右建设一座地质处置库，这显然是难以承受的负担。

（3）乏燃料中包含了所有放射性核素发热源，单位体积废物所需的处置空间大。

（4）乏燃料放射性毒性长期处于很高的水平，安全处置所需的时间跨度太长。

由于乏燃料中包含了所有的放射性核素，其长期放射性毒性很高，要在处置过程中衰变到天然铀矿的放射性水平，将需要 20 万年以上（如图 7.3 最上方曲线所示），如此漫长的时间尺度带来诸多不可预见的不确定因素。所以，“一次通过”方式对环境安全的长期威胁极大。

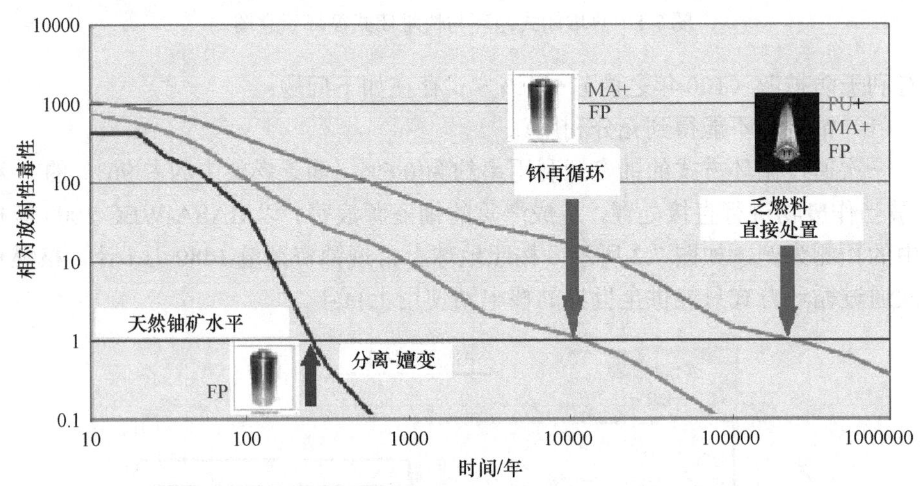

图 7.3　不同核燃料循环方式下高放废物相对放射性毒性随处置时间衰减情况

2. 闭式核燃料循环是核能可持续发展的保证

核裂变能可持续发展必须解决两大主要问题，即铀资源的充分利用和核废物的最少化。只有采取闭式核燃料循环方式，才能实现上述目标。

与一次通过循环方式相比，热堆闭式核燃料循环方式可以使铀资源利用率提高 0.2～0.3 倍，从而可相应减少对天然铀和铀浓缩的需求；每吨乏燃料直接处置的体积大于 2.0 m^3，而每吨乏燃料后处理产生的高放废物玻璃固化体的处置体积小于 0.5 m^3，即热堆闭式核燃料循环的高放废物处置体积为一次通过循环方式的 1/4 以下。

如果采用快堆闭式核燃料循环方式，则可：

（1）充分利用铀资源，将大部分 U238 燃烧掉，理论上可使铀资源的利用率提高 60 倍（IAEA 给出的数据为 30 倍左右）。

（2）实现废物最少化，将具有长期高毒性和高释热率的次锕系元素和长寿命裂变产物（long-lived fission product，LLFP）分离出来，在快堆中焚烧，使需要地质处置的高放废物体积和长期毒性降低 1～2 个数量级，并显著减小废物处置所需空间。这意味着，采用快堆及其先进的闭式核燃料循环，可使地球上已探明的经济可开采铀资源使用几千年，并实现废物最少化和废物安全地质处置所需时间从十几万年缩短至几百年，从而确保核裂变能的可持续发展，并为聚变能的发展留下足够的时间。

3. 核燃料一次通过循环与闭式循环方式的经济性比较

在讨论核燃料循环经济性之时必须指出，核燃料循环的成本仅占核电总成本的 25%以内。所以，核燃料循环成本的变化对核电总成本的影响不大。另外，比较两种核燃料循环的经济性，必须对全循环进行比较，而不是仅对某一环节进行比较。

自从 20 世纪 90 年代以来，国际上已发表不少论文或报告，分析核燃料一次通过循环与基于热堆的闭式循环的经济性，其中较有代表性的论文或报告为：1994 年 OECD 的报告，2003 年美国哈佛大学 Bunn 等的报告，2006 年日本原子能委员会 Suzuki 等的报告，2006 年美国波士顿咨询公司的报告，2012 年韩国原子能研究院 Ko 等的论文，2014 年北京大学周超然等的论文。表 7.1 给出了一次通过与基于热堆的闭式循环的经济性比较，大多数作者经济性分析的结果表明，基于热堆的闭式循环，其成本比一次通过循环高出 3.2%～22%，因而是可接受的。唯有哈佛大学的研究结果与众不同，其闭式循环的成本比一次通过循环高出 80%。

表 7.1　一次通过与基于热堆的闭式循环的经济性比较

作者	与一次通过相比，闭式循环成本提高百分数/%
OECD/NEA	14
日本，Suzuki 等（AEC）	13
韩国，Ko 等（KAERI）	22
中国，周超然等（北京大学）	3.2
美国，波士顿咨询公司	5
美国，Bunn 等（哈佛大学）	80

4. 国际上关于核燃料一次通过循环与闭式循环的争论

关于核燃料循环方式，当前国际上大体可分为两大流派：一派以法国、俄罗斯为代表，从核裂变能可持续发展的角度，主张闭式核燃料循环的技术路线；另一派是以美国为首的一些西方国家，从防扩散的角度，主张核燃料一次通过循环。

纵观美国核能及核燃料循环政策的历史，可以发现，在过去的半个多世纪里，美国的核燃料循环政策大体上可分为四个阶段：

（1）20 世纪 50～70 年代，宣传并鼓励闭式循环；

（2）20 世纪 70 年代中期～90 年代中期，鼓励一次通过循环；

（3）20 世纪 90 年代后期～2008 年，主张防扩散的闭式循环；

（4）2009 年至今，鼓励一次通过循环。

20 世纪 50～70 年代，美国倡导核能发展从核武器转向核能和平利用，其标志性行动是艾森豪威尔总统在 1953 年联合国大会上提出核能和平利用倡议（Atom for Peace）。随后在美国主导下，IAEA 于 1957 年成立，其主要职能是支持核能和平利用和防止核扩散。

1974 年，印度进行的“和平核爆炸”震惊了美国。美国自 1976 年开始改变其核能政策，宣布停止美国的后处理与快堆计划，并要求其他国家也停止后处理与快堆计划，采取核燃料一次通过政策。

进入 20 世纪 90 年代中期以后，美国推行的一次通过循环政策，导致其核电产生的乏燃料累计达到 6 万 t 以上，成了美国进一步发展核能的包袱。其一次通过循环政策也使美国逐渐失去核能开发方面的“全球领导地位”。

自 20 世纪 90 年代后期到 21 世纪初期，美国能源部提出了防扩散的闭式循环计划，包括加速器废物嬗变计划（ATW，1999 年）、先进加速器应用计划（AAA，2000 年），先进燃料循环计划（AFCI，2002 年）和全球核能合作伙伴计划（GNEP，2006 年）。

2009 年以来，随着奥巴马上台，美国再次回到一次通过循环，包括停止尤卡山处置库计划（2010 年），组建蓝带委员会，评估核燃料循环和处置方案（2010～2012 年），停止 GNEP 计划（撤销原定于 2020 年建设的水法后处理和焚烧快堆的工程项目）。

不难看出，半个多世纪以来，美国的核燃料循环政策经历了“闭式循环——一次通过—闭式循环——一次通过”的摇摆。尽管美国核能政策摇摆不定，但贯穿的主线是防扩散，关注的焦点是后处理和快堆。

7.2 热堆与快堆闭式核燃料循环初步分析

7.2.1 热堆核燃料循环方式的特点

1. 热堆闭式核燃料循环的贡献

热堆闭式核燃料循环方式是通过后处理将热堆乏燃料中的 Pu 和 U 提取出来，制成 MOX 燃料后回到热堆进行再循环，以提高铀资源利用率。

热堆电站乏燃料中大约含有 96%的 U、1% 的 Pu、3%的 FP 与 MA。经后处理得到的分离钚与贫化铀（也可用堆后铀）混合，制成铀钚混合氧化物（MOX）燃料。压水堆 MOX 燃料中钚含量一般为 7%～9%（燃耗为 33 GWd/tHM 时，钚中易裂变核 Pu239 与 Pu241 的含量分别为 58%和 14%左右），其使用效果相当于 U235 富集度为 4.5%的 UO_2 燃料。粗略估算，7 t UO_2 乏燃料后处理得到的钚（约 70 kg）可制成 1 t MOX 燃料，故钚在热堆中循环一次可以使铀资源的利用率提高约 14%，同时还可以节省铀浓缩所需的部分分离功。如果分离出的 U 也回到热堆中循环，铀资源的利用率还能提高约 15%。

热堆乏燃料后处理/再循环的另一贡献是显著减少需要地质处置的高放废物的体积及其放射性毒性。

法国 COGEMA 公司 UP3 后处理厂的运行经验表明，后处理产生的需要地质处置的所有长寿命废物体积低于 0.5 m^3/tHM （其中高放玻璃废物 0.15 m^3/tHM，中放 α 废物低于 0.35 m^3/tHM ），而乏燃料直接处置的体积为 2 m^3/tHM。这表明，后处理产生的需要地质处置的高放废物体积为乏燃料直接处置体积的 1/4。此外，后处理分离钚在热堆中循环一次后的放射性毒性为乏燃料的 1/3～1/5。

2. 热堆闭式核燃料循环的局限性

钚在热堆中循环对铀资源利用率的提高相当有限（约 14%），这主要是由乏燃料中钚的同位素组成决定的。表 7.2 为不同燃耗乏燃料卸料时钚的同位素组成。

表 7.2 不同燃耗乏燃料卸料时钚的同位素组成

乏燃料燃耗/(GWd/tHM)		同位素含量/%				
		Pu238	Pu239	Pu240	Pu241	Pu242
UOX 燃料	33	1.2	58	23	14	4
	50	2.7	47	26	15	9
	60	3.5	44	27	15	11
MOX 燃料	33	1.9	40	32	18	8

由表 7.2 可见，随着燃耗的加深和钚的再循环，将产生如下问题：①主要的易裂变成分 Pu239 的含量将逐步降低。②随着燃耗的加深，乏燃料中钚的 Pu238 和 Pu240 的含量提高，前者是一种高释热核素（释热率为 0.5 W/g），后者的自发裂变中子释放率很高。③乏燃料中 Pu241 的半衰期只有 14.3 年。后处理分离钚如不能及时地再循环，则 Pu241 的衰变子体 Am241（能量为 59.6 keV 的 γ 辐射体）γ 辐射剂量的增加会给燃料制造带来困难（需要屏蔽）。

此外，热堆中的中子俘获等反应导致可观量的高毒性 MA 的积累（1 GWe 热堆电站每年产生 16 kg Np、 5 kg Am、1.7 kg Cm）。

至于后处理回收铀（堆后铀）的再循环，其中的 U232 的衰变子体为强 γ 辐射体（尤其是 Tl208 的 γ 能量达 2.6 MeV），使得堆后铀的转化与浓缩需要屏蔽；U236 是一种中子毒剂，使得铀浓缩需要的丰度提高 10%。

关于高放废物的减容，后处理产生的需要地质处置的高放废物体积为乏燃料直接处置体积的 1/4，减容系数并不高。而且，后处理高放废液中含有所有的 MA 和 LLFP，若将其玻璃固化产物进行地质处置，则其长期放射性危害依然存在，其放射毒性降至天然铀矿水平，仍然需要一万年以上（如图 7.3 中间曲线所示）。

综上所述，热堆燃料循环对核能可持续发展的贡献是相当有限的。

7.2.2 快堆闭式核燃料循环的特点

快堆闭式核燃料循环，包括热堆乏燃料后处理、快堆燃料制造、快堆乏燃料后处理、高放废物地质处置等，如图 7.4 所示。

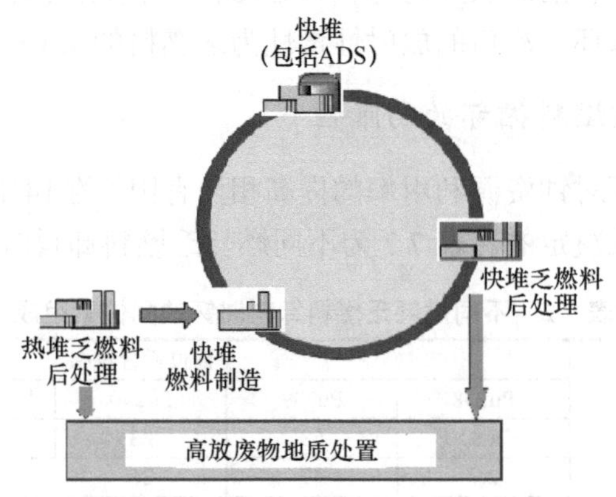

图 7.4 快堆闭式核燃料循环示意图

1. 增殖快堆循环可以充分利用铀资源

地球上已探明的常规铀资源（低于 130 美元/kg）约为 763 万 t，按目前全世界核电站（370 GWe）对核燃料的使用水平，仅能使用 120 年；即使实现钚的热堆循环，也只能维持 150 年。据 IAEA 的 INPRO 计划预测，2020 年和 2050 年全世界核电装机容量将分别达到 600 GWe 和 1700 GWe。显然，如果不走快堆增殖燃料之路，地球上已探明的常规铀资源将无法满足今后世界核能发展的需要。

初步计算表明，经过 12～18 次循环周期（后处理—MOX 燃料制造—快堆运行），铀资源的利用率可以从<1% 提高到 60% （图 7.5）。图 7.5 还表明，在快堆中的头几次循环的效果更好，经过 3～4 次循环，铀资源利用率即可达到 20% 左右（即铀资源利用率提高 20 倍以上）。

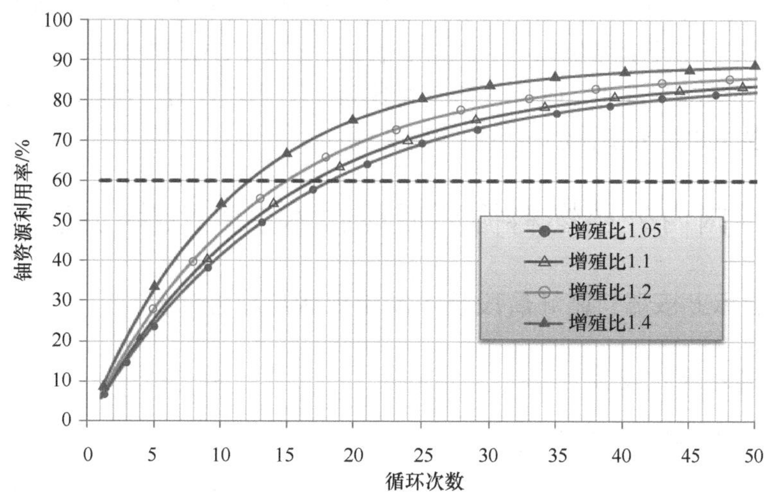

图 7.5 不同增殖比下铀资源利用率和循环次数的关系（堆芯燃耗 7.5%，分离回收率 99%）

由此可见，只有发展快堆及其燃料循环系统，才能充分利用铀资源，实现核能的大规模可持续发展。

2. 焚烧快堆循环可以实现核废物的最少化

快堆不仅可以焚烧 Pu 的各种同位素，而且可以嬗变 MA。LLFP 的嬗变依赖于热中子俘获反应，在快堆包裹层中建立热中子区即可实现 LLFP（如 Tc99 和 I129）的嬗变。由此可见，通过快堆闭式核燃料循环（包括分离—嬗变（partition-transmutation，P&T）），不仅可以充分利用铀资源，实现铀资源利用的最优化，还能最大限度地减少高放核废物的体积及其放射性毒性，实现核废物的最少化。

表 7.3 给出了与乏燃料直接处置相比不同分离水平情况下的放射性毒性的降低因子。

表 7.3 不同分离水平情况下的放射性毒性的降低因子

废物形式	放射性毒性的降低因子			
	10^3 年	10^4 年	10^5 年	10^6 年
乏燃料（含 U、Pu、FP、MA）	1	1	1	1
后处理分离 U、Pu 后的高放废物（含 FP、MA）	10	25	20	4
高放废液中分离 MA 后的废物（仅含 FP）	160	175	160	130

由表 7.3 可见，将后处理分离出的 Pu 再循环利用，则废物的放射性毒性在 1000 年后可降低 1 个数量级；如果将 MA 分离出来进入快堆进行嬗变，则废物的放射性毒性可降低 2 个数量级以上。据初步估算，一座 1 GWe 焚烧快堆可嬗变掉 5 座相同功率的热堆产生的 MA 量（即支持比为 5）。当然，与增殖快堆一样，MA 和 LLFP 的焚烧也需要多次燃料循环才能实现。

7.3 国内外核燃料循环后段技术发展现状与趋势分析

7.3.1 国际上核燃料循环后段技术发展现状与趋势分析

1. 国外后处理技术

1）热堆乏燃料后处理技术

发展快堆及闭式核燃料循环必须要建立包括热堆乏燃料后处理、快堆燃料制造和快堆乏燃料后处理等整个核燃料循环体系。纵观世界核能发展的形势，俄罗斯、日本、印度、法国、韩国等国家都把发展快中子堆和建立闭式核燃料循环体系作为核能发展的长远目标。而热堆和快堆乏燃料后处理是实现快堆燃料循环的关键环节和最复杂技术之一，乏燃料后处理对压水堆和快堆匹配的核能发展情景有很大影响。

传统的乏燃料水法后处理，即 PUREX（plutonium uranium reduction extraction）流程，最初是为生产武器级钚而发展起来的。后来，该流程被用于核电站乏燃料的后处理且一直沿用至今，只是由于核电站乏燃料的燃耗深，比放射性强，裂变产物含量高，所以核电站乏燃料后处理的技术难度更大。

截至目前，全世界热堆后处理厂已经处理了约 10 万 t 乏燃料，采用的均是成熟的 PUREX 流程为代表的溶剂萃取分离流程技术。法国长期以来坚持后处理、实现闭式核燃料循环的政策，先后建造了 UP1、UP2-800、UP3 后处理厂，法国 UP3 和 UP2-800 两个后处理厂一直处于运行状态，处理能力为 1600 t/年；俄罗斯 RT1 厂的处理能力为 400 t/年，停建的 RT2 厂现在正在改造成集分离与元件制造为一体的先进技术研究中心；日本东海村后处理厂自 1981 年运行至 2006 年，2015 年开始着手规划退役，日本和法国合作建设的六个后处理厂于 2002 年建成并于 2014 年完成了热调试，目前正在根据新的标准进行安全升级，预计投运时间为 2018 年 9 月；印度的乏燃料后处理始于 1964 年，用于研究堆乏燃料后处理的 Trombay 工厂投入运行，1979 年在 Tarapur 建成加压重水堆乏燃料后处理厂，1998 年投入运行的 Kalpakkam 工厂用于动力堆乏燃料后处理。

美国是最早建成军用和商用后处理厂的国家。印度于 1974 年进行的“和平核爆炸”促使美国政府以防止核扩散为由，于 1976 年冻结商用后处理厂运行，但其后处理技术研究始终未停。英国、法国、俄罗斯、印度已建成并运行商用后处理厂，日本的商用后处理厂也已建成，但因高放废液玻璃固化设施故障尚未排除等而未能投产。

国际上已积累的运营经验表明，热堆乏燃料后处理已是一种成熟的工业技术。目前热堆后处理研发主要集中在如何满足日趋科学合理的安全与环境要求，后处理技术必须适应不同的处理对象和核燃料循环方式。

为适应未来的要求，热堆乏燃料后处理厂将具有更高的可靠性、安全性和经济性。为此，对后处理工艺、设备、控制等的研究开发工作仍在进行。后处理工艺的进一步研究包括对 PUREX 流程的改进，包括简化工艺流程，降低投资费用；采用无盐试剂，减少废物产生量。

法国 AREVA 开发了 COEX 流程，基于所谓的防扩散考虑，该流程不产生纯 Pu 产品，而产生 U-Pu 混合产品（其中 U 为 20%～80%）。据说这种产品有利于 MOX 燃料的制造，但存在分歧意见。

美国开发了 Urex+流程，该流程分离出 U、Tc 和 I，其余（包括 Pu）则进入高放废液而进行进一步分离。

分离—嬗变是实现核废物最少化的战略性措施，它首先要从乏燃料后处理产生的高放废物中将 MA 和 LLFP 分离出来，再将它们制成靶件，在嬗变器（快堆或 ADS）中进行嬗变，使长寿命的 MA 和 LLFP 嬗变为短寿命或稳定核素，以降低需要地质处置的高放废物的体积和长期毒性。

分离与嬗变技术，研发的方向和流程主要分为全分离和部分分离。在全分离工艺技术研发方面，要求不仅要分离提取铀和钚，还要同时分离镅、镎等元素，然后进一步分离高放废液分别得到次锕系元素和高释热元素的产品。从防扩散的角度考虑，部分分离的技术由于不分离出“纯钚”，也是近年来较热门的研发方向。

早在 20 世纪 60～70 年代，就有关于分离—嬗变的探索性研究。自从 1988 年日本政府提出 OMEGA（Options Making Extra Gains from Actinides）计划和 1990 年法国政府提出 SPIN（Separation-Incineration）计划以后，分离—嬗变研究在全世界获得复兴，并取得了较大进展。

在 MA 和 LLFP 分离方面，20 世纪 90 年代国际上提出了“先进后处理”概念，其中比较看好的是“后处理—高放废液分离”方案（图 7.6），即在改进 PUREX 流程（如增加 Np、Tc 和 I 等的分离）的基础上，从高放废液中分离出 MA 与镧系元素，最后分离出 MA。

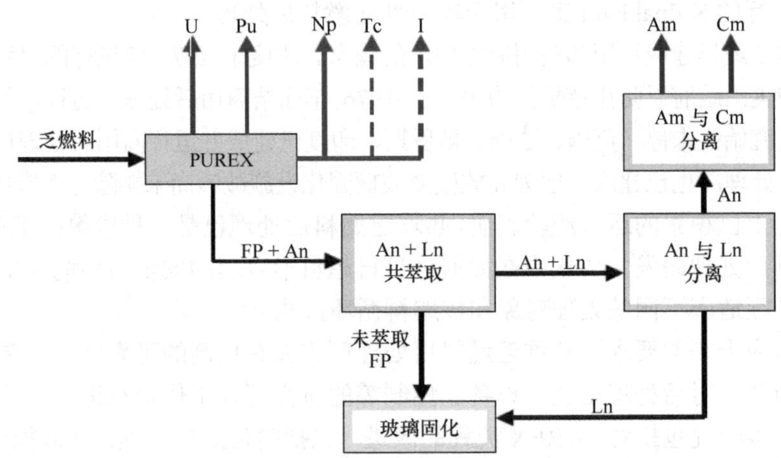

图 7.6 改进型“后处理—高放废液分离”方案示意图

分离—嬗变方案一旦实施，将使需要进行地质处置的高放废物的体积和毒性降低 1～2 个数量级。

法国 CEA 正在开发的 Ganex 流程是较有特色的先进后处理流程，该流程首先进行 U、Pu 共沉淀，接着进行 MA 和镧系的组分离和相互分离，最后制造 U/Pu/MA 混合燃料送入快堆燃烧。

2）快堆乏燃料后处理技术

快堆燃料形式对快堆核燃料循环和乏燃料后处理技术路线有非常重要的影响。世界各国已开展过多种形式快堆燃料的研究，其中 MOX 燃料的使用已相对最成熟。目前，全世界有 20 多个快中子堆装载了 MOX 燃料，最高燃耗已达到 13%裂变消耗的原子分数，即相当于 120 GWd/kgM，积累了 300 多堆年的快堆运行经验。

从 20 世纪 60 年代以来，法国、英国、美国、德国、苏联、日本、印度等国相继开展了快堆 MOX 乏燃料水法后处理研究。所使用的流程是用改进的水法 PUREX 流程，英国的唐瑞后处理厂，法国的阿格、马尔库等后处理厂处理了几十吨的快堆乏燃料，积累了许多经验，证明采用水法工艺流程来处理快堆燃料从技术上是可行的。

日本于 1999 年启动商用快堆燃料循环的可行性研究计划（1999～2005 年），其开发思路是，打通快堆循环系统的所有环节，为快堆核能系统的商用化铺平道路。2006 年开始实施 FaCT 计划，该计划的主要观点是优先发展最具商业化前景的技术，即集成发展钠冷快堆、氧化物燃料、先进水法后处理和简化的燃料制造等技术。研究结论是氧化物燃料的先进水法后处理系统是最具前途的方案。先进后处理流程第二阶段目标在于发展先进的快堆乏燃料水法后处理 NEXT 流程，2009 年和 2011 年进行了快堆乏燃料处理的热试验，确认了工艺性能并已开始快堆后处理厂的概念设计。

印度正在推进其宏伟的快堆核能系统发展战略，在闭式核燃料循环技术的自主研究开发方面取得了举世瞩目的成就。2003 年建成并运行 CORAL 后处理设施，用于 FBTR 和 PFBR 乏燃料后处理技术的研发，该设施从 2003 年运行以来，已经成功采用 PUREX 水法流程处理了 25 GWd/t、50 GWd/t、100 GWd/t、155 GWd/t 的混合碳化物燃料，运行一直比较满意。印度于 2007 年开始建设原型快堆乏燃料后处理厂（核燃料循环整体考虑，正在 Kalpakkam 的 PFBR 旁边建造一体化的核燃料循环设施，后处理是其中的一部分），以匹配目前在建的 1 座 PFBR 及计划建造的 2 座 PFBR 乏燃料的后处理。该设施与堆同址，这样将减少燃料运输成本和安全风险。在未来商业快堆使用金属燃料之前，PFBR 依然采用 MOX 燃料，后处理技术采用先进的 PUREX 流程处理，不仅对乏燃料中的铀和钚加以回收，同时回收镎和锝及次锕系元素在快堆或 ADS 中嬗变，Sr90\Cs137 等回收后可以作为辐射源或热源继续利用。在已有 3 座后处理厂的工业技术基础上，印度于 2007 年开始建设实验快堆乏燃料后处理厂，并计划建设原型快堆乏燃料商用后处理厂。

因此，纵观国际后处理技术发达国家的研发工作及进展，尽管各个国家研发的后处理工艺流程不尽相同，但快堆 MOX 乏燃料后处理技术主流趋势都倾向于将水法技术路线作为第一选择（多数国家水法路线为采用基于磷酸三丁酯（TBP）萃取体系的改进 PUREX 流程或其变体流程），干法技术作为未来的替代工艺技术选择。这样不仅可以借鉴目前已非常成熟的处理热堆乏燃料的 PUREX 流程，降低快堆 MOX 乏燃料后处理的技术研发难度，而且可以缩短研发周期，降低技术风险。多个国家的后处理实践证明，采用水法技术路线处理快堆 MOX 乏燃料是可行的。

3）干法后处理技术

除了水法分离流程之外，国外的另一个发展方向是对作为“先进后处理”候选方法的干法分离流程的研究开发。干法后处理，一般是指在高温的非水介质中，利用挥发性、热力学稳定性以及电化学性质差异来实现锕系元素和其他裂片元素，以及裂片元素之间分离的过程。干法后处理技术适用于包括 MOX 燃料在内的多种类型乏燃料的处理，尤其是金属乏燃料的处理。

随着核燃料燃耗的进一步加深（快堆燃料的燃耗将达到 150 GWd/tHM 以上），乏燃料的放射性将更强，可能会导致基于有机溶剂的水法后处理难以胜任。国际上对于金属乏燃料干法后处理研发工作不晚，美国、日本、韩国等持续开展相关研发工作。1984 年，ANL 为处理 EBR-Ⅱ实验快堆的乏燃料提出了一体化快堆（IFR）计划。作为 IFR 计划的一部分，ANL 于 1986 年 4 月提出用于处理 EBR-Ⅱ金属乏燃料的干法后处理概念流程，在该流程前面增加电解还原过程后则可处理氧化物燃料。在 1994 年后，IFR 项目转变为处理 25 tHM 的 EBR-Ⅱ金属乏燃料的项目。为了成功实现金属乏燃料的干法后处理，美国建立了一系列的实验装置和工程规模的电解精炼装置，采用 EBR-Ⅱ的真实乏燃料，主要进行工程规模应用的示范验证。至 2012 年 1 月已成功处理了 4.62 t EBR-Ⅱ乏燃料，积累了大量的工程规模操作处理经验。目前正在积极开发干法后处理研究的国家有美国、俄罗斯、日本、法国、印度和韩国等。干法后处理是一种高温化学过程。自 20 世纪 60 年代以来，各国已研究过若干种干法后处理技术，比较有希望的方法为金属燃料和氧化物燃料的熔盐电解精炼法。

与水法后处理相比，干法后处理的优点是：①采用的无机试剂具有良好的耐高温和耐辐照性能；②工艺流程简单，设备结构紧凑，具有良好的经济性；③试剂循环使用，废物产生量少；④Pu 与 MA 一起回收，有利于防止核扩散。

干法后处理的上述特点使之被视为下一代燃料循环的候选技术。从核安全考虑，快堆目前采用的氧化物燃料可能会被氮化物或金属燃料取代，对于这类乏燃料的后处理，必须采用干法技术。但是，干法后处理的技术难度很大，元件的强辐照要求整个过程必须实现远距离操作；需要严格控制气氛，以防水解和沉淀反应；结构材料必须具有良好的耐高温、耐辐照和耐腐蚀性能；等等。

目前，大多数国家在干法后处理方面尚处于实验室研究阶段，只有美国完成了实验室规模（50 gHM）、工程规模（10 kgHM）的模拟实验和中试规模（～100 kgHM）的热实验。美国能源部（DOE）在 2000 年发表的最终环境影响评价报告中称干法后处理流程最具有竞争优势，且更适合处理金属乏燃料。2002 年，DOE 发起先进燃料循环倡议（AFCI），其中的高温熔盐电化学流程技术研发重点主要集中于电解精炼流程的改进和优化。在 AFCI 支持下，美国已选择利用该流程技术对金属钠冷快堆乏燃料进行后处理。这是目前唯一被许可用于工业化规模的流程。至 2008 年，爱达荷国家实验室（INL）采用 EBR-Ⅱ乏燃料完成了该流程的一体化验证。美国电解精炼沉积 U 的研究比较成功，但 Pu 和 MA 与 FP 的分离研究仍在进行之中。

日本在快堆循环（包括快堆、乏燃料后处理和燃料制备）实用化研究开发方面的投入巨大。日本干法后处理技术是通过参与美国一体化快堆项目而起步。20 世纪 80 年代末到 90 年代初，日本与美国 DOE（ANL，ORNL）的合作计划非常活跃。1989 年至 1995 年，CRIEPI（Central Research Institute of Electric Power Industry）通过积极参与 IFR 乏燃料干法后处理的示范项目而获得了大量的技术和经验，为日本干法后处理技术的飞速发展奠定了基础。CRIEPI 主要致力于金属燃料循环和长寿命放射性核素的分离—嬗变研究，开发了快堆金属乏燃料（U-Pu-Zr）的干法后处理流程，其与 ANL 开发的流程相似。目前 CRIEPI 正积极与 ITU/EC 合作开发真实金属燃料的电解精炼流程，并开发工程模型的电解精炼流程以实现商业化应用。

日本自 1995 年以来一直平行推进水法—干法后处理流程研究，2006 年对水法—干法后处理进行了全面评估，确定了先进水法后处理作为日本今后的重点攻关课题，干法后处理作为后备技术继续研究。但 2011 年的福岛核事故重创了日本的快堆核燃料循环技术开发。

为解决韩国的乏燃料问题，KAERI 一直致力于干法后处理技术研究。于 1997 年提出了 ACP（Advanced Spent Fuel Conditioning Process）计划：在 1997 年至 2006 年的 10 年内，从实验室规模开发和证实乏燃料干法后处理的技术可行性，主要包括乏燃料的剪切、氧化挥发、二氧化铀的电还原、铀粉末熔炼成铀锭以及废弃盐的处置等步骤。至 2006 年，ACP 已完成 20 kg 级电解还原技术的冷试验验证。在完成 ACP 计划后，KAERI 开始了工程规模的干法应用研究，在 2007 年又提出了搭建一体化工程规模的冷料验证设施的 PRIDE（PyRoprocess Integrated inactive DEmonstration facility）计划。设计最大处理量为每年 10 tHM，采用天然铀或含有部分模拟物质的天然铀作为原料，可从整体上验证流程性能。与此同时，他们还提出了搭建一个用于处理真实乏燃料的设施 ESPF（Engineering Scale Pyroprocessing Facility）。ESPF 的处理量和 PRIDE 完全一样，唯一的区别是辐射防护措施。通过由

PRIDE得到基本的设施要求，远距离操作要求，以及不同设备之间的相互关系来设计ESPF。

韩国在干法后处理研究开发方面最引人注目的是韩国原子能研究院开发的连续式电解精炼技术。干法后处理一旦实现连续运行，则生产成本可以大幅度降低。

印度IGCAR于20世纪90年代初开始进行熔盐电解精炼的研究，至1993年建立了一套实验室规模的电解精炼设施。IGCAR化学部利用该设施对200g金属铀及其合金（U-Zr，U-Ce-Pd）进行了电解精炼研究。目前，印度正在开展实验室规模金属及氧化物电解精炼研究，以支持其快堆发展计划。

干法后处理技术虽然是批式操作，对材料要求高，目前还没有实现工业化应用，但其很多关键步骤都已经完成了实验室规模，乃至工程规模的验证。根据美国IFR乏燃料处理经验，以及近年来日本、韩国在此领域的研究结果，干法技术无疑是金属燃料后处理的最佳途径。在先进燃料循环倡议（AFCI）中，DOE已确定将采用干法技术处理SFR乏燃料，并已开展技术实用性评估测试。

总之，尽管目前几种主要的干法后处理过程均完成了可行性研究，甚至某些流程已得到工程规模的验证，但所有流程离商业应用还有相当距离，国际上快堆干法后处理研发的历史说明了这一点。因此按照目前发展形势，干法后处理研发还不能满足当前快堆发展的要求。同时，由于钚在热堆燃料循环中的积累，在快堆发展的初期，钚的快速循环并不那么急迫，对燃料的周转时间可适当延长。水法PUREX流程是目前唯一采用的乏燃料后处理工业生产流程，在处理热堆乏燃料方面已相当成熟。因此，水法后处理路线不失为目前快堆MOX乏燃料处理的一种合适的技术选择，当未来快堆采用金属燃料，干法后处理技术成熟后，可采用干法后处理技术。

2. 国外快堆燃料制造技术

MOX燃料制造技术在国际上比较成熟，并已广泛应用于压水堆。目前世界上MOX燃料的主要生产国为比利时、法国和英国。

比利时从1959年就开始研究MOX燃料制造，是世界上最早研究开发MOX燃料的国家之一，其以两步混合微粒化为基础的MIMAS工艺一直沿用到现在。

法国COGEMA公司在MIMAS工艺基础上，建立了更为先进的A-MIMAS工艺，以适应MELOX厂大规模生产需要。

英国核燃料公司（BNFL）采用加润滑剂的一步法工艺路线，即SBR工艺。

日本研究了铀-钚硝酸溶液的微波加热脱硝工艺，快速制备出MOX固溶体粉末。德国研究了三碳酸铀钚酰铵共沉淀（AUPuC）法，制备出均匀、高活性MOX

固溶体粉末。

俄罗斯开发了芯块法和振动-密实工艺，并倾向于采用芯块法工艺。2015 年 9 月 28 日报道，俄罗斯 MOX 燃料制造厂投入商业运行。

印度早在 1979 年就生产出首批 MOX 燃料。采用高强度研磨混合工艺保证微观混合均匀性，采用低残留混合黏结-润滑剂提高造粒质量。目前印度已经完成快堆 MOX 燃料组件的研制、辐照考验和辐照后检验。

快堆 MOX 燃料的增殖性能较差（增殖比 1.28，倍增时间 16 年），为了缩短增殖周期，还必须研究开发金属合金燃料（增殖比 1.63，倍增时间 6 年）。目前世界上只有美国掌握了 U-Pu-Zr 金属合金燃料的制造技术，日本利用美国技术开展了金属合金燃料的工业规模应用试验。印度也积极研发快堆金属燃料。韩国将引进美国的金属合金燃料制造技术。

3. 国外高放废物处理技术

1）水法后处理高放废液固化

高放废液固化工艺可分为热坩埚和冷坩埚两大类。热坩埚玻璃固化工艺分为感应加热熔融工艺和焦耳加热熔融工艺两种，其研究开发已有半个世纪的历史，工艺技术已经成熟，广泛用于各国的高放废液固化工厂。

冷坩埚技术从 20 世纪 80 年代中期开始研究开发，该技术解决了热坩埚技术遇到的熔炉腐蚀问题及其炉温难以超过 1100 ℃的限制，熔制温度可达 1600 ℃以上。由于熔炉壁温维持在 200 ℃以下，故熔炉寿命可达几十年。目前，冷坩埚技术正在被各国积极开发，并有望在不久的将来进入实用化阶段。

值得注意的是，印度在 1986 年就建成了第一座玻璃固化厂，并于 1996 年和 2005 年相继建成了第二、第三座玻璃固化厂。印度的冷坩埚玻璃固化技术也已完成了实验室研究，建成了示范装置。

2）干法后处理所产生高放废物的固定化

对于国际上比较看好的干法后处理流程——高温熔盐电解精炼法，其处理工艺主要产生两类高放废物：①金属废物，主要是留在阳极筐中的废包壳和贵金属裂变产物；②裂变产物氯化物废物，主要是含裂变产物锶、铯和稀土氯化物的废熔盐，其中裂变产物含量约为 30wt%。

对于金属废物，可将其置于感应加热熔炉中在 1600 ℃下熔融，待熔炉冷却至室温，将固结的金属合金锭从熔炉中取出，经包装后送去临时储存和进行将来的地质处置。

含裂变产物的氯化物废盐，可采用沸石 4A 在 500 ℃下吸附（可吸附约 10wt%的废盐），再将吸附了氯化物废盐的沸石与玻璃料混合，在 915 ℃下形成玻璃-陶瓷体。大部分氯化物废盐被包容在陶瓷相，小部分进入玻璃相。固化体经包装后送去临时储存和进行将来的地质处置。

7.3.2 我国核燃料循环后段技术现状

1. 我国后处理技术

我国在 20 世纪 60 年代中期开发成功军用后处理技术，并建成和运用了后处理厂，其分离工艺技术水平与当时的国际水平相当。

但在 20 世纪 80 年代以后，随着军用后处理厂的停产，我国对后处理技术研究开发的投入严重不足，使之成为我国核能体系中最薄弱的环节。

在 2004 年 8～9 月中央领导一系列重要批示的推动下，我国后处理事业在工艺研究、科研平台建设、关键设备设计与加工、200 t/年后处理厂设计建造等方面有了突破性进展。

1）后处理工艺研究进展

中国原子能科学研究院从 20 世纪 90 年代中期开始研究开发先进后处理流程，研究重点集中在无盐试剂的应用上，目的是减少放射性废物，简化工艺过程，控制关键核素走向。采用无盐试剂的先进二循环 PUREX 流程的特点是，在 U/Pu 分离段和钚纯化循环段均使用二甲基羟胺-单甲基肼还原反萃钚，在铀纯化循环段使用乙异羟肟酸同时从铀中去除钚和镎。全流程台架规模的温实验研究表明，该流程铀和钚的收率、分离净化系数等主要工艺参数达到了预期指标。例如，铀中去钚分离系数达到并超过了采用四价铀作还原剂的指标，铀钚分离段还省去了锝洗槽；铀纯化段采用一个循环即可达到从铀中去除钚和镎的指标；钚纯化循环段有望取消操作复杂的回流萃取。

在先进主工艺流程研发方面，从 20 世纪 90 年代开始，中国原子能科学研究院一直致力于先进无盐二循环后处理流程的研发，研究重点集中于以废物最小化为重要目标的先进无盐二循环工艺流程，突破了二氧化钚电化学溶解、有机无盐试剂应用、氮氧化物调价等关键工艺技术。基于新建的“核燃料后处理放化实验设施”实验平台（简称放化大楼），于 2015 年成功完成了先进工艺流程连续运行 100 h 热实验，全面获取了工艺流程裂片净化、铀钚收率、铀钚分离等关键工艺指标，并掌握了工艺流程中镎、锝等关键元素的走向数据，考察了工艺稳定性和可靠性。后处理热实验的成功，标志着我国水法后处理工艺研究已进入世界先进行列。

在高放废液分离研究方面，清华大学核能与新能源技术研究院在 20 世纪 70 年代末提出并研究开发成功了具有自主知识产权的三烷基氧膦(TRPO)萃取流程。1992～1993 年间，与欧盟超铀元素研究所合作，完成了动力堆后处理高放废液 TRPO 流程热验证实验；“八五”和“九五”期间研究成功了军用高放废液全分离流程（TRPO 萃取分离超铀元素、冠醚萃取分离锶、亚铁氰化钛钾离子交换分离铯）；1996 年完成了军用高放废液全分离流程热验证实验；与中核集团四〇四厂合作，进行了全分离流程辅助工艺研究，开展了泥浆洗涤试验；完成了萃取设备研究及工程预可行性研究，提出了分离 3 价锕系/镧系元素的 CYANEX 301 萃取分离方法。“十五”期间完成了台架联动试验。2009 年成功完成了 160 h 以上微型台架热验证实验，满足了将高放废液非α化和中低放化的技术要求，具备进行中试规模的条件。下一步将开展动力堆燃料后处理高放废液分离研究。

在干法后处理的研究开发方面，我国在 20 世纪 70 年代曾经开展过氟化物挥发法的后处理流程研究，因设备腐蚀严重等原因而停止。90 年代和 21 世纪初以来，先后开展了一些基础性研究，目前处于起步阶段。

2）后处理研发平台建设进展

我国放化大楼和后处理中试厂建设均取得重大突破。

放化大楼：在我国放化界三代人 30 余年的持续努力和中央领导的亲切关怀下，我国于 2000 年初决定建造放化大楼，该项目于 2003 年获得国防科工委批复并开工建设。2015 年 9 月，放化大楼建成并正式投入使用。

动力堆乏燃料后处理中试厂：1986 年国家计委批准项目建议书，1990 年 3 月批准可研报告和设计任务书，1993 年 6 月批准初步设计。中试厂是我国第一座也是目前唯一一座动力堆乏燃料后处理厂。其处理对象为燃耗 33000 MWd/tU 的动力堆核电站乏燃料，采用自主研发的 PUREX 流程工艺技术，产品分别为三氧化铀和二氧化钚，设计能力为 300 kgU/d。针对动力堆乏燃料放射性更高、毒性更大、临界安全问题更突出等特点，我国科技与设计人员进行了长期的试验研究与技术攻关，成功设计与建造了中试厂，在水试验、酸试验和冷铀试验的基础上，中试厂于 2010 年 12 月成功完成了 100%热调试，获得了合格的铀钚产品。中试厂建设过程中突破了铀钚分离、锝对铀钚分离干扰、氚的高效去除和镎的走向控制等多项工艺关键技术，突破了立式送料剪切机、批式溶解器等一批关键设备设计制造技术。掌握了一批先进实用的分析技术，实现了工艺控制分析、产品分析和衡算分析目标。中试厂调试成功，标志着我国已经基本自主掌握了动力堆乏燃料后处理技术。目前中试厂经过整改之后，2016 年 8 月开始投入热运行。

为保障核能的持续发展，基于中试厂，结合最新后处理工艺技术研发成果，目前已经启动了后处理示范工程项目，相关工作全面展开。另外，中法合作的商业核燃料后处理大厂也在积极推进，进入厂址比选阶段。

3）后处理关键设备设计与加工方面进展

研制的立式送料剪切机系统、自然循环批式溶解器和倒杯式沉降离心机，解决了动力堆乏燃料剪切-溶解-澄清的技术难题。立式送料剪切机系统具备整束剪切功能，研制了长寿命阶梯形刀具和材料，完成复杂零部件模块化设计及远距离拆装技术，实现了热室内高放射性环境下剪切机设备的远距离拆装。自然循环批式溶解器，用于乏燃料短段的溶解。具备核临界安全功能，研制专用耐腐蚀材料，并开发了人机可视系统及专用远距离操作机具，实现了包壳转移、漂洗、倾倒等远距离操作。

倒杯式沉降离心机用于去除溶解液中的不溶性残渣。采用特种柔性轴和特殊减震结构设计，有效地解决了设备的震动问题，并实现了对电机、轴承、测控仪表等易损件的直接检修和转鼓的远距离拆装与更换。

研制的空气脉冲萃取柱和全逆流机械搅拌混合澄清槽，用于强放射性料液中铀钚分离和净化。萃取柱解决了强辐射界面污物的影响，具备自动排污功能，实现了强放射性区域的免维修；混合澄清槽具有大流比、全逆流、长距离磁力传动等特点，实现了强放射性区域的免维修和α放射性密封。

研制了空气提升和蒸汽喷射泵，用于放射性流体的输送，实现了输送系统全寿期免维修，大大减少了维修的工作量和人员维修受照剂量。

开发的α密封技术，有效隔离放射性气溶胶，建立了全套的箱室和检修设备，研制了系列检修容器、机械手和专用工具满足远距离操作维修需要。

研制的吹气法测量仪表系统，实现了测量仪表由直接接触式到非接触式的重大技术突破。

4）200 t/年后处理厂设计建造进展

已选定厂址，初步确定了设计方案和建设进度，并开展了设计前期工作和厂区配套设施建设。

5）快堆乏燃料后处理技术研发

我国快堆乏燃料后处理技术始于 20 世纪 90 年代左右，围绕快堆 MOX 燃料溶解技术、金属燃料干法后处理技术等开展过有限的工作。

进入 21 世纪以来，在 863 计划项目、国家自然科学基金项目等支持下，首次系统开展了快堆 MOX 乏燃料后处理工艺研究，主要围绕 MOX 乏燃料水法后处理工艺流程、熔盐电解精炼干法后处理技术进行研发工作。在水法后处理工艺流程方面，突破了工艺流程设计、铀钚共萃取-共反萃、电化学在线分离铀钚等关键技术，首次系统全面地研究并提出了快堆 MOX 乏燃料水法后处理概念流程，并经过台架温实验验证。在干法后处理技术方面，千克级/批熔盐电解精炼研究平台、工艺流程经过百克级冷铀试验验证，突破了高温熔盐电解还原、电解精炼等关键工艺技术。

总体而言，针对具有钚含量高、裂片元素含量更高、放射性更强的快堆乏燃料后处理，开展的工作还是较为初步的，仅在工艺流程方面开展了一些应用基础研究工作，但在关键设备与材料等诸多方面还缺乏系统研究，离工程化还有较远的距离。

2. 我国快堆燃料制造技术

我国在 20 世纪 80 年代中期，采用 AUPuC 和机械混合法制成了符合快堆技术指标的 MOX 芯块，其主要性能基本达到要求，初步掌握了 MOX 燃料芯块的制造技术。20 世纪 90 年代中期，启动了“轻水堆应用 MOX 燃料可行性预研”专题，确定了以机械混合法为主的制造路线，对 MOX 燃料元件生产试验设施建设也有了初步的设想。

“十一五”期间建设了以中国实验快堆（CEFR）为应用对象的 MOX 燃料实验生产线（年生产能力为 500 kg MOX），设计出了 MOX 燃料芯块制造工艺流程，研制出了模拟 MOX 芯块。

“十二五”期间开展了核能开发项目“CEFR MOX 燃料单棒和组件技术研究”；完成了 CEFR MOX 组件设计、MOX 芯块实验线完善改造、快堆 MOX 芯块制造工艺、快堆 MOX 芯块检测技术等研究，打通了从 MOX 燃料芯块设计到实验线设计和建设、芯块制造和性能检测的整个流程；掌握了 PuO_2 粉末煅烧、UO_2 和 PuO_2 粉末球磨与均匀混合、造粒、压制成型、高温烧结等工艺技术，以及粉末和芯块性能检测、辐射防护等一系列技术。共开展了 18 批次烧结工艺实验，累计研制出了 1000 个合格的 CEFR-MOX 芯块样品，合格率大于 80%，实现了我国 MOX 燃料研发零的突破，具备了小批量生产的技术能力。

快堆金属合金燃料的研发刚刚起步。

3. 我国高放废物处理技术

我国高放废液玻璃固化技术的研究开发始于 20 世纪 70 年代初，开展了中频感应加热罐内熔融玻璃固化研究。

20 世纪 80 年代中期以后，我国玻璃固化技术路线发生重大变更，由感应加热改为直接电加热熔融技术，研究基地从研究所转移到偏远工厂，从国外引进了直接电加热玻璃熔炉冷台架，开展了玻璃固化冷试验。

7.4 我国快堆核燃料循环技术发展战略初步构想

7.4.1 我国核裂变能发展前景

目前我国的能源结构正处于由以煤为主的高碳能源向低碳能源逐步过渡的战略转型的关键时期。核能作为一种能量密度高、洁净、低碳的能源，将与水能、风能、太阳能等可再生能源一起在我国能源结构的战略转型中发挥重要作用。

核能由热堆向快堆的过渡是一个渐进的过程。商用快堆进入核电市场的时间取决于：①快堆核能系统（包括快堆、乏燃料后处理、快堆燃料制造等）的技术成熟度；②快堆与热堆相比的经济性；③国际铀资源的供应情况。一般而言，只要还能购到较便宜的铀，热堆电站就将继续运行。

可以预期，在今后 50 年内，热堆电站可能仍将是全世界核电的主体，并在 2060 年之后继续发挥重要作用。如果快堆核能系统能在 2030 年之后少量投入商用，则可能会在 2050 年得到稳步发展并在 21 世纪末成为核电主体。

2030 年前我国将全部建造三代热堆电站；如快堆技术发展顺利，则 2025 年之前有望建成 600 MWe 示范快堆（CFR600），2030 年商用快堆（CFR1000）有可能开始进入核能市场，并在 2050 年前后逐步得到稳步发展，到 21 世纪末快堆核能系统有可能成为我国核电主力。

7.4.2 我国核燃料循环方案考虑及技术发展路线图设想

1. 我国宜采取直接走快堆循环的技术路线

首先需要强调指出的是，MOX 燃料制造厂必须与后处理厂很好衔接。如果后处理分离钚不立即制成 MOX 燃料并回堆燃烧，则分离钚中的易裂变成分之一 Pu241（半衰期为 14.3 年）将在数年内迅速衰变，其衰变产物 Am241 释放的低能

γ 辐射将使 MOX 燃料制备十分困难。所以，MOX 燃料制造厂的建设应与后处理厂基本同步（一般在后处理两年之内制造 MOX 燃料）。

如前所述，核燃料在快堆中循环比在热堆中循环效果更好，我国拟建的热堆乏燃料商用后处理厂所产生的分离钚，宜直接进入快堆循环。

我国后处理中试厂 2016 年投入运行，同时一条 MOX 燃料（含 45wt%PuO_2）实验生产线已经建成，拟为中国实验快堆 MOX 燃料堆芯供料。正在设计的处理能力为 200 t/年的后处理厂，预计 2023 年建成，投入运行后每年产生约 2 t 分离钚，一座小型 MOX 燃料制造厂也已开始设计，将为正在设计的 600 MWe 示范快堆供料。

根据我国快堆发展规划建议，预期 2030 年前后建成首座商用快堆电站（1000 MWe），并在 2035 年以后逐步实现快堆电站的小批量建设。一座生产能力 800 t/年的商用后处理厂如能在 2030 年前后投入运行，每年产生约 8 t 分离钚，其以 MOX 燃料形式进行工业规模的再循环预计将在 2030 年之后，基本上能满足我国快堆电站的发展的前期需求。

这表明，我国快堆发展对分离钚具有明确需求，不存在民用分离钚积累所带来的问题，这与西方核电国家的情况有很大差别。

对于后处理得到的回收铀（堆后铀）的再循环，可以添加到分离钚产品中制成 MOX 燃料后在快堆中进行燃烧。但由于回收铀中含有少量 U232，其衰变子体（尤其是 Tl 208）具有强 γ 放射性（γ 能量高达 2.6 MeV），给燃料加工带来一些困难，需要采取屏蔽措施。

2. 我国核燃料增殖与核废物嬗变的初步考虑

如前所述，快堆既可以增殖燃料，也可以嬗变废物。目前，以美国为首的西方核电国家特别强调嬗变，不支持增殖。西方对于快堆增殖与嬗变的态度，可以从政治需求和具体国情两个方面进行解读。

在政治需求方面，西方国家担心利用快堆增殖钚以及利用后处理技术分离钚会增加核扩散风险；另外，迄今全世界已积累了 300 多吨民用分离钚，为了减少分离钚储存的费用，西方国家希望通过快堆嬗变来消耗积存的分离钚。

在具体国情方面，西方国家的核电发展已积累了近 30 万 t 乏燃料，希望发展快堆“焚烧”后处理产生的分离钚和 MA，使高放废物的体积降低到目前的 1/50 左右，从而大大缓解地质处置的压力。这是符合西方国家核电发展国情的考虑。

例如，按照美国能源部 2005 年 5 月发布的先进燃料循环倡议（AFCI）发展规划，在大约 2050 年之前，美国的核燃料再循环属于“过渡”（transitional）阶段，该阶段主要任务是，针对美国核电运行积累大量乏燃料（目前已超过 7 万 t）的情况，开发新型后处理和焚烧快堆技术，消耗从热堆乏燃料中分离出的 Pu 和 MA；在大约 2050 年之后，美国的核燃料再循环将进入“可持续”（sustained）阶段，将利用后处理分离出的铀（堆后铀）和贫化铀进行燃料增殖，以确保核能的可持续发展。由此可见，美国的核燃料循环发展战略是符合美国国情的发展战略，这一发展战略可以概括为“先嬗变、后增殖”。

我国是核电后发展国家，核电起步比西方晚约 20 年。我们应基于国情理性地考虑我国快堆的增殖与嬗变策略。

首先，我国不存在分离钚大量积累的问题。如上文所述，我国即将投入运行的 50 t/年后处理中试厂、正在设计建造的 200 t/年后处理厂、拟建的 800 t/年后处理厂，将分别为中国实验快堆、示范快堆、商用快堆提供钚装料。快堆发展初期必须首先增殖，才能为快堆持续发展提供后续钚装料而进入快堆循环。

其次，目前我国从高放废液中分离 MA 的技术（TRPO 分离流程）尚处于实验室研究阶段，预计我国在 2040～2050 年之前，后处理厂不具备分离 MA（嬗变堆燃料）的工业能力。在建的 200 t/年后处理厂（预计 2023 年建成）和拟建的 800 t/年商用后处理厂（预计 2030 年前后建成），均未考虑 MA 的分离。如果 MA 分离技术发展成熟，则第二座商用后处理厂（有可能于 2040～2050 年间建成）可能会分离出 MA 产品，届时才谈得上对 MA 进行嬗变。

所以，从我国核能发展的国情出发，在 2050 年之前主要实施快堆增殖核燃料，在 2050 年之后考虑实施 MA 的嬗变（焚烧），即采用“先增殖、后嬗变”的技术路线，是合理的选择。

3. 我国快堆核燃料循环技术研究开发总体考虑

快堆核燃料循环包括热堆乏燃料后处理、快堆燃料制造、快堆乏燃料后处理、高放废物处理等主要环节。

基于本书推荐的热堆乏燃料直接进入快堆再循环和“先增殖、后嬗变”的技术路线，我国快堆核燃料循环技术体系发展的总体目标，可初步设想分解为四个阶段性工程目标（以快堆闭式循环发展水平为主要标志）。

1）第一阶段目标（2010～2018 年）

以中国实验快堆、后处理中试厂、0.5 t/年 MOX 实验线为平台，形成试验规模的快堆部分闭式循环（不包括快堆乏燃料后处理）。其间需开展的研发如下：

设计建造热堆乏燃料 200 t/年后处理厂；研发并设计建造快堆 20 t/年 MOX 燃料制造厂。

开展热堆乏燃料先进水法后处理主工艺和高放废液分离工艺中间试验；开展高放废液冷坩埚玻璃固化工艺工程试验；开展快堆 MOX 与压水堆乏燃料混合水法后处理工艺研究；开展快堆金属合金燃料制造工艺研究。

2）第二阶段目标（2015～2025 年）

以示范快堆、200 t/年后处理厂、20 t/年 MOX 燃料制造厂为平台，实现工程规模的快堆部分闭式循环（不包括快堆乏燃料后处理）。其间主要工作如下：

建成热堆乏燃料 200 t/年后处理厂；建成快堆 MOX 燃料制造厂；建成高放废液冷坩埚玻璃固化厂。

完成热堆乏燃料先进水法后处理主工艺和高放废液分离工艺中间试验。

建设热堆乏燃料第一座商用后处理厂；开展快堆金属合金燃料制造研发；开展金属乏燃料干法后处理工艺研究；开展熔盐高放废物固化工艺研究。

3）第三阶段目标（2025～2035 年）

以商用快堆、商用后处理厂、MOX 燃料制造厂为平台，实现商业规模的快堆部分闭式循环（不包括快堆乏燃料后处理）。其间主要工作如下：

设计建设第二座商用乏燃料水法后处理厂，该厂应采用我国自主研发的先进水法后处理主工艺流程和高放废液分离流程。

在使用 MOX 燃料的同时，建设快堆金属燃料制造厂；完成金属乏燃料干法后处理中间试验；完成熔盐高放废物固化工艺中间试验。

4）第四阶段目标（2035～2050 年）：进入快堆全循环阶段

商用快堆小批量建设；建成第二座商用乏燃料水法后处理厂，该厂具有分离 MA 的能力；设计建造快堆金属乏燃料后处理厂和熔盐高放废物固化厂，实现商业规模快堆全闭式循环。我国对于 MA 嬗变的工业需求应在第二座商用后处理厂运行之后，大约在 2040 年之后。

4. 我国快堆核燃料循环技术发展路线图设想

综合上述考虑，我国快堆核燃料循环技术发展路线图设想如图 7.7 所示。

按照上述工程目标，我国快堆核燃料循环技术的研究开发需要提出一个顶层设计，进行系统策划，并统一归口，由某一政府部门负责制订中长期研究开发总体规划，根据轻重缓急安排核燃料循环体系中关键技术的研究开发项目，争取用 30～40 年时间的坚持不懈的努力，打通快堆核燃料循环技术的各个环节，为快堆核燃料循环商用化和核裂变能的可持续发展铺平道路。

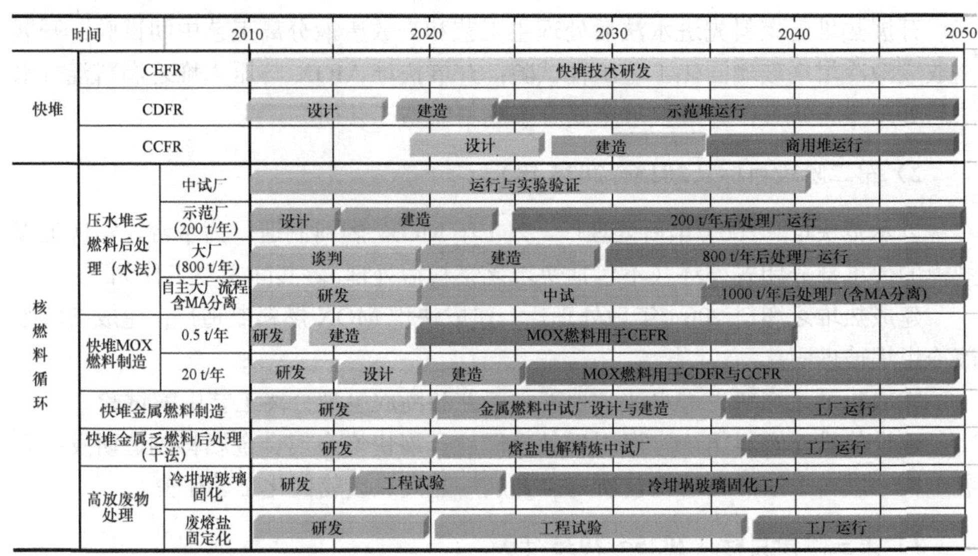

图 7.7　我国快堆核燃料循环技术发展路线图设想

7.5　我国快堆核燃料循环中的关键技术问题

7.5.1　乏燃料后处理技术研究

1. 热堆乏燃料后处理

乏燃料后处理是我国核燃料循环中难度最大的环节，应予以重点支持。

我国水法后处理技术的研究目标：研发成功先进后处理工艺流程，突破关键设备设计制造技术，实现全流程自动控制，为商业后处理厂提供技术支持。

要加强先进后处理工艺流程的研究，在先进无盐二循环流程和高放废液TRPO 流程顺利完成热试验的基础上，要部署中试工程验证研究，尽早为自主设计建造后处理大厂提供输入参数。

后处理流程的改进研究，还应尽快考虑首端脱氚工艺，以消除水法后处理厂难以解决的含氚废水问题。俄罗斯等的研究经验表明，采用高温挥发氧化法，可以脱除乏燃料中 99%的氚。首端脱氚的另一个好处是可以获得可观量的氚。

后处理技术研究除了工艺流程研究之外，还包括专用工艺设备及材料研究（特别是乏燃料剪切机和溶解器）、分析检测技术研究、自动控制研究、临界安全研究等。

总之，以建设商用后处理厂为目标的研究开发，应充分利用我国多年来积累的研究成果和后处理中试厂的运行经验，并注意借鉴和引进国外先进和成熟的技术与装备，如关键工艺设备、远距离维修设备、自控系统等，在消化吸收的基础上，形成我国的自主技术，取得参与今后国际合作与竞争的主动权。

2. 快堆乏燃料后处理

如果希望在 2035 年前后实现我国快堆电站商用化，则快堆乏燃料后处理商用化的时间应不迟于 2040 年。所以，我国快堆乏燃料后处理技术的研究开发，现在应该提到议事日程。目前，我国快堆乏燃料后处理研究尚处于前期工作阶段。

1）快堆 MOX 乏燃料后处理

我国快堆 MOX 燃料是在使用金属燃料之前的过渡性燃料，使用时间约 30 年。

MOX 作为过渡性燃料，其后处理研究不必投入很大精力。比较国外的几种方案，也许法国基于现有水法后处理厂的方案比较稳妥，更容易实现，可以作为首选方案，其关键是首端需要两套乏燃料剪切系统。参照法国的经验，可利用现有的水法后处理厂，将 MOX 乏燃料与压水堆乏燃料按一定比例混合后进行处理。

MOX 乏燃料的干法后处理也可适度开展。

2）快堆金属乏燃料干法后处理

由于金属合金乏燃料很难溶于水溶液中，必须采用干法后处理技术进行处理，宜开展国际上普遍看好的高温熔盐电解精炼技术研究。

由于快堆金属燃料中钚的倍增时间较短（6～7 年），我们希望从 2035 年以后，我国快堆燃料逐步由 MOX 燃料过渡到金属燃料。按此推算，我国快堆金属乏燃料的干法后处理厂应该在 2035～2040 年建成，相应的干法后处理各个阶段的研发应按此工程应用目标进行设置。

干法后处理的分离因子，可从满足快堆反应性要求的角度出发，根据对燃料中裂变产物含量的要求进行推算。

由于水法后处理厂的选址越来越困难，而干法后处理厂不存在对水源的大量需求，放射性流出物排放问题也很小，适宜建在内陆干旱地区。今后宜加大对干法后处理的研究力度，争取早日实现干法后处理的工程应用。

7.5.2 快堆燃料制造技术研究

1. MOX 燃料制造技术

首先要利用 500 kg/年 MOX 燃料芯块、单棒和组件实验线平台，掌握

CEFR-MOX 燃料芯块、单棒和组件制造关键技术。

按照快堆总体发展目标，2016 年底前需累计研制 10000 个 CEFR-MOX 芯块产品和少量示范快堆 MOX 芯块样品。2017 年底建成 MOX 单棒和组件实验线，为快堆 MOX 燃料考验组件研制提供必要的条件保障。

我国示范快堆（CFR600）预期 2023 年建成并投入运行，这对我国 MOX 燃料的技术研发和能力建设提出了挑战。2015 年重大专项“CFR600 MOX 燃料组件技术”已经立项，要求 2018 年底研制出考验组件，并在 CEFR 上进行辐照考验；要求 2022 年 10 月完成 CFR600 堆芯首炉 MOX 燃料组件生产，2023 年 1 月启动首炉堆芯装料。CEFR MOX 燃料的研发将为 CFR600 MOX 燃料的研发提供经验。任务艰巨，时间紧迫。

MOX 燃料组件由 MOX 燃料芯块、单棒和组件组成，而 MOX 燃料芯块制造工艺和质量检测控制是 MOX 燃料组件的核心技术。

MOX 燃料芯块一般采用粉末冶金工艺制造，主要包括 UO_2 和 PuO_2 粉末球磨混合、造粒、压制成型、高温烧结、磨削等工艺过程。设计研制关键工艺设备、提高铀钚同位素分布均匀性、控制 O/M 比等是制造 MOX 燃料芯块的关键技术。

此外，MOX 燃料芯块的高温烧结炉是一个非常关键的工艺设备，其设计需要考虑辐射屏蔽防护、钚气溶胶密封和过滤、发热体和炉膛材料的使用寿命、设备维护维修等。

2. 金属合金燃料制造技术

如前所述，由于快堆金属合金燃料中钚的倍增时间较短，我们希望从 2035 年以后开始使用金属燃料。基于这一目标，我国快堆金属合金燃料制造厂应该在 2035 年左右建成，所以金属合金燃料研发的各个阶段应按此工程应用目标进行设置。

金属合金燃料制造的关键工艺技术包括：①中间合金配制、元素均匀化、杂质控制熔炼工艺；②合金直径和密度分布均匀化、大长度合金垂直度控制、快速喷射铸造工艺；③U-Pu-Zr 合金相变控制、热处理工艺；④金属燃料棒焊接工艺、无损检验技术。

金属合金燃料制造的关键科学技术问题包括：

（1）U-Pu-Zr 合金相图研究及金属燃料元件设计：合金成分对金属燃料增殖比的影响；U-Pu-Zr 合金相图计算。

（2）燃料/包壳化学相互作用：燃料与包壳化学相互作用导致燃料组分和裂变产物向包壳一侧扩散，与 Ni、Fe、Cr 反应形成金属间化合物和低熔点共晶体，减少包壳的有效厚度，降低包壳的刚度和强度；同时，包壳组分向燃料一侧扩散，降低燃料的固相线温度，与 U、Pu 反应形成低熔点共晶体。

（3）燃料热导率、热膨胀系数等热物理性能：Pu、Zr 含量对 U-Pu-Zr 合金的热物理性能有很大影响。

（4）燃料芯体熔炼铸造、管材挤压等加工性能：随 Zr 含量增加和热处理工艺变化，金属燃料的加工难度增大。

（5）铁素体不锈钢包壳的中子辐照肿胀、脆化、高温蠕变等科学问题：奥氏体、铁素体等包壳类型对金属燃料/包壳化学相互作用有显著影响。

7.5.3 高放废物处理技术研究

1. 高放废液冷坩埚玻璃固化技术研究

针对压水堆乏燃料水法后处理所产生的高放废液，可考虑“两步走”的处理方案：①在高放废液 MA 分离技术实用化之前，高放废液采用玻璃固化；②在高放废液 MA 分离技术研发成熟之后，先分离高放废液中的 MA，再将去除了 MA 的高放废液（主要含 Sr 和 Cs）进行玻璃固化。

固化工艺技术方面应重点开发具有工业应用前景的新型固化工艺——冷坩埚。宜在“十一五”“十二五”研究成果的基础上，开展工程研究，开发具有实用意义的整套工程试验装置，包括废液预处理系统（蒸发-煅烧）、加料系统、冷坩埚炉体系统、高频加热电源系统、排料系统、水冷却系统、尾气处理系统、测量控制系统等。

冷坩埚玻璃固化技术研发，应以处理 200 t/年后处理厂高放废液为工程目标，即 2025 年前建成冷坩埚玻璃固化厂而进行规划。玻璃固化涉及高放、高温操作，操作系统复杂，技术难度大，属于对复杂系统进行技术集成的高科技，体现一个国家整体工业技术水平。为此，应作为重点专项进行技术攻关，以 2025 年建成玻璃固化厂为工程目标，倒排研发任务，要制订严密的工程研发计划及路线图，严格按进度有序推进研发工作。为了确保项目的顺利推进，要加强领导，设立两总系统（总指挥、总工程师）进行项目管理，集中优势兵力进行研发。近年来，国内在化工、机械、材料、自动控制、电子仪表等领域技术发展迅速，涌现出了许多实力雄厚的优秀企业，项目组应积极寻找国内有技术优势的单位为合作伙伴，对某些关键技术进行联合攻关，实现技术集成。争取用 8～10 年时间，研发出一套先进、实用的冷坩埚玻璃固化装置。

2. 高放废熔盐固定化技术研究

针对快堆金属乏燃料高温熔盐电解精炼法后处理所产生的熔盐废物，宜开展以沸石等材料为基体的陶瓷固定化技术研究，应充分利用国外已有的研究成果，积极参加国际合作。该项技术的研发进度应与金属乏燃料干法后处理的研发进度同步，即 2035～2040 年实现工程应用。

7.6 我国快堆乏燃料后处理技术方案建议

根据我国快堆技术发展状况和相关发展规划，在商用快堆推广之前，示范快堆的燃料均选择 MOX 燃料作为过渡燃料，对于快堆 MOX 乏燃料后处理，根据上述国外公开报道研发工作，同时考虑到目前我国动力堆乏燃料后处理中试厂已顺利完成热试，已掌握了相关工艺和设备技术。我国也已初步开展了快堆 MOX 乏燃料后处理工艺研发工作。这些研发基础和经验为我国快堆 MOX 乏燃料水法工艺的研发奠定了基础。因此无论从目前国外两种技术路线的技术成熟度考虑，还是从我国快堆发展前景和后处理技术发展实际状况考虑，我国快堆 MOX 乏燃料当前宜选择基于 PUREX 流程的水法后处理为主的技术路线。

未来商业快堆发展目标是实现金属燃料一体化燃料循环技术，将采用增殖比更高的金属燃料。对于未来快堆金属乏燃料处理，从缩短冷却时间有利于快堆燃料较快循环和后处理技术特点来看，第四代后处理技术——干法后处理技术将是优选技术。

7.6.1 快堆 MOX 乏燃料水法后处理方案

随着技术的发展，未来快堆核燃料循环的发展目标是不仅可以实现燃料的增殖，同时可以嬗变长寿命核素。因此对于快堆 MOX 乏燃料后处理来说，不仅要求回收可裂变材料以充分利用铀钚资源，提高核能经济性，保障快堆核能可持续快速发展，而且要分离乏燃料中产生的长寿命的、高毒性的次锕系核素和长寿命裂片产物元素，以通过嬗变消除其毒性，使废物最小化，实现核能洁净化目标，此外为减少地质处置负担，还需要分离出 Cs137、Sr90 等高释热核素。结合我国核裂变能的实际发展状况，顾忠茂等对我国未来核燃料循环的发展及目标进行了较为系统的论述，这些目标的实现对快堆 MOX 乏燃料后处理技术提出了更高要求。

目前国外水法技术路线主要可以分为以下几类。

（1）在 PUREX 流程的基础上，简单增加共去污循环数以强化裂片去污，通过在线电解或选择性沉淀实现铀钚完全分离；得到铀钚氧化物产品；高放废液直接固化处理。如印度的工艺流程，乏燃料单独处理，不用热堆乏燃料稀释。快堆后处理厂与堆同址。

（2）单循环流程：单循环铀镎钚共回收，适当降低产品中裂片元素的净化要求，通过结晶、加还原剂或络合剂实现铀钚部分分离；产品为 U+TRU 和 U。U+TRU 产品返回堆内使用。高放废液采用溶剂萃取或萃取色层等方法实现 TRU/Sr、Cs/Am、Cm 的组分离，次锕系元素和长寿命裂片元素回收制靶返回快堆或用 ADS 进行嬗变，如日本（NEXT 工艺）、英国（单循环工艺）、俄罗斯等国家。乏燃料单独处理，不用热堆乏燃料稀释。

（3）动力堆 PUREX 工艺：采用现有动力堆后处理厂工艺流程，加还原剂实现铀钚分离，需改变工艺参数，产品为铀和钚，镎进入钚产品；高放废液用 DIAMEX/SANEX 分离回收次锕系元素和长寿命裂片元素返回快堆进行嬗变，如法国。乏燃料利用现有后处理厂进行单独处理或用热堆乏燃料稀释后处理。

按照国际研发进展及快堆核燃料循环发展目标，我国快堆 MOX 乏燃料后处理工艺应具有如下特点：

（1）强化去污并有高的铀钚回收率；

（2）铀钚分离，产品回收后制造 MOX 元件；

（3）分离回收长寿命、高毒性核素，制成靶件并在快堆或 ADS 中实现嬗变；

（4）分离出高释热核素，大大减轻地质处置负担。

结合国外快堆 MOX 燃料水法后处理流程技术路线和发展现状，提出我国快堆 MOX 乏燃料的水法后处理技术路线，如图 7.8 所示。主要包括铀钚共去污分离、次锕系元素和长寿命裂片元素分离和回收等步骤。

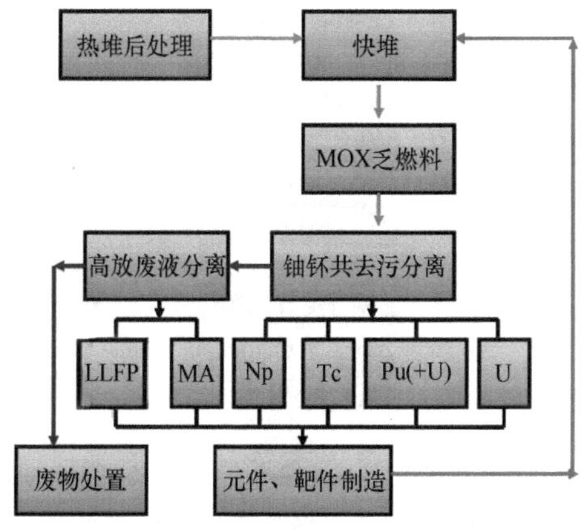

图 7.8　快堆 MOX 乏燃料的水法后处理技术路线

根据国外分离流程的研发经验，结合我国分离工艺研发的初步结果，初步提出了分离工艺概念流程设想，如图 7.9 所示。分离工艺包括以下步骤。

（1）元件解体剪切：由于快堆燃料元件采用不锈钢包壳，一组组件直接剪切困难较大，需要研发到一定阶段再进行方案评估。重点需要研发元件解体剪切设备。

（2）乏燃料溶解澄清：MOX 燃料钚含量高、裂片元素量高，溶解较为困难，且不溶残渣量增加，易于产生次级沉淀等。因此，一方面需要研发更有效的 MOX 乏燃料和不溶残渣的溶解技术，如电化学溶解等；另一方面需要研发料液澄清设备，如强化离心过滤设备。

（3）萃取分离工艺：由于 MOX 燃料钚含量和裂片元素量高，为强化去污，可以设三个循环，第一循环为萃取反萃循环，铀镎钚在同一液流；第二循环为萃取分离循环，萃取过程再次共去污，由于乏燃料中钚含量高，外加还原剂不现实，铀钚分离适宜采用在线电解分离技术，液流中的镎回收进入钚液流；第三循环为铀钚各自的纯化循环。考虑到快堆使用 MOX 产品对裂片含量及放射性要求可以降低，后续 MOX 燃料制造条件许可，可以不用对铀钚进一步纯化，即取消第三循环。为降低溶剂辐射降解，可以考虑采用短接触时间的离心萃取器等萃取设备。

（4）高放废液分离：主要从分离嬗变、废物最小化考虑，分离回收超铀元素和 Sr-Cs。

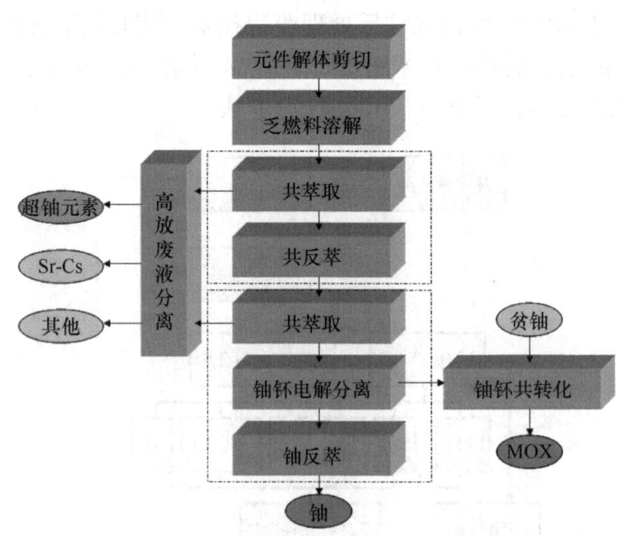

图 7.9　分离工艺概念流程设想示意图

7.6.2 快堆金属乏燃料干法后处理方案

我国的干法流程应具有如下特点：①高铀钚回收率；②分离出长寿命、高毒性核素，并在快堆中实现嬗变；③分离出高放热核素，大大减轻地质处置负担。结合美国、日本、韩国以及 ITU 的干法后处理流程特点、发展现状和发展趋势，提出我国快堆金属乏燃料的干法后处理技术设想路线，如图 7.10 所示，主要包括电解精炼、产品处理、锕系元素回收、裂变产物分离等步骤。

（1）首先将燃料组件解体后剪切成小段，同时除去挥发性气体元素，如 Xe、Kr、I 等。

（2）采用熔盐电解精炼法回收大部分的金属铀、钚及部分次锕系元素，重点应以氯化物熔盐体系为主。

（3）当熔盐中的裂片元素含量积累到一定程度时，需要对电解精炼器中的盐（乏盐）进行处理，主要是回收其中的锕系元素并且分离出裂片元素，处理后的熔盐再次送入电解精炼器复用。

（4）电解精炼过程以及锕系元素回收过程得到的产品，送入产品处理步骤，通常是采用蒸馏法除去所夹带的盐分和金属镉；处理所得产品，采用喷射浇铸法制成元件，重新返回快堆使用。

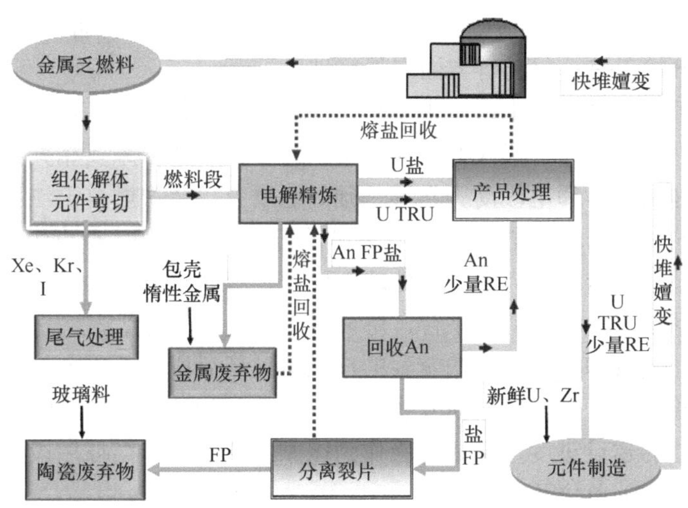

图 7.10　我国金属乏燃料干法后处理技术设想路线

7.7 政策建议

（1）坚定不移地推进我国快堆闭式燃料循环的技术路线。

快堆与乏燃料后处理是涉及国家核心利益的战略产业，对确保核能可持续发展和提升我国核威慑力均有重大战略意义。我们必须排除各种干扰，毫不动摇地坚持推进我国快堆闭式循环的技术路线。

（2）核燃料循环技术的研发必须做好顶层设计。

快堆核燃料循环是核裂变能可持续发展的支柱，涉及的环节较多，技术难度大，研发周期长，是一项极为复杂的系统工程。应该在国家的统一规划和总体布局下，做好顶层设计和系统策划，建设好我国快堆核燃料循环技术科研体系，并由国家统筹规划，组织实施，分步推进，有序发展。

（3）统筹乏燃料后处理与快堆协调发展。

乏燃料后处理技术研发和后处理厂建设是一个技术难度大、研发周期长的工作。应以我国现有热堆乏燃料后处理技术为基础，加大投入，并与快堆发展规划紧密结合，整体考虑燃料循环产业发展。

对于水法后处理，首先应确保后处理中试厂稳定运行，逐步积累一定量的工业钚为快堆提供装料。积极推动后处理示范工程建设和商用后处理厂的立项。在此基础上开展快堆乏燃料后处理中各环节的若干关键技术的研发，在首端溶解/剪切设备、分离工艺、材料等方面取得突破。

乏燃料干法后处理技术研发须及早布局启动。借鉴日本、韩国经验，采取自我研发为主，对外合作、吸收并蓄为辅策略，加强熔盐体系及相关物质的物理化学性质、电池热力学和电极动力学等基础问题研究，解决燃料干法后处理工艺、装备等方面的技术问题，在10～20年内分阶段完成百克级、千克级、百千克级金属铀处理的技术和装备，为干法后处理工程化设施的建设奠定基础。

（4）共享核燃料循环科研平台，协调国内相关科研力量。

国内已经建成和正在建设的重要的核燃料循环后段科研平台包括：乏燃料后处理放化实验设施、快堆燃料研发实验室、高放废物处理处置实验室等。应加快上述科研基地的建设进度，建成后应作为国家级的核燃料循环后段技术研究开发平台，向国内相关单位开放使用。

目前国内快堆燃料循环技术的研究开发力量比较薄弱，为了做好核燃料循环研究开发，应充分有效利用各种可利用资源。应根据国内各研究院所、工厂和相关大学各自的研究基础和特长，大力协同，加强合作，实现优势互补，协调发展，防止无序竞争，避免不必要的重复而浪费资源。科研管理部门应优先支持跨部门单位的联合研究开发项目。还应积极开展各种形式的国际合作，尽快提高国内的研究开发水平与能力。

（5）统筹规划，加快部署乏燃料中间储存设施建设。

闭式核燃料循环是我国核能发展的长期战略，但在相当长时间内，后处理的乏燃料量将远低于核电产生的乏燃料量。预计 2020 年前后，我国核电站的乏燃料在堆储存水池将陆续装满，乏燃料的中间储存将成为一个急迫问题，必须立即进行统筹规划，加快部署乏燃料中间储存设施建设。

（6）乏燃料处置处理基金必须适时调整。

我国于 2010 年出台的《核电站乏燃料处理处置基金征收使用管理暂行办法》规定了自核电站发电 5 年后，开始向核电站收取每度电 2.6 分的基金。此文件的制定者当时就认为所提基金数额太低，远低于核燃料循环后段设施建设所需费用。建议尽快调整乏燃料处置处理基金。

（7）加快人才队伍建设，满足国家对核能事业发展的人才需求。

预计 2020 年我国核能及核燃料循环产业发展对各类核专业人才的需求将超过 20000 名。为了给我国核能可持续发展培养足够的合格专业人才，教育部和国家国防科工局等部门应根据国家需求，统筹兼顾，制订我国各类、各层次核专业人才的培养计划。同时，要采取必要措施，吸引非核专业的各类优秀青年人才加入核科技研发队伍。

第8章

动力堆乏燃料后处理工程技术

8.1　动力堆乏燃料后处理概述

8.1.1　核燃料后处理的任务及意义

核燃料进入反应堆前的制备和在反应堆中燃烧及核燃料后处理的整个过程称为核燃料循环。核燃料从反应堆卸出后的各种处理过程，称为核燃料循环后段，它包括乏燃料中间贮存、核燃料后处理、回收燃料的制备和再循环、放射性废物处理与最终处置，其中核燃料后处理是最关键的一个环节。

核燃料后处理的主要任务是用化学处理方法分离乏燃料中的裂变产物，回收和纯化有价值的可裂变物质 U235 和 Pu239 等，把它们再制成燃料元件返回核电站（热堆或快堆）使用，可提高核燃料的利用率，大大节约铀资源；也可以提取超铀元素和裂变产物，以发展同位素在医疗、航天等方面的应用，造福于人类。乏燃料经后处理，显著减少了需要最终地质处置的放射性废物的毒性和体积，提高了处置的安全性。因此，后处理对于核能的可持续发展意义重大。同时，核燃料后处理技术是典型的军民两用敏感技术，受到国际防核扩散机制严格限制，掌握后处理技术是一个国家综合国力和国际地位的重要体现。

1. 后处理是充分利用铀资源，实现核能开发、利用和持续发展的重要基础

当前，全球面临能源与环境协调发展的重大挑战，节能减排形势严峻，核能作为清洁高效、可大规模应用的能源，得到国际社会的高度重视。核能的开发、利

用要有核燃料的支撑，核能的持续发展更需要通过后处理把核燃料不断循环起来，使未燃尽燃料得到充分利用，使新生成的核燃料得以有效利用，使其他有价核素得以广泛应用。

轻水堆乏燃料中含有约 95%的铀（U235 的丰度高于天然铀）、约 1%的钚、约 4%的裂变产物和次锕系元素。如果乏燃料不进行后处理而直接处置，铀资源利用率较低；经后处理回收其中的铀和钚，在热堆中实现循环使用，可明显提高铀资源利用率；如果实现快堆闭式核燃料循环，则可实现铀资源的充分利用（铀资源的利用率可提高 60～70 倍）。

同时，从反应堆卸出的乏燃料中还含有许多在辐照过程中产生的有价值的超铀元素，如 Np237、Am241、Cm242 和核裂变产生的有用的裂片元素，如 Sr90、Cs137、Tc99、Pm147 等。这些物质可以通过后处理经相应的分离流程予以回收和纯化，用于医疗、航天等领域，以实现资源的充分、合理利用。

2. 后处理可有效减小需地质处置的放射性废物量，大幅缩短安全监管时间，提高废物处置的整体经济性

当前，高放废物的安全处置是核能可持续发展面临的关键问题之一。核电站乏燃料中含有的裂变产物和次锕系元素具有高释热、高放射性毒性等特点，若将乏燃料直接进行地质处置，不仅需采取特殊手段进行包装，还需长期监管（长达几十万年），对环境的潜在威胁很大，经济成本极高。通过后处理提取铀、钚等有用元素和 MA 在快堆中嬗变后，需地质处置的放射性废物的毒性和体积会大幅降低。根据法国后处理厂相关数据，乏燃料直接地质处置会产生 2 m^3/tU 的高放废物；后处理产生的需地质处置的放射性废物体积低于 0.5 m^3/tU（其中，高放玻璃废物 0.15 m^3/tU，中放 α 废物低于 0.35 m^3/tU）。

如果再进一步分离出长寿命、高放射性毒性的次锕系元素和裂变产物，在快堆中以焚烧和嬗变等方式消耗，可使最终地质处置核废物的生物毒性、放射性水平降低几个数量级，体积也大大缩减（仅为原来的百分之几），不仅能够有效降低乏燃料对环境的影响，监管时间也能大幅缩短（缩短至 300 年左右），减少经济和社会成本。

综上所述，掌握核燃料后处理技术对维护国家安全和保障我国核能可持续发展具有重要意义。我国于 1983 年经广泛的专家论证，确定推行后处理的闭路循环路线。这不仅由于我国铀资源不十分丰富，必须通过后处理来充分利用铀资源，而且我国正在开发快堆，也必须通过后处理回收钚供快堆作燃料。因此，这一决策是完全正确且符合我国国情及实际需求的。

8.1.2 核燃料后处理主要过程及特点

1. 核燃料后处理厂主要生产过程

核燃料后处理流程基于是否在水介质中进行而分为水法和干法两大类。水法流程指采用诸如沉淀、溶剂萃取、离子交换等在水溶液中进行的化学分离纯化过程；干法流程则指采用诸如氟化挥发流程、高温冶金处理、高温化学处理、液态金属过程、熔盐电解流程等在无水状态下进行的化学分离方法。干法后处理在处理高燃耗乏燃料，特别是快堆乏燃料方面具有优势，但工程技术难度较大，仍是当前一个重要的研究方向。

目前，工业上应用的后处理流程都是水法流程，其中使用最成功的是以磷酸三丁酯（TBP）为萃取剂的 PUREX 流程，当前仍是世界各国用来处理核电站乏燃料的工艺流程。动力堆乏燃料后处理厂主要生产过程包括：乏燃料接收和贮存部分、核燃料后处理部分及放射性废物处理等。

1）乏燃料接收和贮存

从反应堆卸出的核燃料，在进行化学处理之前，通常要经历一个贮存“冷却”过程，主要作用是让短寿命核素衰变，降低放射性水平，以利于后续后处理过程的进行。

载有乏燃料容器的运输专用车辆进入接收与贮存大厅，卸料方式分为干法卸料和湿法卸料两种。干法卸料过程在热室中进行，湿法卸料的整个过程是在水下完成的。贮存方式也可分为干法贮存和湿法贮存两种。干法贮存是将乏燃料放置在贮存井、贮存容器或贮存室内，湿法贮存是将乏燃料放置在水下。由于乏燃料在贮存过程中仍然会持续不断地释放出衰变热，湿法贮存必须保证贮存临界安全，且冷却池水温度不大于 40 ℃，并对池水进行必要的净化处理；干法贮存应采取通风等热量导出措施。

2）核燃料后处理

核燃料后处理工艺主要包括首端处理，化学分离和铀、钚尾端处理等过程。核燃料后处理工艺流程见图 8.1。

（1）首端处理过程。

首端处理的任务是燃料组件的机械解体及燃料芯和包壳材料的分离，然后制成针对不同分离流程所需要的物料。目前处理核电站乏燃料最常用的方法是机械

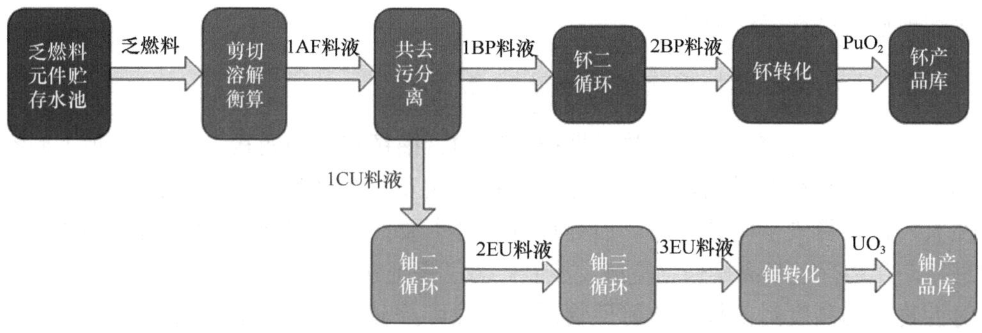

图 8.1　核燃料后处理工艺流程

切割-化学浸取制成硝酸溶液：乏燃料组件必须切割成段，从包壳中露出铀芯；然后用硝酸在加热条件下浸取溶解包壳中的铀氧化物；对溶解得到的硝酸溶液进行过滤和调料（调节钚镎价态和酸度）及核材料衡算计量，最终送去化学分离过程。

（2）化学分离过程。

化学分离过程是核燃料后处理的主要工艺阶段，包括铀钚与放射性裂变产物及次锕系元素的分离，以及铀、钚之间的分离和纯化等。目前，工业上应用的后处理化学分离工艺都是水法 PUREX 流程，萃取剂为 TBP，常用正十二烷、煤油或烃混合物作稀释剂，TBP 浓度通常为 30%（体积），硝酸作盐析剂，利用 TBP 易萃取四价钚、六价铀，而不易萃取三价钚和裂变产物的这一化学性能分离铀钚与放射性裂变产物及次锕系元素；利用不同价态钚离子的萃取性能有显著差异而实现铀钚分离。

（3）尾端处理过程。

经溶剂萃取分离和净化得到的硝酸铀酰或硝酸钚溶液，分别转化为铀、钚产品。具体工艺过程与产品形式有关。动力堆乏燃料后处理厂的产品形式，取决于燃料再循环的用户接口要求，主要有三氧化铀、二氧化钚、铀钚混合氧化物、浓硝酸铀酰溶液和浓硝酸钚溶液等。通常是将浓硝酸铀酰溶液利用脱硝装置制成铀氧化物产品；通过沉淀、过滤、焙烧等过程将硝酸钚制成二氧化钚产品等。

3）放射性废物处理

后处理过程会产生气、液、固态的高、中、低放射性废物。核燃料后处理工艺必须贯彻“放射性废物最小化”原则，并分别对放射性废物进行严格的分类收集和处理及整备。后处理过程产生的放射性气体一般是经过净化处理后进行排放；对放射性废液一般采用浓缩处理，对浓缩液进行固化；对中低放固体废物进行整备后送近地表处置场进行最终处置，高放固体废物和 α 废物进行整备后暂存，再送深地质库进行最终处置。

2. 动力堆乏燃料后处理特点及难点

后处理厂包容了大量的放射性裂变产物、铀钚和超铀元素，尤其是动力堆乏燃料中钚与超钚含量高，且处理过程中物料大多具有可流动性，其放射性强、毒性大，核临界安全问题突出。后处理过程必须要在有厚的混凝土防护的密封室中进行，并实行远距离操作、检测及控制。为了保证在正常、异常或事故状态下，放射性物质的高度封闭性及放射性物质向环境可控释放，必须采取纵深防御、多道屏障，并采取充分的安全措施以防止发生临界事故。

（1） 工程上须采取多道密封屏障的措施，将放射性物料密封在设备、管道和钢筋混凝土设备室及密封型厂房中，防止放射性物质向环境释放。厂房分区布置，合理组织人流，保证人流物流分开，合理走向，避免交叉污染，减少对工作人员与公众的影响。

（2） 必须采取多种技术手段，尽量减少对行政管理的依赖，保证核临界安全。常用的方法有限制易裂变物质的质量、浓度，限制工艺设备系统的尺寸和使用能大量吸收中子的中子毒物等。

（3） 物料腐蚀性强，必须采用特殊材料、机械和设备，对后处理厂系统及机电设备和仪表的可靠性、密封性以及检修方法，必须予以极大的重视，保证人员的安全和工厂的正常生产运行，尽量采用免维修、少维修或者间接维修、远距离维修技术。

（4） 后处理要求非常高的技术指标和回收率。后处理过程具有高的放射性净化系数，约为 2.5×10^6，高的铀钚分离系数，要求铀中去钚的分离系数约为 2.0×10^6，钚中去铀的分离系数约为 4.0×10^4，这些都是远高于一般化工分离过程的要求。此外，还要求对铀、钚核燃料物质有尽可能高的回收率。

从以上后处理特点可知，核燃料后处理过程所处理的介质具有高放射性、高毒性和高腐蚀性，又有核临界安全和辐射安全等突出的安全问题，对工程技术、专用设备、在线控制与监测、远距离操作、维修等方面要求高。后处理厂在厂房设计、工艺技术、专用设备结构设计、大型复杂设备加工制造、材料选用、远距离分析监测与维修、操作、自动控制等方面都具有与一般化工厂不同的特殊要求，工程技术研究难度大，是一项由多学科技术集成的高精尖系统工程。因此，核燃料后处理技术研发工作具有鲜明的特点，一般按照两条技术路线开展，即工艺流程技术研发和关键设备研发工作。

对于工艺流程的开发可以分为三个阶段开展：

（1）实验室工艺研发和试验（条件试验和串级试验）；

（2）温试或热试（采用真实乏燃料）条件下，实验室规模台架工艺流程试验；

（3）热试条件下，中试规模工艺流程验证。

对于关键设备研发工作可分为三个阶段开展：

（1）工艺设备和仪表的原理样机的研制；

（2）工艺设备的放大研究和科研样机的研制；

（3）工艺设备工程样机研制和非放（或冷铀）条件下的 1∶1 规模的工程验证。

后处理工程技术、专用设备和仪表等研发工作，必须开展工程验证试验，关键工艺设备一般需要开展全规模冷试验；对典型的单元工艺流程、设备和布置、检修方案必须进行工程验证。在此基础上，才能开展核燃料后处理厂的工程设计工作，以提高后处理厂的可靠性、可操作性和可维修性，从而保证后处理厂的开工率、经济性和安全性。

8.1.3 动力堆核燃料后处理厂须重点关注的问题

1. 后处理厂安全分析及环境影响评价

1）安全分析

后处理设施的安全功能主要包括：包容放射性物质，限制放射性污染，屏蔽贯穿辐射，防止核临界事故，导出衰变热，防止火灾和爆炸等。

在后处理厂设计过程中应对工厂可能发生的事件和事故进行全面系统的分析和分类，确定设计基准事故和严重事故，并制定探测、预防和缓解措施；对建（构）筑物、系统和部件进行安全分级，抗震分类和质量保证分级及明确采用的设计规范等。

为保证后处理厂从选址兴建到最终退役整个过程的安全，不产生工作人员和公众不能接受的风险，核安全主管部门对其进行安全监督，颁发相应的安全许可证件。后处理厂运营单位应在各阶段向国家核安全局送交相关文件。

选址阶段：厂址安全评价报告；

建造阶段：建造申请书和初步安全分析报告；

调试阶段：首次装料申请书和最终安全分析报告；

运行阶段：运行申请书和修订的最终安全分析报告；

退役阶段：退役安全分析报告。

安全分析报告的基本任务是分析申请拟建后处理厂内潜在的各种危害，提出相应预防、缓解或避免各种危害的措施和设施；分析各种外部事件（包括自然事件和人为事件）对后处理厂的影响，并提供设计中所采取的措施和设施来应对各种外部事件，使后处理厂与周围环境二者之间的相互影响均达到合理可行、尽可能低的水平。安全分析报告应是一份独立、深入、全面地反映后处理厂安全状况的技术文件。

在核燃料后处理设施建造前，必须向国家核安全局提交初步安全分析报告以及其他有关资料。初步安全分析报告重点是反映设计采用的安全准则，对欲采取的安全措施做出承诺。经审核批准获得核设施建造许可证后，方可动工建造。

后处理设施营运单位在核设施运行前，必须向国家核安全局提交最终安全分析报告以及其他有关资料，最终安全分析报告重点是反映初步安全分析报告所承诺的安全准则及安全措施在设计中的具体体现，以及为后处理厂投入正常运行，在组织机构、行政管理、运行指导、操作限值和质量保证等方面的准备和具体内容。经审核批准获得批准文件后，方可开展调试工作；在获得核设施运行许可证后，方可正式运行。

2）环境影响评价

根据有关规定，后处理设施营运单位必须在申请核设施选址审批、申请核设施建造许可证、申请核设施运行许可证和办理退役审批等四个手续前分别提交环境影响报告书，报国务院环境保护行政主管部门审查批准。

环境影响评价必须按照规定，分析和评价正常运行状态下和设计基准事故下对环境的影响并提出应采取的环境保护措施。我国后处理厂的环境辐射防护评价，参照执行《核动力厂环境辐射防护规定》（GB 6249—2011）。对于具有多个核设施的大型核工业基地来说，环境影响评价标准应选用经过规划而分配给该后处理厂的剂量限值。在选用评价标准时，应给出正常运行工况下的剂量限值、事故应急防护水平和应急事故干预水平。

申请审批厂址阶段的环境影响报告书，应与编制后处理厂可行性研究报告同时进行。报告书着重对初选厂址的适宜性进行论证，并对后处理厂的总体设计提出环境保护方面的要求。

申请建造阶段的环境影响报告书，应与后处理厂的设计工作同时进行。报告书通过分析后处理厂的设计方案，并结合厂址环境调查，估算运行工况和事故工况可能对环境造成的影响。经送审查批准后，方能开始施工。

申请营运阶段的环境影响报告书，旨在检验后处理厂建成后的环境保护措施是否符合国家的有关规定和要求，并申请放射性废物排放量。只有最终环境影响报告书被审查批准后，后处理厂才可以得到许可投料运行。

2. 后处理过程废物最小化

废物最小化已成为核燃料后处理技术不断改进的目标之一。在后处理各个环节中必须采取各种手段减少放射性废物的体积、数量和降低放射性水平。近年来，随着技术的不断进步，国际上成熟后处理国家如法国、英国等，其商业后处理厂每年产生的放射性废物持续减少，向环境中释放的 β 放射性核素比以前减少了 90%，对环境的影响得到了显著改善。

后处理工艺过程中通过改进技术参数和设备性能，提高萃取循环的效率，降低放射性废物的放射性水平；采用减少放射性废物产生的技术，如采用无盐试剂，尽可能从源头控制废物产生量；提高设备的可靠性，尽量开发和使用免维修、免更换设备，需要维修更换的设备进行模块化设计，并尽可能把更换设备放在放射性区域以外；尽可能采用耐腐蚀、易去污的材料以提高设备的可靠性；回收复用硝酸、有机溶剂等试剂，降低试剂的消耗，减少放射性废物的产生。近年来，核燃料后处理提出了对次锕系元素和长寿命裂变产物的分离要求，因此提出了先进核燃料循环，建立“后处理/分离一体化”流程，综合考虑核材料的回收利用和最终废物的处置要求。

对于后处理过程产生的放射性废物处理，各国积极寻求各种措施，减少放射性废物的体积或将液体废物转化成稳定的固体。在放射性固体废物方面，通过压缩减容、焚烧减容等技术措施，减少最终处置废物的体积；对液体废物的最少化控制，首先是防止污染的扩散，将易于流动的液体废物变成固体废物，便于控制；对高放废液，目前已有玻璃固化技术处理措施，可以通过分离—嬗变方式将高放废物转变成中低放废物，减少高放废物处置量；对中低放废液，通过蒸发浓缩，将大量的水分蒸发，然后将蒸发浓缩液转化成稳定固化体。

此外，在后处理设施以及放射性废物处理设施的运行过程中采取适当的运行和管理手段也是废物最小化不可或缺的措施。后处理厂排出物对人类和环境的影响必须限制在安全水平，并且尽可能低。

目前后处理厂发展趋势强调的是放射性排放贯彻“合理可行尽量低”的原则，流出物放射性活度和体积将能够接近“趋零”排放标准。法国阿格厂近几年在放射性排放最小化方面取得了较大的进步，以致他们能够限制工厂每年排放达到远低于 1984 年允许签发的排放水平。释放剂量最大 0.06 mSv/年，比规定的 0.15 mSv/年限值的一半还低。近几年，阿格厂通过运行改进达到低于 0.03 mSv/年的释放水平，这种运行被称作“趋零排放”。

8.2 核燃料后处理产业发展现状与形势分析

8.2.1 国外后处理产业发展现状

工业规模的后处理已有40多年的历史，在这段时间内，有17个国家发展后处理，建设了包括中间装置和试验装置在内的32个后处理厂。目前全世界发展动力堆乏燃料后处理的国家包括法国、英国、俄罗斯、日本、印度等，后处理能力约为4800 tU/年，已经处理超过9万t的乏燃料，法、英两国大型商业核燃料后处理的水平处于世界领先地位。同时，美国也在考虑重新启动后处理。作为商用后处理技术，更加注重安全性和经济性，并采取措施减少核废物对环境的影响。英国建成了设计规模为 1200 tU/年的 THORP 厂；法国建成了处理能力均为 800 tU/年的 UP3 和 UP2-800 两个大型后处理厂，具有目前世界上最大的后处理能力（1700 tU/年）；俄罗斯建成了400 tU/年的RT1后处理厂，目前正在计划建设PDC和RT2两座后处理厂；日本引进法国、英国技术建设了处理能力为800 tU/年的六个所后处理厂；印度已建成多座中小型的后处理设施，而且是世界上唯一对坎杜堆乏燃料进行后处理的国家。

在后处理工程技术研发方面，英、法、日、德等国都拥有相对集中的完善配套的工程开发设施和条件，进行了比较充分的工程技术研发工作，开展了工程技术实验室研究及设备和仪表的原理样机研究；工艺设备的放大研究和科研样机的研制；在非放（或冷铀）条件下的1∶1规模的工程验证；对典型的单元工艺流程、设备和布置、检修方案的工程验证，以提高后处理厂的可靠性、可操作性和可维修性。

8.2.2 我国后处理产业发展现状及趋势

我国动力堆乏燃料后处理技术研发始于20世纪70年代末，至90年代初，开始启动动力堆乏燃料后处理中试厂设计建设工作。中试厂是我国自行研究、自行设计、自主建造、自主调试的动力堆乏燃料后处理工厂，是我国第一座也是目前唯一一座动力堆乏燃料后处理厂。经过7年设计、6年建设、5年调试，中试厂于2010年12月顺利处理了大亚湾核电站乏燃料，生产出合格的铀产品和钚产品，标志着我国基本掌握了动力堆乏燃料后处理核心技术，填补了国内空白。今后，中试厂将成为我国具有一定生产能力的后处理科研试验平台。

经过多年努力，我国在动力堆后处理科研和工程方面取得了阶段性成果。特别是近十年来我国在先进无盐二循环工艺流程、高放废液分离技术及中低放废物处理处置技术等方面的研究都取得了较大进展。但是与国际先进水平相比，我国尚不具备设计、建设和运行大型核燃料后处理厂（800 tU/年）的能力，我国核燃料后处理技术水平的弱势，突出表现在工程技术和装备上。

在工程技术方面，法国、英国的大型商业后处理厂已积累了多年设计、建设和运行的经验，而我国仅有的中试厂刚完成热调试，尚无商业后处理厂的运行经验；缺乏商用后处理厂的设计技术研究平台，设计标准、规范体系不够完善；主要关键设备或工艺，如剪切机、连续溶解器、连续钚尾端处理、玻璃固化等是制约我国商用后处理能力提升的瓶颈，在可靠性、安全性和远距离维修技术等方面与世界先进水平均有较大差距，无法满足大型核燃料后处理厂的设计、建造要求。同时，我国尚缺乏后处理工程技术研究平台，严重制约我国后处理技术发展。这是制约我国核燃料后处理技术赶上世界先进水平的关键因素之一。

根据我国核能发展规划初步测算，至 2020 年我国核电站乏燃料累积存量将超过 7700 t，核电站每年新产生的乏燃料约为 1200 t；即使不再考虑建设新的核电站，到 2030 年，我国核电站乏燃料累积存量也将超过 23000 t，每年新产生的乏燃料约 1900 t。按照我国采取核燃料闭式循环的政策，应尽快形成满足核电发展的后处理能力。

由于我国目前尚不具备大型核燃料后处理厂的设计、建造能力，为尽快形成后处理生产能力，进一步巩固提高中试厂取得的技术成果，积累动力堆乏燃料后处理建设和运行经验，同时为我国快堆发展提供钚材料，在中试厂成果基础上，我国自主设计并建设的工业示范规模后处理厂（200 tU/年）正处于立项和设计阶段，预计将于“十四五”期间建成。

鉴于后处理技术的敏感性，真正的核心技术是买不来的，必须以“我”为主，自主掌握大型核燃料后处理厂技术。后处理涉及化学、核辐射、机械设备等技术，为了满足我国核电大规模发展的需要，必须结合之前后处理的研究和设计经验，加快掌握大型核燃料后处理厂设计建造能力，尽快建设我国的大型核燃料后处理厂。2007 年，国家确定将大型核燃料后处理厂科研列入《国家中长期科学和技术发展规划纲要（2006—2020 年）》中“大型先进压水堆及高温气冷堆核电站”国家科技重大专项。后处理重大专项将从后处理工艺技术、关键设备和材料、核与辐射安全技术、设计技术等多方面进行科研攻关，并建设一系列的研发平台，全面掌握具有自主知识产权的后处理核心技术，具备自主设计、建造先进商用核燃料后处理厂的能力，并计划于 2030～2035 年建成具有我国自主知识产权的大型核燃料后处理厂。目前，围绕大厂总体方案研究，部分周期长、难度大的工艺流程、关键设备及材料研究等，已开展相关研究工作，并取得了阶段性研究成果。在“十三五”期间，还需集中开展技术攻关工作，争取在“十四五”期间完成技术集成，整体具备自主设计、建造大型后处理厂的能力。

同时，为尽快具备工业规模后处理能力，匹配我国核能发展需求，还应积极开展国际合作，借鉴国际先进技术和经验，加快提升我国后处理技术水平。目前正在推进中法合作建设 800 tU/年后处理厂项目，预计引进大型核燃料后处理厂在 2030 年左右建成。

8.3 后处理厂关键工程技术现状及发展情况

8.3.1 后处理关键工艺设备

设备是实现后处理工艺过程的基础。在 PUREX 后处理工艺过程中，关键设备包括首端设备（剪切机、溶解器等）、溶剂萃取设备（混合澄清槽、脉冲萃取柱和离心萃取器等）、放射性流体计量与输送设备、过滤设备及远距离操作维修设备等。后处理工艺料液中含有易裂变的 U235 和 Pu239 等元素，对设备的尺寸和形状提出了特殊约束，以确保核临界安全；而料液所具有的强放射性，使得设备必须安装在一定的防护屏蔽层内，因此设备应具有维修方便或免维修，能够远距离维修的特点，且可靠性要高。

以下重点介绍几种后处理关键设备的特点、技术要求及国内外研发应用情况。

1. 乏燃料剪切机

后处理厂在溶解燃料芯块之前，必须将组件切割成段，从包壳中露出铀芯才能进行化学溶解。现阶段动力堆乏燃料后处理机械切割主要采用的是剪切机，其强放射性工作环境和远距离操作维修对剪切机的结构和性能提出了较高的要求。

剪切机根据乏燃料组件切断时的送料方式分为立式和卧式两种，对卧式送料还有水平剪切与竖式剪切之分。立式的优点在于组件与它在水池的贮存状态相同，省去了转至水平的翻转装置，并减少了组件在热室中所需要的面积。卧式剪切机送料时乏燃料元件在料仓中处于水平状态，送料机构出现的任何可信事故都不会导致元件掉落、失控等恶性事故，因而其送料过程的固有安全性较高。

剪切机结构复杂，剪切的组件放射性高，维修难度大，对剪切机设计提出了较高的要求：

（1）剪切机应适应不同形状和尺寸的燃料组件的剪切。

（2）模块化设计，满足远距离操作和维修的要求。

（3）零部件，尤其是刀具应具有足够的强度和刚度。

（4）易于去污，对零部件形状和表面粗糙度应有特定的要求。

（5）应防止机内燃料粉尘的积累和可能出现的临界事故。充惰性气体，防止锆粉在空气中弥散而可能产生的自燃或爆炸。还须防止衰变热对剪切机（特别是有机材料）的影响。

剪切机是后处理厂的关键、大型、复杂设备，是敏感技术。法国剪切机的发展过程也是从立式送料改为卧式送料形式的。法国在早期后处理厂中使用的立式送料剪切机曾发生过元件管掉料事故，因而在 20 世纪 70 年代后期和 80 年代建成的后处理厂均采用卧式剪切机。80 年代以后法国设计和建造的 UP3 厂、UP2-800 厂都采用卧式剪切机（卧式送料、卧式剪切）。

我国早在 20 世纪 70 年代就开始了乏燃料组件剪切技术的自主研究。经过 20 多年技术攻关，掌握了立式送料剪切机技术，中试厂采用的就是自主研发的立式送料剪切机，并顺利通过了 AFA-2G 模拟组件、冷铀组件和热组件的剪切试验，满足热运行的要求。“十二五”期间，通过剪切机控制程序优化改进和自主研发，基本解决了立式送料剪切机变长度剪切的难题，实现了剪切长度在 20～50 mm 范围内可调。在我国即将建设的工业示范规模后处理厂中，仍然采用自主研发并经过验证的立式送料剪切机。

卧式剪切机是后处理技术中难度大、研制周期长的关键设备。目前，我国卧式剪切机的研制工作也已经开展，已基本完成了处理能力为 4～5 tU/d 的卧式剪切机科研样机的研制。工程样机研制及验证科研工作计划在“十三五”期间启动，争取在 2023 年前后掌握卧式剪切机设计和制造技术，完成工程样机的研制。

2. 乏燃料溶解器

乏燃料溶解器是对剪切的乏燃料短段进行溶解，其处理能力、处理时间、溶解过程操控难易等都将直接决定后处理厂年处理能力、开工率以及远距离维修的难易，甚至决定着后处理厂是否能够正常运行，以及操作人员和自然环境的安全性。

乏燃料溶解器按操作方式可分为连续和批式两种，在世界上大型后处理厂中都有应用。连续溶解器具有处理能力大、操作稳定等突出的优点。批式溶解器的优点在于结构简单，技术难度低，造价低，生产方式灵活，不存在连续溶解过程中的启动和停车时出现的溶解料液不合格的问题，适合在处理能力不大时使用。

溶解器的设计必须考虑临界安全，工作环境具有高放射性、强腐蚀性、维修难度高的特点，必须满足下列要求：

（1）能顺畅地加入乏燃料和溶解酸；

（2）能保持燃料和溶解剂之间有良好的接触；

（3）具有控制溶解速度的可靠措施；

（4）能够顺利地排出溶解产品液、废气、废包壳和残渣。

国际上，美国、苏联、法国等国自20世纪六七十年代投入了大量的人力物力，开展溶解器研发工作。由于溶解器设备结构复杂、技术难点多、设备性能要求高，特别是更加先进的连续溶解器，由于其技术复杂、研究周期长，目前，除法国外，各国主要还处在批式溶解器工程应用阶段，连续溶解器依然处于研究试验阶段。

法国的连续溶解器技术研究历时几十年，20世纪90年代在UP3后处理厂成功使用了转轮式连续溶解器，并在UP2-800厂扩建和日本六个所后处理厂中均采用了相同的连续溶解技术，如图8.2所示。

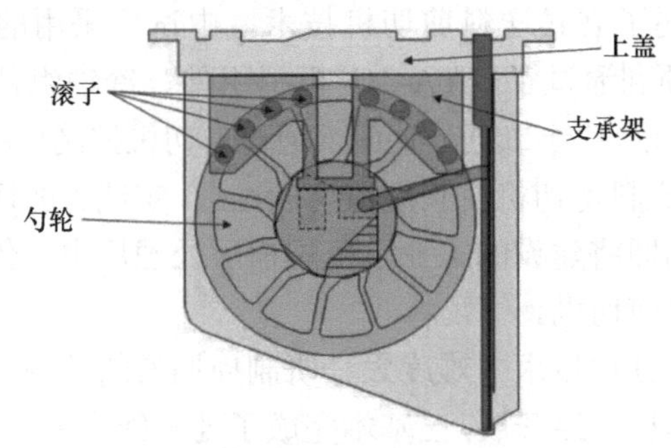

图8.2　连续溶解器示意图

我国从20世纪八九十年代开始研究和制造自然循环批式溶解器，通过控制溶解器几何良好和质量来实现核临界安全功能，自主研制了专用超低碳不锈钢耐腐蚀材料，并开发了人机可视系统及专用远距离操作机具，实现了包壳转移、漂洗、倾倒等远距离操作，成功应用于中试厂，顺利实现了热调试运行。但设备生产能力较小，每次只能溶解三分之二根AFA-2G乏燃料组件，因核临界安全问题，不能简单放大设计，无法满足大型后处理厂对处理能力的要求。

“十二五”期间，我国在中试厂现有溶解器的基础上进行了放大设计，开展了满足核临界安全要求的、每批可溶解一根乏燃料组件的批式溶解器研制。目前，已完成500 kgU/批规模的具有固体中子毒物的批式溶解器设备设计和水力学试验验证，可用于我国工业示范规模后处理厂。同时，我国正开展溶解器新材料的研发工作，并成功采用自主开发的 Ti35 合金加工了一台批式溶解器模拟体，对其在不同温度、不同模拟料液中的腐蚀性能开展研究，为 Ti35 溶解器在工程上的应用奠定基础。

在连续溶解器方面，我国已完成连续溶解器小型试验装置研制及试验，初步确定了乏燃料溶解器结构和操作参数；攻克了动静密封技术；完成了核临界安全的几何良好结构设计；解决了溶解控制技术、远距离拆装技术、轴承润滑技术等重大问题。在小装置原理机基础上，“十三五”期间，我国计划陆续开展乏燃料连续溶解器科研样机和工程样机研制，并开展适用于溶解器的锆合金耐腐蚀材料研发工作，力争在 2023 年前后具备处理能力为 4～5 tU/d 的乏燃料连续溶解器设计及制造能力。

3. 沉降离心机

乏燃料溶解液中含有一定量的不溶物，其含量随着燃耗的提高而加大。这些不溶物在进入萃取系统前必须去除。目前，主要采用沉降式离心机分离溶解液中含有的包壳碎屑、未溶解燃料等固形物。

沉降离心机为高速回转设备，结构材料质量不均匀，以及制造装配上不可避免的偏差，会引起偏心离心力，使设备运转时产生强烈的振动，设计时需解决静、动平衡问题，以避免运转时的振动。由于沉降离心机设备复杂、工作环境恶劣，工况特殊，其研究工作对各国来讲都是一个需长期进行、不断改进的课题。

法国 UP2 厂成功地应用 DPC 型沉降离心机，在 UP3 厂设计了 DPC900 型沉降离心机，在美国、日本和联邦德国后处理厂设计中都采用类似设备。具有可排堵及清洗操作、旋转稳定、容易操作的优点。它全部要维修的零件都与放射性溶液隔离，内筒和除渣斜面等可在屏蔽条件下拆除。

我国乏燃料后处理中试厂的首端成功运行了自主研制的 DN500 型上悬式倒杯形沉降离心机（图 8.3），转鼓直径 500 mm，生产量 500 L/h。采用特种柔性轴和特殊减震结构设计，有效地解决了设备的震动问题，并实现了对电机、轴承、测控仪表等易损件的直接检修和转鼓的远距离拆装与更换。

在中试厂沉降离心机自主研发和应用基础上，我国拟自主研发处理能力为 1200 L/h，转鼓直径 900 mm 的沉降离心机（倒杯和正杯）科研样机和工程样机设计与制造技术，2023 年前后完成工程样机的研制，掌握大型后处理厂使用的沉降离心机的设计与制造技术。

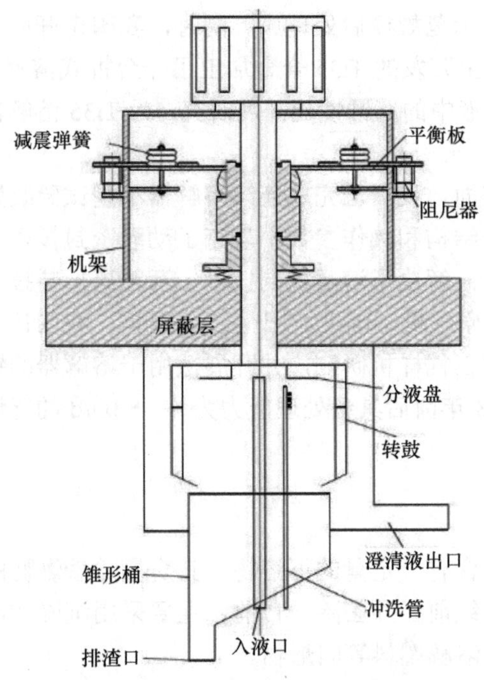

图 8.3　我国自主研制的沉降离心机

4. 后处理萃取设备

脉冲萃取柱、混合澄清槽和离心萃取器是国内外后处理厂中普遍使用且效果良好的萃取设备。三种萃取设备在性能方面有着明显的区别，需要针对流程和萃取设备的特点进行考虑，来选取最合适的萃取设备。

1）混合澄清槽

混合澄清槽的突出优点是操作简单可靠，操作弹性大，停车后不会破坏平衡，在处理放射性水平较低的料液时，一般不会出现什么故障；其缺点是液体存留量大，溶剂停留时间长，溶剂辐解严重，所产生的界面污物易在槽内累积，使运行恶化，严重时发生产品流失等，甚至造成被迫停车。国外大型后处理厂在铀纯化、溶剂再生和钚纯化的补充反萃流程中普遍采用泵轮式混合澄清槽，并且使用满足临界安全的扁平式混合澄清槽用于处理含钚料液。这种泵轮式混合澄清槽的泵轮除了提供混合能量输入外，还为级间料液输送提供能量。泵轮式混合澄清槽的结构更为紧凑，具有传质效率高、易于放大设计等优点。

我国借鉴铀矿冶和稀土工业分离设备并结合后处理厂特点研制了全逆流混合

澄清槽，成功应用于中试厂。全逆流混合澄清槽可以在大流比、小接触相比的工艺条件下使用。中试厂采用的混合澄清槽具有大流比、全逆流、长距离磁力传动等特点，实现了强放射性区域的免维修和 α 放射性密封。我国在“十二五”期间开展了“中试规模泵轮式混合澄清槽性能研究”，对泵轮式混合澄清槽的水力学、传质性能等方面开展研究工作，掌握了 1000 kgU/d 通量的泵轮式混合澄清槽设计、制造的关键技术，研究成果已应用于我国工业示范规模后处理厂设计。在此基础上，后续还将开展满足大型后处理厂的泵轮式混合澄清槽研究，形成具有自主知识产权的专用技术。

2）脉冲萃取柱

由于脉冲萃取柱具有溶剂停留时间短、溶剂辐照降解小及自清洗功能等优点，在处理高放射性料液时比混合澄清槽更有优势。对处理含有固体颗粒的料液，脉冲柱比澄清槽和离心萃取器更有优势。另外，脉冲柱细长的几何形状有利于临界安全控制，特别适用于钚含量高的料液。折流板脉冲萃取柱相对于脉冲筛板柱具有更高的生产能力和传质效率，防止了沟流，增加了操作稳定性，并且能处理含固体颗粒的物料，目前已成功应用于我国中试厂和法国及日本的大型后处理厂。

对高燃耗的动力堆乏燃料进行后处理时，由于核临界安全的需要，法国、德国和日本对具有环形截面的脉冲萃取柱开展了研究。我国在“十二五”期间开展了“中试规模环形折流板脉冲萃取柱性能研究”课题，开发了 1000 kgU/d 通量的、满足核临界安全要求的环形折流板脉冲萃取柱。下一阶段将研究大厂规模的环形折流板脉冲萃取柱的性能，掌握大型环形折流板脉冲萃取柱和空气脉冲发生装置的核心技术，形成具有自主知识产权的专用技术。

3）离心萃取器

离心萃取器最显著的优点是停留时间最短，溶剂辐照降解更小，且设备尺寸小，两相接触时间短，便于处理高放料液，容易控制几何临界安全。同时还适合处理两相密度差极小的料液。主要缺点是运转部件可靠性尚待进一步考验，检修问题及固体粒子的积累与排除尚待解决。目前，离心萃取器只在法国 UP2-800 后处理厂成功使用。

20 世纪七八十年代，核二院（中国核电工程有限公司的前身）和四〇四厂开展了圆筒式离心萃取器及核型八级离心萃取机的研制，清华大学和中国原子能科学研究院分别研制出环隙式离心萃取器。目前国内的科研成果已成功地应用于后处理流程和高放废液处理流程的实验研究，但距在后处理厂中的实际应用还有很大的差距。

5. 钚尾端设备

钚尾端设备是后处理厂的主工艺核心设备，根据钚尾端设备操作流程的不同，可分为钚尾端连续处理流程和批式处理流程。

钚尾端连续处理流程是指从草酸盐沉淀开始及其后的过滤、焙烧、匀化、装杯等均采用远距离操作的连续过程。批式处理流程是指从草酸盐沉淀开始及其后的过滤、焙烧、匀化、装杯、样品采集及输送以批次为单位，将工艺流程划分为若干个工艺段落，每个工艺段落需要分批依次进行。批式流程只适用于生产能力较小的后处理厂，对于工业规模的大型后处理厂宜采用连续流程。

由于核临界安全的要求，钚尾端设备不能仅仅通过简单的形状放大而实现能力扩大化，必须通过采用适当的技术来实现生产要求。在处理量大时，钚的中子辐射强，产品生产量大且呈粉末状态，α 气溶胶浓度很高，因而在钚尾端的工艺及设备选型中，确保临界安全及防止 α 污染扩散是必须重点解决的两大工程技术问题。钚尾端的工艺要求使得设备机构复杂，技术要求高，难度大，且在国际上公开发表的技术资料极少，国内对国外钚尾端的相关技术了解甚少。

法国 UP3 钚尾端为连续的草酸盐沉淀、过滤、煅烧工艺；每日处理能力为 40 kg 钚，其草酸钚过滤为立式转鼓式过滤器，焙烧炉水平布置，为螺旋输送式。英国 Thorp 厂同样采用连续处理设备，结晶后的草酸钚盐浆液由沉淀器溢流到回转式真空过滤机中过滤，在此生成的草酸盐沉淀滤饼被抽真空以除去多余的水分，湿的滤饼被连续送入干燥炉和焙烧炉内，生成合格二氧化钚粉末；而后粉末在重力的作用下落入匀化器。

在我国动力堆乏燃料后处理中试厂采用的是批式处理流程，已掌握钚尾端批式流程关键设备，如脉冲沉淀反应器、筒式过滤器、干燥焙烧炉和电随动机械手等设计制造技术。针对大型后处理厂连续钚尾端沉淀反应器、过滤器、干燥焙烧炉和匀化器等关键设备已开展了设备方案及原理样机研究，为下阶段科研样机和工程样机的研制奠定基础。

6. 放射性流体输送设备

后处理流程中需要输送和计量的放射性液体，具有很强的放射性，要求在输送过程中尽量避免泄漏。因此除了普通化工惯用的原则外，流体输送设备还必须满足由放射性带来的特殊要求：必须尽量减少泄漏，必须进行屏蔽，尽量免维修、间接维修或远距离维修操作。

后处理厂采用的免维修流体输送设备主要有：空气提升器、蒸汽喷射泵、压空喷射器、脉冲式可逆流体输送泵（RFD）、射流二极管泵、扬液器和虹吸器等，在后处理厂根据输送介质及具体条件选择合适的设备。

我国自主完成了空气提升器、蒸汽喷射泵等多个科研课题的研究工作。空气提升器在中试厂主工艺流程中使用数量达 300 多处，并利用二级空气提升实现了流量计量，是使用范围最广的免维修流体输送设备。蒸汽喷射泵在中试厂中也大量应用，共计 110 多台。其他如立式柱塞计量泵、屏蔽泵、真空虹吸、压空喷射器等在中试厂中也实现了大规模应用。

核二院在 20 世纪 90 年代组织开展了针对 RFD 流体输送系统的运行原理和设计方法的研究；清华大学在 RFD 也进行了小规模的实验室试验研究，初步分析了 RFD 运行特点。2010 年我国开展了“RFD 流体输送系统工程应用技术研究”，对 RFD 进行进一步系统化、工程化研制与试验。RFD 研制成果将运用于我国工业示范规模后处理厂设计中。后续还将继续开展免维修流体输送设备以及可远距离维修的流体输送与控制（泵阀）设备的进一步研究和研制。

7. 远距离操作维修设备

由于后处理对象具有极强的放射性，必须用厚屏蔽材料将工艺设备分隔密闭到设备室或热室内。对工作人员的安全防护采取周密的措施，工作人员必须采用远距离操作维修设备进行操作。后处理厂远距离维修技术的特点主要有：

（1）远距离维修技术和各种通用、专用的维修工具、设备的可靠性要求高。

（2）远距离操作维修必须不破坏后处理厂热室、设备室的屏蔽性和密封性。

（3）远距离维修的对象必须特殊设计，被检修的设备部件必须充分考虑定位、锁紧、起吊等结构。

（4）必须有一套完善的远距离观察系统，如窥视窗、潜望镜、工业电视、专用照明等。

后处理厂主要的操作维修设备为机械手和检修容器。机械手的主要功能是通过屏蔽墙操作放射性物质或完成各种专门作业。在首端和钚尾端及分析岗位广泛应用。

检修容器根据检修源项的特点可分为 α 密封检修容器（MERC）和非 α 密封检修容器。检修容器的核心技术与所要转运的物料尺寸、转运通道方位、转运操作方式有着密不可分的联系，因此，针对各种不同的转运要求均需采用不同的机构和结构设计。针对 α 密封检修容器，不同的结构使得其采用的密封圈结构和更换方式各不相同；不同的密封圈和设备结构使密封圈成型工艺研究各不相同。α 密封转运设备由于需求的多样性而种类繁多，研究内容复杂多样，技术难度非常大。

法国UP3和UP2-800厂机械首端及连续溶解器都采用全远距离维修。在萃取工艺部分的泵、阀及过滤器采用α密封检修容器进行维修。

我国中试厂开发了先进的α密封技术，建立了全套的箱室和检修设备，研制了系列检修容器、机械手和专用工具满足远距离操作维修需要。近年来，我国自主研制的试验台架转运箱、α密封双盖转运容器、人员维修气闸等设备已成功应用于我国放化试验设施。我国在非α密封检修容器、非α废物转运容器、机械首端远距离操作维修设备（动力手吊车、热室环形吊车等）、强放环境下专用检修机器人、微型主从机械手等方面还需要开展针对性研究，同时还应开展后处理厂检修容器型号化和系列化工作，才能满足自主建设大型后处理厂对远距离操作和维修设备的需求。

8.3.2 后处理核与辐射安全技术

1. 辐射防护

后处理设施的辐射防护设计必须按照《电离辐射防护与辐射源安全基本标准》（GB 18871—2002）和《核燃料后处理厂辐射安全设计规定》（EJ 849—1994）进行。应遵守实践的正当性、剂量限制和潜在照射危险限制、防护与安全的最优化等原则，并且其剂量约束和潜在照射危险约束应不大于审管部门对这类源规定或认可的值，不大于可能超过剂量限值和潜在照射危险约束限值的值。

必须通过设置多道实体屏障、辐射屏蔽和通风系统，控制厂区入口，管制进入到规定区的放射性物质的量，监测厂区和工厂操作人员的类型及所从事的工作，单独或联合地采取以上措施。

为防止放射性物质向环境中的过量释放，对安全重要的系统或部件必须提供至少两套独立的安全装置。这些装置必须有能力以适当的等级和频率进行就地检验，以确保能够连续运行以及达到所要求的效率。

在分析与安全有关系统的功能时，应同时确认这些系统的安全功能不会给其他系统带来不安全因素。

后处理设施的辐射防护设计应当使运行状态（正常运行和预计运行事件）下产生的辐射照射不超过为工作人员和公众所规定的剂量限值和剂量约束。

2. 后处理厂工艺过程临界控制

后处理厂属于典型的堆外操作、加工和处理易裂变材料的核设施，在意外的条件下可能会发生核临界事故，后处理厂临界安全设计目标是对存在或可能出现大量易裂变材料的设备或区域采取措施，预防临界事故的发生并将潜在临界事故后果降至可接受程度。

临界控制设计应遵循双重偶然原则，即要求工艺设计应采用足够大的安全系数，以保证工艺条件中至少有两个不大可能发生的、独立的条件一并发生时，才可能导致临界事故。工艺设计必须保留一定的裕量，以应付受控工艺参数的波动和所采用的次临界限值被意外地超过。

后处理厂主要应用以下核临界控制方法：几何控制、浓度控制、质量控制、慢化控制、中子毒物控制、表面密度控制、规定多体设备间距等。核电站乏燃料易裂变物质含量高，按照 PUREX 的工艺流程，针对各个步骤（阶段）的特点，应采用相应的临界安全控制手段和方法。

同时在后处理厂中需考虑以下次级临界安全控制方法，确保主要核临界控制方法的有效性：

（1）要保证含易裂变材料设备的几何和位置满足技术要求。

（2）监测仪表可提供浓度、液位、流量、酸度、中子通量及γ水平参数，如超出临界安全规定的限值，则进行工艺控制或启动联锁装置以防临界事故。

（3）按照一定的取样周期，对取样点进行取样，在分析实验室对样品的组分、慢化、酸度等项目进行分析，防止超过临界安全规定的限值。

（4）遵循工艺操作规定，使操作对象始终处于次临界状态。

（5）设计电气联锁等特殊装置，防止浓料液进入非几何安全的设备；设计溢出装置，防止几何参数超出临界安全限值；设计自锁装置可防止浓度、质量等主要临界安全控制参数超出限值；设计溢流口可控制液面高度或深度。

（6）设置与临界安全有关标志防止误操作。

（7）若能确认实际的反射是受到控制的，且反射作用小于最佳反射，则可用标准反射体或实际反射体条件来进行安全分析。

（8）在固体中子毒物的使用过程中，腐蚀、外力等原因造成损失、破损、流失，会直接影响临界安全，需对固体中子毒物进行持续有效性的监测。

核临界安全是后处理厂安全的一个重要方面，只有解决核临界安全问题，才能保证后处理厂的正常运行。国外几个进行核燃料循环的国家，如英国、法国等，在高富集度、高燃耗乏燃料后处理临界安全方面投入大量的人力、物力、财力开展临界实验、临界事故分析等方面的研究，并建立了专门的临界实验装置。依靠这些先进的工具和手段设计出的乏燃料后处理厂设置了可靠的临界安全监测控制系统，采取了有效的行政管理措施，保证了工厂的安全可靠运行。

我国中试厂处理量小，很多设备都采用几何安全来进行临界控制。但当后处理厂的处理量较中试厂大大增加时，不可直接应用中试厂的临界安全设计方法，需要结合工艺流程特点，对工艺参数提出限值或约束条件，从而建立合适的临界安全控制措施，既要保证足够的安全裕量，又要尽可能地提高后处理厂的处理能力与经济效益。在进行临界设计时，主要依据相应的程序来计算，同时经过程序计算的结果也需要进行相关的临界实验来验证并进行进一步优化。但目前我国还没有建立自己的临界实验室，无法获得相应的临界数据，只能使用程序的基础数据或国外已有的临界数据来进行计算，也无法进行相应的实验验证与优化。

8.3.3 过程监测和控制技术

后处理厂对生产过程的监测与控制必须通过安装在设备室或热室内的相应的仪表设备来实现。在辐射区内的传感器应尽量选用非接触式测量方式，其检测元件无须进入设备室或热室，以便于维修、更换并延长其使用寿命。对于辐射区内尤其强放射性场合的检测仪表应考虑适当的冗余性，并考虑一定数量备用安装位置。目前后处理厂大都采用非接触式测量仪表来检测强放射性料液的液位、界面、温度等参数。

吹气仪表是一种最常用的非接触式测量仪表，它与放射性介质接触的仅是几根不锈钢吹气管，不需直接维护。吹气法能够测量常压或接近常压的工艺设备的压力、液位、密度和界面等重要运行参数。我国成功开发了多管吹气装置，结构简单，安装施工容易，运行时基本无须维护，形成了系列化的技术成熟的产品，并有核安全级吹气装置，被广泛应用于中试厂放射性环境中的液位、界面、密度、柱重、位置、液位信号等测量，实现了我国后处理厂测量仪表由直接接触式到非接触式的重大技术突破。中试厂吹气仪表集中安装在吹气仪表廊，这方便了吹气仪表的信号集中传输、调试、检修以及仪表的供气。使用吹气仪表的突出优点是：

（1）采用非接触式测量方法，设备室内无检修工作量；

（2）安装拆卸方便，大大降低了工程造价；

（3）维修人员基本上免受辐照剂量。

近年来，我国还开展或计划开展多项后处理工程专用非接触式测量技术的应用研究工作，如吹气法测量萃取柱工艺参数优化改进研究，一体化吹气仪表研制，超声波界面及脉冲振幅连续监测技术，超声波仪表的快速拆装、检修技术等，重点解决放射性环境非接触式测量系统的稳定性、可靠性及误差的可控性等关键问题，掌握后处理工程中主要非接触测量系统的设计、建造、调试和运行的关键技术，为其工程应用提供科学依据。

后处理放化设施控制系统的任务就是对整个设施内所有工艺活动信息进行整

理。一个大规模完备的核设施可能包括很多种类型的分设施，根据各个分设施的具体情况确定其控制系统的形式和规模。最后将整个设施内各分控制系统信息送至统一的上层网络，实现对所有信息的管理。后处理厂对于控制的要求与普通化工厂有很大差别，在普通化工厂中，操作人员可直接完成的很多手动操作在放化工厂则必须通过远距离甚至需要自动完成。近几年，随着现代计算机技术及控制技术的发展，放化工厂对自动化生产水平和管理水平的需求也越来越高，逐步采用了可编程控制技术、集散控制技术及总线控制技术、工厂仪控设备管理技术和网络管理技术，实现了放化工厂的人性化管理。

实现智能化现场设备的综合管理是目前自动化领域的又一个新课题，后处理厂现场设备管理系统的建立更具有重要的意义。总线上的智能仪控设备的远程诊断调试和检修等功能可以很大程度上减少维护人员到现场维修的次数，保障人员的身体安全，并且可以及早发现隐患，降低设备故障率，保证工艺生产过程运行稳定、安全、可靠。

国内后处理厂的自动控制系统经历了单回路控制器、多回路控制器和集散控制系统（DCS）等几个阶段。目前 DCS 已广泛应用于我国的后处理厂的各种控制系统过程中，DCS 应用技术已经基本成熟。但是，由于 DCS 中的现场仪表仍然采用常规的模拟量仪表，其提供的信息是有局限性的，而且现场仪表的参数设置也只能在现场就地完成。近年来，我国在全数字化现场总线技术方面已开展了部分研究工作，初步确定了适用于大型后处理厂的全厂数字化控制与管理系统方案，为最终实现后处理厂先进控制和管理、提高生产能力提供了必要条件。

8.3.4 后处理工艺分析测试技术

后处理工艺分析测试对工艺生产运行、临界安全控制、获得合格产品、核材料衡算，都有着不可替代的重要性。根据后处理厂分析技术特点及其所发挥作用不同，可将后处理分析分为工艺过程控制分析、产品分析和衡算分析三类。

由于后处理料液组成复杂且具有强放射性和很高的化学毒性，其技术难度之大是一般化工过程的控制分析不能相比的。因此，后处理过程分析技术具有非常强的行业特点：

（1）分析样品通常具有强放射性和毒性，需采用手套箱和热室技术以及远距离操作；

（2）要求取样量尽量少，需采用灵敏度高的分析方法和微量或半微量技术；

（3）为满足工艺控制的需要，要求所采用的分析方法和仪器具有更快地获取结果的分析速度；

（4）为确保人员所受辐射剂量尽可能低，要求更高的自动化程度，并产生最少的废物或废液。

世界上法、英、美、日、俄等后处理国家在后处理分析方面都进行了较多的研究。由于后处理样品的特殊性，要求分析方法简单、快捷、准确、利于防护等，故此各国在分析方法的设置上都尽量采用样品自动分析、非破坏性分析等技术方法。近年来，随着自动取样技术和样品输送技术的发展和完善，以及快速分析技术的发展，通过实验室自动分析也可提供近实时的分析数据，极大地削弱了在线或流线分析技术的优势。目前后处理技术发达国家的工艺控制分析都以实验室分析为主，并大量采用全自动无损分析技术，只保留少数可靠的流线分析测量点，主要用于实时监视工艺过程的趋势变化。

自 20 世纪 80 年代以来，K 边密度计和 L 边密度计逐渐被大量应用于后处理厂常量铀和钚的无损自动分析。目前，法国后处理厂中有多台吸收边自动分析仪在用。此外，混合 KED/XRF、X 射线荧光法等方法也大量应用于铀钚的无损自动分析。法国阿格厂建立了一套全自动取样—气动送样—无损分析（KED/XRF、X 射线荧光、γ能谱）系统，用于分析铀、钚、放射性浓度和裂片元素等，全厂 75% 以上的工艺控制分析均采用自动分析仪器实现，极大地提高了分析效率。远距离光纤光度分析技术也是目前国际上后处理厂主要采用的远距离快速分析技术，其主要用于常量铀、钚及其价态的分析。

此外，一些符合后处理特点的特制的大型专用设备越来越多地应用于后处理分析中，并大量采用自动分离装置用于快速预处理。如国际上对于后处理工艺过程分析中微量、痕量组分的分析以及裂片元素、腐蚀产物的分析，多采用电感耦合等离子体发射光谱分析技术（ICP-AES）或电感耦合等离子体质谱分析技术（ICP-MS）。虽仍采用预先分离再进行分析的技术，但其分离技术先进，多采用自动化的分离手段，其中速度最快、最具有先进性的分析技术是色质联用技术，该项技术主要特点是分离分析过程一体化、自动化，分析速度很快，可分析元素多，检测限低，检测范围宽。

我国近二三十年来研究开发的后处理分析方法，基本满足动力堆乏燃料后处理分析测试的需求，但和国外先进技术相比，我国后处理取送样设备自动化程度相对较低，分析方法中无损测量方法所占比例比较低，样品预处理方法自动化程度不高，仪器分析方法也偏少。目前我国中试厂中采用的分析方法包括混合 K 边界（分析高浓 U、Pu）、γ吸收、X 射线荧光分析、光谱分析、质谱分析、化学滴定、α计数分析方法等，能大致满足前期调试的要求。但是有一些取样点由于种种原因难以取得数据，其中既有分析方法本身适应性的问题，也有分析方法缺项的问题，也有取样组织等问题。另外，在线分析方面，我国目前还缺乏对工艺控制关键物流中铀、钚、α等在线分析的技术手段，在分析技术工程化应用方面与世界先进水平还存在一定的差距。

8.3.5 后处理厂三废管理

后处理厂放射性废物通常按照其物理、化学形态进行分类，分为气体废物、液体废物和固体废物等。后处理厂必须执行放射性废物最小化原则，应在工艺流程的优化和放射性废物处理技术方面实现。后处理厂的三废处理工艺如图 8.4 所示。

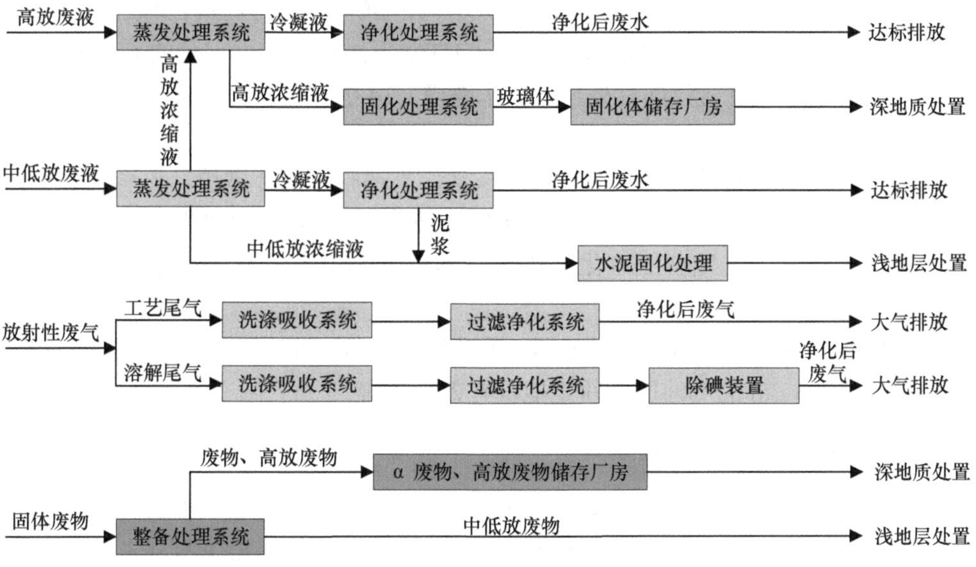

图 8.4 后处理厂主要放射性废物处理处置流程

（1）放射性废气包括溶解尾气、工艺排气及厂房排气等，主要采用吸附、淋洗、过滤等处理技术净化达标后排放；

（2）污溶剂采用精馏、热解焚烧等处理技术；

（3）放射性废水采用蒸发等处理技术，实现达标排放；

（4）高放废液浓缩液采用玻璃固化技术，中低放废液、废树脂采用水泥固化技术；

（5）固体废物采用超压、焚烧等先进废物整备技术，以减少需要进行处置的体积。

1. 放射性废气处理

后处理气载废物包括乏燃料在剪切及溶解、硝酸回收、工艺溶液及液体废物蒸发、废物煅烧及熔化等工序中产生的尾气和放射性物质工艺设备的排放气。

溶解尾气中的放射性来源包括 I129、Kr85、Ru106、T（氚）、C14 及其他气态裂变产物或挥发性裂变产物的气溶胶。溶解尾气除采取通常的工艺排气净化措施外，还必须进行除碘操作。在溶解器中超过 95%的碘是挥发性的（主要是 I_2，HI 和 HIO），一般采用固体吸附剂附银硅胶除碘装置或各种吸收溶液的吸碘塔来除去溶解尾气中的碘，效率可达 99.9%；Kr85 为放射性惰性气体，目前世界上所有的乏燃料后处理厂都不对其进行捕集，对 Kr85 的处理技术尚处于实验室研究阶段；钌在溶解器中可形成极少的挥发性的 RuO_4；在溶解器中，只有极少量的氚以 T_2 的形式释放，超过 90%的氚进入溶解液以 HTO 形式存在；大部分的 C14 会在溶解过程释放出来，目前我国后处理厂尚未考虑 C14 的净化处理，需开展科研及工程技术研究，以满足后处理厂需要。

工艺排气系统能滞留所有的放射性核素、气溶胶和固体微粒。该系统可包括捕集粉尘、雾滴的淋洗塔，气溶胶捕集器（液滴分离器），冷凝器，氮氧化物的氧化塔、吸收塔，将残留氮氧化物转化为 NH_3 的催化还原设备，以及两级高效过滤器。

厂房排风经过四级串联的过滤器：预净化过滤器、粗过滤器及两个精过滤器，其中粒径达 0.3 μm 的气溶胶和粉尘能被有效地捕集。

2. 放射性废液处理技术

后处理厂的放射性液体主要有：高放废液主要来源是铀钚共萃取净化产生的萃残液（1AW），不到 0.1%的铀、钚以及几乎全部的裂变产物和次锕系元素（99.9%以上），都集中到高放废液中。采用 PUREX 流程，每吨乏燃料经后处理产生 5～10 m^3 高放废液。还有铀线、钚线净化循环和尾端处理产生的中低放工艺废液，污溶剂酸碱洗涤废液，蒸发器和尾气处理系统的冷凝液，相关的污溶剂等。

1）高放废液处理技术

目前，成熟的高放废液处理技术主要是进行蒸发浓缩减容后进行玻璃固化处理。高放废液首先采用蒸发浓缩的方式，减少废液体积，实现高放废液的最小化。蒸残液可作为分离、提取有用放射性核素的原料液，也可直接暂存后再做固化处理。对于蒸发过程产生的二次冷凝液，可根据情况作中低放废水处理。

高放废液玻璃固化把放射性核素牢固结合到基材结构中，并且固化基材是稳定的、惰性的物质。根据国外现状和发展趋势，高放废液有玻璃固化—深地质处置、分离—整备和分离—嬗变三种可供选择的技术路线。玻璃固化—深地质处置是较长时间以来的主流技术路线。玻璃固化目前在国际上已取得广泛应用，发展为一项成熟技术，但深地质处置进展较为缓慢，地质处置技术复杂且需要高昂的费用，长期安全性和公众接受程度仍存在一些不确定性。

目前，我国高放废液蒸发器采用自主开发的 Ti35 合金材质的外加热自然循环式蒸发器。采用甲醛（甲酸）脱硝工艺，“连续蒸发—脱硝”操作易造成蒸发器暴沸；而采用“清蒸”工艺，运行平稳，但蒸发浓缩时间较长，酸度较高，对蒸发器材料腐蚀影响较大。我国在“十二五”期间开展了“高中放废液釜式蒸发器工艺研究”，研制了适用于后处理厂高中放废液处理的釜式蒸发器，适用于“连续蒸发—脱硝”工艺，研究成果已用于我国工业示范规模后处理厂的设计。釜式蒸发器材料拟采用 Ti35 合金材料，并已成功采用自主开发的 Ti35 合金加工了一台蒸发器模拟体，对其在不同温度、不同模拟料液中的腐蚀性能开展研究，为 Ti35 釜式蒸发器在工程上的应用奠定基础。

国内高放废液玻璃固化技术的发展实际情况是，罐式法玻璃固化技术和焦耳加热陶瓷熔炉技术的研究没有持续开展下去，冷坩埚技术的研究也只处于起步阶段，远未达到直接工程化应用的条件。

2）中低放废液处理技术

根据中低放废液的物理化学性质和放射性浓度，可以采用絮凝沉淀、离子交换、蒸发浓缩、水泥固化等技术进行处理。

絮凝沉淀法处理过程简单、费用低，虽然去污系数低（约为 10），但特别适用于对净化要求不高、体积较大的低放废液的处理，如后处理厂洗衣废液和地面冲洗水等低放废液，亦可作为含有易挥发放射性核素废液蒸发前的预处理手段。

离子交换技术可以从极低浓度的溶液中选择性地除去某些离子的能力，特别适合除去低放废液中的放射性核素。离子交换是处理多种低中放液体废物的最合适、最有效的方法。

蒸发浓缩较多用于高、中放废液，可处理含盐量高达 200～300 g/L 的各种废液。处理能力大，净化效率高，减容倍数大（几十倍至几百倍）。蒸发法不适合处理含有易起泡物质（如某些有机物）和易挥发核素（如 Ru、I）的废水；蒸发耗能大，系统复杂，运行和维修要求高，处理费用较高。

水泥固化是简单的固化工艺，水泥可直接与蒸发浓缩液或残渣混合，混合物在容器中固化，所得整体固化物送去埋藏。水泥固化体一般装在钢桶中或预制混凝土容器中，水泥固化开发较早，技术成熟，早已应用于不同类型废物的处理。

我国中低放废液处理技术主要采用蒸发浓缩工艺和水泥固化。蒸发浓缩采用外加热式自然循环蒸发器。采用的水泥固化工艺主要包括桶外搅拌法、桶内搅拌法、水泥固定和大体积水泥浇注（固化和处置一体化技术）等。这些技术都是国际上比较成熟且应用广泛的技术，但我国在桶外搅拌法和桶内搅拌法水泥固化领域，尚需针对相关设备系统开展优化改进研究和可靠性验证试验。

3）有机废液处理技术

后处理工艺中产生的有机废液主要是废萃取剂、稀释剂及它们的降解产物和煤油。后处理厂中有机废液有焚烧、湿法氧化、电化学氧化和水泥固化等多种方法处理。

后处理厂产生的 TBP/煤油废溶剂数量大，放射性水平高，成分复杂，热解焚烧炉可用来专门处理 TBP/煤油废溶剂。有些焚烧炉可能有多功能用途，可同时烧固体废物和有机废液。

湿法氧化又称湿燃烧法，是一种能把有机物破坏成二氧化碳和水的、类似于焚烧的工艺技术。有机废物与过氧化氢在 100 ℃下发生反应，分解出水被蒸发，剩下浓缩物为含放射性的无机废物。这种处理方法主要的优点是温度低，将有机废物转化成易于处理的含水废物。

电化学氧化是一种与湿法氧化类似的氧化方法。电化学法将 Ag（Ⅰ）氧化为 Ag（Ⅱ）。在阳极电解室里，Ag（Ⅱ）与水反应形成氧化活性剂，如 HO 自由基。这些活性剂与聚集在阳极的有机物发生反应，最终把它们氧化成二氧化碳、少量一氧化碳、水和其他的无机产物。

水泥固化不能直接固化有机溶剂，但水泥可以固化乳化的有机废液，也可以固化吸收有机废液的吸收剂。乳化-水泥固化的工艺简单，但废物包容量低（小于 8%），适于少量有机废液产生者使用。

4）含氚废水处理

氚主要是从后处理厂的切割、溶解工序释放出来的。由于氚具有极高的交换性，如果它与普通水发生离子交换，可迅速使之变成氚化水。因此，如果不对氚加以控制，它将会污染整个工艺流程，同时产生大量的含氚废液，给后处理厂的废物管理造成极大的困难。后处理厂为了便于控制氚，将工厂划分为两个工艺区，即高氚区和低氚区。两个区都各自设立独立的酸回收系统，一循环产生的高氚废液，经高氚硝酸回收系统回收其中的酸，返回溶解系统重复使用。由于后处理厂的含氚废水排入海洋对环境的影响不大，因此，正在运行的后处理厂都不对其产生的含氚废水进行特别处理，而是直接排放到环境中。

3. 放射性固体废物处理技术

后处理固体废物量较大，放射性污染程度不同，其中包括废包壳和端头、废树脂、设备检修件、过滤器芯、穿地阀芯以及生活废物等，还有来自废液处理、废气处理等工序的固化块。

1）废包壳和端头

法国为了减少最终处置的废物体积，阿格厂将废包壳和端头经漂洗、干燥后放在一起压实（包壳中间混有端头对总的压实率没有什么影响），每处理 1 tU 只产生 150 L 非 α 化中放废物。

英国 THORP 厂产生的废包壳等固体废物采用水泥固化封装工艺，使用 500 L 的不锈钢桶，在桶内振动灌浆，进行固化封装。

我国目前对后处理厂产生的废包壳和端头只进行装桶暂存，尚缺乏对废包壳和端头进行整备及超级压缩的设备。另外，还需开展废包壳和端头非 α 化研究，以减少 α 废物量。

2）其他固体废物

对于可燃废物，采用电炉及有机燃料焚烧。焚烧灰用水泥等固化剂固化，封装好送去暂存待最终处置。焚烧过程产生的气体和液体送去相关净化系统去处理。

对于不可燃废物和可压缩废物，经过破碎或切割并且压实后，装入不锈钢桶进行水泥固定，封装好待最终处置。

对于含有钚和超铀核素的废物，必须根据其污染水平采取不同的方法处理。含钚量较低的可燃废物可焚烧转化为不易浸出的产物，封装后暂存待最终处置。含钚量较高的废物可使其焚烧生成易于浸出的产物，再从该产物中提出钚。

8.4 后处理产业发展重点案例

8.4.1 法国后处理产业发展概述

法国的核电在全国发电总量中的比例超过 75%，拥有成熟先进的核电技术，其核电技术已经出口到了许多其他国家。长期以来，法国一直坚持闭式核燃料循环政策，是对核燃料循环后段采取后处理政策最坚决、产业化最成功的国家之一。

在后处理领域，法国建成了处理能力均为 800 tU/年的 UP3 和 UP2-800 两个大型后处理厂，具有目前世界上最大的后处理能力（1700 t/年）。

马库尔核工业中心是法国最早建立的原子能工业生产基地。1956 年 6 月开始在此建立军用后处理厂（UP1），该厂开始主要目的是提取武器级钚。后来经过一些技术改造，可以处理石墨气冷动力堆元件，以及一些产氚堆和材料试验堆的 U-Al 合金元件及 Pu-Al 合金元件。在马库尔还建有一个中间试验厂和一些玻璃固化研究及中间试验装置。法国还在此地建设了一座后处理研究设施——阿塔兰特（Atalante）设施，用于基础后处理研究，如从高放废液中分离锕系元素和长寿命裂变产物的新流程等。阿格中心是法国现在最重要的商用后处理基地，如图 8.5 所示。其是目前世界上最大的轻水堆乏燃料后处理中心。

图 8.5　法国阿格后处理厂

1962 年在此动工兴建 UP2 后处理厂，最初设计处理的是石墨气冷堆的金属铀元件，处理能力为 750～800 t/年。为适应法国核电堆型的变化，1972～1976 年间对 UP2 厂进行了改造，成为年处理能力为 400 t 轻水堆氧化铀燃料（燃耗 33000 MWd/tU）的后处理厂。阿格中心还建有一些其他的相关厂房，包括 AT1 快堆元件后处理中间试验厂，为大型快堆元件后处理厂流程选择积累了经验。20 世纪 80 年代，法国耗资 500 亿法郎，在阿格中心兴建 UP3 后处理厂并将 UP2-400 改造建成 UP2-800 后处理厂，年处理能力各为 800 tU。1989 年，UP3 后处理厂投入热运行，1994 年 9 月，UP2-800 启动。目前 UP2-800 厂主要用于满足法国电力公司的需要，UP3 厂为国外的客户服务。1995 年，阿格后处理厂首次全年运行并达到 1600 t 的年额定生产能力。

在工程技术研发方面，法国在马库尔（SP1 装置、G1 bay、SDHA）、封特耐欧罗兹核研究中心和 SGN 工程公司 HRB 研究所建立了相对集中的完善配套的工程开发设施和条件，进行比较充分的工程技术研发和验证工作，以提高后处理厂的可靠性、可操作性和可维修性。为了建设 UP3 和 UP2-800，法国利用封特耐欧罗兹核研究中心等后处理研究基地，投入 50 亿法郎进行了十年的基础研究和工程开发。对机械化学首端、尾气处理、主工艺流程、钚的草酸沉淀煅烧等进行了大量的研发工作，对工艺中的关键设备进行了 1∶1 规模的冷铀体系的工程验证试验，并对后处理工艺流程进行了全流程的热试验和中间规模的热试验验证。下面着重介绍法国在乏燃料溶解器和玻璃固化方面的发展案例。

8.4.2 乏燃料连续溶解器研发案例

溶解器设备结构复杂、技术难点多、设备性能要求高，特别是更加先进的连续溶解器。法国对连续溶解器的技术研究历时几十年，20 世纪 90 年代在 UP3 后处理厂中成功使用了转轮式连续溶解器，并在 UP2-800 厂扩建和日本六个所后处理厂中均采用了相同的连续溶解器技术。这是目前世界上唯一投入工业成功运行的连续溶解器。它是一个带 12 个戽斗的勺轮扁平槽。勺轮内径为 1 m，外径为 2.7 m，轮厚 16 cm。剪切下来的小段二氧化铀燃料连续有序地落入其中。槽体下部的戽斗浸没在硝酸溶解液中。勺轮步进式回转，每小时约转 1/12 周。回转的时间间隔是因乏燃料组件类型的不同而相异的。

法国回转式连续溶解器的研发分三步进行。1970～1971 年首次建立非核原型机，设计能力为 300～500 kgU/d，通过 UO_2 溶解取得了与起泡厚度、蒸汽清洗及废包壳卸出有关的数据。1971～1976 年在马库尔进行工业原型机的建造与试验，设计能力为 2～3 tU/d。主要研究包括：与核相关的研究、戽斗尺寸的优化、包壳循环、蒸汽清洗效率、滚子的材料研究、空气提升包壳试验等。1977～1979 年在马库尔建立第二座工业规模核用原型机，处理能力 4～6 tU/d，用未辐照铀在 1∶1 规模的不锈钢原型溶解器内进行试验，它是这系列中最复杂的也是与后来在阿格厂使用的装置最接近的一套装置。通过对工业原型机优化改进，同时考虑到材料的抗腐蚀性能，将平板槽的材质由不锈钢换成锆最终形成了在阿格厂安装的溶解器。

1983 年末法国决定用锆制造 UP3 工厂的第一批两台溶解器的平板槽以保证其使用寿命。制造完成后的检查发现，在槽壁与加强板的几条焊缝末端有少量缺陷。调查研究表明，成型时误用了一根小直径的心辊来连续卷弯，造成两个弯曲半径不一样的零件的连接件上有裂缝。考虑到设备的重要性，决定对此设备不进行修复，而是重新设计加工两台新槽。通过改进板材制造工艺和热成型及热处理方法优化，新溶解器得以在 1989 年制成，并于 1990 年 2 月发运至阿格。经安装和冷试验，UP3 工厂所有首端设施在 1990 年 8 月全部投入了热运行。在新的 UP2-800 工厂中也成功使用了相同的溶解器。

8.4.3 玻璃固化研发案例

法国是世界上最早开展玻璃固化技术研究的国家之一，且一直在持续改进，先后开发了可以连续运行的旋转煅烧炉+热熔炉/冷坩埚工艺，均实现了工程化应用。据 AVERA 公司的统计，截至 2012 年底，采用感应加热熔炉技术（旋转煅烧炉+热熔炉/冷坩埚）处理的放射性占世界上已处理高放废液总放射性的 97%以上。

1. 旋转煅烧炉+热熔炉技术研发

20 世纪 70 年代，法国决定采用旋转煅烧炉+热熔炉工艺，将煅烧和熔融固化分两个阶段进行。1972 年在马库尔厂址开始建造 AVM，采用旋转煅烧炉+热熔炉技术，处理 UP1 后处理厂产生的高放废液，于 1978 年投入热运行。

在 AVM 建设及运行经验的基础上，结合实验室研究成果，1989 年在阿格厂建成了与 UP2-400 后处理厂相配套的 R7 玻璃固化设施（简称 R7），R7 较之 AVM 进行了大量改进，提高了处理能力，由 1 条生产线增加到 3 条生产线，单条生产线煅烧炉的进料速率由 40 L/h 提升至 60 L/h（目前已达到 90 L/h）。

R7 运行三年后，依据其运行经验，于 1992 年在阿格厂建成了与 UP3 后处理厂相配套的 T7 玻璃固化设施（简称 T7），部分最新改进研究成果被成功应用于 T7。

目前，法国对热熔炉从设计、选材、制造、操作等方面持续进行改进，使热熔炉使用寿命得到了延长，目前热熔炉的平均使用寿命已超过 5000 h，最长可达到 7000 h。

2. 冷坩埚发展历程

法国在 1980 年开始进行冷坩埚技术的研究，至今已有 30 多年的历史，先后建立了十几个实验台架，冷坩埚直径由 350 mm 逐渐增大到 1100 mm，对冷坩埚玻璃固化工艺及其辅助系统进行了大量的、长时间的试验研究。最终在 2008 年，建立 1∶1 工业级实验台架，用于模拟将在 R7 应用的冷坩埚。2010 年，在对直径为 650 mm 的两步法冷坩埚技术的成熟度自评价达 9 级，满足工业化热运行条件基础上，将 R7 的一条旋转煅烧炉+热熔炉生产线改造成旋转煅烧炉+冷坩埚生产线，并开始处理 UP2-400 产生的退役废液；2011 年，建成 SHIVA 实验台架，为一种新型的冷坩埚技术，采用等离子体炬和感应加热获得高温，增加废物的包容率；2013 年，对富含 U-Mo 核素的高放废液进行调试运行；2013 年 8 月，采用冷坩埚技术处理富含 U-Mo 核素的高放废液的申请已得到法国安全部门的批准。法国旋转煅烧炉+冷坩埚工艺流程相对紧凑，流程本身的适应性较强，并可以大大提高熔炉寿命。图 8.6 给出了冷坩埚原理示意图。

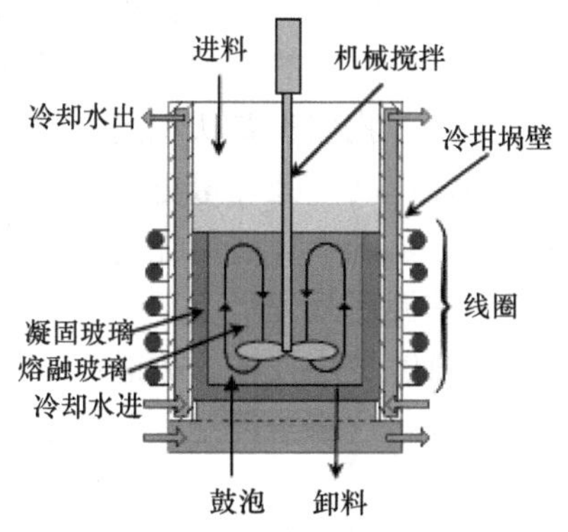

图 8.6　冷坩埚原理示意图

法国对玻璃固化技术的研究坚持科研与工程应用衔接，通过开展大量的基础研究与工程验证试验，结合工艺运行经验，在玻璃固化新配方的研制、新工艺的开发及现有技术的优化改进方面取得了一系列成果。AVM、R7、T7 玻璃固化设施的建设、改造以及工艺设计的持续改进，正是配套玻璃固化实验室研究成果的转化应用，使法国积累了大量的工程设计、建造、改进经验及科研管理经验。另外，法国的玻璃固化实验室及多个冷台架设施，在新玻璃配方研发、工艺参数优化、事故状态的模拟检修、人员培训等方面发挥了重要作用，是法国玻璃固化设施的重要组成部分。

8.5　存在的问题及建议

我国从 20 世纪 70 年代开始研究动力堆乏燃料后处理技术，90 年代初开始自主设计和建造乏燃料后处理中试厂，并在 2010 年热调试成功，为工业规模乏燃料后处理厂的设计和建设奠定了重要基础。目前，我国后处理工业示范厂设计建设已经起步，中法合作 800 tHM/年大型商用后处理厂也在逐渐推进。但是，由于我国现阶段后处理产业规模发展落后于核能发展需要，在发展过程中也面临一系列的问题。

（1）尽快制订国家层面的核电站乏燃料的管理及后处理产业发展规划。

国家发展核电，决定了我国必须走闭式核燃料循环之路，后处理技术能够充分利用铀资源，实现核废物最小化，确保核能的可持续发展。目前，我国还没有制订国家层面的核燃料循环后段顶层设计，对核电站乏燃料的管理和后处理产业的发展缺乏相应的规划。我国乏燃料中间贮存能力不足，采用湿法还是干法贮存技术还没有确定，尚没有工业规模的乏燃料后处理厂，乏燃料贮运去向也不明确。后处理产业方面，我国在后处理中试厂的基础上，已经开始自主设计、自主建设工业规模的后处理示范厂。但是，我们也要认识到：与中试厂相比，工业示范厂处理的乏燃料初始富集度和燃耗更高、处理量更大、开工率和经济性要求高，且工程进度紧迫，因此，在中试厂基础上开展的优化改进设计，需要开展相应的工程验证试验。另外，我国还不掌握后处理示范厂中的一些三废处理技术，如高放废液玻璃固化技术、废有机相热解焚烧技术、放射性废物超压技术等，在后处理厂建设过程中还需要从国外引进。这都给后处理示范厂的建设带来了一定的难度和风险。

因此，建议从国家层面，统筹规划乏燃料运输、中间贮存、后处理，加大后处理建设的投入，尽快形成后处理能力，做好与核电发展相匹配的乏燃料处理和处置能力建设规划，优先安排运输和中间贮存任务，为未来大型商用后处理厂的建设提供更多战略缓冲空间。就核燃料循环的具体路线图而言，尤其是先进后处理、先进核燃料循环，要建立明确的技术发展路线，做好 MOX 燃料制造与应用、工业规模快堆建设等专项规划。

（2）加强核燃料循环后段相关管理政策与法规标准的制定。

制定符合我国国情的乏燃料管理政策，明确乏燃料运输、中间贮存、后处理的相关责任主体与运行机制；加强乏燃料处理处置基金的管理，建立、健全乏燃料基金管理制度；制定干法贮存设施设计标准、国外采购运输容器审查标准，研究制定未来多式联运和大规模乏燃料运输条件下相关法规标准，研究制定大型乏燃料后处理厂安全设计准则和安全审评原则等导则与标准等。

（3）加大后处理建设的投入，尽快形成后处理能力。

我国在后处理中试厂的基础上，已经开始自主设计、自主建设工业规模的后处理示范厂，以尽快形成后处理生产能力。但是，我们也要认识到：与中试厂相比，工业示范厂处理的乏燃料初始富集度和燃耗更高、处理量更大、开工率和经济性要求高，且工程进度紧迫，因此，在中试厂基础上开展的优化改进设计，需要开展相应的工程验证试验。另外，我国还不掌握后处理示范厂中的一些三废处理技术，如高放废液玻璃固化技术、废有机相热解焚烧技术、放射性废物超压技术等，在后处理厂建设过程中还需要国外引进。这都对后处理示范厂的建设带来了一定的难度和风险。

（4）进一步完善后处理技术研发体系建设，尽快全面掌握大型核燃料后处理技术。

要满足我国核能可持续发展的需要，我国必须建设大型核燃料后处理厂，目前，我国既规划了国家科技重大专项开展大型后处理厂工程技术研发工作，又积极与法国开展合作，争取引进法国技术，中法合作建设大型核燃料后处理厂。

在大型后处理厂国家科技重大专项总体实施方案未正式通过的情况下，国家为了加大后处理的研发力度，于 2009 年和 2010 年先后批复了两批共 2 项科研课题。但是到目前为止，总体实施方案未获得正式通过，这几年也未再批复课题。对于后处理技术研发体系，目前后处理中试厂已完成热调试，可用于开展工艺流程热验证工作，用于后处理工艺技术研究的核燃料后处理放化试验设施也已基本建成，但是对于后处理研发至关重要的用于工程技术开发和工程验证的后处理技术工程应用研究设施及用于开展临界实验、验证临界计算结果的临界实验室等后处理研发平台一直未获得相应的支持，导致一些在研的课题进展缓慢，课题研究进度延期，而后续课题也未有效地衔接，进一步影响我国后处理技术水平的发展。

中法合作项目经过了几年的谈判工作，虽然与法方达成了一些共识，但还存在着不少分歧；中法合作项目的厂址和项目立项工作进展缓慢，后续工作如何开展，项目何时落地，存在很多不确定性因素。

要提升我国核燃料后处理水平，必须加强核燃料后处理基础研究和工程开发能力，在现有的政策基础下，统筹规划，分步实施，切实加大核燃料后处理自主研发科研项目的投入力度。建议尽快正式批复后处理国家科技重大专项，开展后续的科研开发工作；尽快批复后处理技术工程研究设施和临界实验室的建设，进一步完善后处理技术研发体系；同时加快大型核燃料后处理厂的厂址和项目立项工作进展。

（5）重视后处理人才的培养。

要振兴我国核燃料后处理事业，必须加强后处理人才的培养和队伍建设。目前，后处理骨干人才缺乏，科研设计队伍规模小，难以满足后处理研发设计和建设的需求。鉴于核燃料后处理事业的特殊性与核燃料后处理科研、设计和运行人员的待遇普遍偏低，国家相关部门和企事业单位应出台一些优惠政策，以吸引、培养和稳定后处理人才。同时，应该有计划在一些大专院校中恢复核燃料后处理的相关专业，从而培养核燃料后处理的专业人才，以缓解我国核燃料后处理科研和设计中后继乏人的局面，为核燃料后处理事业的未来提供源源不断的动力。

第9章

核燃料后处理厂的建造、调试和运行

9.1 引　　言

核燃料后处理厂处理的是经过核电站使用过的“乏”燃料，乏燃料中除了含有剩余铀外，还含有辐照产生的钚、镎、镅等超铀核素以及Cs137、Zr95、Ru106、Kr85等放射性核素。后处理工艺是一个系统复杂的核化工过程，其工艺过程包括乏燃料组件的接收和贮存，乏燃料组件的端头去除及燃料棒的剪切，铀芯的硝酸溶解及废包壳清洗装桶，溶解液的过滤、调料及精确计量，原料液与有机溶剂的液液萃取过程（铀钚共去污、分离及纯化），最终铀钚溶液经浓缩、脱水、脱硝转变为三氧化铀和二氧化钚或铀钚混合氧化物。与通常非放化工工艺比较，后处理工艺有如下几个显著特点：

（1）处理物料的放射性极强；

（2）处理物料的毒性极大；

（3）有发生临界事故的可能；

（4）对收率和净化等指标要求高。

由于上述特点，后处理厂对工艺过程的连续监测与远距离控制、辐射防护与临界安全控制、放射性废物的处理处置、设施（设备）的去污和检修、厂址特征及抗震、环境排放、防火防爆等都有特殊和较高的要求。这些特殊要求，亟须反映在后处理厂的设计上，同时对后处理厂的建造、调试和运行提出约束和挑战。

9.2 后处理厂的建造

后处理主厂房有几十间大型设备室或热室，并从地下到地上分若干层布置，工艺设备和管道、预埋件多，安装精度要求高。后处理厂的建造及安装质量一方面影响该设施的稳定连续运行，另一方面也影响后处理厂的核安全目标。

为保证核安全，后处理厂采用三道屏障的安全措施以及四区布置原则。第一道屏障是所有放射性物质放置在密封性完好的工艺设备和管道中。第二道屏障是盛有放射性物质的工艺设备和管道布置在有不锈钢覆面和混凝土墙的热室或设备室中，从设备室引出的工艺管道、套管、防护门等都有严格的密封措施。第三道屏障为密闭型的建筑物，红区（主要包括设备室或热室）均采用一定厚度的混凝土进行辐射屏蔽。这三道屏障的施工安装质量将直接决定放射性物质是否能够得到有效安全的密闭，在抗震、辐射防护等方面有较高的要求。

后处理厂施工安装过程中面临许多难题，如土建施工过程中重混凝土施工及安装洞的二次浇筑问题、设备安装施工过程中热室线的安装及大量核级工艺管道的施工安装问题。土建施工、工艺设备安装及管道安装须严格遵循标准规范，确保后处理厂的建造质量。

9.3 后处理厂的调试

9.3.1 调试目的

调试是使完成建设阶段的中试工程实现设计功能的过程。应科学合理、循序渐进地进行调试工作，并应自始至终确保安全。调试的主要目的包括以下几个。

（1）后处理厂的功能及性能确认，具体包括：①对后处理厂应具备的临界安全、屏蔽、包容、防火防爆等安全功能进行确认；②对后处理厂的工艺流程、处理能力、产品回收率和净化效果、废物产生量等技术性能进行确认；③对安全稳定运行所必需的操作控制参数进行调整；④对后处理厂的设备、仪控等的适应性和可靠性进行确认；⑤对中央控制室的现场运行操作性能与维护性能进行确认。

（2）不符合项的及早发现和纠正。在调试中，将对所有设备与系统的运行情况及性能进行确认，尽早发现不符合项和需要改进的事项，采取相应的改进措施和整改措施，纠正不符合项。

（3）提高操作人员与维修人员的技术能力。操作人员与维修人员通过调试试验、体验，掌握后处理厂的机器配置、设备特征、运行特性及维修情况等。在发生异常状况下，能够采取切实可行的应对措施。

（4）完善调试大纲、工艺规程、操作规程、维修规程、定期试验规程及其他调试文件。

（5）全面验证设计、制造和安装质量，保证构筑物、系统和部件的性能符合技术和安全要求（包括核安全要求）。

（6）验证并完善调试的实施体制和运行管理机构。

（7）收集调试试验数据和试验参数，为后处理厂今后的运行提供原始的基础参考资料，保证后处理厂在所有运行工况下能够安全稳定运行。

9.3.2 调试的基本原则

乏燃料后处理是一项十分复杂的工程，具有放射性强、毒性大及发生临界危险的特点，所以对包容性和预防临界事故的要求更加严格。另外，后处理工艺对于产品收率和质量要求高，对“三废”的处理、处置严格控制。因此，乏燃料后处理工程设施建设竣工后，必须经过充分调试和试运行，暴露和整治隐藏的不符合项，验证工艺流程的适应性及机电仪设备的可靠性，以确保系统在强放射性环境下能够安全、可靠地运行。

根据国际后处理厂的经验，通常采取先非放射性、再逐步提高放射性水平的方法进行调试和试运行，以便逐渐熟悉和掌握设备、系统的功能和性能，这有利于调试工作的稳步推进及问题的应对和整改，保证热调试的安全、顺利进行。法国 UP3 厂、英国 THORP 厂及日本六个所后处理厂都采取了逐步启动的方式进行调试和试运行。我国核燃料后处理中间试验厂的调试过程也体现了上述原则，将调试过程分为四个阶段，即水试——通水试验（水、蒸汽），酸试——化学试验（硝酸、有机溶剂），冷试——冷铀试验（贫化铀），热试——放射性热试验（乏燃料）。

后处理厂在调试过程中应遵循下述基本原则：

（1）调试工作应按所划分的调试阶段循序进行，某些试验项目需要跨阶段进行。

（2）每项试验的时间足够长，以保证调试结果的完整性、正确性。

（3）调试工作应在正常工况和波动工况下进行试验，必要时，应进行最大弹性操作试验。

（4）调试过程中，应对萃取设备进行充分的水力学和传质性能试验。

（5）在适当的调试阶段，应对设计中可能酿成事故工况的始发事件进行模拟试验或应急演练，以验证安全措施和纠正能力。

9.3.3 调试文件和调试质量的监督与控制

为了安全、有序、高效地开展后处理厂的调试工作，所有调试活动都必须遵循经过审批的书面文件进行。因此，后处理厂编制了调试大纲和相应的规程，以指导调试工作的顺利进行。根据后处理厂调试的需要，将文件分为调试大纲、调试程序、通用试验方法和要求程序、调试细则、异常状况的应对措施及处理方法、调试报告等。

在调试过程中，对以下项目进行了监督和控制：

（1）试验的进行。

（2）试验缺陷的追踪和消除，不符合项的整改和验证。

（3）调试文件。

（4）测量和试验设备的管理。

（5）清洁度控制。

（6）现场变更和修改。

（7）调试期间的维修。

（8）人员资格。

（9）记录管理，包括试验结果记录、临时设备的记录、与安全相关的记录、与计量管理及核材料管理相关的记录、与工业废物相关的记录、文件资料的修改记录。

另外，应按照相关的编制、审核、批准程序进行调试报告的编、审、批，以验证所做试验的完整性及调试报告所对应的工作或物项是否满足要求。其中，单体试验报告根据各试验类别进行编写，内容包括试验结果及其评价、数据的收集、要点分析、不符合项及应对措施以及措施的合理性。总试验报告按照各试验步骤进行编写，内容包括试验结果概要及其评价、主要不符合项及应对措施、应对措施的合理性及下一阶段试验运行的安全性相关说明。

9.3.4 调试阶段的划分

后处理厂的调试一般划分为以下几个阶段：

A 阶段：单体试验

B 阶段：水试验

B1 分阶段：系统试验（水试验阶段）

B2 分阶段：水联动试验

C 阶段：化学试验

C1 分阶段：系统试验（化学试验阶段）

C2 分阶段：化学联动试验

D 阶段：冷铀试验

D1 分阶段：系统试验（冷铀试验阶段）

D2 分阶段：冷铀联动试验

E 阶段：热调试试验

9.3.5 调试主要内容

1. A 阶段：单体试验

单体试验的目的是对已安装的设备、部件进行性能试验和演示，对工艺系统进行清洗，保证设备、部件随时可以运行，为系统试验准备条件。

由于后处理的特殊性，某些单体设备的试验可能需要到系统试验时才能进行，如空气升液器的试验。萃取设备、溶解器、蒸发器等工艺设备的单体试验需随系统分阶段进行。检修容器、固体废物转运容器、剪切机等设备单独进行试验。

单体试验包括以下内容：泵、电机、风机、脉冲发生器、沉降离心机、空气压缩机等转动设备以及阀门等运转性能试验；管道和容器压力与密封性试验，容器体积和液位之间关系标定；流体输送设备性能测试和标定等；仪表（含剂量监测仪表）性能测试、标定或整定；过滤器性能测试；电气设备、电信设备、火灾报警设备、实物保护设备性能测试等。

2. B 阶段：水试验

1）B1 分阶段：系统试验（水试验阶段）

将后处理设施的主工艺及辅助系统划分为若干个相对独立的“系统”，系统试验的目的是对这些系统单独进行试验和考验（包括安全功能试验），冲洗系统，测试系统在正常操作工况和波动条件下的运行状态和性能，暴露并消除缺陷，为联动试验准备条件。

系统试验包括：电气系统试验、给排水系统试验、供热系统试验、压空系统试验、通信系统试验、实物保护系统试验、消防系统试验、采暖系统试验、通风系统试验、剂量防护系统试验、仪表和控制系统试验、取样系统试验、工艺系统试验、三废处理系统试验、试剂供应系统试验等。

2）B2 分阶段：水联动试验

水联动试验阶段用水代替各种工艺液流进行全流程试验，目的是打通工艺流程，试验各系统联动运行的匹配性、相容性，并对各种公用配套设施（水、电、汽、压、空等）的负荷相容性进行验证。

试验的主要内容如下：

流程条件下用水对系统进一步冲洗；

水代替各工艺液流进行全流程试验；

确认远距离维修设备可操作性和可维修性的远距离维修试验；

进行初步应急试验。

3. C 阶段：化学试验

在水试验成功运行的基础上，将 HNO_3 和有机相引入工艺系统进行系统试验和联动试验。

化学试验阶段开始前，应对水试验阶段发现的问题进行整改，并对前面 B 阶段的试验报告、记录和阶段调试报告进行审查认可。

1）C1 分阶段：系统试验（化学试验阶段）

化学试验阶段的系统试验主要涉及工艺、仪控、取样部分，目的是：对系统进行酸冲洗；将 HNO_3、30%TBP-OK、煤油同时引入工艺系统，测定萃取设备水力学和酸传质性能，测试系统在正常操作工况和波动条件下的运行状态与性能。

试验的主要内容如下：

对系统进行酸冲洗；

测定萃取设备水力学和酸传质性能，对混合澄清槽相口进行初步调节；

输送设备和测量装置的重新调整；

进行溶剂再生系统的系统试验。

2）C2 分阶段：化学联动试验

化学联动试验的目的是：用 HNO_3 对全系统进行酸冲洗；测试工艺系统的运行状态和性能；初步验证各辅助系统的适应性。除进行设计工况试验外，还应进行初步的预期运行事件试验（包括波动工况）。

试验的主要内容如下：

在流程条件下用 HNO_3 溶液对系统进一步冲洗；

将 HNO_3、30%TBP、煤油同时引入工艺系统，在流程条件下进行全流程试验，测定工艺参数，检验流体输送系统、脉冲发生系统、自控仪表系统、在线分析系统、取样和送样系统以及各个辅助系统的可靠性，取得各个设备的初步运行参数及各个相连系统的运行相容性和验证这些系统的安全功能；

补充进行溶剂再生系统的系统试验；

进行初步的预期运行事件试验（包括波动工况）。

4. D 阶段：冷铀试验

在化学试验成功运行的基础上，进一步将贫化铀引入工艺系统进行系统试验和联动试验。

此阶段开始前必须对 C 阶段试验中出现的问题进行全面整治（并对整治部分重新进行试验），要保证各个系统能够正常运行，并对 C 阶段的调试报告进行审查认可。

1）D1 分阶段：系统试验（冷铀试验阶段）

利用溶解器溶解贫化的二氧化铀，按工艺设计参数配制料液和试剂引入系统补充进行试验，主要涉及工艺、仪控、取样部分，目的是：测定萃取设备的水力学和酸传质、铀传质性能及通过能力，测试工艺系统在正常操作工况和波动条件下的运行状态和性能。

2）D2 分阶段：冷铀联动试验

冷铀联动试验用贫化二氧化铀进行全流程试验，目的是：测试工艺系统的运行状态和性能；取得设备的运行数据；进一步验证各辅助系统的适应性。除进行设计工况运行外，还应进一步进行或模拟预期运行事件工况试验，检验纠正及预防措施的有效性。

冷铀联动试验持续的时间必须保证达到稳定运行工况，并完成试验任务和取样操作。铀联动试验次数根据试验情况确定，只有在系统稳定运行、取得满意试验结果后铀联动试验才能结束，以便为下一阶段的试运行试验打下坚实基础。

在冷铀联动试验时重点进行以下试验：

在流程条件下进行全流程试验，测定工艺参数，取得设备的运行参数，进一步检验流体输送系统、脉冲发生系统、自控仪表系统、在线分析系统、取样和送样系统以及各辅助系统的匹配性、相容性、可靠性，验证这些系统的安全功能；

生产能力试验；

系统开、停车试验；

物料衡算试验；

可预期运行事件试验（包括波动工况）。

5. E 阶段：热调试试验

热调试阶段的目的是证实后处理设施已处于能够启动的状态，并证实工艺系统、控制和仪表系统、其他辅助系统及临界、辐射防护等都是令人满意的。

热调试阶段投入核电站乏燃料，在设计工况下进行试验。目的是验证后处理设施在所有运行工况下能够安全运行，证明建（构）筑物、系统和部件的性能符合设计和安全要求，达到预期的设计参数，获得合格的产品。试验应证明后处理设施在稳定运行期间和在可预期运行事件期间及以后都符合设计和核安全要求。

整个热试验过程，投入系统的放射性水平应逐步提升（例如，设计放射性水平的5%，50%，100%）。此阶段投入核电站乏燃料进行溶解，调料时根据需要加入冷铀硝酸溶液配制热试验不同阶段所需的料液，逐步减少冷铀溶液，增加热铀溶液，从而逐步提升热试验的放射性水平。

为减少金属流失和防止放射性后移，投热料前必须进行化学运转、冷铀料过渡，然后才能进入热运行。

在热调试第一阶段（设计放射性水平的5%），应进一步调整设备运行参数，调整冷铀联动试验确定的各项工艺参数，验证生产能力、净化系数、分离系数、铀和钚的收率是否满足设计要求；验证铀和钚产品的质量是否达到要求；验证废气和废液中组分是否处于预期浓度和放射性。

热调试阶段重点进行以下试验：

系统开、停车试验；

正常工况运行试验；

物料衡算试验；

乏燃料剪切试验；

乏燃料溶解器溶解试验；

沉降离心机试验；

工艺废气净化系统试验；

通风排风系统净化试验；

剂量检测仪表试验；

在线分析仪表试验等。

另外，在热调试阶段进行整个后处理设施的应急试验。

9.4 后处理厂的运行

后处理厂是一条复杂的核化工生产线，原料为乏燃料组件，经过远距离机械剪切及复杂的化学化工处理，产品为纯度高的铀、钚氧化物产品。以我国后处理中试厂为例，主工艺系统有上万条管线、几千个阀门、几千个测控点、上千台（套）设备、上百个取样分析点、几十种不同成分或浓度的试剂。

为了保证良好的铀钚收率及净化指标，中间化学分离循环的液液萃取过程需保持平衡状态，这不仅要求保持液液萃取设备本身运行及其进出物料成分、浓度及流量的相对稳定，首端（剪切、溶解、过滤）和尾端（浓缩、脱硝和沉淀、焙烧）也必须与之协同运行，否则就会出现断料或积料，化学分离循环的平衡状态就会被破坏。因此，这是一条复杂的流水线，不但在主体设备故障的情况下，即使是一个小的转料阀门故障，也会对生产线的运行产生显著不利影响。由于行业的特殊性，发生异常工况后的恢复过程往往是艰难的。主要原因有：①接触放射性的设备检修前，须经过清洗去污，而且往往不只是故障设备本身的清洗去污，还要对设备所处的热室或设备室整体进行清洗去污；②异常工况下产生的不合格料液或废液的返回处理过程，不仅会打乱流水线的正常运转节奏和平衡状态，而且运行条件也必须根据具体情况临时做出调整，处理过程还会额外产生一些废液；③非标设备数量和种类较多，备品备件的管理难度大。

除了主工艺系统外，辐射防护和临界控制系统、三废（废液、废气、固体废物）的处理处置系统或设施的配套运行，也是至关重要的。特别是三废的处理处置，其实是另一套相对独立和复杂的工艺系统，如高放废液玻璃固化、中放废液水泥固化、放射性废气洗涤及多重过滤、放射性固体废物焚烧、整备及暂存等。可见，后处理厂的运行过程涉及的环节较多，工艺复杂，稳定及安全性要求高，因此要运转好这一庞杂的整体系统，不仅对设备和工艺可靠性要求高，而且运行管理的难度也较大。此外，为了监控工艺过程和保证产品质量及废物排放指标，需取样分析的点多达近百个，分析项目繁多，样品既有液体也有固体，液体又有水相和有机相之分，其中含有不同浓度、不同价态的 U 、Pu、Np，以及各种裂变产物，以试剂形式加入的 H^+、NO_3^-、NO_2^-、Fe^{2+}、TBP、$N_2H_5^+$、CO_3^{2+}、OH^-、$C_2O_4^{2-}$、Mn^{7+}、SO_4^{2-} 等；样品中铀、镎、钚及酸度、总 γ 等浓度差别很大，从几微克/升到几克/升，在无机分析化学领域分析难度最大，行业特点非常明显。

法国、英国、日本、俄罗斯、印度等国均有丰富的后处理厂运行经验，其中法国后处理厂的运行经验和成效最为显著。法国最初的 UP2-400 后处理厂，经过了 10 年才达到它的额定生产能力（400 t/年），1990 年开始调试的 UP3 厂，也经过了 5 年才达到它的额定生产能力（800 t/年）。法国阿格后处理基地，后处理的乏燃料数量已经近 3 万 t，MELOX 工厂生产的混合氧化物（MOX 燃料）也超过了 1700 t，因此法国的后处理再循环工业是比较成熟的。英国 THORP 厂（处理能力 1200 t/年）也是大型后处理厂的典范之一。但 2015 年，塞拉菲尔德有限公司向一些股东承认，THORP 后处理厂存在一些技术困难，阻碍了 2015/2016 财年的国外乏燃料后处理，目前计划到 2018 年关闭工厂。有关 THORP 厂技术困难的细节描述很有限，大概为一些溶解残渣进入了后续系统，导致内部冲刺、管道腐蚀和系统阻塞。日本六个所后处理厂 1993 年开始建造，最初打算在 1997 年启动运行，但运行日期累计已经延迟了 20 多次，目前宣布将运行日期推迟到了 2018 年。六个所后处理厂运行延迟的原因，除了设计变动和 2011 年福岛核事故后更为严格的安全审查要求外，试运行过程中发生的一些故障也是很重要的原因，如 2006 年发生工作人员受到辐射的事故，2008 年剪切机的油压控制设备先后发生两起油泄漏事故，2007 年启动玻璃固化熔炉热调试后，各种问题不断出现，直到 2013 年玻璃固化熔炉才试运行成功。

9.5 我国后处理中试厂概况

动力堆乏燃料后处理中试厂是我国第一座且目前国内唯一的用于动力堆乏燃料后处理工艺中间规模工程热试验研究的试验性工厂，由我国自主设计、自主建造、自主调试和运行。我国后处理中试厂属于科学研究和工程开发性质，其任务是通过试验性生产，验证工艺流程和操作参数，验证主要工艺设备、检修设备及仪器仪表的实用性、可靠性和安全性，为以后设计、建造大型商业后处理工厂提供设计依据和运行经验。

2010 年 12 月 21 日，中试厂热调试取得成功，其间处理大亚湾核电站乏燃料若干组。热调试期间，生产线运行整体稳定，积累了各工序的大量调试数据，获取了各设备稳定运行的控制参数和操作条件，生产出了合格的三氧化铀、二氧化钚产品。辐射防护、临界安全得到有效保证，工作人员职业受照剂量低于设计管理限值，放射性物质对环境释放量低于国家规定的限值。通过热调试，打通了中试厂后处理流程的全线，后处理工艺流程、辐射防护系统、机电仪设备等的适应性得到全面验证和确认。我国自主研发的剪切机和溶解器、沉降离心机、环形折流板脉冲萃取柱、全逆流混合澄清槽、流化床等关键设备及四价铀还原剂的电解制备和在铀钚分离单元关键技术得到成功验证。中试厂热调试的成功，标志着我们已基本掌握了核电站乏燃料后处理技术。

后处理中试厂虽然整体上已经取得热调试的成功，但在一些具体工艺、设备运行性能上还有待改进或还需经过长期运行验证。中试厂后续通过试验性生产，将为我国后处理工程技术的开发提供重要的研究实验平台，通过验证乏燃料后处理工艺流程和操作参数，验证主要工艺设备和检修设备、仪器仪表的实用性、可靠性和安全性，为今后设计、建造大型商业后处理工厂提供设计参数和运行经验。

从后处理中试厂的建造、调试及运行工作中可以看到，20 世纪 80 年代中期后的相当长的时间内，由于后处理技术研发工作几乎处于停滞状态，后处理科研和生产设施逐步老化，人才队伍萎缩、流失。中试厂批准立项后，工程带动科研，我国后处理形势有所好转。为建设中试厂，在原工程科研的基础上，“八五”“九五”期间又在工艺流程，关键设备、仪表，专用材料，临界，核安全分析，远距离维修机具、分析等方面提出了一系列科研任务。在资金短缺、研究设施陈旧，且不能进行热试验的条件下，经过多方努力，科研工作仍取得了一定的成果，为中试厂设计提供了一定的依据，但由于经费和试验条件的限制，部分科研工作未开展。

20 世纪 60 年代末至 70 年代中期，我国建成了第一代后处理厂，主要技术经济指标、工艺流程、在线分析技术、试剂消耗等方面接近或达到了当时的世界先进水平，建立了一支乏燃料后处理科研、设计和生产的技术队伍。同我国 20 世纪六七十年代相比，后处理中试厂运行技术队伍经验及技能还很欠缺，后处理人才匮乏，尤其缺乏高学历人才。主要原因是后处理中试厂地处西部戈壁，自然环境较恶劣；同时人员待遇较低，人才引进困难，想留住人才更难。

9.6 本章小结

乏燃料后处理在国际上是相对敏感的技术，我国后处理中试厂的设计、建造和调试、运行，可借鉴的标准规范或程序十分有限，因此既需前期研发过程也需工程实践经验积累及设计反馈过程。我国后处理中试厂的自主化建设和投运，对我国核燃料循环产业的发展来说，无疑是一项重要的里程碑事件，但距乏燃料商业后处理大厂还有很长的路要走，这对我国蓬勃发展的核电产业来说，已成为瓶颈，必须清醒地面对将来这些核电站产生的乏燃料的安全处置问题。

我国早在 20 世纪 90 年代就确立了“发展核电必须相应发展后处理”的战略，但对后处理领域的经费投入非常少，且人才流失严重，导致我国后处理在科研、设计和运行等方面均存在诸多问题。

综上所述，呼吁国家对后处理产业给予政策支持，加大后处理经费投入，提高中西部地区后处理人员待遇，保有并逐步培养我国后处理运行技术队伍。

9.6 本章小结

第三篇

新型反应堆技术

第 10 章

高温气冷堆

高温气冷堆（HTGR）和在此基础上发展起来的超高温气冷堆（VHTR）被认为是最有发展潜力的先进堆型之一，被列入第四代核能系统研发重点的六种堆型。根据第四代核能系统国际论坛（Generation Ⅳ International Forum，GIF）的评估，以目前技术，HTGR 氦气出口的温度可以达到 700～950 ℃，未来氦气出口温度可以提高到 1000 ℃以上，它们是超高温气冷堆发展的不同阶段。

10.1 高温气冷堆型特点

高温气冷堆采用包覆颗粒燃料，氦气为冷却剂，石墨为慢化剂和堆芯结构材料。当前发展的是具有固有安全特性的模块式高温气冷堆，它以低功率密度、有利于余热自然散出的堆芯结构形式、可进行多种工艺热应用、可模块化建造为基本特征。我国高温气冷堆核电站示范工程 HTR-PM 为球床型模块式高温气冷堆，采用球形包覆颗粒燃料元件。球形燃料元件中心是燃料区，以石墨为基体材料，包覆燃料颗粒均匀弥散在石墨基体中，直径为 50 mm。外部为单一石墨材料的无燃料区，球形燃料元件直径为 60 mm。

包覆颗粒中心是 UO_2 核芯，直径为 0.5 mm，外部为热解炭和碳化硅的包覆层，包覆颗粒的外径为 0.92 mm。每个球形燃料元件含 7 g 铀，约 12000 个包覆燃料颗粒。燃料元件中的石墨基体材料又作为反应堆堆芯的慢化剂，见图 10.1。

我国高温气冷堆核电站示范工程 HTR-PM 为圆柱形堆芯，活性区由四周的石墨块堆砌而成，底部呈锥形。堆芯活性区共装有 42 万个球形燃料元件，采用不停堆连续换料，燃料元件由顶部装料口装入，在堆芯活性区内裂变燃耗后由锥形底

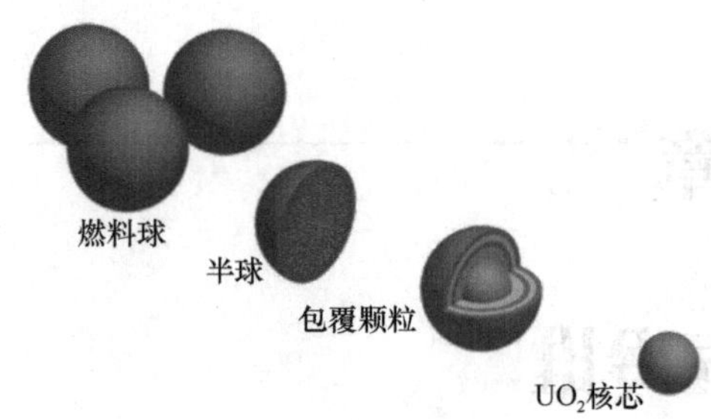

图 10.1 包覆颗粒燃料元件

部下的卸料口排出。

堆芯活性区四周的石墨块既作为结构部件，又作为堆芯的反射层。在石墨反射层靠近活性区的一侧共开有 24 个控制棒孔道和 6 个碳化硼吸收小球孔道。控制棒在控制棒孔道内上下移动用于功率调节和快速停堆，碳化硼吸收小球仅用于长期冷停堆。整个反应堆堆芯支撑在金属堆内构件上，安装在反应堆压力容器内。

反应堆一回路系统由反应堆、蒸发器和主氦风机组成。反应堆设置在反应堆压力容器内，蒸发器和主氦风机设置在蒸发器压力壳内，反应堆压力容器和蒸发器压力壳采用肩并肩的布置，之间通过热气导管相连接，反应堆压力容器、蒸发器压力壳和热气导管构成一回路压力边界，见图 10.2。

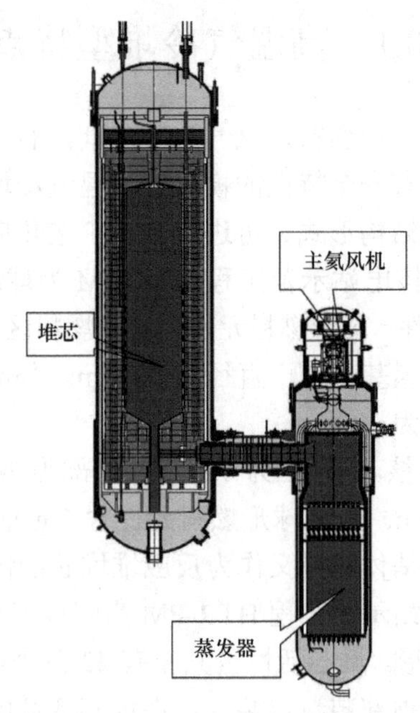

图 10.2 HTR-PM 一回路系统

氦冷却剂从上向下流经反应堆堆芯，将核裂变产生的巨大热能载出，出口高温氦气经过热气导管同心管的中心管进入蒸汽发生器，通过热交换器加热二回路侧的水，产生高温蒸汽并驱动蒸汽轮机–发电机组运转，从而实现将核热到电能的转换。经冷却后的低温氦气通过主氦风机的驱动，流过热气导管同心管的外环管返回反应堆。

10.2 模块式高温气冷堆具有良好的安全特性

（1）包覆颗粒燃料元件对放射性物质具有高度可靠的包容功能，是模块式高温气冷堆具有良好安全特性的重要基础。包覆颗粒燃料能在 1620 ℃高温下保持其完整性，将 UO_2 裂变产生的放射性物质有效地阻留在包覆颗粒燃料颗粒内。

（2）模块式高温气冷堆具有固有安全特性。其固有安全特性主要归结为堆芯热容量大，以及具有较大温升潜力可以引入较大的温度负反应性。

高温气冷堆具有较低的堆芯功率密度，堆芯石墨构件的热容量大，这导致 HTR-PM 具有比较平缓的瞬态特征，发生失冷事故后堆芯温度上升缓慢。并且，在正常运行工况下燃料元件温度与其允许的温度限值之间有相当大的裕度，在发生某些瞬态或事故工况而导致不期望的功率上升时，通过燃料温升能引入较大负反应性，就可以实现自动停堆或者将堆芯功率降低到一个很低的水平。

（3）HTR-PM 采用余热非能动载出。在发生事故停堆的状态下可依靠热传导、热辐射、自然对流的非能动方式将余热载出。

这样，即使发生一回路系统冷却剂完全流失的失压失冷事故，依靠上述的固有安全特性和余热非能动载出机制，经过几十小时，堆芯燃料最高温度才达到 1450 ℃，仍远低于 1620 ℃的最高限值温度。

超设计基准事故的安全分析结果表明，事故放射性释放在核电站厂区外边界（500 m）处造成的个人有效剂量低于 50 mSv 的概率安全目标限值，且有较大的安全裕量。

模块式高温气冷堆采用氦气为冷却剂，可防止发生类似福岛核事故的大量放射性废水排放，避免造成大范围水域被严重污染的环境灾害。

关于高温气冷堆乏燃料的后处理，在进行后处理之前需设置预处理流程。先将包覆颗粒燃料元件中的基体石墨材料去除，将包覆颗粒压碎，再用硝酸将核芯 UO_2 燃料溶解，其硝酸铀酰即可掺入压水堆乏燃料后处理的流程之中。

10.3 模块式高温气冷堆的潜在应用领域

10.3.1 发电

我国 HTR-PM 堆氦气进/出口温度为 250 ℃/750 ℃，750 ℃出口氦气流经直流蒸发器加热二次侧的水，产生 135 bar（1 bar =10^5 Pa）、570 ℃的高压蒸汽，配以标准汽轮发电机组，热效率可达 42%。在内陆缺水地区可以采用直接空气冷却，其效率仅下降一两个百分点。若采用 950 ℃氦气透平循环发电技术，其发电效率可达近 50%。

10.3.2 工艺热/热电联供

美国爱达荷国家实验室（INL）对美国以 HTGR 替代化石燃料，用于工业工艺热应用，减少 CO_2 排放潜力进行了研究。HTGR 堆 700～950 ℃出口温度的氦气经过蒸汽发生器或者中间热交换器，将能量传递给二次侧的介质，再经过能量转换系统产生电、热、蒸汽，提供给工艺热的应用，HTGR 工艺热具有广泛的应用领域，见图 10.3。

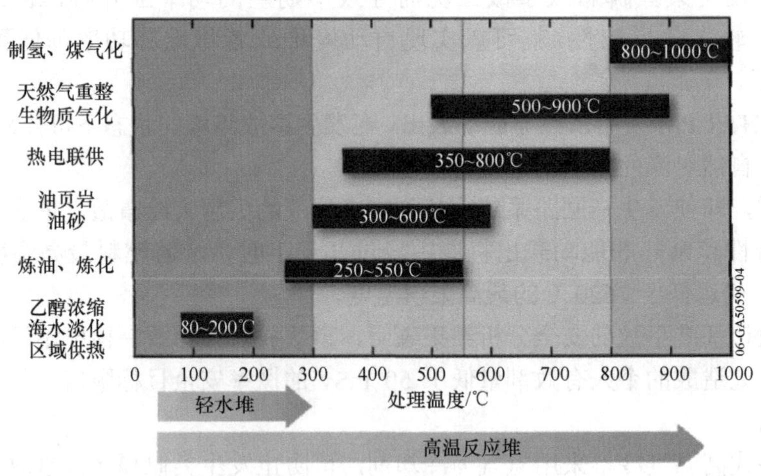

图 10.3 高温气冷堆工艺热的应用领域

按美国 2009 年工业工艺热领域能源消耗估计，如全部以 HTGR 来替代，总共需要 500 座热功率为 600 MWt 的 HTGR。如 2025～2050 年期间该领域 25%能源以 HTGR 来供给，需要建造 130 座 600 MWt 的 HTGR。其中，炼油 75 座、炼化 35 座、合成氨生产 20 座。根据美国 INL 的研究，炼油、炼化、合成氨是 HTGR 工业工艺热的主要应用领域。

石油精炼工艺主要包括蒸馏分离的物理过程和裂化、重整等化学过程，这些过程需要许多热能，温度一般在 500 ℃以下，处于高温堆的可用范围。一个典型的炼油厂对于热量的总需求为 1100 MWt（7%蒸汽、76%热、17%电）。

对我国典型的炼油厂和炼化厂利用高温气冷堆进行工艺热利用的流程进行了研究，表明其应用的技术可行性和潜力。我国炼油和炼化加工能力仅次于美国，2013 年美国炼油加工能力为 8.9 亿 t/年，我国为 6.3 亿 t/年，如按 INL 对于美国 HTGR 用于美国工业工艺热的估计推算，我国 HTGR 在该领域的应用潜力也应在 100 座以上 600 MWt 的规模。

10.3.3　制氢

目前全球氢的年消费量约为 3600 万 t，其中绝大部分由石油、煤炭和天然气制取，HTGR 制氢是高温气冷堆未来重要的应用领域。

1. 甲烷蒸气重整制氢

根据 INL 的研究，2005 年美国氢的总消费量为 900 万 t，主要为炼油厂自产自用。此外，总消费量的 20%通过市场提供用于其他用途，采用甲烷蒸气重整工艺制氢，以天然气为原料和能源，每吨氢生产需消耗 2.9 t 天然气，排放 4.7 t CO_2。

采用 HTGR 替代其工艺热的消耗，每吨氢生产可减少 0.8 t 的天然气消耗。按美国市场的估计，2020～2050 年期间将需要建造 60 座容量为 600 MWt 的 HTGR，用于甲烷蒸气重整工艺制氢。

2. 碘-硫循环流程制氢

高温气冷堆采用的碘-硫（IS）循环流程被认为是比较有发展前景的制氢技术，IS 循环包括了三步的反应：

$$I_2+SO_2+2H_2O \longrightarrow H_2SO_4+2HI$$

$$2HI \longrightarrow H_2+I_2$$

$$H_2SO_4 \longrightarrow H_2O+SO_2+0.5O_2$$

第一个反应为放热反应，反应生成的 HI 通过蒸馏分解出一部分的 I_2，而大部分的 HI 通过核能加热到 310 ℃以上，分解成 H_2 和 I_2，H_2 加以收集利用，I_2

再重返回到第一个反应流程中。第一个反应中产生的 H_2SO_4，通过核能加热到 800 ℃以上，在第三个反应流程中分解成 H_2O、SO_2 和 O_2，这个反应为吸热反应，其产生的 H_2O 和 SO_2 回收后，再循环到第一个反应流程中。

基于当前技术，HTGR 出口氦气温度可达 950 ℃，通过中间换热器将热量传给二次侧的氦气，二次侧的氦气一部分用于发电，一部分供给碘-硫流程制氢，见图 10.4。此反应反复循环，因此 IS 流程如同一个化学引擎，不断吸收高温热量，产生氢气。今后进一步提高出口氦气温度后，可进一步提高制氢和其他工艺热应用的效率。

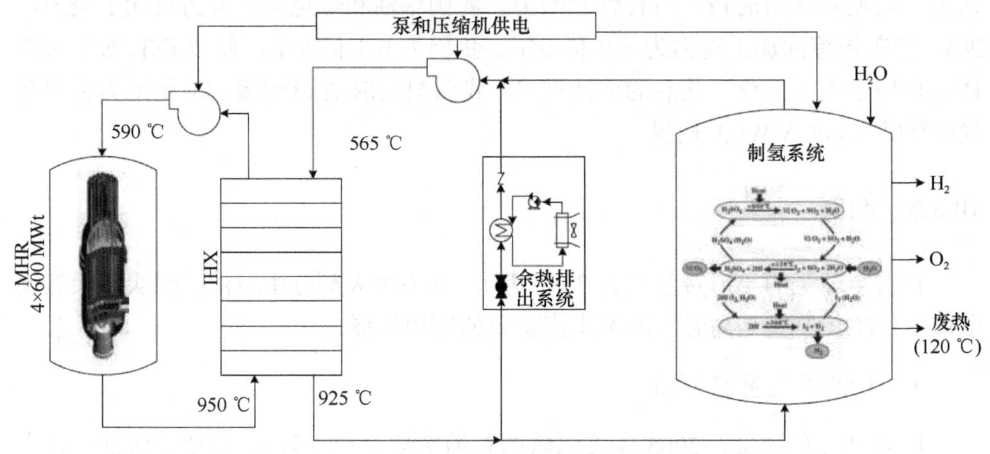

图 10.4 HTGR 采用 IS 循环流程制氢示意图

3. 高温蒸汽电解制氢

水电解制氢已是成熟的工业技术，采用先进碱性水电解制氢技术的效率可以达到 70%以上，但若算上发电的效率，总的能源转换效率低于 30%。高温下电解水蒸气制氢可以提高制氢效率。固体氧化物电池的特点是全部采用固体材料（陶瓷材料和金属材料），在高温下（600～1000 ℃）运行，固体氧化物电解技术的优点是电解效率高。目前的电堆技术可以在 800～900 ℃的条件下运行，但仍处于实验室的研究规模。

高温气冷堆氦气冷却剂堆芯出口温度达到 950～1000 ℃，利用氦气载出的核能高温工艺热电解制氢，是高温气冷堆未来的发展方向。一座 600 MW 热功率的高温气冷反应堆每天可以生产 200 万标准立方米的氢气，相当每年产氢 55000 t，总效率将达到 50%。

目前全球氢的年消费量约为 3600 万 t，我国的年消费量约为 1000 万 t，主要用于炼油和制合成氨。未来氢燃料电池汽车和氢直接还原炼铁将具有更广阔的应用前景。

清华大学核能与新能源技术研究院将高温气冷堆高温工艺热、经热化学碘-硫循环分解水或高温蒸汽电解制氢列为高温气冷堆应用的重要领域。目前已进入集成实验室规模研究，碘-硫循环方面开发成功了全流程模拟软件并用于流程优化和系统设计，建成了集成实验室规模台架系统（IS-100），并实现了 86 h 的连续稳定操作，产氢量达到项目规定的 60 NL/h。高温电解方面研制成功了电解池片、10 片电堆，开发了高温电解制氢台架，并成功完成了 10 片电堆的电解制氢的连续运行实验。系统连续运行 115 h，制氢运行 60 h，制氢规模 105 L/h。

今后，将进一步与相关产业部门合作进行高温气冷堆制氢工业应用的研究和开发工作。

10.4 我国高温气冷堆技术研发进展

我国自主研发的模块式高温气冷堆核电站，2006 年列入国家中长期科技发展规划重大科技专项，由华能集团、中国核工业建设集团有限公司（中核建集团）和清华大学合作在山东荣成建设石岛湾高温气冷堆 HTR-PM 示范电站。示范电站由两座反应堆和相应的两个蒸汽发生器系统模块组成，堆芯出入口氦气温度为 250～750 ℃，每一座反应堆的热功率为 250 MW，共同向一台蒸汽透平发电机组提供高参数的过热蒸汽，发电功率为 20 万 kW。HTR-PM 于 2011 年底开始动工建造，目前进展顺利，预计将于 2019 年建成并网发电。表 10.1 给出了石岛湾高温气冷堆示范电站的主要参数。

表 10.1　石岛湾高温气冷堆示范电站的主要参数

参数	数值
电功率	211 MWe
热功率	500 MWt
发电效率	40%
一回路压强	7 MPa
氦进口/出口温度	250 ℃/750 ℃
堆芯燃料元件数	42 万
燃料富集度	8.5%
燃料元件重金属含量	7 g
堆芯直径	3 m
堆芯高度	11 m

我国模块式高温气冷堆核电站自主研发在关键技术方面取得了显著的进展，主要包括：

（1）包覆颗粒燃料元件制造技术。20 世纪 70 年代我国开始进行了 TRISO 包覆燃料颗粒制造工艺的研发，拥有完整的自主知识产权，并在20世纪90年代为10 MW 高温气冷实验反应堆生产了燃料元件。TRISO 包覆颗粒燃料元件制造工艺包括：采用凝胶-沉淀工艺，制造 UO_2 燃料核芯；采用流化床中化学气相沉积工艺，进行 UO_2 颗粒的包覆层的包覆；采用准等静压和硅橡胶模压制工艺压制球形燃料元件。

目前我国已研发成功年产 30 万个球形燃料元件的整套生产工艺流程和设备。由其制造的辐照样品于 2014 年在荷兰高通量反应堆（HFR）完成辐照试验，辐照温度为 1000～1100 ℃，最高燃耗达到 11 万 MWd/tU，没有包覆燃料颗粒辐照破损；在 1600 ℃事故模拟加热中，无包覆颗粒破损。辐照结果居世界最高水平。

采用此整套生产工艺流程和设备在我国中核北方核燃料元件有限公司建立了年产 30 万个高温气冷堆球形燃料元件制造厂，已正式投产运行。

（2）高温气冷堆关键设备的研发。HTR-PM 采用的关键设备均由我国自主研发，包括：功率为 4.5 MW 的磁悬浮轴承主氦风机，螺旋管式直流蒸发器，控制棒驱动机构，碳化硼吸收小球第二套反应性停堆系统等。这些关键设备的样机均在清华大学核能与新能源技术研究院的工程实验台架上进行了完整的全尺寸实验验证和考验。

（3）燃料装卸系统和设备的研发。HTR-PM 采用运行中连续装卸燃料元件的运行方式，其主要功能包括：从大气环境装入新燃料元件，进入高压氦气反应堆系统中；从堆芯堆积球床单一化卸出燃料元件；在线进行燃耗测量，以及分辨高/低富集度元件；将未达到卸料燃耗的元件重新返回堆芯，将已达到卸料燃耗的乏燃料元件排出堆外，并装入乏燃料元件贮罐内；根据功率运行状况调节燃料元件循环速率。在满功率运行时，每座反应堆燃料元件的循环速率为 6000 个/天。

燃料装卸整套系统和设备在清华大学核能与新能源技术研究院 1∶1 的高压氦气实验回路内进行了工程实验验证和考验。

10.5 我国高温气冷堆未来的发展

我国模块式高温气冷堆作为压水堆核电站的补充用于核能发电。

由于高温气冷具有良好的安全性，而且可以采用直接空气冷却，适宜在内陆缺水地区建造。

目前清华大学核能与新能源技术研究院与相关单位一起，以石岛湾 20 万 kW 高温气冷堆示范电站为基础，采用模块化设计，由六座 250 MW 热功率反应堆组成，向一台蒸汽透平发电机组提供高参数的过热蒸汽，发电功率为 60 万 kW 的模块式高温气冷堆核电机组。初步可行性研究结果表明，60 万 kW 模块式高温气冷堆的发电成本具有经济竞争力。

华能集团、中核建集团和中广核集团正在福建、江西、广东等地开展 60 万 kW 模块式高温气冷堆的初步可行性研究工作。

为了适应未来我国高温气冷堆以及超高温气冷堆的发展，仍需要对一些关键技术开展研发。为进一步提高热利用效率、扩展应用领域，今后超高温气冷堆堆芯氦气出口温度要提高到 1000 ℃以上，在事故条件下燃料最高温度达到 1800 ℃。今后将开展研发的关键技术主要包括：

（1）TRISO 包覆燃料颗粒技术。以 SiC 为包覆层的 TRISO 包覆燃料颗粒体系能够满足当前直至 950 ℃出口温度的使用要求，今后主要任务是优化 SiC 性能及燃料元件的设计，降低制造成本，以满足高温气冷堆商业化发展的经济性目标。

同时要开展以 ZrC 为包覆层的 TRISO 包覆燃料颗粒体系的研发。该包覆燃料颗粒性能指标上优越于 SiC 为包覆层的 TRISO 包覆燃料颗粒。ZrC 包覆燃料颗粒元件运行温度有可能达到 1300 ℃，可满足超高温气冷堆氦气出口温度大于 1000 ℃、事故最高温度达 1800 ℃的技术性能要求。ZrC 包覆层的制备目前还处于实验室规模的研发阶段。今后主要的研发工作包括：优化制备工艺、设备和 ZrC 包覆燃料颗粒燃料的性能；进行必要的辐照试验，筛选出满足更高运行温度要求的 ZrC 包覆燃料颗粒制备技术；设计出 ZrC 包覆燃料颗粒元件。

（2）超高温气冷堆高温材料研发。高温材料是超高温堆技术发展的瓶颈之一。堆芯氦气出口温度提高到 1000 ℃以上时，相应的一回路压力壳、蒸汽发生器以及氦-氦中间换热器的材料均需满足相应高温下的机械性能和物理性能的要求，以及与传热介质相容性要求（氦气、高压），需考虑长期高温条件下对材料劣化的影响和辐照脆化对材料性能的影响等。

超高温气冷堆高温材料研发实施路径将包括技术体系选择和技术性能目标的确定、材料的筛选、性能的测试评估及辐照考验等。

（3）堆用石墨材料的国产化。在 HTR-PM 示范电站中采用的石墨材料是从日本东洋炭素公司进口的，为了适应我国高温气冷堆未来的发展，需要研发我国国产的堆用石墨。堆用石墨的主要技术性能要求包括：耐快中子辐照的寿命要求；密度达到 1.74～1.85 g/cm^3；强度达到 24 MPa；尺寸达到 2 m 的量级；各向同性度达到 1.04 以下；满足核纯的要求，中子吸收截面小于 4 mbar；等等。

堆用核级石墨的研发需经历原材料选取、生产制造工艺研发（各向同性、细颗粒、大尺寸碳化，石墨化加热过程控制、浸汲等），以及样品制造、性能测试和样品辐照考验和测试等环节。

10.6 本章小结

(1) 高温气冷堆/超高温气冷堆为第四代堆型，具有高温的技术特点和良好的安全特性，具有良好的应用前景。

(2)我国 HTR-PM 高温气冷堆示范电站的关键技术研发和工程建设进展顺利，计划于 2019 年并网发电。

(3) 我国将进一步进行高温气冷堆商业应用的发展，并在超高温堆技术方面开展研发。

第 11 章

小型模块化反应堆

11.1 发展现状

小型模块化反应堆（SMR）是指单堆电功率小于 30 万 kW，采用模块化设计、模块化制造、模块式运输，现场快速装配，采用革新技术的新一代反应堆。模块化设计就是把整个核电站分成若干个独立的模块，每个模块可以单独在工厂里生产加工，然后运到核电站现场进行组装。核电站成为在工厂里批量生产的产品，以期通过工厂生产带动制造成本大幅降低。整个反应堆模块直接在工厂里加工生产，然后用火车、轮船或者大卡车运送到现场安装就可以使用了。这种模块化的设计方案，正是小型模块化反应堆与 20 世纪五六十年代所建造的小型核电站之间的本质区别，具有典型的工业 4.0 时代智能化生产的特征。

通过模块化设计，预期可实现四大目标：降低工程投资、缩短建造周期、实现高度安全、核能多种用途。

11.1.1 国际发展现状

IAEA 率先于 2004 年 6 月启动革新型中小型堆的开发计划，成立“革新型核反应堆”协作研究项目，成员总数至今已达到 30 余个，目的就是要利用核能科技为世界提供多样化的核能产品，保障核能供应的可靠性、可持续性。

近年来，世界核电技术发达国家如美国、法国、日本、俄罗斯、韩国等越来越多的公司正在致力于研发安全性好又有经济竞争力的多用途中小型核反应堆，涌现了 12 种以上的革新型中小型反应堆概念，主要用于发电，还可兼顾热电、水电联供以及其他特殊用途等。

美国能源部确信小型模块化反应堆在美国有良好的市场前景，视为“美国接下来的核选择”，并决定 5 年周期内提供总经费 4.52 亿美元，经竞标确定支持美国巴威 mPower 和福陆公司 NuScale 两种模块式一体化小型压水堆的研发。美国能源部于 2014 年 12 月宣布了一份价值 125 亿美元的联邦贷款担保出资计划，用于为小型模块化反应堆等重点先进核能项目提供资金支持，这一出资机制是向美国尚未以商业规模广泛应用的创新型核能技术提供关键融资，推动美国建设新一代安全可靠的核能项目。通过一揽子能源战略来满足美国未来低碳目标计划，支持创新性清洁能源技术的发展。

美国 NRC 目前正致力于 4 种 SMR 的许可证申请前预审查活动，这 4 种 SMR 是 NuScale 的 SMR、B&W 的 mPower、Holtec 的 SMR-160 和西屋 SMR。鉴于 SMR 的堆芯比目前运行的核电反应堆的堆芯要小得多，再加上一些特殊的设计构造，即使发生核事故，其影响范围也可以限定在较小范围，NRC 将在 9 个月内针对 SMR 技术完成制定新的应急准备（EP）法规，美国核能研究所将协助 NRC 完成法规制定。

美国西屋电气公司认为小型模块化反应堆是“能源史上的又一个里程碑”。为世界快速变化和多样性的市场提供另一种安全、廉价和可靠的清洁能源。NRC 已开始对巴威联合田纳西流域管理局在克林奇厂址申请建造 6 个 mPower 堆的同类首项（FOAK）工程建造运行许可预审查。美国发展小型模块化反应堆主要面向区域电网发电及发展中国家。美国国防部也在进行模块式小型反应堆的研究，一方面是希望美国军事基地实现能源自给自足，另一方面是因为美国国防部领先开展了将核能用于海军舰艇的技术。

俄罗斯地域辽阔，海岸线长，纬度高，冬季采暖需要大量的热源，广大的西伯利亚欠开发区人口稀少、用户分散，有广大的北冰洋海岸线，资源的竞争越来越激烈，因此俄罗斯小型堆的开发应用重点是浮动核电站和城市供热。俄罗斯小型堆的开发主要是移植了破冰船和核潜艇的技术，主要的堆型是 KLT-40S、RITM-200 和 VBER 等，其中 KLT-40S 浮动核电站、RITM-200 第四代核动力破冰船已开始建造。

1. KLT-40S 浮动核电站

“罗蒙诺索夫院士号”浮动核电站由政府出资从 2007 年开始建造，最早在俄罗斯阿尔汉格尔斯克州北德文斯克市的谢夫马什造船厂建设，但一年后转移到圣彼得堡波罗的海造船厂，后来项目因资金预算停滞了两年多。新的建设合同于 2012 年 12 月由俄罗斯核能康采恩公司与波罗的海造船厂签署，计划 2016 年投运。

KLT-40S 浮动核电站基于第三代核动力破冰船技术开发而成，由俄罗斯联邦机械制造试验设计局（OKBM）开发，双堆布置，浮动核电站机组出力达 70 MWe。反应堆采用紧凑布置强迫循环压水堆，反应堆单堆热功率为 150 MWt，单堆电功率为 35 MWe，采用 4 台外置直流蒸汽发生器、4 台主泵布置在反应堆四周，短管相互连接。应急计划区半径 1 km。KLT-40S 反应堆示意图见图 11.1。

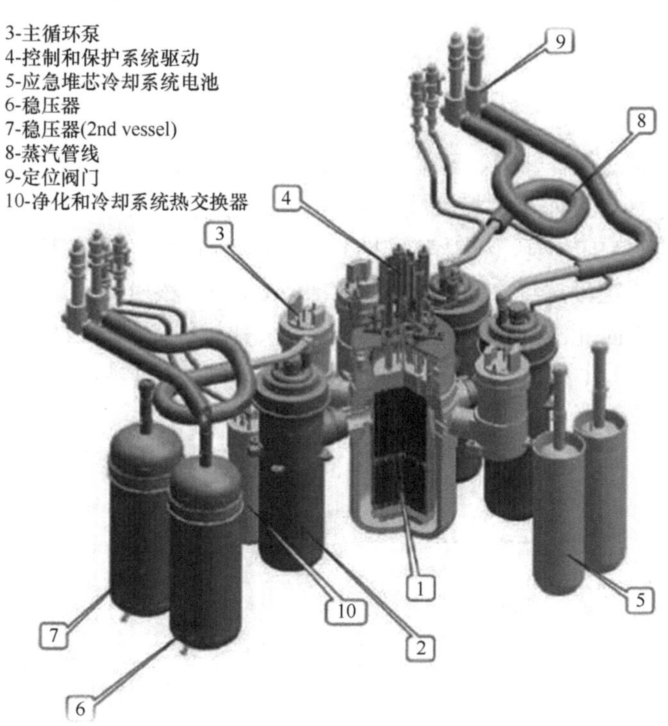

图 11.1　KLT-40S 反应堆示意图

2. RITM-200 第四代核动力破冰船

俄罗斯最新的第四代核动力破冰船采用 RITM-200 技术，由 OKBM 开发，双堆布置。反应堆采用一体化强迫循环压水堆技术，反应堆单堆热功率为 175 MWt，单堆电功率为 50 MWe，采用与中核集团 ACP100 相类似的技术，计划 2017 年投运。RITM-200 反应堆示意图见图 11.2。

图 11.2 RITM-200 反应堆示意图

其他国家如法国、韩国、日本、阿根廷等都在研发自己的小型模块化反应堆。其中阿根廷的 CAREM 小型模块化反应堆示范工程已正式开工建设。

阿根廷的 CAREM 示范工程（图 11.3）由国家投资，示范工程主要进行技术演示验证。示范工程选址在利马市阿图查（Atucha）核电站厂址兴建，位于首都布宜诺斯艾利斯西北方向 110 km 处。单堆示范，建设成本约 35 亿阿根廷比索(4.46 亿美元)。计划于 2016 年开始冷试，2017 年下半年首次装料。

图 11.3 阿根廷 CAREM 反应堆

CAREM 采用一体化压水堆技术，反应堆为自然循环、蒸汽自加压小型压水堆，反应堆热功率为 100 MWt，电功率为 27 MWe，采用小型盘管式直流蒸汽发生器。阿根廷计划在 CAREM 完成技术演示验证后，下一步将开发 CAREM-100 MWe，150 MWe、200 MWe 主要用于发电，兼顾水电热多用途。

11.1.2 国内发展现状

我国政府以实际行动支持中国自主的小型模块化反应堆研发。国家能源局于2011 年审时度势，高瞻远瞩，紧跟核能技术发展趋势，支持具有良好技术基础的中核集团开展 ACP100 小型模块化反应堆关键技术研究及工程示范，开展 5 大课题 15 项专题的研究，并将小型模块化反应堆列入《国家能源科技“十二五”规划》，小型模块化反应堆列为“十二五”国家能源科技重大研究（Y28）和重大示范项目（S26），项目研究进度为 2011～2015 年。

国家国防科工局从核能开发途径瞄准世界领先水平，于 2011 年立项批准中核集团开展下一代多用途先进模块式小型压水堆关键技术研究，批准了 6 大课题 15 项专题的研究。

国家核安全局积极指导小型模块化反应堆的研发，立项支持中核集团开展小型堆非居住区和规划限制区的管理研究、小型模块化反应堆设计准则修订和制定。国家核安全局积极指导模块式小型堆的研发，2015 年 4 月，环境保护部核与辐射安全中心发布《模块式小型压水堆核安全技术准则》征求意见稿。2016 年 1 月，《小型压水堆核动力厂示范工程安全审评原则（试行）》正式发布。

国家发改委、国家能源局发布的《能源技术革命创新行动计划（2016—2030 年）》将先进模块化小型堆作为新一代反应堆纳入《能源技术革命重点创新行动路线图》，重点开展先进模块化小型堆示范工程建设。

截至目前，国内先后有中核集团、中广核集团、国家电投、清华大学等开展了小型模块化反应堆的研发。

1. 中核集团

在国家多个渠道支持下，中核集团依托 50 余年小型核动力技术基础，于 2010 年将 ACP100 小型模块化反应堆作为集团重点科技专项进行研发。

ACP100 采用“固有安全加非能动安全”的设计理念，安全性好，具有多重固有安全特性。采用一体化压水堆、内置高效直流蒸汽发生器等多项专利技术，通过设计消除许多传统的设计基准事故。反应堆模块体积小，重量轻，重心低，抗地震、抗冲击能力强。图 11.4 给出了 ACP100 反应堆示意图。

ACP100 五大主要技术特征如下：

（1）一体化反应堆技术；

（2）模块式高效直流蒸汽发生器技术；

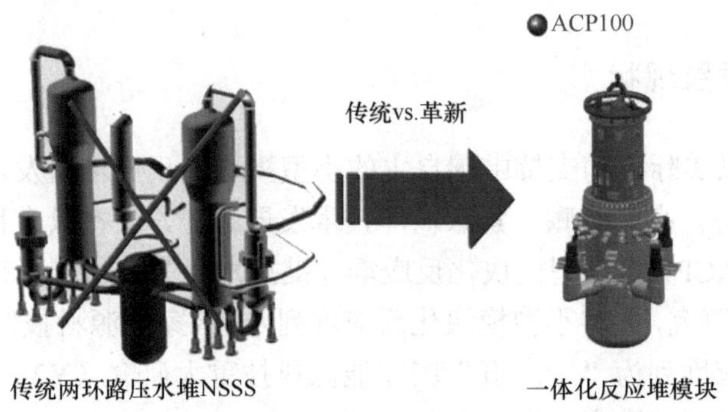

图 11.4 ACP100 反应堆示意图

（3）小型全密封主泵技术；

（4）固有安全加非能动安全技术；

（5）模块化技术。

截至目前，ACP100 主要关键技术全部攻克，设计试验研发工作基本完成。通过试验验证、仿真验证及第三方验证等多种方式完成了设计验证，并完成了 12 余项关键设备研制，反应堆 6 大主设备制造技术全部攻克，可全部实现国产。ACP100 专用燃料组件完成先导组件制造并已完成燃料组件冷态及热态考验，具有完全自主知识产权。

为保障 ACP100 的安全性，环境保护部核与辐射安全中心全程参与设计试验研发过程，独立开展安全评价研究及第三方独立计算及试验验证。

2016 年 4 月 IAEA 在维也纳总部向中核集团提交了 ACP100 通用反应堆安全审查（GRSR）终版报告。这是我国自主小堆技术首次面向国际同行审查，标志着中核集团自主设计、自主研发的多用途模块化小型反应堆 ACP100 成为世界上首个通过 IAEA 安全审查的小堆技术，是全世界小堆发展的一个重要里程碑。

2. 中广核集团

中广核集团目前正在开展 ACPR100（图 11.5）及 ACPR50S（图 11.6）小型堆的研发，处于方案设计阶段。

3. 国家电投

国家电投目前正在开展 CAP200 紧凑布置小型堆的研发，处于概念设计阶段。

4. 清华大学

依托国家国防科工局核能开发课题，清华大学目前正在开展 NHR-200 小型低

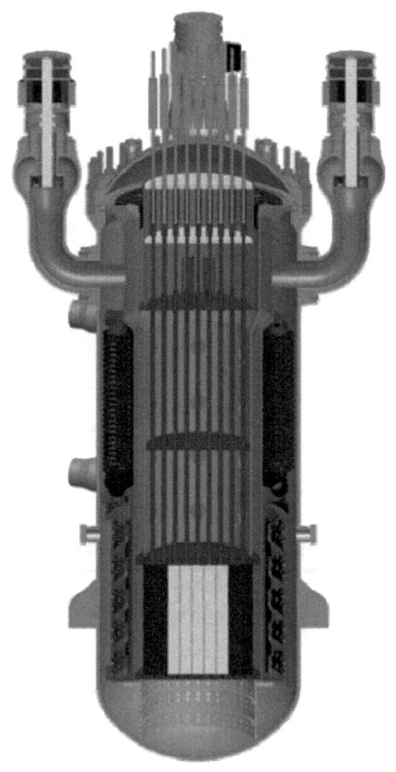

图 11.5　ACPR100 反应堆示意图

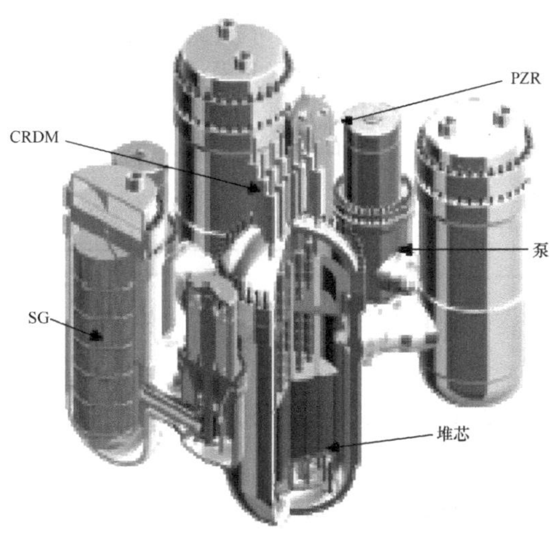

图 11.6　ACPR50S 反应堆示意图

温供热堆（图 11.7）的研发，处于初步设计阶段。NHR-200 主要用于城市供热，具有低温发电的能力，其主要技术参数如表 11.1 所示。

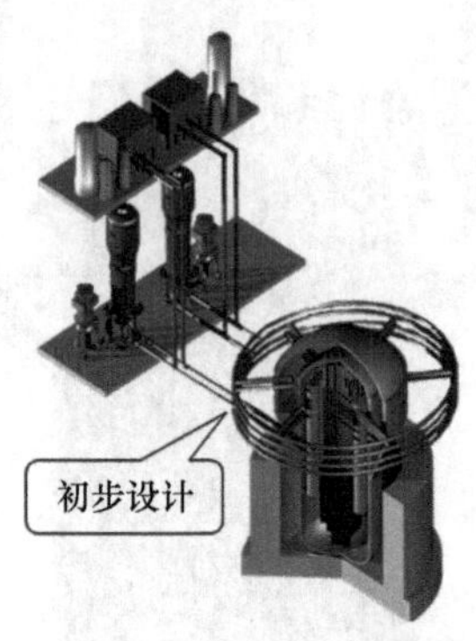

图 11.7　NHR-200 小型低温供热堆示意图

表 11.1　NHR-200 小型低温供热堆主要技术参数

核反应堆参数	NHR200-Ⅰ型 用于城市供热、热法海水淡化	NHR200-Ⅱ 用于工业蒸汽、热膜混合海水淡化
主回路系统		
主回路系统压强/MPa	2.5	7.0
主回路堆芯温度/℃	出口 210/入口 145	出口 278/入口 230
反应堆堆芯高度/m	1.9	1.6
燃料初始装载量（二氧化铀）/t	14.41	19.10
中间回路系统		
中间回路系统压强/MPa	3.0	7.8
中间回路运行温度/℃	出口 145/入口 95	出口 243/入口 203
三回路（用户管网回路）		
三回路供水温度/℃	出口 130/入口 65	出口 201/入口 145
三回路蒸汽温度/℃	—	出口 201
三回路（水）蒸汽压强/MPa	出口 0.25	出口 1.6

11.2　技 术 特 点

小型模块化反应堆大都具有以下主要技术特征：

（1）采用先进压水堆技术；

（2）一体化反应堆结构技术为主流；

（3）直流蒸汽发生器技术为主流；

（4）采用截短的压水堆核电站燃料组件；
（5）固有安全加非能动安全设计理念；
（6）反应堆及安全系统地下布置抗恐怖袭击；
（7）正常运行期间放射性废物近零排放；
（8）模块化制造安装；
（9）安全性可达到第三代加的技术水平。

11.3 安全特点及问题

小型模块化反应堆具有多重固有安全特性：反应堆功率小、主系统热储能低、衰变余热低、放射性源项低、堆芯功率密度低、热工安全裕量更高、单位功率冷却剂装量大、主系统热容量和热惯性高、强化前端事故预防、追求源头实际安全。通过设计消除压水堆许多传统的设计基准事件和假想事故，从设计上可实现非居住区、规划限制区、应急计划区（EPZ）三区合一；EPZ 仅限厂区，实际消除放射性大量释放的可能性。

小型模块化反应堆由于采用压水堆技术，而压水堆在全球拥有 50 年以上的建设运行经验，潜在的安全问题暴露充分，技术问题解决比较彻底，对设计基准事故及超设计基准事故均有预防及缓解措施，因此，小型模块化反应堆具有高安全的固有属性。

小型模块化反应堆要市场推广，主要面临经济性问题，需从系统简化、采用革新技术、多堆共用厂房及设施、模块化建造等多种途径解决经济性。

11.4 应　用

基于高安全性，小型模块化反应堆可成为一个“好邻居”，可作为安全、高效、稳定的分布式清洁能源靠近城镇及工业园区灵活部署，以热电水联产方式实现热电联供、工业工艺蒸汽供应、城市区域供热、海水淡化及发电等多种用途，可为大气雾霾治理、节能减排、环境保护提供可靠的选择。

11.5 未来发展情景

11.5.1 老旧小火电机组替代

城市化导致我国北方地区城市区域供热规模增长迅速。我国“三北”地区兼顾城市供热的纯凝小火电机组约8000万kW，高能耗、高污染。淘汰20万kW以下落后小火电是我国政府大力推进能源结构转型的重要举措，但是淘汰落后小火电特别是热电联供小火电必须有替代能源。

11.5.2 工业工艺供热

在工业工艺供热领域，电力、建材、冶金、化工等能源消费密集的行业是我国支柱产业，这些行业的企业都建有不同规模的自备热电厂，使用的全部是化石能源，它们占大气污染的70%以上。中国每年需求工业工艺蒸汽9亿t，相当于1.2亿kW的热源，温室气体排放量大约占我国每年温室气体排放总量的10%。雾霾治理，这些存量工业热负荷必须有清洁替代能源，此外，随着工业发展，还将有增量工业热负荷需要解决。由于需求量和厂址条件的特殊性，大型核电机组应用受到限制。加快开发小型模块化反应堆以核代煤发展核能供热是解决这些问题的有效途径。

11.5.3 核能海水淡化

中国属于资源性缺水国家，再加上气候变化令极端天气频发，九成沿海城市缺水，城市之渴已经十分普遍。我国的水资源总量虽然居世界第6位，但是人均水资源占有量仅为世界第109位，为世界平均水平的1/4，被联合国列为世界13个缺水国之一。我国大部分工业集中于沿近海地区，按照人均水资源1000 m^3的严重缺水标准，大连、天津、青岛、威海、连云港等城市已经处于严重缺水状况。严重的淡水资源缺乏，已成为经济可持续发展不可忽视的瓶颈。

我国进行的南水北调工程，东、中线一期工程仅可研阶段预算即达到2546亿元，同时还伴随调出地水生态破坏越来越严重、投资和运行成本高等诸多问题，代价高昂。南水北调仅解决了有限水资源的再分配，未能从根本上增加水资源总量，若没有财政补贴，所调用的原水价格都将奇高无比（保守估计每吨原水成本为8～10元）。从长远来看，调水工程实质上存在着“拆东墙补西墙”的弊端。

淡水资源缺乏不仅发生在中国，中东地区、非洲国家长期严重缺水。以色列依靠海水淡化满足至少10%的用水需求。沙特是世界上最大的海水淡化生产国，其海水淡化量占世界总量的22%左右，沙特登上了“海水淡化王国”的宝座。截至2013年，沙特共有30个海水淡化厂，海水淡化厂沿波斯湾和红海建设，接近工农业发展的重点地区，而且各厂之间由管道相连，形成供水网络，全国饮用水的46%依靠淡化水。海水淡化可提供一个不受气候变化影响的稳定水源，可有效增加水资源总量，有效解决沿海地区城市水资源短缺问题。

11.5.4 核能城市区域供热

我国人口众多，地域辽阔，大约有 1/3 地区需要冬季采暖，采暖期达 4～6 个月。我国城市供热对能源的需求量在世界的前列，广大的东北、华北和西北地区数百座大中型城市每年需要采暖供热的热功率高达几十万兆瓦，年耗煤数 10 亿 t，占总能源消耗的 15%以上。

由于能源结构和经济性的原因，煤炭是我国主要能源，大多数城市仍然使用大量的高煤耗、高污染的中小机组、小锅炉和小炉灶热源，造成燃煤的消耗量很大并对环境造成了巨大污染。随着城镇化进程加快和深化，采暖热负荷呈现迅猛增长态势，节能减排的形势非常严峻。由于热源必须建在城市附近或居民区内，在市内大量燃煤造成严重的环境污染，而且煤炭还是温室气体的强排放能源。

为扭转煤烟型污染的严峻形势，改善大气环境，我国城市供热必须调整能源结构，大力发展清洁能源，为城市热网提供更多环保、安全和经济的热源。城市区域供热的典型温度范围为 100～150 ℃，供热介质为水或蒸汽。大城市的区域热网规模大都在 600～1200 MW，为间歇供应模式，每年的热负荷因子一般都不超过 50%，并要求高可靠性，必须为非计划停机期间提供备份容量，大型热网往往由多个供热单元组成，因此小型模块化反应堆具有极好的热电联供市场，发展小型模块化反应堆能够有效应对由燃煤带来的环境压力。我国哈尔滨、沈阳、承德、东营、兰州等地都开展了核能城市供热的可行性研究。

11.5.5 中小电网供电

随着世界经济的快速发展和对低碳能源的需求快速增加，核能应用将很快从发达国家向中等发达国家和发展中国家扩展。大型反应堆的一次性投资成本很高，许多发展中国家难以解决建设的一次性融资问题。受地质、气象、冷却水源、运输、电网容量和融资能力等条件的限制，发展中国家对中小型反应堆发电存在实在的需求。到 2006 年为止，中小型反应堆大约占了世界核电生产的 17%，而目前处于开发中的许多创新设计则是中小型的反应堆。小型模块化反应堆投资小、占地少、建造方便、不受地域条件限制，可以在城市中发挥更多的作用，可根据用户需求灵活地选择初始建造规模，逐步增加装机容量，采用滚动发展、资金分阶段逐步投入的方式进行核电建设。小型模块化反应堆能够用驳船、铁路甚至卡车来运输，这就为内陆、偏远地区、中小国家、岛国建造核热电厂提供了机会。

11.5.6 岛礁及军事基地热电水保障

中共十八大制定了海洋开发战略，我国要成为海洋强国。岛礁建设和开发、海上油气钻井平台生产，必须有水电等生产基本要素来保障。岛礁及海上油气钻井平台远离大陆，能源供应保障困难，代价高。核能是现阶段唯一可大规模满足海洋开发要求的能源供给方式。

我国海洋国土面积接近 300 万 km^2，海岸线长达 1.8 万 km，海上钻井平台和远离大陆的海岛，以及偏远军事基地、极地考察永久基地都存在电水供应需求。因此，这种多用途小型堆可应用于海岛、海上油气钻井平台和大型石油化工企业的热电水联供，并可用于浮动核电站等，具有广阔的军民两用前景。

目前我国渤海油田主要采用油田伴生气和原油发电，这种供电方式是目前我国海上油气开采能源供应的主要方式，存在浪费资源、污染海洋环境、成本高（1.2～2.0 元/(kW·h)）、资源有限、伴生气只能满足油田的前 1/4～1/3 开采期的供应等困难。中海油渤海油田已明确目前（60～100）万 kW 的核能电力需求，中期将达到 200 万 kW。

国务院已批复浙江省沿海岛屿开发规划，总投资约 1.2 万亿元。沿海海岛开发计划一直受水电资源瓶颈的制约。2011 年 6 月，浙江省政府发布了《浙江省重要海岛开发利用与保护规划》，计划选择大鱼山、高塘岛、南田岛、雀儿岙岛等探索发展海岛核电，建设海岛小型核电站，打造浙江沿海和海岛地区安全核电生产基地。

据国家海洋局统计，中国南沙海域含油气面积为几十万平方千米，南海能源储备可与波斯湾媲美，至少蕴藏有 367.8 亿 t 石油，7.5 万亿 m^3 天然气。南海周边国家伙同西方石油公司，正不断蚕食我南海油气资源，并且呈现愈演愈烈之势。周边国家在南海的年石油产量达 5000 万 t，相当于我国每年流失一个“大庆油田”。我国能源紧缺，石油消耗的 60%以上需要进口，因此亟须加快开发南海海洋“聚宝盆”及南海诸岛。南海远离祖国大陆，开发南海和渤海、东海油气资源，必须建设深海油气钻井平台，海上钻井平台生产、生活必须首先解决水电供应等基本要素。

渤海、东海、南海等海上油气开采对电力能源需求巨大，岛礁建设及生产生活所需的水电等基本要素利用小型模块化反应堆提供的核能来解决具有规模大、稳定可靠、可持续等优势，因此，小型模块化反应堆是一个很好的水电联供理想能源，可为海岛、海上油气钻井平台、偏远军事基地、极地考察基地提供热电水联供，还可用于浮动核电站、核动力商船等，核能是现阶段可大规模满足海洋开发要求的能源供给方式。

第 12 章

超临界水冷堆

12.1 超临界水冷堆的特点和挑战性

为保障国家经济的可持续发展，在能源需求与环境保护双重压力下，国家既定的未来能源结构规划中，核电所占比重将日益上升。目前正在建设的第三代核电站的安全性已经达到了很高的水平，但是从核能长期发展的需求来看，第三代核电站在经济性和可持续性等方面也显现了不足之处。研发第四代新型核能系统将确保核能的长期稳定发展。作为六种第四代未来堆型中唯一的水冷反应堆，超临界水冷堆具有在经济性、可持续性以及技术和经验延续性等方面的诸多综合优势，是国家核电技术路线进一步发展的最佳选择之一。

12.1.1 超临界水冷堆的特点

图 12.1 是超临界水冷堆的示意图。它采用直接循环系统设计。考虑到在预定时间节点的技术可实现性，反应堆堆芯出口的参数被定为：压强 25 MPa，温度在 500 ℃左右。系统的热效率可接近 44%，比常规水冷堆高出近 25%。此外，一旦将来相关技术如材料等得以进一步改进，运行于超临界压力工况的核电厂将为进一步提高热效率和经济性开辟极大的发展空间。与常规压水堆相比，超临界水冷堆堆芯出口的热流体直接进入汽轮机。它少了一个回路，不需要蒸汽发生器和稳压器。与常规沸水堆相比，由于超临界水是单相流体，它省去了汽水分离器、干燥器和内循环系统。由于超临界水在拟临界区域有很高的比热容，反应堆冷却剂流量得以大大减少，只需相同功率的常规压水堆冷却剂流量的约十分之一，大大

降低了对主泵的要求。另外，由于结构简化，整个系统小型化，超临界水冷堆核电站抑压式安全壳的体积也会大幅度减小。因此，超临界水冷堆从结构上得到简化，有利于提高它的经济性。

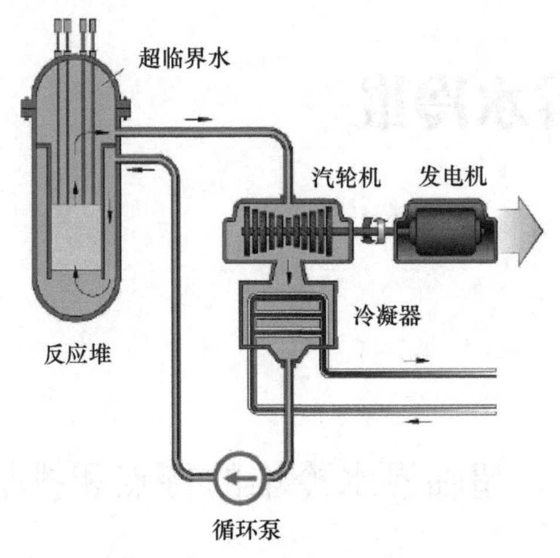

图 12.1　超临界水冷堆的示意图

超临界水冷堆运行在超临界压力下，其冷却剂处于单相流体状态，没有相变或沸腾，因而也避免了沸腾危机的发生以及包壳的过热损坏，这体现出它在安全性方面的优点。

超临界水在高温下密度很低，其对中子的慢化能力弱。通过适当的设计可以获得较硬的中子能谱，将超临界水冷堆的转换比提高到接近 1，从而使核燃料利用率得以显著提高。提高核燃料利用率的同时也降低核废物的产生量。核废物的处置也是确保核能长期发展的一个核心问题。因为核废物的毒性绝大部分是由长寿命高放射性的锕系元素所致，焚烧（嬗变）长寿命高放射性锕系元素可大大减少核废料的量、降低核废料的毒性和周期，对安全处置核废物、确保核能长期发展具有极其重要的意义。而快中子谱超临界水冷堆具有嬗变锕系元素的潜力，所以超临界水冷堆在可持续性方面也可以满足第四代核能系统国际论坛对第四代核能系统所提出的要求。

基于我国的特定国情，超临界水冷堆还具有两项重要的优势，它们是经验延续性和技术成熟性。经验延续性是指在核电厂系统技术、设计经验、建造以及运行等方面的继承与延续性。未来的供货商和业主十分关注经验延续性。技术成熟性是指技术上的现实可能性。

从我国核电技术发展的延续性角度，无论是我国几十年的核电发展历史，还是我国核电的现状来看，水冷堆都占据主导地位。我国目前核岛设计相关单位所掌握的设计技术和具有的工程经验主要集中于水冷堆；我国核电工业相关的制造厂，其制造体系、生产能力、以往业绩也主要集中于水冷堆。目前我国核电发展的主要工作部署也是以水冷堆技术路线为主。

从系统角度来看，超临界水冷堆也可被视为现有水冷堆技术与超临界化石燃料电厂的有机结合，并在此基础上进一步发展。目前超临界火电使用的参数已能满足超临界核电系统的要求，超临界火电机组的汽轮机技术基本可以采用，具有很好的技术基础。

12.1.2 超临界水冷堆的挑战性

虽然超临界水冷堆从技术上被看成是常规水冷堆和超临界火力发电系统的有机结合，但这种核、热结合带来了许多新的科学挑战。与常规压水堆相比，它的运行压力从亚临界（15 MPa）提高到超临界（25 MPa），运行温度从约 330 ℃提高到 500 ℃以上。运行参数的提高使原来常用的一些堆内材料，特别是燃料元件包壳材料，已不再适用。从另一个角度看，由于堆内材料处于强辐照条件下以及考虑到反应堆的中子经济性、辐照活化等方面，超临界火力发电系统中常用的高温材料也不能完全适用于超临界水冷堆。因而，超临界水冷堆的开发给材料提出了新的挑战。超临界水冷堆堆内流动和传热条件与常规水冷堆有极大区别。水在超临界条件下物性变化非常剧烈，特别是在拟临界区域。剧烈的物性变化给流动传热性能带来一系列新的问题。

从系统角度来讲，超临界水冷堆的主要挑战在于堆芯和安全系统。由于水在堆芯中温度变化幅度大、密度变化可以超过 10 倍，为了使得这个堆芯慢化性能尽可能均匀，堆芯的结构会变得复杂，这包括燃料组件结构、反应性控制系统、冷却区和慢化区结构。另外，热管因子的存在加上高温下热比容低的特性，使得局部水温度比堆芯平均值会高出许多，造成局部过热。为了解决这个问题，超临界水冷堆不可避免地采用了多流程堆芯。

堆芯虽然在超临界压力下不存在沸腾危机，但超临界水冷堆给安全系统的设计带来新的挑战性。它主要表现在几个方面：

（1）压力容器内水装量少。与压水堆相比，超临界水冷堆的功率密度与压水堆相近，由于堆芯部分水处于高温（低密度），其压力容器内水的质量减少，因而堆芯的热惯性减小，这就使得瞬态过程的时间尺度变小，对安全系统提出更高的要求。

（2）超临界水冷堆堆芯由于热管因子原因，采用多流程结构。这给非能动堆芯安注带来附加挑战。如何保证堆芯非能动安注系统在多流程堆芯结构的有效性，也给安全系统的设计提出了新的要求。

（3）针对时间尺度小、压力高的特点，安注系统必须既要启动快又要克服高压环境。同时，对安全卸压系统的要求也提高。

12.2 超临界水冷堆的研发现状

12.2.1 国际现状

在 GIF 的框架下，一些国家和地区相继出台发展超临界水冷堆（SCWR）的时间路线图。它们基本上相似，总目标是在 2025 年左右完成概念设计。国际上的研发工作分两方面进行：一方面针对系统的预概念设计和可行性分析，主要包含运行系统、安全系统和堆芯；另一方面研发关键的技术，主要集中在材料和热工水力领域。

12.2.2 系统与堆芯

表 12.1 给出由国际原子能机构汇总的部分超临界水冷堆设计。在堆芯设计方面，超临界水冷堆以热谱、快谱、混合谱的形式出现。焓升热管因子会导致堆芯局部温度过高，现有设计大部分都采用了多流程堆芯的形式，代表性的有欧洲的三流程设计。考虑到超临界流体特性和中子慢化性能方面的因素，超临界水冷堆组件结构表现出较强的特殊性：热谱组件需要慢化剂通道（通常所说的水棒），从而使燃料组件内引入了较大的热工水力参数的分布不均性和慢化剂通道冷壁效应；快谱组件栅格紧密提高中子能谱硬度，同时带来了水装量较少和堆芯正慢化剂温度系数等一系列问题。

虽然前期也开发了系统与堆芯的设计及其分析工具，但这些分析工具需要通过较广范围的验证和确认。

1. 关键技术

在众多的技术难关中，材料和热工水力尤为突出。

1）材料

由于超临界水冷堆的运行温度高、冷却剂腐蚀性强，常规水冷堆的锆合金无

表 12.1 部分超临界水冷堆设计一览表

参数	单位	Canadian SCWR	HPLWR	Super Fast Reactor	SCWR-M	CSR1000
国家或地区	—	加拿大	欧盟	日本	中国	中国
堆型	—	压力管式	压力容器式	压力容器式	压力容器式	压力容器式
中子能谱	—	热中子	热中子	快中子	混合型	热中子
热功率	MWth	2540	2300	1602	3800	2300
热效率	%	48	43.5	～44	～44	43.5
压力	MPa	25	25	25	25	25
进口水温度	°C	350	280	280	280	280
出口水温度	°C	625	500	508	510	500
活性区高度	m	5.0	4.2	2	4.5	4.2
堆芯当量直径	m	～5.5	3.8	1.86	3.4	3.4
燃料类型	—	Pu-Th	UO_2	MOX	UO_2/MOX	UO_2
包壳材料	—	SS	316SS	SS	SS	310S
燃料棒直径	mm	7/12.4	8	5.5	8	9.5
棒间距	mm	可变	9.44	6.55	9.6	10.5
包壳温度峰值	°C	850	620	643	—	650
慢化剂	—	D_2O	H_2O	—/ZrH	H_2O/—	H_2O

法用作超临界水冷堆的燃料包壳材料，只能从现有高温合金中筛选包壳材料或者重新研发新型材料。前期的材料筛选研究主要集中在铁素体-马氏体钢、奥氏体不锈钢和镍基合金上，后期逐渐聚焦在奥氏体不锈钢及其氧化物弥散强化（ODS）钢上。人们已经在超临界水环境下对候选材料的力学性能和化学性能，包括均匀腐蚀/氧化及应力腐蚀，进行了相对比较多的研究；对水化学条件（如 pH 和溶解氧含量等）对材料化学性能的影响进行了初步研究，阐明了影响材料化学性能的关键因素及作用机理。在国际同行的推动之下，开展了部分主要候选材料，包括 316L、347、310S 等类型不锈钢的第一轮国际循环对比试验（round robin test），目前正在对 800H 合金、321 和 310 奥氏体不锈钢等三种材料进行第二轮循环对比试验，以期获得可靠的试验数据。同时，国际上也开展了大量的辐照试验研究，辐照试验主要采用电子或离子辐照，日本也针对 310S 等类型的奥氏体不锈钢开展了一些堆内中子辐照试验研究，但现有的候选材料辐照性能数据仍不充分，尚不能满足工程设计选材的需求。针对燃料包壳的新材料研制已经开展了一些工作，但应用性能数据仍不充分，尤其是缺乏在超临界水环境下长期的应用性能数据。

2）热工水力和安全

国际上开展了大量的实验和理论研究。目前国际上已建立了一些简单的实验装置，得到了一些简单通道内（如圆管、环管）的超临界流体的宏观传热和阻力实验数据。目前针对棒束通道内超临界流体的流动和传热实验研究仍十分缺乏。另外，安全相关的实验，如流动不稳定性、临界流、自然循环等的研究也是关注的热点。由于受测量技术和实验手段的限制，目前对超临界流体流动的微观结构仍无实验数据，大大限制了对超临界流体流动传热的深入认识。目前国际上都采用三维计算流体力学程序对超临界流体的流动传热的机理开展研究，但针对超临界流体的分析模型，特别是湍流模型的研究目前仍无实质性进展。

3）燃料鉴定试验（FQT）

与其他第四代核电站不同，世界上从未建设过任何类型的超临界水冷堆。在超临界水冷实验堆正式运行前，要对相关实验堆进行改进和安全许可申请，使其可以在超临界水条件下运行，所以要进行与设计分析和安全许可申请相关的实验研究、程序开发和验证、材料性能评估、实验数据库建立等方面的工作。实验堆技术研究也是超临界水冷堆在商用化之前发展的必经之路。

欧盟计划在捷克的核能研究所 LVR-15 实验堆内进行燃料鉴定试验，把实验堆中一个燃料组件替换为小棒束组成的压力管，并连接冷却剂泵、安全系统和辅助系统使得该燃料组件可以在超临界水环境下进行试验。欧盟资助了 SCWR-FQT 项目，使本研究跨出了主要的一步。该项目完成了实验堆内超临界水冷辐照回路的设计研究，并完成了对系统结构、稳态热工水力性能及物理特性、系统安全特性等的详细分析，获取了超临界水条件下燃料性能试验许可证的取证程序以及需准备的相关技术报告和材料。

2. 国际合作

现有国际上比较活跃的有关超临界水冷堆的国际合作项目主要有以下三个。

1）GIF 超临界水冷堆系统安排

第四代核能系统国际论坛（GIF）是为满足全球未来能源需求而建立的政府间国际合作框架，超临界水冷堆是第四代核能系统国际论坛推荐的六种核能系统中唯一的水冷堆。中国于 2006 年正式加入 GIF，签署了 GIF 的宪章和框架协定，并于 2015 年正式签署了超临界水冷堆核能系统国际研发合作的系统安排（system arrangement），成为继日本、欧盟、加拿大、俄罗斯之后的第五个成员。2015 年 3

月，在芬兰赫尔辛基召开的 GIF-SCWR 系统指导委员会上，确定中国代表担任新一届系统指导委员会主席。GIF 超临界水冷堆系统安排下辖四个项目指导委员会（PMB），分别是系统集成和评估（SI&A）、热工水力和安全（TH&S）、材料及水化学（M&C）与燃料鉴定试验（FQT）。中国正在协同其他各成员国推动超临界水冷堆技术的发展。

2）国际原子能机构组织的活动

为了协调各国的研究工作，加强各成员国之间的学术交流，国际原子能机构（IAEA）主要通过协调研究计划（coordinated research program，CRP）、技术会议（technical meeting，TM）和培训课程三个方面的工作促进超临界水冷堆相关技术的研究。2008 年，来自九个国家的大学、研究所以及核电企业在 IAEA 总部维也纳召开了 CRP 的第一次研究协调会议，确定了十多个研究项目。该项目的第二期计划也已于 2014 年 8 月启动，主要围绕超临界水冷堆热工安全基础问题开展研究，包括稳态棒束热工特性、瞬态条件下系统稳定性和安全性等。上海交通大学和中国原子能科学研究院参与了这两期的 CRP 活动。技术会议是就一个特定主题进行科技信息收集、交流以及探讨并达成一致意见的专家会议。2010 年，IAEA 主办了“SCWR 热传递、热工水力和系统设计”科技会议。2011 和 2013 年，IAEA 主办了“SCWR 材料与化学”科技会议。培训课程的内容是对一个特定领域的科学技术提供综合的最新评述。自 2011 年，IAEA 基本上每年组织“SCWR 科学与技术”培训课程。

3）中欧双边合作 SCWR-FQT/SCRIPT 项目

中欧双方 16 家单位参与，中方主持单位为上海交通大学，欧方牵头单位为捷克 CVR 研究所。主要研究工作基于欧盟的 LVR-15 研究堆，设计堆内辐照考验回路系统，积累相关的设计与安全审评前期准备工作的经验。

12.2.3 国内现状

1. 研发现状

国内超临界水冷堆有一定规模的研发工作起步于 2007 年。在此之前（2006 年），国内成立了“超临界水冷堆工作组”，成员有上海交通大学、清华大学、西安交通大学、华北电力大学、中国核动力研究设计院、上海核工程研究设计院有限公司以及中国原子能科学研究院。

2007 年，在工作组的协助下，以上海交通大学为牵头单位，由 8 家科研单位（上海交通大学、清华大学、华北电力大学、北京科技大学、中国核动力研究设计院、中国原子能科学研究院、中科华核电技术研究院有限公司、上海核工程研究设计院有限公司）组成的一支科研队伍成功地申请了国家 973 项目“超临界水冷堆关键科学问题的基础研究”。针对超临界水冷堆的材料、热工和物理三个方面的基础性问题开展了为期四年的研究，见图 12.2。经过项目实施，在材料方面开展了关键材料的静态腐蚀和应力腐蚀行为，关键材料在辐照条件下的微结构及力学性能变化和研制新型材料等方面的研究。在热工方面，建成国内当时唯一的大型超临界水热工水力闭式实验回路系统，开展了超临界水的稳态传热实验，并开展了临界流和自然循环实验研究。在快中子谱超临界水冷堆嬗变性能的基础研究方面，着重研究堆芯物理先进分析理论和方法，拓展中子反应数据库和改进部分现有模型。通过该项目的实施，建立了一系列的基础研究硬件实验平台，获得了较为系统的机理性实验数据和理论模型。该项目的实施使国内建立了一支高水平的 SCWR 研发队伍，并与国际同行建立了广泛的联系和合作。

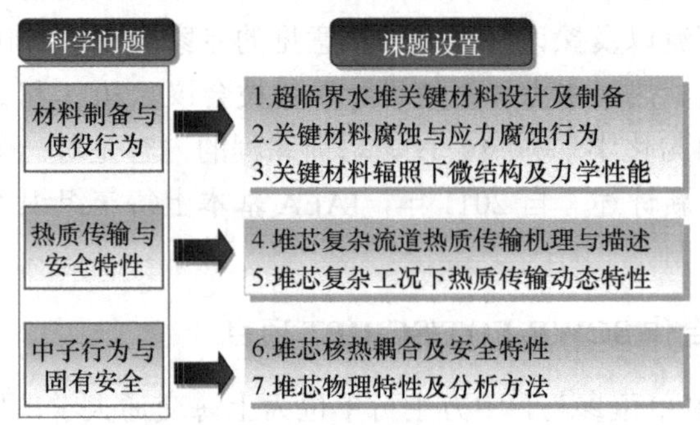

图 12.2　973 项目的课题组成和研究内容

2009 年 11 月，由中国核动力研究设计院牵头，国内首个以实现第四代核能系统——超临界水冷堆工业化应用为最终目标的科研项目“超临界水冷堆技术研发（第一阶段）”获国家国防科工局的批复立项。第一阶段的研发周期为 3 年（2010 年 1 月～2012 年 12 月），项目包括 3 个课题、8 个专题及 29 个子专题。3 个课题分别为“超临界水冷堆核能系统设计及相关技术研究”“超临界水冷堆试验与试验相关技术研究”和“超临界水冷堆材料研究”。该项目以解决超临界水冷堆工业化应用实际工程问题为背景，联合国内多家高校和科研机构，广泛开展技术协作，系统地研究了超临界水冷堆系统设计、热工水力和材料等关键基础问题，提出了中国百万千瓦级超临界水冷堆 CSR1000 的概念设计方案（图 12.3），开展了双流程结构的堆芯设计、正方形组件的燃料组件设计以及总体与专设安全系统等的设计及论证；完成了典型通道和小棒束通道的超临界流动传热实验与计算流体力学分析，获得了热工水力机理和初步工程可用的实验数据库；系统开展了材料筛选，获得了堆内构件、包壳材料选型方案，掌握了包壳材料改性技术和实验室制备工艺。该项目确定了中国超临界水冷堆研究总体技术路线（图 12.4），完成了方案设计及可行性研究，突破了工程应用关键技术，为下一阶段完成超临界水冷堆示范工程标准设计奠定了基础。

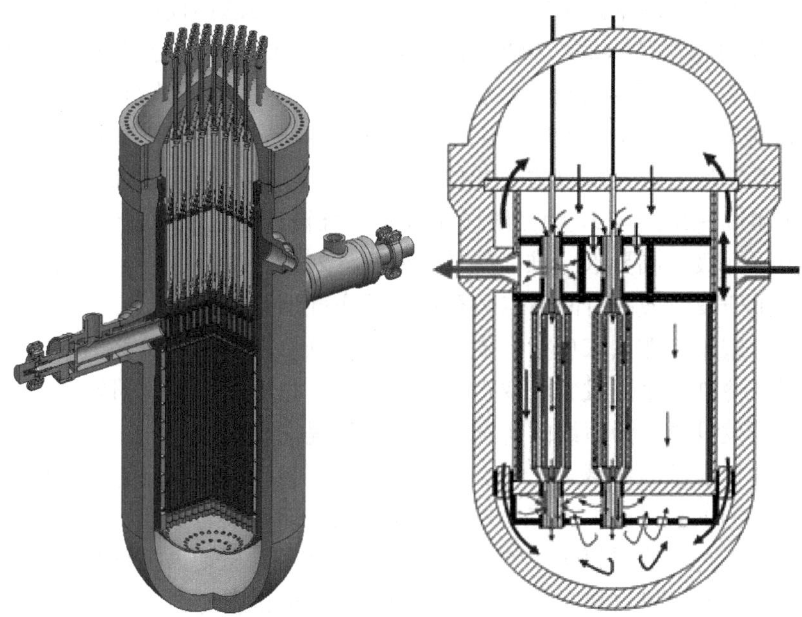

图 12.3　中国超临界水冷堆 CSR1000 的概念设计方案

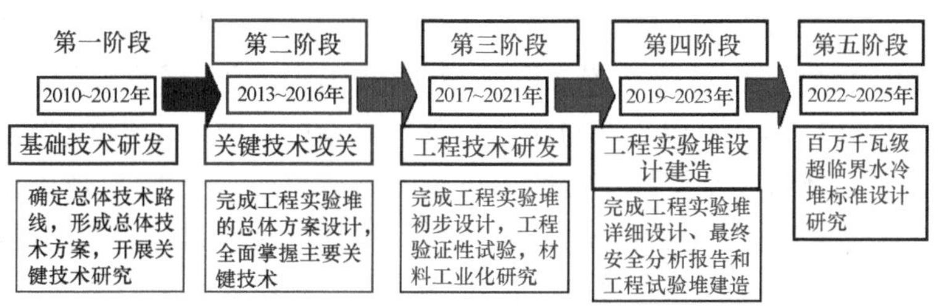

图 12.4　中国超临界水冷堆研发总体技术路线图

中国超临界水冷堆 CSR1000 总体技术参数的选择与确定严格遵循以下原则：①在经济性、安全性等方面满足第四代核反应堆系统要求；②充分考虑技术方案的工程可行性，确定了 CSR1000 额定热功率 2300 MW、额定电功率 1000 MW、运行压力 25 MPa、运行温度 280 ℃/500 ℃、2 环路、热中子谱、直接循环、60 年寿期等主要技术参数，研发了包含双流程堆芯、2×2 组合式燃料组件、中空燃料芯块、十字控制棒等创新设计的反应堆结构，解决了燃料组件、压力容器、堆内构件、驱动机构等主设备的工程可行性，达到了国际先进水平。

根据超临界水冷堆技术研发（第一阶段）提出的总体技术路线，我国超临界水冷堆研发的总体目标是：2025 年完成百万千瓦级超临界水冷堆核电站标准设计，基本具备建造商业化超临界水冷堆核电站的条件。全周期研发规划分为五个阶段，分别是：第一阶段超临界水冷堆基础技术研发（2010～2012 年），第二阶段超临界水冷堆关键技术攻关（2013～2016 年），第三阶段超临界水冷堆工程技术研发（2017～2021 年），第四阶段工程实验堆设计建造（2019～2023 年），第五阶段百万千瓦级超临界水冷堆标准设计研究（2022～2025 年）。根据目前的最新进展，以上研发阶段的时间节点需要进行适应性调整。

经过十来年，在国家项目的支持下和国内众多单位的一致努力下，我国不仅在超临界水冷堆各个研发领域取得了大量成果、培养了国际化研发队伍，还建设了一大批研发设施，为后续的研发和工程实现提供了支持。

在材料性能试验领域，上海交通大学和中国核动力研究设计院分别建立了一批性能先进的试验设施。上海交通大学通过自主研制的方式建立了多台可用于超临界水环境下对候选材料进行均匀腐蚀、腐蚀疲劳、微动磨损试验的系统，形成了较强的超临界水堆材料在应用环境下的化学性能试验能力。图 12.5 为所建立的多功能试验系统，可在高温高压水环境下实现慢应变速率拉伸、腐蚀疲劳、应力腐蚀裂纹萌生时间及扩展速率等试验。

在热工水力领域，国内新建了若干高性能试验装置，其中有代表性的是上海交通大学的 SWAMUP 试验装置（图 12.6）和中国核动力研究设计院的 LSWT 试验装置（图 12.7）。表 12.2 汇总了它们的技术指标。通过这两个试验装置已经获得了在圆管、环管和小型棒束内的大量传热试验数据。图 12.8 是在 SWAMUP 装置上开展的 2×2 小棒束传热试验的试验段。这些高性能试验装置的建成和开展的相应研发工作使得我国在超临界水冷堆热工水力领域处于国际领先地位。

图 12.5　上海交通大学自主研制的慢应变速率拉伸/腐蚀疲劳/应力腐蚀裂纹萌生时间及扩展速率多功能试验系统

图 12.6　上海交通大学的超临界水热工水力多功能试验装置 SWAMUP

图 12.7 中国核动力研究设计院的超临界水热工水力试验装置 LSWT

表 12.2 SWAMUP 装置和 LSWT 装置的技术指标

技术指标	SWAMUP	LSWT
设计压力/MPa	30.0	30.0
设计温度/°C	550	550
最大流量/(m^3/h)	5.0	30.0
电功率/MW	1.2	5.0

图 12.8 2×2 小棒束传热试验的试验段

2. 国际合作

在近 10 年超临界水冷堆的研发过程中，我国十分重视与国际伙伴单位的合作和交流。除了积极参加前面提到的 GIF、IAEA-CRP、中欧双边合作外，还推动和参与了许多超临界水冷堆的国际学术活动。2007 年、2013 年和 2017 年分别在上海、深圳和成都召开了第三届、第六届和第八届超临界水冷堆国际会议。另外，中国还分别举办了 GIF、IAEA 信息交流会等超临界水冷堆相关学术会议和培训班，稳固了我国在超临界水冷堆研发领域的国际地位。同时，也实现了我国起步晚、起点高、进展快的战略。如在中欧双方合作项目，我们参与了堆内超临界水系统的设计、安全性能评估、堆内超临界水系统堆外实验验证与安全分析程序的开发等工作。通过这项合作，我国掌握堆内超临界辐照实验回路设计技术和安全许可申请评审过程的关键问题，在国内培养青年核动力技术骨干，凝聚一支具有国际水平的超临界水冷堆研发队伍，为后期堆内超临界水系统的研发建立技术储备。

12.3 超临界水冷堆实现工程化的挑战性

国际上经过约 15 年的研发，解决了许多超临界水冷堆的关键技术难题，例如，提出了若干预概念设计方案，包括整体电站系统、安全系统、堆芯和组件，确定了包壳材料等的初步遴选，开发了提高材料防腐技术，更深入透析了典型工况下流动和传热特性，初步开发了能用于超临界水冷堆的数值模拟工具，为实现超临界水冷堆工程化奠定了技术基础。但要实现超临界水冷堆的工程化还需要克服若干难点。

12.3.1 堆芯与组件设计

由于超临界水冷堆焓升热管因子对局部温升的特别效应，未来堆芯结构的最大可能性是采用多流程堆芯设计。它意味着在相同堆芯截面下流速要提高许多，或者在相同流速下堆芯截面要扩大。前者不利于水力特性和抗材料侵蚀要求，而后者又会降低堆功率密度，从而降低堆功率或放大压力容器尺寸，直接影响经济性。如何在保持堆芯一定功率密度前提下，设计和优化堆芯和燃料组件的热工性能、水力性能和材料使役性能将是工程化设计的一大挑战。

超临界水冷堆的燃料组件的结构与常规压水堆大不相同。慢化剂通道的存在会加剧燃料组件内热力参数的不均匀性。根据燃料棒的排列结构，格架（定位格架或绕丝）的设计需要大量的研究和优化。另外，燃料组件设计要考虑热工、中子物理及材料的耦合效应。要避免包壳材料温度过高，避免局部速度过高造成侵蚀现象，尽量减弱核热耦合造成的不稳定性效应。另外，还要保证燃料组件在瞬态或事故工况下的可冷却性。

12.3.2 安全系统

设计超临界水冷堆安全系统，使其至少具备三代水冷堆的安全水平，这是行内得到的共识。超临界水冷堆的一些特点对安全性会有负面影响，如热惯性小、多流道结构。虽然国际上进行了十多年的研发工作，但大多数工作集中在堆芯/组件的分析以及关键技术的研究，对系统的性能，包括安全系统，还是停留在系统理念和初步可行性分析阶段。因此，在超临界水冷堆工程化之前，系统性地设计、分析和优化安全系统是一项必不可少的重要任务。

12.3.3 材料

材料研发的难点首先在燃料包壳材料。它不仅是限制超临界水冷堆运行参数（温度）的主要因素，也是保障安全性的主要挑战环节。至今的研究成果仍然不能保证候选包壳材料在 650 ℃的高温和中子辐照的综合作用下，服役性能满足设计要求。材料研发的另一难点在堆内构件材料，对于某些工作在高温段（550 ℃）的堆内构件材料，由于设计的服役时间长（与堆同寿命），如何满足服役寿期内的腐蚀减薄、腐蚀产物释放、应力腐蚀、性能退化、肿胀变形、微动磨损等设计要求仍然是个难题。因此，研发出满足设计要求的燃料包壳材料和堆内构件材料是超临界水冷堆工程化不可逾越的一道门槛。

12.3.4 热工水力及安全相关实验技术

超临界水的高温高压环境使超临界水的热工水力及安全相关实验技术成为挑战，包括本体设计、绝缘设计、密封设计、实验测量等。现有的实验数据仍集中在简单通道或者小棒束组件的传热特性，为了满足未来工程设计和验证的需要，需要建设更大体量和更大规模的实验装置，进一步完善高温高压环境下的实验技术。超临界水的传热流动实验、临界流实验、不稳定性实验、安全系统验证实验等都需要在既有基础上进行更深入和广泛的研究。可以说，设计的复杂性、机理的复杂性需要相应的匹配性实验为支撑，也构成了未来研究的重点和挑战。

12.3.5 设计工具的开发和验证

工程化设计需要一套完整的设计工具。在过去的十多年时间，各国都投入力量对现有用于压水堆或沸水堆的数值分析程序进行二次开发，使其能用于超临界水冷堆工况。虽然在这方面也取得了较大成果，已具有相应的反应堆物理分析程序、系统分析程序和子通道分析程序等，但所有这些程序都缺乏足够的验证和确认。而它们的确认需要大量的实验数据为基础。到目前为止，合适的实验数据还很匮乏。建立一个相应的实验数据库需要投入大量的人力、财力和配置先进的实验技术。所以，开发和确认超临界水冷堆设计工具是一个漫长和艰巨的任务。

12.4 未来的建议

作为 GIF 推荐的 6 种第四代堆型中唯一的水冷堆，超临界水冷堆在未来核能系统里有它的特殊地位。纵观国际上各国的核能现状、发展趋势以及经济和社会基础，中国是最有可能首先实现超临界水冷堆工程化的国家。未来工作的规划应该要针对超临界水冷堆工程化这个目标。具体的工作建议包括四方面。

12.4.1 关键技术

基于之前十来年的研发成果，继续研究和开发关键技术。未来的研发工作从技术上要围绕着 12.3 节提出的五个挑战性方向而展开，即堆芯与组件、安全系统、材料、热工水力及安全相关实验技术与设计工具的开发和验证。

12.4.2 实验堆

根据超临界水冷堆研发路线图，在通往商业化的进程上必须建设一个实验堆，以获取未来建设示范堆和商用堆所必需的技术和经验。建设实验堆的前提目前基本满足，要从国家层面上规划、启动和推进下一步实验堆的设计和建造工作。

12.4.3 国内的协调、集中优势、重点攻关

经过前期的努力，我国已经形成了一个由研究院所、高校和核能企业组成，技术全面，具有国际影响力的队伍。这支队伍分布在全国几乎所有核能领域的主要单位。在后续的研发工作中，充分用好这支队伍，在时间上和质量上对我国超临

界水冷堆的工程化实现将起十分重要的作用。

12.4.4 联合国际伙伴

国际上众多国家和地区在超临界水冷堆研发领域也积累了相当丰富的经验，并建成了一批设施。正如前面所述，基于各个国家的经济、政治和社会因素，中国最有可能第一个实现超临界水冷堆的工程化。利用好国际伙伴的经验和设施来为我们的工程化目标服务，定能加速推进我国超临界水冷堆工程化进展和更大程度上确保高质量的研发工作与后续工程建设。

第 13 章

加速器驱动次临界系统

13.1 核能发展的关键问题

13.1.1 我国核能的发展趋势

积极发展核电是解决我国未来能源供应、保障经济社会可持续发展的战略选择。根据《核电中长期发展规划（2005—2020 年）》，到 2020 年核电在运行装机容量可达 58 GWe，在建核电机组的装机容量为 30 GWe。按此核电发展规模估算，2010～2020 年累计需要经济可开采的铀资源储量约为 22 万 t。现有的铀资源储量和未来新探明的铀资源可基本保障这一发展阶段的需求。但随着我国核电装机容量的持续增加，以及在很长一段时间内对核燃料的不断需求，国内的铀资源已无法保障我国核电可持续发展的长远目标，随着铀资源对外依存度的不断增大，铀资源保障的风险和不确定性在不断增加，从而严重影响我国能源发展的战略布局。

核燃料在反应堆中发生裂变反应释放出核能用于发电，并生成种类众多的裂变产物；同时，核燃料中的重原子核（U238 等）经一系列中子俘获反应和 β 衰变而生成超铀核素，如钚、镎、镁、锔等。当反应堆内燃料棒中的 U235 浓度降低到一定程度后，核燃料就需卸出，成为乏燃料。以一座百万千瓦的反应堆估算，每年卸出的乏燃料中包括可循环利用的U235和U238约23.75 t、钚(Pu)约200 kg，中短寿命的裂变产物约 1 t、次锕系核素（Np、Am、Cm 等，常简称 MA）约 20 kg、长寿命裂变产物（LLFP）约 30 kg。通常情况下这些裂变产物和锕系核素不再被回收利用，被称为核废料。如果 2030 年核电装机容量达到 150～200 GWe，届时乏燃料累积存量将达到 2.35 万 t。乏燃料潜在危害性的远期风险主要来自钚、锕系核素和长寿命裂变产物，需经过几万甚至几十万年的衰变，其放射性水平才能降到天然铀矿的水平。由于大多数的超铀核素的半衰期很长（从几百年至数十万年），且大多具有α放射性，这些核素被列入放射性毒性分组的极毒组或高毒组，一旦进入人体会对组织和器官造成严重的辐射危害。因此，乏燃料的安全处置一直是核能发展过程中要面对的一个严肃问题。乏燃料特别是其中的长寿命高放核废料的安全处理处置将成为影响我国核电可持续发展的瓶颈问题之一。

13.1.2 核燃料循环模式

根据乏燃料和高放废物处理处置方式的差异，国际上主要有三种核燃料循环模式：一次通过的开环模式、铀/钚再利用（MOX 燃料）的闭式循环模式和分离—嬗变闭式循环模式（图 13.1）。

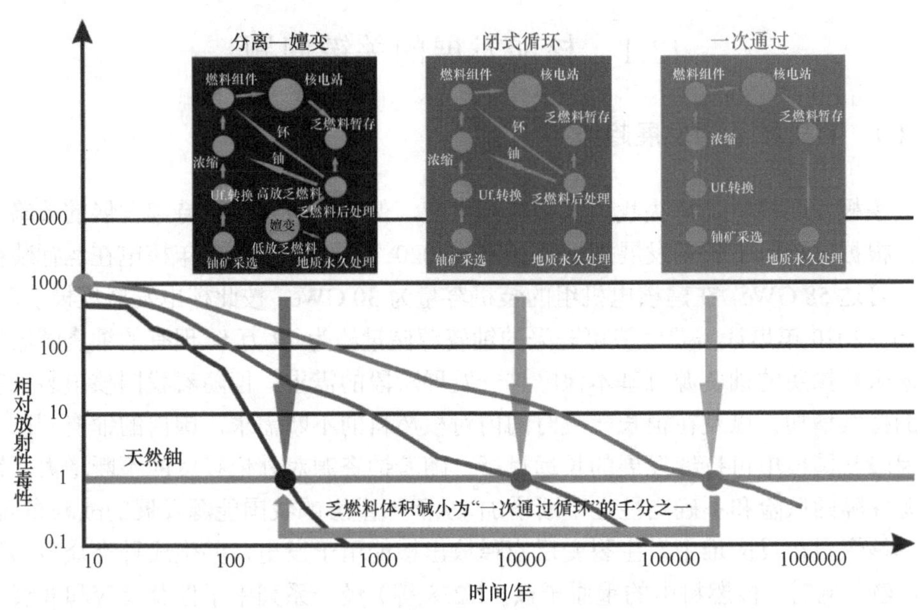

图 13.1 核燃料循环模式效果对比

在开环模式中，乏燃料将直接作为高放核废料进行地质深埋。这种模式的优点是省去了后处理的环节，并降低了核扩散的风险。但由于需要在地质层中长期存放，其环境风险无法准确预期和有效控制。铀/钚再利用的闭式循环模式将乏燃料中的铀和钚分离出来，并制成混合氧化铀钚（MOX）燃料，剩下的高放核废料经玻璃固化等工艺处理后进行最终的地质深埋。该循环模式可以明显提高核燃料的利用效率，同时也将大幅度减小高放核废料的处置量。但由于锕系核素和一些长寿命裂变产物的存在，核废料的放射性毒性需要上万年的时间才能衰减至天然铀矿的水平。

分离—嬗变闭式循环的概念是 20 世纪 90 年代提出的，其核心是在铀/钚再利用闭式循环的基础上，进一步利用嬗变核反应将高放核废料中的 MA 等长寿命核素转化为中短寿命或者是稳定核素。研究表明，长寿命高放核废料的放射性水平经过嬗变处理后，可在 300～700 年内降低到普通铀矿的放射性水平，需地质深埋处理的核废料也有较大幅度的减容。这种方案可以大大降低地质存储和运输的技术难度，并提高安全性。MA 的嬗变可在快中子反应堆和加速器驱动次临界系统（ADS）中实现。对于快中子反应堆，由于核燃料中 MA 的加入会减小有效缓发中子份额、导致小的多普勒效应以及大的正冷却剂空泡系数，从而降低临界反应堆的安全性，因此快中子反应堆中 MA 的装载量受到一定的限制。ADS 工作在次临界模式下，其固有的安全特性可有效解决临界反应堆由 MA 装载量过高导致的安全性问题，对于核燃料组分的要求也具有更多的灵活性。

13.2 加速器驱动次临界系统（ADS）

13.2.1 ADS 概念的发展

1941 年，美国化学家 Gleen T. Seaborg 第一个利用加速器人工合成了几微克的钚，发现了超铀元素钚的存在。基于 Gleen T. Seaborg 的研究发现，美国科学家 E. O. Lawrence 启动了 MTA（Material Test Accelerator）研究计划，其目的是利用加速器增殖技术生产用于核武器制造的 Pu239。同一时期，加拿大科学家 W. B. Lewis 于 1952 年启动了利用加速器技术由自然界中的钍核素生成 U233，用于 CANDU 型重水反应堆发电的研究计划。随着大量高品质的铀矿在美国等国家不断被发现，利用加速器增殖技术生成易裂变核素这一途径不具有现实的经济可行性。因而，这些研究计划很快就终止了。在 20 世纪 60 年代，我国的核科学家也曾详细探讨了加速器增殖技术，其重点是如何能生成我国比较紧缺的 Pu239。经研究发现，要实现这一目的，要求加速器的流强至少是 100 mA，而当时的加速器性能与技术离这一要求还相差太远。该项研究计划于 1971 年被终止。

具有现代意义的，旨在探索先进核能系统、提高核安全和解决核废料安全处置的 ADS 概念最早是由美国 Brookhaven 国家实验室 H. Takahashi 和 G. Van Tuyle 领导的研究团队在 20 世纪 80 年代的后期发展起来的。1991 年美国洛斯阿拉莫斯

（Los Alamos）国家实验室的 C. Bowman 第一个给出了嬗变装置的详细设计方案，该方案利用来自加速器的高能质子束流产生散裂中子去驱动次临界、热中子反应堆，目的是实现核废料嬗变与核能发电。1993 年，Carlo Rubbia 和他领导的工作团队提出了“能量放大器”的概念。这是一个基于钍-钍循环的次临界核能系统，通过外中子源驱动进行核能发电，同时大大减少次锕系核素的量。随后开展了一系列实验研究，验证了加速器驱动次临界系统的原理与可行性。

13.2.2 ADS 的构成与原理

ADS 由强流质子加速器、重金属散裂靶和次临界反应堆三大分系统组成（图 13.2），它集成了 20 世纪核科学技术发展的两大工程技术——加速器和反应堆。其基本原理是，利用加速器产生的高能强流质子束轰击重核产生宽能谱、高通量散裂中子作为外源来驱动次临界堆芯中的裂变材料发生链式反应。散裂中子和裂变产生的中子除维持反应堆功率水平所需及各种吸收与泄漏外，余下的中子可用于核废料的嬗变或核燃料的增殖。锕系核素与快中子发生裂变核反应，生成半衰期较短和毒性较小的裂变产物；长寿命裂变产物的嬗变主要通过热中子俘获、衰变等核反应过程生成短寿命或稳定的核素。如 Tc99 俘获一个中子后生成半衰期 15.8 s 的 Tc100，再经β衰变后变成稳定核素 Ru100；I129 中子俘获生成半衰期 12.4 h 的 I130，最终经β衰变至稳定核素 Xe130。

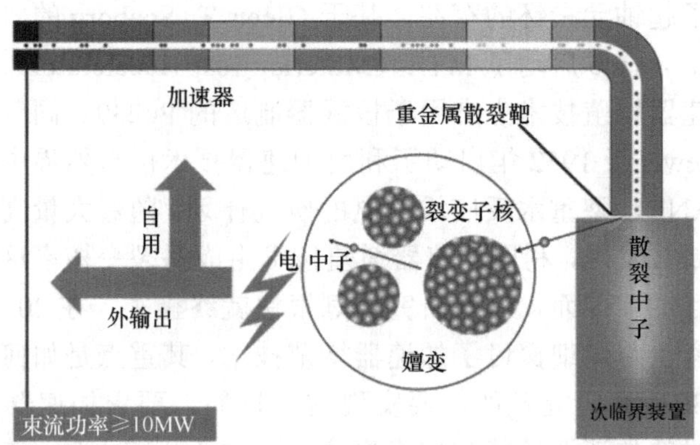

图 13.2 ADS 原理结构示意图

13.2.3 ADS 技术挑战

强流质子加速器是 ADS 的驱动器，可供选择的质子加速器有回旋加速器和直线加速器两种。回旋加速器利用粒子在恒定磁场中回旋频率相同的原理设计而成，受到中心区空间电荷效应、横纵向弱聚焦、注入引出束损限制等条件的制约，这类加速器的流强很难达到 10 mA。直线加速器理论上可以加速几百毫安的强流质子，比回旋加速器更适用于 ADS 的需求。采用射频超导技术的高功率直线加速器，将大幅度降低欧姆损耗、提高能量传输效率，是目前 ADS 加速器技术的优选方案。对于一个工业级的加速器驱动嬗变装置，要求加速器提供能量在 800 MeV 以上连续波质子束流，束流功率在 10 MW 以上，是目前世界在运行加速器已达到最大束流平均功率的 10 倍。其连续波运行模式下的束流损失、束流恢复、机器安全等问题都是非常大的技术挑战。此外，为保证散裂靶和次临界堆的结构安全，加速器在正常运行周期内的失束次数必须控制在非常低的水平，其指标要求也超过目前加速器运行水平 10 倍以上。

散裂靶是加速器和次临界堆的耦合部件，其所产生的散裂中子能谱的分布决定次临界反应堆的运行特性。为了保证在高能质子轰击下散裂靶能够稳定产生整个 ADS 在次临界条件下持续工作所需的中子通量和空间分布，选择易发生散裂反应的重金属如铅、铅铋合金（LBE）和钨等为靶材料。一般来说，ADS 散裂靶的设计要满足：①中子产额应尽量高；②能承受高的束流功率；③可持续运行较长时间且易于更换和维护。未来工业 ADS 嬗变装置的散裂靶，其空间功率密度可以达到反应堆的数十倍以上，热移除等问题是制约高功率散裂靶研发的核心因素。其次还需要有效地解决靶与加速器和反应堆的耦合问题以及可工作在极端条件（高温、强辐照、腐蚀等）下的结构材料问题。

ADS 的堆芯是一个次临界、快中子反应堆。快中子堆芯具有更高的增殖和嬗变效率，相比于热中子堆芯，也更有利于锕系核素的嬗变。发展 ADS 面临的主要问题为散裂中子源带来的堆芯内功率分布不均匀、新型冷却剂的热工及材料相容性、加速器失束时对反应堆的热冲击、长时间强中子辐照等极端环境下的燃料元件及材料问题等。同时还要解决 ADS 的核燃料所涉及的乏燃料的铀钚分离，MA 的分离以及新型燃料组件的制备等难题。

13.3 ADS 的发展现状及趋势

13.3.1 国外的发展及趋势

目前国际上关于 ADS 的学术交流、研讨会及科技合作日益活跃与频繁，欧盟各国、美、日、俄等核能科技发达国家均制定了 ADS 中长期发展路线图，正处在从关键技术攻关逐步转入建设系统集成的 ADS 原理验证装置阶段。

欧盟联合了 40 多家大学和研究所等机构，在欧盟 F6 和 F7 框架下支持了多个研究计划的开展，如 MUSE（Multiplication with an External Source）计划开展 ADS 中子学研究；MEGAPIE（Megawatt Pilot Experiment）计划开展兆瓦级液态 Pb-Bi 冷却的散裂靶研究；MYRRHA（Multi-purpose Hybrid Research Reactor Hightechnology Application）计划是建成一个由加速器驱动的铅铋合金（Pb-Bi）冷却的快中子次临界系统，其主要设计指标为功率 85 MWt 的反应堆、600 MeV/4 mA 的强流加速器、铅铋合金作为靶和冷却剂。美国从 2001 财年开始实施先进加速器技术应用的 AAA（Advanced Accelerator Applications）计划，全面开展 ADS 相关的研究。美国 DOE/NNSA 计划在乌克兰联合建造一个百千瓦级功率的 ADS 集成装置，但由于战争等原因，此计划仍在延迟中。美国费米国家实验室正在计划建造的 Project-X 是一台多用途的高能强流质子加速器，除高能物理研究外，也打算将 ADS 的应用研究纳入其中，该计划没有得到 DOE 的经费支持，已经停止。日本从 1988 年启动了最终处置核废料的 OMEGA 计划，后期集中于 ADS 开发研究。由日本原子力研究机构（JAEA）和高能加速器研究机构（KEK）联合建造的日本强流质子加速器装置（J-PARC），计划在未来升级工程中将直线加速器能量提高到 600 MeV，用于开展 ADS 的实验研究。另外，俄罗斯、韩国和印度等国也都制订了 ADS 研究计划，开展了大量的 ADS 技术相关研究。

13.3.2 我国的研究基础

我国从 20 世纪 90 年代起开展 ADS 概念研究。1995 年在中国核工业总公司的支持下成立了 ADS 概念研究组，开展以 ADS 物理可行性和次临界堆芯物理特性为重点的研究工作。中国科学院院士丁大钊、何祚庥和方守贤等科学家发表了多篇科技文章，积极推动了我国 ADS 技术的研究。

1999 年起中国原子能科学研究院联合中国科学院高能物理研究所负责实施的为期十年的两期 973 计划项目“加速器驱动的洁净核能系统（ADS）的物理和技术基础研究”，在强流 ECR 离子源、ADS 专用中子和质子微观数据评价库、次临界反应堆物理和技术等方面的探索性研究取得一系列成果，建立了快-热耦合的 ADS 次临界实验平台——“启明星一号”。随后，中国科学院还重点支持了超导加速器技术研发，并结合相关研究所优势部署了重大方向性项目“ADS 前期研究”。在此基础上，中国科学院有关单位和中国原子能科学研究院分别向国家提出了建设 ADS 研究装置的建议。

13.3.3 我国 ADS 发展路线

2010 年，中国科学院根据我国核能可持续发展的重大需求与既有研发布局，结合国际发展态势，从技术可行性出发，提出我国 ADS 发展路线图。后经多次优化调整，形成了如图 13.3 所示的发展规划。

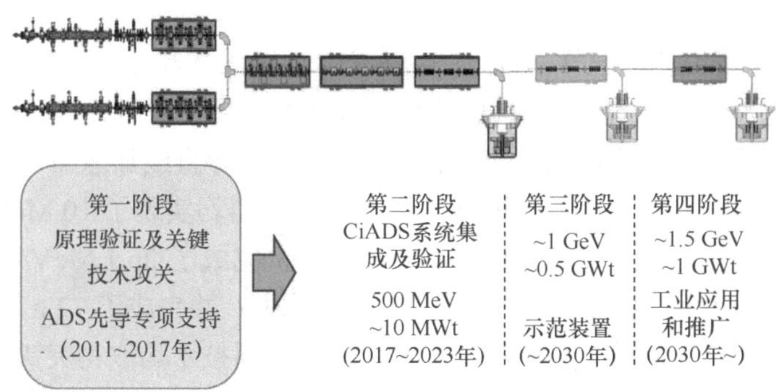

图 13.3 中国 ADS 发展路线图

第一阶段的任务是原理验证及关键技术攻关。由 ADS 先导专项支持，解决 ADS 单项关键技术问题，初步证明 ADS 原理可行性，并进行设计优化；同时申报国家发改委“十二五”重大科技基础设施“加速器驱动嬗变研究装置”（China Initiative Accelerator Driven System，CiADS）项目。第二阶段的任务是 CiADS 系统集成及验证。由国家发改委重大科技基础设施“十二五”项目、地方和企业共同支持，完成 CiADS 嬗变研究装置的建设，从整机集成的层面上掌握 ADS 各项重大关键技术及系统集成与 ADS 调试经验，为下一步建设 ADS 示范装置奠定基础。第三阶段是示范装置建设阶段。器、靶、堆系统指标提升，建成～1 GeV@10 mA/CW 连续束模式加速器驱动～0.5 GWt 的次临界堆系统，系统可靠性提升，可用性 >75%，达工业级要求。实现工程技术验证，核心解决可靠性、燃料和材料问题，确定工业推广装置的燃料和材料选择。第四阶段是工业应用和推广阶段，由企业主导，系统放大至～1 GWt 量级，实现运行可靠性和系统经济性的验证，发展工业应用。

2011 年中国科学院启动的 ADS 先导专项，由近代物理研究所、高能物理研究所、合肥物质科学研究院承担，并联合院内外其他相关研究单位共同开展 ADS 第一阶段的原理验证研究，着力解决 ADS 中的各单项关键技术问题，根据示范装置的需求开展前瞻性研究工作，发展 ADS 研究所需的平台基础。在此基础上，设计和优化我国首台“加速器驱动嬗变研究装置”（CiADS）的建设方案，同时申报国家发改委“十二五”重大科技基础设施项目支持。

13.4 ADS 研究进展及未来规划

13.4.1 ADS 研究进展

目前 ADS 研究团队已在 ADS 关键技术、关键部件和原理样机研制等方面取得了突破性进展，使我国具备建设首台 ADS 研究装置的条件。

ADS 超导质子直线加速器系统成功实现 ADS 超导直线加速器 25 MeV 前端示范样机的系统集成测试。基于两种技术路线的注入器均实现了 10 MeV/～2 mA 连续波质子束流的稳定运行。25 MeV 前端示范样机完成了 26.1 MeV/12.6 mA 脉冲质子束和 25 MeV/0.3 mA 连续波质子束的现场测试；并完成了 72 h 运行测试，可用性达到 85%以上。前端示范样机研制期间，各单项技术均取得突破并趋于成熟；分段调试期间最高连续波流强达到 11 mA，最高束流功率达到 28 kW，最长连续波运行时间达到 7.5 h。162.5 MHz/2.1 MeV 射频四极加速器已稳定载束运行超过 3000 h，最高连续波束流强度达到 11 mA，是目前国际上稳定运行的连续波离子束射频四极加速器中最高的；325 MHz/3.2 MeV 射频四极加速器实现 2 mA 连续波束流运行；研制的一系列超导腔性能均达到或超过国际先进水平，有目前国际上 β 值最低的 Spoke 超导腔，垂测性能最好的 HWR 超导腔，设计和性能国际领先的 CH 型超导腔等；此外还有高功率主耦合器、超导腔调谐器、固态高功率放大器、强流束流诊断等相关技术也获得了突破。

原创性地提出了新型流态固体颗粒靶概念并完成初步设计。该方案融合了固态靶和液态靶的优点，通过固体小球的流动实现了靶区外的冷却，物理上具有承受几十兆瓦束流功率的可行性。设计建成了颗粒流散裂靶的原理样机，突破了颗粒流靶部分关键技术。设计建成了 ADS 零功率装置，该装置可支持临界与次临界、铅与轻水冷却剂的多种运行模式，开展了靶堆耦合中子学、ADS 反应性监控与测量技术等实验研究。在 ADS 次临界反应堆的研究中，已初步完成铅铋堆芯的总体设计，全面启动了初步工程设计。建成了大型铅铋合金技术综合实验回路，铅基反应堆关键设备的冷态集成验证装置等。

在材料研究方面，自主配方、自主研制的 SIMP 钢是一种新型抗辐射抗腐蚀的低活化耐热合金结构材料，其性能指标均优于或不亚于目前国际主流核能装置用抗辐照结构材料，有望成为一种新的核能装置候选结构材料。在核燃料制备方面，完成了铀纳米材料的制备和系列锕系有机化合物晶体的合成。

2015 年 12 月，国家发改委正式批准“加速器驱动嬗变研究装置”（CiADS）的立项。CiADS 是国家“十二五”期间优先安排建设的 16 个重大科技基础设施之一，其主要设计指标为：强流质子加速器质子束流能量 500 MeV、束流强度 5 mA，实现连续波（CW）工作模式，并具备可升级到更高能量的能力；高功率颗粒流散裂靶最大可承载质子束流功率 2.5 MW，具备与加速器和次临界堆耦合工作的能力；液态铅铋次临界堆在加速器中子源驱动下的最大热功率可达 7.5 MW，并留有实验孔道开展嬗变等相关实验研究。CiADS 建成后将成为世界上首个兆瓦级加速器驱动次临界系统研究装置。目前，CiADS 项目建设地点已确定至广东省惠州市惠东县东南沿海，中国科学院已同广东省人民政府签署协议，并成立院省领导小组，共同推进项目建设。

13.4.2 ADS 未来规划与展望

当前我国处于核电快速发展期。从国家能源战略的高度，党和国家领导人高度重视核电事业。为了保障核电的长期可持续发展，必须要解决核材料的稳定供应和核废料的安全处置。针对核燃料短缺、乏燃料处置、核安全和防止核扩散等问题，半个多世纪以来各国科学家尝试了不同技术途径，但尚未形成一个有效的解决方案。

传统意义上的“分离—嬗变”策略和 ADS 技术注重于锕系核素和长寿命裂变产物的安全处置，通过嬗变可极大地降低核废料的放射性毒性，但缺乏对提高核燃料利用率的考虑，忽略了 ADS 在增殖和产能方面的巨大潜力。要同时解决燃料利用率和废料毒性去除率两个方面的诉求，需要一种更为先进的核燃料循环策略。随着中国科学院 ADS 先导专项研究的推进和各项突破性科研成果的取得，对于 ADS 系统在核燃料增殖和产能方面的巨大潜力的认识和理解也愈加深入。进而，ADS 研究团队对 ADS 发展路线进行了认真而又审慎的再思考，在一系列原理模拟验证和技术路线深入调研的基础上，科研人员勇于突破原有的发展思路，创造性地提出了“加速器驱动先进核能系统”（Accelerator Driven Advanced Nuclear Energy System，ADANES）的全新概念和研究方案。

ADANES 是集核废料的嬗变、核燃料的增殖、核能发电于一体的先进闭式核燃料循环系统，主要包括两大核心部分（图 13.4）：一是 ADANES 燃烧器，即 ADS 系统，利用加速器产生的高能离子轰击散裂靶产生高通量、硬能谱中子驱动次临界堆芯运行；二是面向 ADANES 燃烧器的乏燃料再生循环系统（Accelerator Driven Recycle of Used Fuel，ADRUF），主要包括乏燃料后处理和嬗变元件的制造等环节，变分离—嬗变为排除部分裂变产物（中子毒物）。

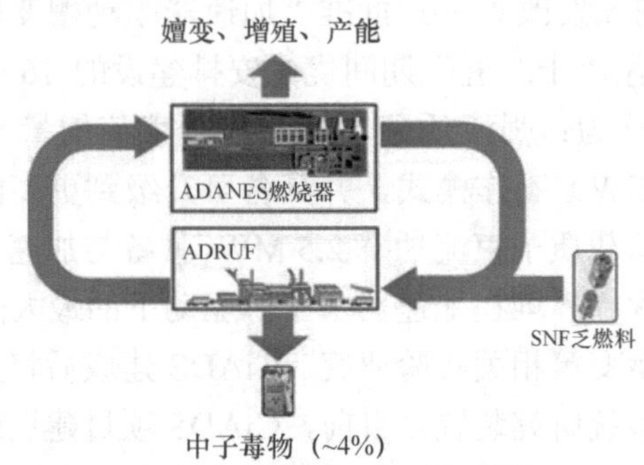

图 13.4 ADANES 结构示意图

ADANES 充分利用加速器驱动系统固有的安全性和冗余能力，可以利用仅排除了部分中子毒物的乏燃料再生为 ADS 燃烧器的核燃料。ADANES 的流程中，在减小 MA 含量的同时能够进行燃料的增殖并实现核能发电，可极大地提高铀资源利用率，大大降低核废料的产生量，放射性核废料的寿命也由数十万年缩短到约 500 年，使基于铀资源的核裂变能成为可持续数千年以上的安全、清洁的战略能源。

作为 ADANES 技术研发的重要组成部分，ADRUF 将重点解决 ADANES 的核燃料所涉及的乏燃料的高温干法处理和裂变产物中稀土元素的无水法分离技术与工艺，同时还要解决抗辐照、耐高温反应堆结构材料、碳化硅复合材料和新型颗粒燃料制备等相关的技术与工艺。ADRUF 利用先进的高温干法对来自轻水堆和 ADS 燃烧器的乏燃料进行简单处理，不需要对铀、钚和 MA 分别进行分离和提纯，从而大大降低分离的难度和费用。用于乏燃料后处理的 DUPIC 工艺和稀土元素高效提取技术目前还处在研发阶段，将两者有机结合用于 ADANES 还需要进行深入的理论研究和实验验证，并充分考虑和解决研发过程中可能出现的新问题和新挑战。

ADANES 方案是一个敢于突破桎梏的原始创新性研究课题，是一个可引领世界先进核能技术研发的创新思路，得到了国家、中国科学院和地方政府的理解与支持。目前中国科学院已同广东省、福建省和中广核集团等分别签订了合作框架协议，积极推动研发进程。相关的技术验证、台架试验和原型样机研制等工作正全面有序地进行。希望国家在支持核能领域科技研究的规划中，从安全性、经济性、可持续性等基本考量出发，对敢于突破现有技术概念的创新研究和技术探索，能够充分重视和重点资助。总之，国家在核能科技领域的研发投入体现国家意志，不仅满足当前的重大急需，而且着眼于储备未来的战略潜能。

第 14 章

熔盐堆

14.1 熔盐堆和钍基核能

核能作为一种能量密度高、洁净、低碳的能源，是保障国家能源安全、促进节能减排的重要手段，大力发展核能已成为我国能源中长期发展规划的战略重点。2000 年，美国 DOE 牵头发起 GIF，目标是开发出一种或若干种革新性核能系统，GIF 将第四代先进反应堆的定义扩大为包括核燃料前处理、反应堆技术、核燃料后处理的反应堆核能系统，提出了更高的经济性、安全性、核废料最小化和防扩散性要求，并筛选出了六种最有希望的第四代候选堆型，熔盐堆（MSR）是其中唯一的液态燃料反应堆。

液态燃料熔盐堆（MSR-LF）中液态氟化盐既用作冷却剂，也作为核燃料的载体，燃料可以为 U235、U233、Pu239 以及其他超铀元素的氟化物盐；冷却剂熔盐一般为两种或者多种盐的共晶混合物，其中 2LiF-BeF_2 的共晶混合物由于具有较好的中子吸收和慢化特性，被认为是一回路盐的首选目标。经过几十年的发展，熔盐堆在原有液态燃料堆概念基础上扩展出来固态燃料熔盐堆（MSR-SF，也称为氟盐冷却高温堆——FHR）的概念，其核心特点是使用氟盐冷却技术和包覆颗粒燃料技术，继承和发展了来自多种反应堆的技术，包括非能动池式冷却技术、自然循环衰变热排出技术和布雷顿循环技术等，技术成熟度高，其商业化在当前技术基础条件下具有极高可行性。

熔盐冷却剂的物理化学性质决定了熔盐堆具有能量密度高、无水冷却、常压工作和高温输出等特点。液态燃料熔盐堆以氟化熔盐及溶解在其中的钍或铀氟化物组成的熔合物为燃料，无需燃料元件制作；燃料盐的负反应性温度系数和空泡系数大，无堆芯熔化风险，具有很好的固有安全性；熔盐具有良好的热导性和低的蒸气压，可在高温、低压状态下运行；燃料盐中产生的裂变产物，可以连续地被移入化学处理厂进行在线处理，避免了放射性废物长期贮存在堆内；可以灵活地采用一次通过、多次循环、次锕系元素嬗变等各种燃料循环模式，熔盐常温时为固态，可从根本上避免因泄漏而导致大量的核污染，对生物圈和地下水位线的防护要求没有那么严苛，适合建于地下，可以有效防止自然灾害与战争、恐怖袭击的威胁。

发展裂变核能必须有足够的易裂变核素——核燃料供应，人类迄今发现的有商业价值的易裂变核素只有 3 个：U235、Pu239 和 U233。其中，U235 是自然界唯一天然存在的易裂变核素，Pu239 需由 U238 吸收中子后转换而来，又称为铀基核燃料（铀基核能）；而 U233 需由 Th232 吸收中子后转换而来，又称为钍基核燃料（钍基核能）。目前核电工业使用的燃料基本都是铀基核燃料，由于能源需求的高速增长，对核燃料需求越来越大，要解决燃料短缺的问题，降低对铀资源的需求，一方面可以走快堆模式，提高铀基核燃料的利用率；另一方面可开发利用储量大于铀基核燃料的钍基核燃料。钍基核燃料研究与铀基核燃料一样，也始于美国“曼哈顿”计划，经过几十年研究，科学界已经基本了解钍基核燃料相关知识，并且发展了一定的应用技术。

地球上钍资源的总储量是铀资源的 3～4 倍，钍基核燃料的有效利用对于人类的发展有着巨大的价值，特别是我国钍资源丰富，预计如能实现钍完全循环利用，可供使用几千年以上，将成为核能可持续发展的战略保证。天然钍具有α放射性，既是潜在的核能资源，同时又是放射源，应充分注意防止钍污染环境，钍资源通常是其他矿产资源的共生矿，例如，在包头白云鄂博，钍矿、铁矿和稀土金属矿是共生矿，目前在开采铁矿和稀有金属的同时，对钍放任不管任其流失，既污染环境，又浪费核能资源。科学合理利用我国丰富的钍资源，在避免环境污染与资源破坏的同时进行未来核燃料储备，已成为众多专家的共识。

钍是一个切实可行、性能优越的核燃料选择，为日益增长的能源需求提供一个新途径。钍基核能的钍铀转换效率高，U233 在热谱、超热谱以及快谱内都有较大的有效裂变中子数，中子经济性好，因此钍在热中子堆中也能实现增殖；钍基燃料产生的钚和长寿命次锕系核素较少，放射性毒性相对较低；钍铀转换的中间核素 U232 会产生短寿命强γ辐射的衰变子核 Tl208（铊），这种固有的放射性障碍增加了化学分离的难度和成本，易被核监测，有利于防核扩散；钍和氧化钍化学性质稳定、耐辐照、耐高温、热导性高、热膨胀系数小、产生的裂变气体较少，这些优点使得钍基反应堆允许更高的运行温度和更深的燃耗。

钍基核能不易用于制造武器，是更理想的民用核燃料，但由于 20 世纪发展核武器重要性远大于发展民用核能，钍在核能中的发展一直处于从属地位。使用钍基核燃料与使用铀基核燃料技术上有相似之处，但不完全相同，具有一些独特的优势与挑战，钍基核燃料使用的技术关键是开发合适的反应堆型。半个世纪多以来，关于钍在核能方面的利用研究取得了许多成果，目前全世界运行过的加钍反应堆超过 10 座，例如，美国希平港的轻水增殖堆是第一座使用钍达到增殖的反应堆；美国橡树岭国家实验室（ORNL）的 MSRE 是迄今唯一一座长期稳定运行的熔盐堆。

开发钍基熔盐堆核能系统（Thorium Molten Salt Reactor，TMSR），将有助于实现钍资源高效利用，具有更高的固有安全性，可建于地下或内陆干旱地区，也可用于高温制氢、二氧化碳加氢制甲醇，对解决核燃料供应问题和环境污染问题有重要意义。液态燃料熔盐堆结合连续添换料和在线干法后处理，易于实现钍基核燃料的增殖，是国际公认利用钍基核能的理想堆型；固态燃料熔盐堆中的流动球床型设计可以不停堆连续更换燃料球，也可在改进的开环模式下实现钍基核燃料的部分利用。在技术层面上，两类熔盐堆存在共同技术基础和梯次研发需求，研发工作可同时进行、相继发展。

14.2 熔盐堆的起源和发展现状

熔盐堆的早期概念为液态燃料熔盐堆（MSR-LF），其研究始于 20 世纪 40 年代末的美国，主要目的是美国空军为轰炸机寻求航空核动力（轻水堆则是美国海军为潜艇研发的核动力装置）。ORNL 于 1954 年建成第一个熔盐堆实验装置 ARE（Aircraft Reactor Experiment），成功运行了 1000 h，展示了很好的稳定性以及易控制性。战略弹道导弹的迅速发展使核动力轰炸机研发失去了军事应用价值，熔盐堆于 20 世纪 60 年代研发转向民用。ORNL 于 1965 年建成 8 MWth 的液态燃料熔盐实验堆（MSRE），成功运行了将近五年，通过大量实验研究证实了熔盐堆可使用包括 U235、U233 和 Pu239 的不同燃料，具有优异的中子经济性和固有安全性；燃料盐 $^{7}LiF-BeF_2-ThF_4-UF_4$ 可成功用于熔盐增殖堆，具有辐射稳定性；石墨作为慢化体与熔盐相容；Hastelloy N 合金成功应用于反应堆容器、回路管道、熔盐泵、换热器等部位，腐蚀被控制在低水平等。MSRE 的成功充分证明了液态熔盐堆运行的稳定性和安全性，是迄今唯一一个液态燃料反应堆，也是唯一一个成功利用 U233 运行的反应堆，研究表明熔盐堆具有非常独特而优异的民用动力堆性能，可以用铀基核燃料，也可以用钍基核燃料，理论上可以实现完全的钍铀燃料闭式循环。20 世纪 70 年代，ORNL 完成了 2250 MWth 增殖熔盐堆（molten salt breeder reactor，MSBR）的设计。

由于 20 世纪 70 年代正是冷战的高潮，发展核武器和生产钚的重要性远大于发展民用核能；熔盐堆的成功不为橡树岭以外的专家所知，液态燃料堆的概念和主流的固态燃料堆相悖；同时，过去 30 年里铀探明储量多于预期，电力需求增长小于预期，使得燃料增殖的需求显得并不迫切。在核能研究规模整体收缩的背景下，美国政府选择了适合生产武器用钚、具有军民两用前景的钠冷快堆，放弃了更适合钍铀燃料循环、侧重于民用的熔盐堆。

美国 MSRE 的巨大成功和适用于钍基核燃料的特点引起我国科学界和政府的高度重视。20 世纪 70 年代初，我国科研人员选择钍基熔盐堆作为发展民用核能的起步点，一座零功率冷态熔盐堆于 1971 年建成并达到临界，通过开展各类临界物理实验取得了丰富的实验结果。限于当时的科技水平、工业能力和经济实力，我国民用核能转向了轻水反应堆研发并最终建成秦山一期核电厂。

近年来，环境问题成为全球新的热点，导致对核能需求快速增长，有效利用钍资源将会有助于解决核燃料长期稳定供应问题；冷战时代的终结，使得防核扩散问题成为民用核能发展的主要制约，熔盐堆不利于生产钚的特点反而变成了优势；经过几十年的发展，熔盐堆的优点已深入人心，技术进步也为熔盐堆的示范和商业化提供了坚实的支持。熔盐堆研究重新成为先进核裂变能领域的热点，被选为四代堆六个最有希望的候选堆型之一，堆型概念扩展为液态燃料熔盐堆和固态燃料熔盐堆两类。世界各国纷纷启动了相关基础研究计划，欧盟与俄罗斯的熔盐堆研究计划和项目着眼于长期及对基础问题的探索，重点在液态燃料熔盐堆，兼顾钍铀燃料和铀钚燃料；亚洲各国受能源需求的拉动，对两种熔盐堆型的发展均表现出很高的积极性，印度与日本正在积极推动液态燃料钍基熔盐堆的研究工作，韩国已经启动了固态燃料钍基熔盐堆研究计划。

针对不同应用前景，各国发展了多种功能和多种类型的钍基熔盐堆概念设计，包括法国的 MSFR（Molten Salt Fast Reactor）、俄罗斯的 MOSART（Molten Salt Advanced Reactor Transmuter）、日本的 Fuji-MSR、加拿大的 IMSR（Integral Molten Salt Reactor）、英国的 SSR（Stable Salt Reactor）、德国的 DFR（the Dual Fluid Reactor）等，并进一步评估其可行性、安全性和经济性等要素。另外还有一些公司也积极介入和推动熔盐堆的研发，提出了一些创新性的概念设计，包括美国 Martingale 公司的小型模块化堆 ThorCon、美国 Flibe Energy 公司的 LFTR 设计、美国 Transatomic Power 公司的 WAMSR 设计、美国 Terra Power 公司的 MCFR 设计、丹麦的 Seaborg Technologies 公司的 SwaB 设计等，但迄今仍未有完整的实质性计划，这为我国在这一领域主导业界标准、实现跨越发展提供了宝贵机遇。

法国科学研究中心（CNRS）对于熔盐堆的研究开始于 1997 年，提出了 MSFR 设计，采用无石墨慢化、增加径向再生盐和利用快中子能谱设计，具有非常大的负反馈系数、较大的增殖能力和简单的燃料循环模式，也能用于焚烧其他反应堆内产生的超铀元素。俄罗斯为实现轻水堆乏燃料中超铀核素的高效嬗变，采用超铀元素作为燃料，建立用于燃烧 Pu 和 MA 的 MOSART 堆，其堆芯内部无任何固体构件，有较高的可控性和安全性，系统具有内在的动力学稳定性，只需适中的反应性控制能力就可以控制。日本 Fuji 熔盐堆采用美国 ORNL 的 MSBR 相同的熔盐燃料，但额定功率较低且不需要在线燃料处理工厂，剩余反应性较小，安全事故容易探测，运行期间仅需要添加少量的熔盐燃料，几乎可以实现核燃料的自持循环。加拿大于 2013 年提出功率为 80～600 MWth 的小型模块化堆 IMSR 设计，采用石墨慢化剂和低富集铀燃料，使用紧凑的可替换堆芯设计，无在线后处理，堆芯内累积的气体和其他裂变产物连同熔盐在堆芯替换时进行离线处理或者长期存储。英国提出了池式的 SSR 设计，燃料盐处于静态，无需泵或其他设施控制流速，燃料取自乏燃料，可用于焚烧长寿命锕系元素。2001～2003 年期间，美国依靠其雄厚的科学技术积累，结合高温制氢等核能综合利用的需求，由 ORNL、桑地亚国家实验室（SNL）与加州大学伯克利分校（UCB）共同发展和提出熔盐堆家族的新成员——固态燃料熔盐堆（MSR-SF）概念，并进行了包括棱柱形燃料先进高温堆、棒状燃料先进高温堆、球床先进高温堆、板状燃料先进高温堆等四种具体设计。

2011 年，美国能源部开始启动固态燃料熔盐堆前期研究计划（Integrated Research Project），麻省理工学院（MIT）、UCB、Wisconsin 参加，ORNL、INL、Westwood 合作参与，将 2009 年 UCB 等提出的 900 MW 球床氟盐冷却高温反应堆定为基准设计，在此基础上讨论氟盐冷却高温反应堆的发展战略，拟定关键问题和技术路线，同时考虑试验堆和商用堆设计。2016 年 1 月 15 日，美国能源部揭晓了美国先进堆研发的“悬赏”名单，以南方电力公司牵头，联合泰拉能源公司和 ORNL 等提出的液态燃料熔盐堆成为获得资助的两个项目之一。

2011 年，中国科学院启动了“未来先进核裂变能”战略性先导科技专项，钍基熔盐堆核能系统（TMSR）作为其两大部署内容之一。TMSR 项目具备三个基本特征：一是利用钍基燃料，二是采用熔盐冷却，三是基于高温输出的核能综合利用。采取了兼顾钍资源利用与核能综合利用两类重大需求，对固态熔盐堆和液态熔盐堆两种堆型研发同时部署、相继发展的技术路线。计划建立完善的研究平台体系，学习并掌握已有技术，开展关键科学技术问题的研究，解决相关的科学问题和技术问题，发展和掌握相关核心技术，建成包括“固态熔盐堆”和“液态熔盐堆”的中试系统，最终实现核燃料多元化，确保我国核电长期发展和促进节能减排，防止核扩散和实现核废料最小化，为和平利用核能开辟一条新途径。

14.3 熔盐堆原理与技术特点

液态燃料钍基熔盐堆主要包括堆本体、回路系统、换热器、燃料盐处理系统、发电系统及其他辅助设备等（图 14.1）。堆本体主要由堆芯活性区、反射层、熔盐腔室/熔盐通道、熔盐导流层、哈氏合金包壳等组成，反应性控制系统、堆内相关测量系统、堆芯冷却剂流道等布置在堆本体相应的结构件中，其主要功能是容纳堆芯中的石墨熔盐组件、堆内构件及相关的操作与控制设施。回路系统由一回路带出堆芯热能，二回路将一回路熔盐热量传递给第三个氦气回路推动氦气轮机做功发电。燃料盐后处理系统包括热室及其工艺研究设备、涉 Be 尾气处理系统、放射性三废处理系统及其他辅助系统，主要功能是对辐照后的液态燃料盐进行在线后处理，回收并循环利用燃料和载体盐。

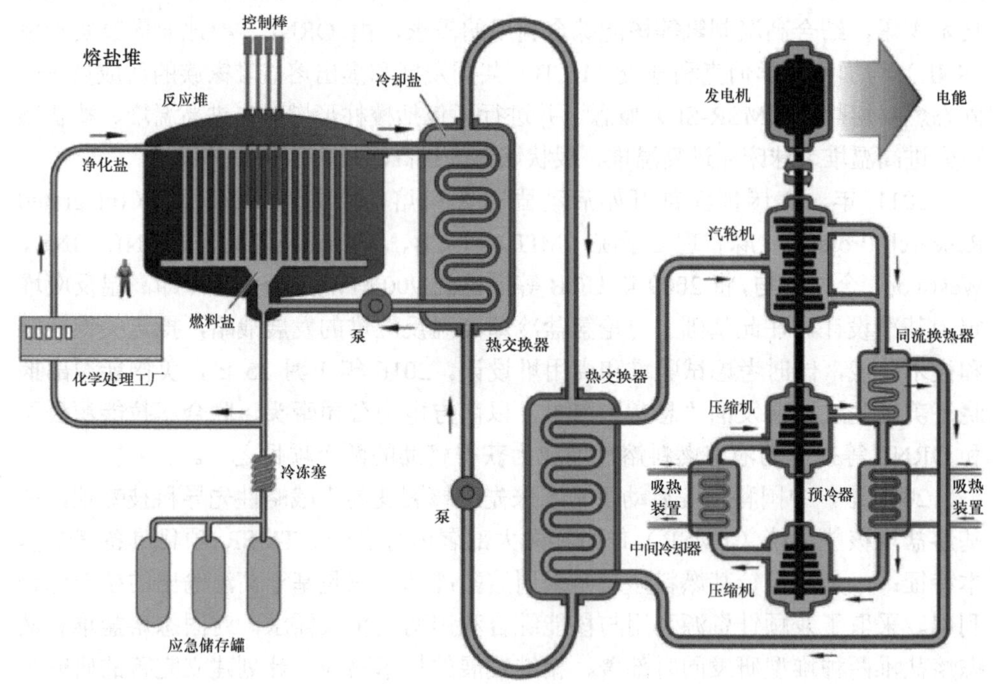

图 14.1　熔盐堆示意图

液态燃料钍基熔盐堆设计采取了许多超过固态燃料常规反应堆的设计理念，得益于熔盐冷却剂的物理化学性质（图 14.2），具有能量密度高、无水冷却、常压工作和高温输出等特点。

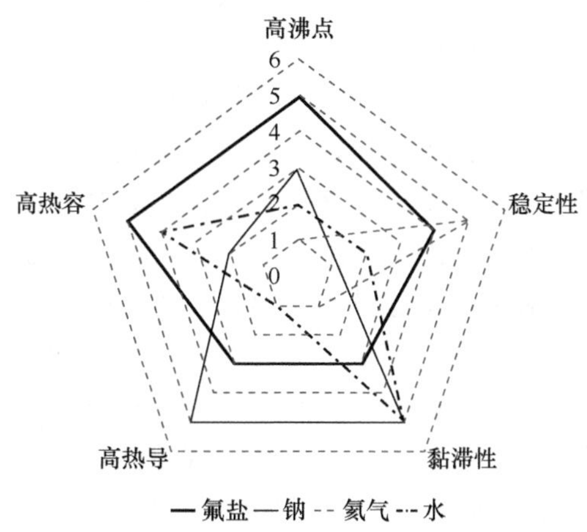

图 14.2 不同冷却剂的物理化学性质示意图

（1）更好的本征安全性：ThF_4 和 UF_4 高温下可溶解于载体盐 $^7LiF\text{-}BeF_2$，无须专门制作固体燃料组件，节省了加工费用，由于燃料本身就是熔化的，也不存在堆芯熔化风险，避免了其他堆型可能产生的最坏事故；熔盐堆在线按需添加燃料，可以极大降低反应堆的后备反应性；熔盐的低蒸气压减少了破口事故的发生，即便发生破口事故，熔盐在环境温度下也会迅速凝固，防止事故进一步扩展，可避免管道高压爆炸，降低管道要求，管道造价低；采用熔盐储存罐设计，紧急情况下燃料盐可直接排入储存罐；燃料盐具有较大的负反应性温度系数和空泡系数，对反应堆调节和运行安全都具有重要意义；在后处理方面只需小型的后处理工厂即可为 1GW 功率 TMSR 服务，采用连续燃料净化方式，避免了放射性废物长期贮存在堆内，降低了放射性安全风险。

（2）可灵活地进行多种燃料循环方式，如一次利用、废物处理、燃料生产等：用于焚烧的核废物也无须制作燃料元件，减少了燃料制备的强放射性；卸出的核废物仅为裂变产物并且放射水平较低，处理工序相对简单，采用永久处置对生物圈影响小；由于采用燃料连续在线处理，在热谱、超热、快谱均有较好的增殖性能，可以设计为具有增殖性能的全闭燃料循环模式反应堆，实现核资源的可持续发展；裂变产物种类少、含量低，使堆内中子利用率更高，对于熔盐快堆，超铀元素通过直接裂变或者嬗变为易裂变核素方式最终可被完全焚烧掉。

（3）可有效利用核资源和防止核扩散：熔盐堆可不需要特别处理而直接利用铀、钍和钚等所有核燃料，也可利用其他反应堆的乏燃料，还可利用核武器拆解获得的钚；由于熔盐堆不使用或使用少量的浓缩铀，并产生极少的可以制造核武器的钚，所以可有效地防止核扩散。

（4）热功率密度高、适合小型模块化设计：由于一回路的高温、低压特性可以使堆芯结构更为简单，因此可以设计成具有较高功率输出的小型反应堆。军用方面，由于运行无需控制棒、不停堆换料、寿命长、功率易调等特点，为建造核动力潜艇以及航空器提供了可能；民用方面，亦可以通过建造几个百 MWe 级的小型模块熔盐堆，从而减少电站建设的支出和经济风险。

（5）功能多样性及灵活性：熔盐堆可运行在比较高的温度，同时熔盐具有很好的导热性，因此可以很好地匹配到制氢、制氨、煤气化、甲烷重整等所需的温度条件上。具有功能多样性，如电力、供热、煤气化、甲烷重整、制氢（热化学或高温电解）；同时具有灵活性，可适用于传统的蒸汽式兰金循环，尤其适合布雷顿循环（发电效率高达 45%～50%），工质可以是氦气或氮气。

（6）地下建造：熔盐常温时为固态，避免了因泄漏而对环境的大量核污染，对生物圈和地下水位线的防护需求没有那么严苛，因此熔盐堆也适合地下建造，将反应堆建造在地表以下，上面覆盖有护肩，其中常规岛部分在地面以上。地下建造既避免了恐怖袭击、飞机坠落、龙卷风等威胁，又防止事故发生对生物圈的影响；熔盐堆配有应急储存罐，方便应急处理，事故发生时，冷冻塞熔化，所有熔盐均流入储罐中，恢复正常时再将熔盐填回堆芯。

钍基熔盐堆核能系统（TMSR）具有良好的经济性、安全性、可持续性和防核扩散性，其商业化在当前技术基础条件下也具有极高的可行性，使用钍基燃料可以极大降低废物毒性，如图 14.3 所示，经过 300 年以后，钍铀循环的核废料毒性比铀钚循环低四个量级。由于钍基熔盐堆是新的堆型，具有堆运行温度高、材料腐蚀性强和放化处理技术不成熟的特点，同时面临福岛核事故后核能安全防护要求大幅提升的挑战，因此需要进一步开展很多基础性工作和克服存在的技术难点（图 14.4）。包括：燃料盐的流动特性使得熔盐堆技术成为完全不同于其他固体燃料反应堆的一种全新核反应堆技术，尚无成熟的反应堆设计和安全分析方法以及安全评估规范可供借鉴；燃料盐连续在线后处理技术在实验室阶段已经相对成熟，但其工程可行性需要进行进一步的实验验证；合金结构材料应用于商业化熔盐堆，其耐高温、腐蚀和辐照问题还需要进一步验证；燃料、石墨与熔盐在化学特性上是兼容的，但对辐照后的物理渗透效应，还需要进行一系列实验检验；钍铀循环

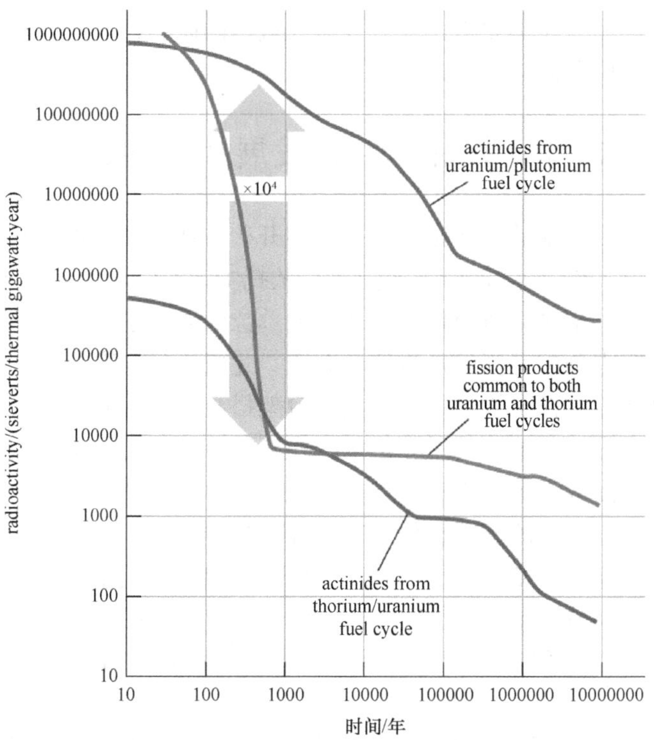

图 14.3 不同燃料循环的核废料放射性毒性

图 14.4 钍基熔盐堆研究基础

核数据相对铀钚循环还不完善，需要开展大量基础研究；以及镧系和锕系元素的溶解性及金属偏聚和氚控制等问题。

14.4 中国 TMSR 发展战略和进展

TMSR 先导专项实施五年来，几乎从零开始，在能力建设、科技研发等方面取得突破性进展，整体达到国际先进水平。依托中国科学院上海应用物理研究所，在中国科学院内外十多个研究机构和核工业单位的协作参与下，跨所组建了一支专业齐全、年富力强的钍基熔盐堆科研队伍。建成了配套齐全的（冷）实验研究基地，在两种熔盐堆概念设计、验证实验台架搭建与实验验证、理论方法研究等方面取得了具有国际影响力的重要进展，在氟盐冷却剂与结构材料等关键材料研制与设备研发方面取得突破性进展，为建设实验堆奠定了坚实的科学技术基础。开展了广泛而卓有成效的国际合作，2011 年中国科学院与美国能源部签署《核能科技合作谅解备忘录》（CAS-DOE NE MOU），开启了中美基于熔盐堆的新一代核能技术合作之门。在此合作框架下，中国科学院 TMSR 先导专项与美国国家实验室、大学和核学会等开展了多层次、全方位、卓有成效的合作，取得了实质性进展。

2013 年国家能源局将“钍基熔盐核能系统技术研究及工程实验专项”列入拟重点推进的重大应用技术创新及工程示范专项之一，2014 年上海市将“上海市 TMSR 科技重大专项”列入具有全球影响力的科技创新中心建设的重大科技创新布局。

TMSR 专项在若干科学前沿领域实现了重点突破，解决了一批 TMSR 专项实施研究中的关键科学问题，形成了较为完整的学科布局，为 TMSR 研发奠定了坚实的基础。

（1）钍铀燃料循环系统建设：基于燃料循环模式和熔盐堆特点，考虑技术就绪度和燃料循环性能优化，提出创新的“三阶段”钍铀循环战略方案，总体目标为实现钍资源高效利用，兼顾增殖和嬗变，有效降低核废料排放及提高防核扩散性能。“三阶段”战略采取了可实现性从高到低、关键技术研发从易到难、钍利用性能逐步提高、废料量逐步降低的技术路线，以逐步实现钍燃料自持增殖利用，还可焚烧自身及其他堆型产生的 MA 或 TRU 核素，将重金属燃料的放射性毒性降到最低。除首次装堆需要裂变燃料外，其后各次循环只需提供增殖材料钍，核燃料利用率随着循环次数增加而不断增长，最终可实现完全闭式钍铀燃料循环。建立了基于后处理流程优化的钍铀循环物理分析方法，筛选和确立了全新干法后处理流程，实现了包括氟化挥发和减压蒸馏技术的在线处理工艺段冷态贯通。

（2）熔盐实验堆设计系统建设：在通用的反应堆设计和分析软件基础上，开发建立了满足熔盐实验堆中子物理、热工水力和结构力学等设计分析需要的软件体系。完成了 10 MW 固态燃料熔盐实验堆初步工程设计、2 MW 液态燃料熔盐实验堆概念设计，全面掌握堆本体关键技术，解决了高温熔盐环境下主容器、堆内构件及其密封、支撑和隔热设计等多项关键技术。完成了控制棒驱动机构样机、球形燃料元件装卸机构原理装置、熔盐热工水力测量等仪表样机以及保护系统样机等的研制，开展了相关测试和实验验证。

（3）TMSR 安全与许可系统建设：解决了非基岩上建堆技术难题，设计和评审有据可依，建立了核安全公众接受的科学基础和安全论证依据。完成了熔盐堆非基岩上构筑物抗震设计标准和熔盐实验堆Ⅱ类堆安全分类论证，论证了非基岩上建反应堆的可行性，获得国家核安全局的认可。作为联合主席成员单位参与共同编制国际固态燃料熔盐堆安全标准（ANSI/ANS—20.1）。编写了固态燃料熔盐实验堆安全设计准则，完成了熔盐实验堆的安全系统设计。建成了世界上第一个工程规模的非能动熔盐自然循环实验装置，首次验证了熔盐自然循环余热排出系统的固有安全性。

（4）高温熔盐回路系统建设：掌握了熔盐回路热工水力、结构力学设计方法和高温密封、测量与控制等关键技术，研制成功国内首台套氟盐体系泵、阀、换热器、流量计、压力计等样机。先后建成硝酸盐热工实验回路和世界上第一个工程规模的氟盐（FLiNaK）高温实验回路，掌握了高温熔盐回路设计方法，研制了高温熔盐泵、换热器、流量计等关键设备。在实验台架及实验回路上成功进行了关键设备样机的性能测试和运行考验，两个熔盐回路已分别运行上万小时和数千小时，开展了大量热工和力学特性研究，获得了熔盐回路运行经验和重要热工水力数据。

（5）同位素分离技术：发展了绿色环保的溶剂萃取离心分离锂同位素技术，替代传统汞齐法，革除汞污染；开发了具有独创结构的专用萃取剂，分离系数达到 1.021，完成实验室规模串级实验，萃取离心分离获得满足熔盐堆需求的 99.99%以上丰度的 Li7。开发了溶剂萃取制备核纯钍工艺，筛选出高效钍萃取体系，突破溶剂萃取分离痕量杂质的极限，实现 99.999%纯度，实现核纯钍的连续批量制备。发展基于氟盐体系的干法分离技术，氟化挥发、减压蒸馏和氟盐电化学分离技术研发取得重要进展，建立了温度梯度驱动的蒸馏技术，极大地提高了熔盐的回收率和回收品质，降低了粉尘排放，建立了阶跃式脉冲电流电解技术，在

FLiBe-UF_4熔盐体系电解分离得到金属铀，分离率超过 90%。

（6）熔盐净化纯化技术，自主研制了采用 H_2-HF 鼓泡法的高纯氟化熔盐制备净化装置，具备了年产吨级高纯氟化物熔盐的生产能力。熔盐堆一回路用核纯 FLiBe 熔盐的杂质硼当量小于 2 ppm，二回路用高纯 FLiNaK 熔盐的氧杂质含量小于 100 ppm。研制了熔盐热物性测试设备，解决了高温熔盐黏度、密度、导热系数等关键参数测试难题，建成了系统完善的熔盐物性与结构研究平台。建成氟化物熔盐腐蚀评价平台，系统开展了氟化物熔盐腐蚀机制、堆用合金材料腐蚀评价与防护技术研究。通过熔盐纯化、合金成分优化及表面处理等技术，解决了氟盐冷却剂腐蚀控制难题，堆结构材料镍基合金在氟化物熔盐体系中的静态腐蚀速率小于 2 μm/年。

（7）结构材料制备加工技术：掌握了高温镍基合金批量生产制造、加工与焊接工艺，实现了熔盐堆用耐腐蚀镍基合金国产化（国内编号 GH3535）。成功试制了 10 t 冶炼锭，常规性能评估显示其高温力学强度、耐熔盐腐蚀性等关键性能与进口 Hastelloy N 合金相当。突破高硬度合金加工与热处理工艺中的技术瓶颈，实现了宽厚板材、大口径管材、大型环轧件的工业试制。研发成功首款熔盐堆专用的细颗粒核石墨 NG-CT-50，解决了放大工艺（1400 mm×600 mm×350 mm）中的关键技术问题，掌握了工业化生产技术，其力学、热学、纯度和均一性等各项性能满足熔盐堆需求，防熔盐浸渗性能力优于进口核石墨。建立了国产核石墨常规性能数据库，直接推动了熔盐堆专用核石墨国际规范的建立。

14.5 展 望

钍基熔盐堆核能系统（TMSR）以氟化盐为燃料载体冷却剂，具有本征安全性、可持续发展性、防核扩散性和高温输出的特点，结合其可无水冷却的优势，适合于钍资源高效利用、高温核热综合利用、小型模块化堆应用以及缺水地区应用等诸多用途，其商业化在当前技术基础条件下具有极高的可行性（图 14.5）。

中国于 2011 年部署了 TMSR 战略先导专项，致力于发展液态燃料和固态燃料两种熔盐堆技术，以最终实现钍资源高效利用和核能综合利用。液态燃料熔盐堆基于在线干法处理技术，可实现钍铀增殖，并进一步实现钍铀闭式循环；固态燃料熔盐堆可初步利用钍并节省铀资源。迄今，中国 TMSR 核能专项已在熔盐堆原型系统与关键技术研发方面取得一系列重要成果，未来专项研究团队将立足眼前、兼顾长远、开拓创新、联合攻关，继续高效推进专项顺利实施，可望在 2020 年左右建成世界上首座 TMSR 仿真装置（TMSR-SF0）和 10 MW 固态燃料 TMSR

图 14.5　钍基熔盐堆核能系统示意图

实验装置（TMSR-SF1），具有在线干法处理功能（示踪级）的 2 MW 液态燃料 TMSR 实验装置（TMSR-LF1），形成支撑未来发展的若干技术研发能力，实现关键材料和设备产业化；到 2030 年左右全面实现掌握 TMSR 相关科学与技术，基本完成固态和液态两类工业示范堆的建设，发展小型模块化技术，开展熔盐堆的商业化推广。

第四篇

放射性废物管理

第 15 章

法规标准与安全评价

15.1 法 规 标 准

15.1.1 法规

我国在 2003 年颁布了《中华人民共和国放射性污染防治法》，其中，第六章为“放射性废物管理”，对放射性废物管理的责任、放射性废气和废液的排放、放射性废物的处理和处置，以及对放射性固体废物贮存、处置单位的要求做出了相应规定；此外，第二十条规定了包括放射性废物处理和处置设施在内的核设施应当在申请领取核设施建造、运行许可证前编制环境影响报告书，报国务院环境保护行政主管部门审查批准；第二十七条规定，核设施的退役费用和放射性废物处置费用应当预提，列入投资概算或者生产成本。

2011 年国务院发布了针对《中华人民共和国放射性污染防治法》制定的条例——《放射性废物安全管理条例》，对放射性废物的处理、贮存和处置及其监督管理活动做出了明确规定和具体要求。该条例提出了对放射性废物实行分类管理的原则，规定了核设施营运单位和核技术利用单位对于放射性废物净化排放、处理、贮存和送交集中贮存或处置的责任，以及对放射性固体废物贮存单位和放射性废物处置单位的许可制度与监管要求。

2017 年 9 月，我国新颁布了《中华人民共和国核安全法》，并于 2018 年 1 月 1 日开始实施。第三章为“核材料和放射性废物安全”，其中对放射性废物分类处置，放射性废物处置设施的选址、关闭，核设施营运单位对其产生的放射性废物的处理和送交处置、处理处置费用，以及放射性废物的运输做出了规定；此外，

第二章规定了对包括放射性废物处理、贮存、处置设施在内的核设施的选址、建设、放射性监测、安全运行能力等基本要求，以及要求核设施营运单位在各个阶段事先提交申请书、安全分析报告、环境影响评价文件、质量保证文件等材料，向国务院核安全监督管理部门申请许可。

《中华人民共和国放射性污染防治法》和《中华人民共和国核安全法》都设置了独立的章节，提出了放射性废物管理的责任和对包括放射性废物处理、贮存、处置设施在内的核设施的基本要求；《放射性废物安全管理条例》实现了上述两部法律规定的具体化和明确化；除此之外，针对放射性废物的法规目前还包括两部针对《中华人民共和国放射性污染防治法》和《放射性废物安全管理条例》制定的部门规章，即由国家核安全局发布的《放射性废物安全监督管理规定》（HAF 401—1997）和由国家环境保护部发布的《放射性固体废物贮存和处置许可管理办法》（部令第 25 号），其中，前者适用于放射性废物从产生到处置全过程的安全管理，后者则适用于放射性固体废物贮存和处置许可证的申请与审批办理。

在 2017 年 11 月 30 日，环境保护部、工业和信息化部、国家国防科工局联合发布了《放射性废物分类》，于 2018 年 1 月 1 日起施行。该分类体系以实现放射性废物的最终处置为目标，根据各类废物的潜在危害及处置时所需的包容和隔离程度进行分类。放射性废物分为极短寿命放射性废物、极低水平放射性废物、低水平放射性废物、中水平放射性废物和高水平放射性废物等五类，其中极短寿命放射性废物和极低水平放射性废物属于低水平放射性废物范畴，分类体系概念和相应处置方式示意图见图 15.1[1]。

极短寿命放射性废物：废物中所含主要放射性核素的半衰期很短，长寿命放射性核素的活度浓度在解控水平以下，极短寿命放射性核素半衰期一般小于 100 d，通过最多几年时间的贮存衰变，放射性核素活度浓度即可达到解控水平，实施解控。

极低水平放射性废物：废物中放射性核素活度浓度接近或者略高于豁免水平或解控水平，上限值一般为解控水平的 10～100 倍。长寿命放射性核素的活度浓度应当非常有限，仅需采取有限的包容和隔离措施，可以在地表填埋设施处置，或者按照国家固体废物管理规定，在工业固体废物填埋场中处置。

低水平放射性废物：废物中短寿命放射性核素活度浓度可以较高，长寿命放射性核素含量有限，需要长达几百年时间的有效包容和隔离，可以在具有工程屏障的近地表处置设施中处置。近地表处置设施深度一般为地表到地下 30 m。

中水平放射性废物：废物中含有相当数量的长寿命核素，特别是发射α粒子的放射性核素，不能依靠监护措施确保废物的处置安全，需要采取比近地表处置

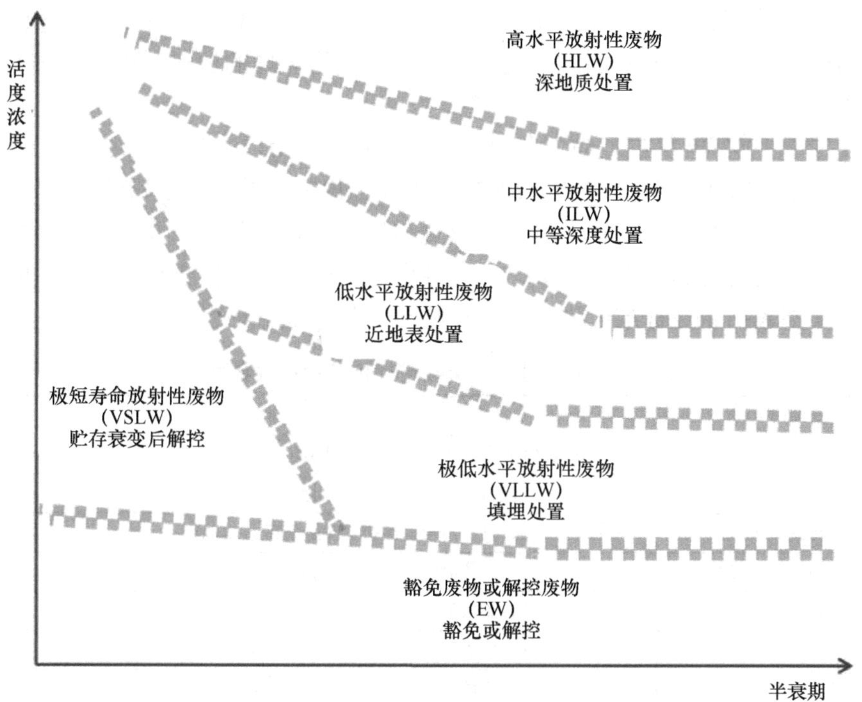

图 15.1 放射性废物分类体系概念和相应处置方式示意图

更高程度的包容和隔离措施，处置深度通常为地下几十到几百米。一般情况下，中水平放射性废物在贮存和处置期间不需要提供散热措施。中水平放射性废物的活度浓度下限值为低水平放射性废物活度浓度上限值，中水平放射性废物的活度浓度上限值为 4×10^{11} Bq/kg，且释热率小于或等于 2 kW/m^3。

高水平放射性废物：废物所含放射性核素活度浓度很高，使得衰变过程中产生大量的热，或者含有大量长寿命放射性核素，需要更高程度的包容和隔离，需要采取散热措施，应采取深地质处置方式处置。高水平放射性废物的活度浓度下限值为 4×10^{11} Bq/kg，或释热率大于 2 kW/m^3。

除上述五类放射性废物外，图 15.1 中还包括豁免废物或解控废物。此类废物中放射性核素的活度浓度极低，满足豁免水平或解控水平，不需要采取或者不需要进一步采取辐射防护控制措施。

15.1.2 标准

我国标准体系中，涉及放射性废物管理的标准有国家标准（GB）、核工业标准（EJ）、环境保护行业标准（HJ）、能源行业标准（NB），以及企业标准（如中核集团标准为 Q/CNNC），此外，适用于放射性废物管理的还包括核与辐射安全导则（HAD）。

我国于 1993 年发布了《放射性废物管理规定》（GB 14500—1993），并于 2002 年发布了修订版本（GB 14500—2002）。该标准规定了放射性废物的产生、收集、预处理、处理、整备、运输、贮存、处置与排放等各个阶段以及退役和环境整治等有关活动的管理目标及基本要求[2]。将我国现行的放射性废物管理相关的标准和导则（不包括企业标准）进行收集和整理，分类统计见表 15.1。

表 15.1　我国放射性废物管理相关的标准和导则

编号	标准或导则的名称
放射性废物的产生、排放及最小化	
EJ/T 940—1995	核燃料后处理厂放射性废物管理技术规定
GB 14585—1993	铀、钍矿冶放射性废物安全管理技术规定
HAD 401/01—1990	核电厂放射性排出流和废物管理
HAD 401/08—2016	核设施放射性废物最小化
EJ/T 795—2014	低、中水平放射性废物减容系统技术规定
HAD 401/02—1997	核电厂放射性废物管理系统的设计
HAD 401/03—1997	放射性废物焚烧设施的设计与运行
放射性废物的整备	
GB 12711—1991	低、中水平放射性固体废物包装安全标准
GB 14569.1—2011	低、中水平放射性废物固化体性能要求水泥固化体
GB 14569.3—1995	低、中水平放射性废物固化体性能要求沥青固化体
GB 14569.2—1993	低、中水平放射性废物固化体性能要求塑料固化体
EJ 1042—2014	低、中水平放射性固体废物包装容器钢桶
EJ 1076—2014	低、中水平放射性固体废物容器钢箱
EJ 914—2000	低、中水平放射性固体废物混凝土容器
GB/T 9229—1988	放射性物质包装的内容物和辐射的泄漏检验
EJ 1186—2005	放射性废物体和废物包的特性鉴定
GB/T 7023—2011	低、中水平放射性废物固化体标准浸出试验方法
EJ/T 20012—2012	高放废物处置前管理技术规定
放射性废物的贮存	
GB 11928—1989	低、中水平放射性固体废物暂时贮存规定
EJ/T 532—1990	低、中水平放射性固体废物暂时贮存库安全分析报告要求
GB 11929—2011	高水平放射性废液贮存厂房设计规定

续表

编号	标准或导则的名称
放射性废物的贮存	
EJ 878—2011	乏燃料离堆贮存水池安全设计准则
HAD 301/02—1998	乏燃料贮存设施的设计
HAD 301/04—1998	乏燃料贮存设施的安全评价
HAF J0052—1995	乏燃料离堆贮存水池安全设计准则
NB/T 20461—2017	压水堆乏燃料干法贮存设施设计准则
放射性废物的运输	
GB 11806—2004	放射性物质安全运输规程
GB/T 17230—1998	放射性物质安全运输货包的泄漏检验
GB/T 15219—2009	放射性物质运输包装质量保证
EJ/T 20122—2016	放射性物质运输辐射防护大纲
EJ/T 839—1994	放射性物质运输安全分析报告的标准格式和内容
EJ/T 818—1994	放射性物质运输环境影响报告书的标准格式和内容
放射性废物的处置	
GB/T 28178—2011	极低水平放射性废物的填埋处置
HAD 401/05—1998	放射性废物近地表处置场选址
GB 9132—1988	低中水平放射性固体废物的浅地层处置规定
GB 13600—1992	低中水平放射性固体废物的岩洞处置规定
GB 16933—1997	放射性废物近地表处置的废物接收准则
HAD 401/06—1998	放射性废物地质处置库选址
HJ/T 5.2—1993	放射性固体废物浅地层处置环境影响报告书的格式与内容
HAD 4XX—2005	核技术利用放射性废物库选址、设计与建造技术要求（试行）
GB/T 15950—1995	低、中水平放射性废物近地表处置场环境辐射监测的一般要求
EJ 1109.2—2002	低、中水平放射性废物近地表处置设施设计规定岩洞型处置
EJ 1109.1—2000	低、中水平放射性废物近地表处置设施设计规定非岩洞型处置

由表 15.1 可见，我国放射性废物管理相关的多数标准和导则是基于 20 世纪末 IAEA 的要求、标准和导则制定的，有少数标准和导则为近年制定或修订的。

15.2 安全评价

15.2.1 我国放射性废物管理安全评价的要求

《放射性废物安全监督管理规定》（HAF 401—1997）将“安全分析和环境影

响评价”作为放射性废物管理的重要环节，并规定营运单位应对新的废物管理设施与实践以及现有设施的重大改变进行评价，编写安全分析报告和环境影响评价报告，分别提交给国家核安全部门和环境保护部门。要求在报告中分析和论证正常运行期间的辐射安全和非辐射安全，并评价事件和事故的可能影响；对放射性废物管理设施可能给人类生存、环境和自然资源造成的非放射学影响做出评定、描述和分析；评价处置设施的长期性能，考虑可能被容纳的放射性废物的放射性核素含量、物理和化学特性，以及处置系统所提供的屏障的有效性[3]。

对于放射性废物处置前管理，我国在1990年发布了核工业标准《低、中水平放射性固体废物暂时贮存库安全分析报告要求》（EJ/T 532—1990），要求低、中水平放射性固体废物暂时贮存库营运单位按照主管部门的规定，提供不同阶段的安全分析报告，报告的主要内容包括三废管理及辐射防护、事故分析评价、环境影响评价等[4]。

对于放射性废物处置，营运单位需要在相应法规标准规定的阶段提交安全分析报告和环境影响评价报告，作为阶段许可证申请的必要文件。我国于1988年发布了《低中水平放射性固体废物的浅地层处置规定》（GB 9132—1988），其中第9章“安全评价”对选择场址阶段、设计阶段、运行和关闭阶段的安全分析报告书与环境影响评价报告书的要求分别做出规定[5]。我国现已运行的处置设施包括西北处置场和飞凤山处置场两个近地表处置设施，目前都按照国家安全监管要求对放射性废物处置开展安全分析和环境影响评价工作。其中，环境影响评价工作参考《放射性固体废物浅地层处置环境影响报告书的格式与内容》（HJ/T 5.2—1993），主要内容为处置场关闭、关闭后在正常情况和事故情况下的环境影响；安全分析工作则侧重于对处置设施的性能和长期安全性的分析与评价，目前还没有相应的标准或导则。我国中等深度地质处置设施尚未开展工作，也没有相应安全评价要求；而深地质处置设施目前还处于概念设计阶段，依据《高水平放射性废物地质处置设施选址》（HAD 401/06—2013），在高水平放射性废物的深地质处置设施选址过程中，将在场址特性评价和场址确认阶段开展安全分析和环境影响评价工作[6]。

15.2.2 IAEA 对于处置设施安全评价的要求[7]

安全评价涉及为了与剂量和危险准则进行比较而对设施或活动可能产生的辐射剂量和辐射危险进行量化，并在考虑到放射性废物仍有危险的时间框架内提供在正常条件和干扰事件下对处置设施行为的理解。以下以放射性废物处置设施为例，对 IAEA SSG—23《放射性废物处置安全全过程系统分析与安全评价》中提出的安全评价的技术内容进行介绍。如图 15.2 所示，安全评价的基本要素是在辐射剂量和辐射危险方面评价对人类和环境的放射性影响，其他重要方面是场址和工程、运行安全、非放射性环境影响和管理系统。

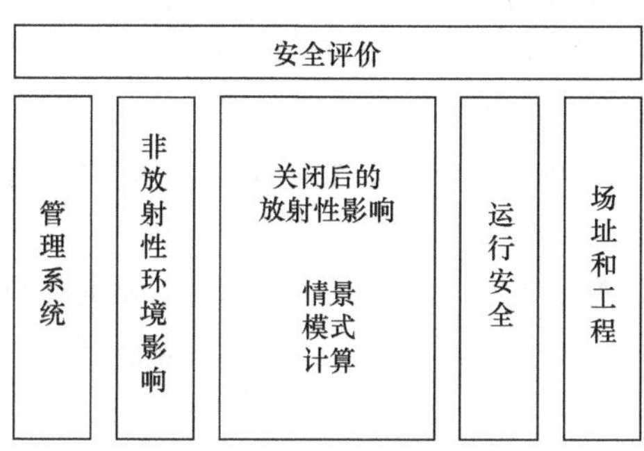

图 15.2　安全评价包括的方面

1. 处置设施关闭后的放射性影响评价

关闭后的放射性影响评价构成了处置设施安全评价的最主要方面，也是后文 15.3 节“安全全过程系统分析”的核心。关闭后的放射性影响评价是评价处置系统的性能，并量化它对人体健康和环境潜在影响的过程。评价包括处置系统性能总体水平的定量化及相关不确定性的分析。

1）评价范围

本部分介绍的内容包括评价的方法学、监管框架、评价的终点以及时间框架。

为了证明符合法规要求，通常需要论证来自处置设施的放射性核素的可能迁移所致辐射剂量或危险仍低于预先规定的剂量或危险约束，继而证明放射性核素可能的释放估计满足约束值的要求就足够了。这种类型的评价方法常常被称作确定论方法，一般地是以一种保守的方式进行的。我国放射性废物处置设施的安全评价中正是采用了保守的确定论方法。应当利用方法的适当选择来进行关闭后的放射性影响评价，当这些方法以一种互补的方式使用时能够增加处置设施安全的置信度。可以考虑的不同方法包括：概率论方法和确定论方法，简单保守模型的使用和相对复杂、现实模型的使用。

管理安全评价实施的监管框架应当作为评价背景的一部分进行记录，并且安全评价应当以与该框架相一致的方式进行。监管框架通常会详细地规定评价中将采用的安全准则，如正常情况下的剂量或危险约束值等。

对评价的终点及其选择的理由要提供清楚的描述，包括：

（1）放射性影响的评价终点，如剂量或危险水平。这些评价终点将通常与可用于该设施的法规有关，并且证明所选评价终点与评价目的及有关监管要求和导则的一致性。目前在我国放射性处置设施的安全评价中仅使用了剂量这一指标。

（2）其他安全指标，如放射性核素的浓度和通量、非放射性污染物的浓度和通量，以及对非人类物种的影响。

（3）描述如何使用这些评价终点，如确定满足放射性标准和环境标准，或与天然本底放射性水平进行比较。

对于关闭后的放射性影响评价，评价的时间框架是计算中所考虑的最大时间跨度。根据评价的目的，考虑建模或表达因素，将整个时间框架分成若干较短的时间窗口，不同的时间窗口可采用不同的评价终点。

评价时间框架的界定应综合考虑国家的法律法规和监管导则及特定处置设施、场址和待处置废物的特性，其他因素还包括：

（1）安全评价计算应覆盖一个足够长的时间段以确定剂量或危险最大值或峰值。

（2）能够显著地影响安全评价结果的几个因素可能会随时间而变化。

（3）相关决策可能影响安全评价中所考虑的干扰事件的类型和严重程度。

2）处置系统描述

长期放射性影响的定量评价需要一些特定的数据，这些数据取决于所构建的情景和所使用的模型。定量评价所需数据的收集是一个迭代过程，应与情景和模型的开发和改进同时进行。

依处置设施的类型而定，处置系统描述应包含下列信息。

（1）近场，包括：

（i）废物的类型，如废物的来源、性质、数量和特性及放射性核素存量；

（ii）系统工程，如废物的整备和包装、处置单元、工程屏障、处置设施的顶盖或掩蔽体、排水特征；

（iii）任何挖掘或施工工程所扰动区域的范围和特性。

（2）远场，如地质、水文地质、水文、地球化学、构造和地震条件、侵蚀速率。

（3）生物圈，如气候和大气、水体、当地居民、人类活动、生物群、土壤、地形、处置设施的地理范围和位置。

处置系统的描述应提供安全评价的数据信息，包括：

（1）管理系统将如何确保所使用的安全相关数据的质量的概述；

（2）所使用的数据的来源；

（3）场址特性调查方案的合理性，数据采集计划应反映之前安全评价中关于后续迭代所需信息的结论；

（4）已用于表征场址和收集监测数据的技术，以及与这些技术和数据相关的不确定性的描述；

（5）放射性核素存量是如何估计的，以及相关不确定性的描述；

（6）用于了解处置设施区域内可能的未来人类行为的任何信息。

3）情景的开发

在评价废物处置设施的安全时，对现在和未来的条件下处置系统性能的考虑可以通过对一系列情景的构建和分析来实现，例如，未来的人类行为、气候和其他环境变化以及可能影响处置设施性能的事件或过程。

情景是处置系统可供替代的可能演变的描述。情景的设计用于鉴明并定义与评价背景相一致的“评价案例”。每个评价案例可以代表或限定该处置系统的一系列类似的可能演变。一系列适宜情景及相关评价案例的选择是极其重要的，所选情景将极大地影响该废物处置系统性能的后续评价。

情景代表与处置系统性能有关的特征、事件和过程（FEPs）的结构化组合。通常考虑各种不同类型的情景，包括“基本案例情景”和“替代演变情景”（它们将包括干扰过程和事件）。在评价中所考虑的各种替代演变情景将具有与基本案例情景相同的绝大部分的特征、事件和过程。然而，一些特殊的特征、事件和过程在不同的情景之间将是不同的，而这些不同就是每个特定情景的特征。

目前，有两种主要的方法用于构建情景。一种为“自下而上”方法，是基于对特征、事件和过程进行筛选的方法。当使用此方法时，作为一个起点应当制定一个全面的特征、事件和过程清单，这可能涉及使用特征、事件和过程的通用清单及确定场址相关和系统相关的特征、事件和过程。接下来通过筛选过程把对该处置系统影响极小或出现概率极低的特征、事件和过程从进一步的考虑中予以排除。对于相关的特征、事件和过程，对它们相互之间及其在适当情景中的组合的相互作用进行全面审查。应当完整地以文件化形式记录用于情景开发的过程，并证明其合理性。关于筛选特征、事件和过程的准则，可能包括与规章制度和（或）事件及过程发生的概率或后果有关的规则。另一种为“自上而下”方法，是以对可能的事件及过程可能是如何影响处置系统安全功能的分析为基础的；接下来可能是一个对照适宜的特征、事件和过程清单对开发的情景进行审核的过程。

无论采用哪一种情景开发方法，在评价中都应当涵盖所有可能显著影响该处置系统性能的特征、事件和过程。这包括在评价时间框架内关于可能反复出现的事件（如洪水、地震等）的特征、事件和过程。因此，应表明已经考虑到了所有可能来自该设施的显著迁移途径及该系统的可能演变。

4）评价模型的开发及改进

一旦开发了情景，就应当开展相应的评价。一般采用评价模型，包括以下三种类型。

（1）概念模型，它是对适宜于评价背景中定义的特定评价目的的系统行为的表达：概念模型对系统部件及这些部件之间的相互作用给出描述。它也包括与可获得的信息和知识相一致的一组关于系统的几何结构及化学、物理、水文地质、生物和机械行为的假设。

（2）数学模型，它是利用数学方程式对概念模型中特征和过程的表达：依据对建模的现象或过程的知识水平及可获得的信息和数据，这将随范围和复杂性的不同而变化。

（3）计算机程序，它是数学模型的实现软件，以便于性能的评价计算：计算机程序包括用于求解数学模型中方程式的数值计算方案。

对于特定的过程和（或）系统部件，通常要开发具体的模型。为了评价关闭后的放射性影响，对这些模型给出信息的整合应有利于对处置系统整体性能的评价。在开发评价模型时应尽可能地确保：

（1）考虑到某处置设施建设计划的状态和评价及该处置系统的现有知识的背景，适当权衡建模中的精细水平及其现实性与保守性之间的平衡；

（2）概念模型提供该处置系统的合理描述，而数学模型充分地表达概念模型；

（3）为了提供关于所选模型充分性的支撑性论据，记录已考虑或已评估的任何备选概念模型和数学模型；

（4）记录模型的验证和评估开展适当的演练，用以建立模型适宜于其预期目的的置信度；

（5）对所使用的软件采取充分的质量保证和质量控制措施。

有时在对计算结果进行评估之后，需要改进某些模式和收集更多的数据并采用更加复杂的计算机程序来实现它们。随着安全评价的逐步开展，可能需要更加全面的模型和数据。在应用模型和解释结果中得到的任何经验和教训，都应当用于重新考虑在模型开发过程中所做出的假设和决定。

5）计算与结果分析

模型一旦被赋予了参数值，它们就可以用来针对相应于不同情景的评价案例进行确定论和（或）概率论计算。

评价系统分析应利用概念模型、场址和设计资料及足够范围的敏感度与不确定性分析，充分地讨论适宜的情景。识别不确定性和参数的相关性并以适当的方式加以处理是重要的。

在表述计算输出时，应当提供充分的结果，既包括那些与最终评价终点进行比较所需的结果，也包括那些与备选的安全或性能指标进行比较所需的结果。为了改进对评价的认识并且使评价具有可追溯性，除了提供完整的集合结果（如年剂量或危险随时间的演变）之外，还应当提供独立的实体量。在安全评价中应当提出用于处理评价结果的方法，例如，应当阐明评价结果是否直接将与监管准则（如安全目标）进行比较，或是否将用作说明性的目的或其他目的。

6）不确定性的管理

不确定性分析应当是计算过程中不可分割的一部分，只要有可能，报告的结果应当包括可能的数值范围而不是单个数值。对于评价目的而言，不确定性的分析应当是充分的。考虑到放射性废物处理系统的复杂性，应当在评价中做出努力以了解不确定性的重要性及减少或限制不确定性。

在处置设施关闭后的放射性影响评价中，有多种不确定性来源，可以大致分为：情景的不确定性、建模的不确定性以及数据和（或）参数的不确定性。此外，还有必要区分由变量随机变化引起的变量数值的不确定性（称作偶然不确定性）和由知识缺乏引起的不确定性（称作认知不确定性）。区分这两类不确定性的主要原因在于，尽管在建模过程中通常对它们做类似的处理，但量化和减少这两类不确定性的可能性和方法是不同的。原则上讲，偶然不确定性可以根据测量结果进行客观的量化并可以用概率分布来描述；认知不确定性的量化永远是主观的且可能是困难的，或在某些情况下甚至是不可能的，但有时是可以通过进一步的研究而降低的。

不确定性的处理方法可概述如下：

（1）对于情景不确定性的处理，通常通过对一系列的情景开展评价来处理，这些情景一般包括一个基本案例情景和几个替代演变情景。应当利用适宜的、明确规定的程序来得到这些情景，该程序中选择和决策是结构化的、引导性的和文件化的。对不同情景评价的比较将为场址和处置系统演变的相关不确定性的重要性提供指示。

（2）对于建模的不确定性的处理，常用方法是对备选模型进行相互比较，以及在某些情况下也对模型预测值和经验观测值进行相互比较。当然，不可能对长期预测值和观测结果进行直接比较。

（3）对于数据和参数的不确定性的处理，应论述每种情景中所使用的模型和参数值的不确定性是必要的。在不确定性的处理中也必须考虑到参数之间的相关性。尽管可以采取行动减少某些不确定性，但总是还存在不确定性，必须以这种方式论述这些不确定性以致有可能从评价结果得出结论并做出决策。

有些情况下，可以通过敏感度和不确定性分析证明某个给定的不确定性对于处置设施的安全是不重要的。例如，敏感度研究可以表明模型对某些参数是不敏感的，即使这些参数在可能参数的整个范围内变化时都是如此。

另一种处理不确定性的常用方法是采用保守的假设。例如，当对所使用的模型进行简化时可以采取保守的观点，或是给模型参数赋予保守值。此方法在验证符合监管准则时具有优势，然而，在某些情况下，这种保守假设可能导致评价代表了极端不现实的或不可能的情况，因而难以解释和交流。此外，当对多个参数赋予保守值时，计算结果也许是过于保守的。另一个重要的考虑是，在一个情景中或针对一个核素时假设是保守的，而对于另外一个情况时该假设也许就不会是如此，例如，高估放射性核素从设施迁移的假设可能会低估闯入的长期危险。关于这些假设对评价终点的影响，应当证明这些假设的保守性的合理性。

概率论评价能够以考虑由相关不确定性引起的一系列参数值的方式来量化与情景相关的危险。概率论评价应当避免把在实践中可能是不可能的或极不可能的系统状态的相应参数进行组合。还应当对概率论评价进行引导以便避免不恰当的“危险稀释”。

7）与评价准则的比较

将来对人类产生的辐射剂量只能进行估算，而与这些估算相关的不确定性将随着时间延续到更远的未来而增加。基于对该处置系统的当前认识，能够对非常长时间内的剂量和危险进行估算，并与提供该处置设施是否可以接受的指标的相应准则进行比较。这种估算不应视作对未来健康危害的预测。

把计算得到的剂量与天然存在放射性核素可能产生的剂量的估计值进行比较，也许可能是处置系统非常长期影响的一个有用指标。也应当考虑其他指标，如环境中的活度浓度或处置系统的滞留能力。

对于近地表处置设施，应包括人类闯入情景的结果分析。然而，对于除近地表设施以外的其他设施，如地质处置设施，在这里基本上已经消除了人类闯入的可能性，可以对人类闯入情景进行评价以检验系统的坚稳性。考虑人类闯入的可能性也是场址选择方面的问题之一。

2. 场址和工程

处置系统演变的定量评价应当得出关于所选场址或拟建场址以及处置设施预期设计的适宜性的结论。定性论证和评价应当对定量评价结论予以补充。一整套的定性和定量评价结果应当提供：

（1）场址和工程适宜性的充分论证；

（2）遵守相关安全要求的合理保证；

（3）落实为该设施所制定的安全策略的保证。

任何处置设施的安全，主要依赖于天然屏障和工程屏障的有利特性或性质。天然屏障和工程屏障的重要特性包括其长期的坚稳性和可靠性。其中，坚稳性是一个与纵深防御概念有关的概念，可应用于处置系统的各个部件或整个处置系统。处置系统部件的坚稳性意味着，尽管可能会发生合理预期的干扰，但它将继续执行预期的一项或多项安全功能，例如，可通过选择那些受自然过程如洪水和地震影响较小的场址来提供。处置系统的坚稳性是处理个体部件及它们之间相互作用的坚稳性，其评价依赖于以下几个要素：

（1）个体屏障及其安全功能坚稳性的论证；

（2）纵深防御概念的评估，即存在多重不同的安全功能，以确保处置系统的整体性能不依赖单一的安全功能，整体性能失效或意外地变差将导致不可接受的放射性后果；

（3）对已采用了良好工程实践的核实（论证可能性和可行性）；

（4）对通过非能动措施实现安全的论证。

在设施的设计中需要考虑非能动安全措施，营运者应尽可能证明处置系统的安全是通过非能动措施来保证的，以使得在运行和关闭后的安全性对能动系统的依赖最小化。尽管这些非能动措施可能是有助于安全的，尤其是对于近地表处置设施的安全，但是这意味着对于设施的长期安全无需能动部件或行动，如监测。因此，主要是天然屏障和工程屏障的组合为设施关闭后的安全提供保障。

对于废物处置设施，需要对“纵深防御”进行评价，这需要论证在处置设施中提供多重安全功能。纵深防御概念应用于处置设施，将确保安全不会过度依赖单个部件、控制程序或安全功能的执行。安全功能的作用和相对重要性可能随时间而变化。

应当采用良好的科学和工程原则，其要素包括观测、提出假设并检验、评价再现性和开展同行评议。营运者对于处置设施预期采用的材料和施工技术应当有很好的了解，并通过从类似应用中获得的知识来证实这些材料是很适合于预期用途的；应当采用良好的施工技术，并充分考虑在这些技术使用中获得的经验反馈。

安全评价中应当包括清楚地描述在场址选择时所采用的方法和准则，综合场址及其周围环境（例如，地质、水文地质、地表特征、气候、当地人口）的知识，用以证明所选场址与已制定的安全策略和准则是相一致的。

3. 运行安全方面

在运行阶段的安全评价中，应采用与放射性废物处置前管理的安全评价相类似的方法。而核电厂运行的安全要求和安全导则，对于处置设施的运行也是有参考价值的。此外，诸如采矿安全之类的其他问题，也需要在处置设施（如深地质处置）运行阶段的安全评价中予以考虑。用于非放射性方面的要求应与放射性方面进行整合。

4. 非放射性环境影响

放射性废物可能包含具有潜在危害的非放射性成分，如重金属、病原体。特别是铀开采废物中通常含有许多显著浓度的非放射性有毒物质和致癌物质。处置系统的选址和设计开发，应当为人类和环境免受这种非放射性危害提供充分的防护。

处置设施非放射性影响的评价将受到环境保护立法的控制，例如，职业健康与安全要求。此外，环境保护立法及其相关规定，将会对处置设施的建造、运行和关闭提出若干要求，例如，关于交通或噪声污染方面的限制，可能会限制设施的建造和运行；设施建造和运行中所要求的水管理限值、控制和条件以及为关闭后排水控制所制定的规定，在设施设计中均应适当考虑。

5. 管理系统

管理系统应贯穿处置设施建造与运行的所有步骤的一切与安全相关的活动、系统和部件，为处置设施的安全评价工作提供质量保证。

一个适宜的质量保证体系的应用将有助于安全评价结果的置信度，并且应当对管理所有安全相关工作的管理系统的适宜性进行评价，包括提供必要的财政资源和人力资源。

15.3 安全全过程系统分析

15.3.1 安全全过程系统分析的概念和作用

安全全过程系统分析来源于英语 safety case，IAEA 安全标准中将其定义为收集并研究科学、技术、行政和管理方面的论点和证据以支撑放射性废物管理设施或活动的安全，包括场址及设施的设计、建设和营运的适宜性，辐射危险的评价，以及与设施或活动相关的所有安全相关工作的充分性和质量保证。

IAEA 在 2012 年发布了特定安全导则 SSG—23《放射性废物处置安全全过程系统分析与安全评价》，为放射性废物处置的安全全过程系统分析和支撑性安全评价满足安全要求提供指导和建议；在 2013 年发布了一般安全导则 GSG—3《放射性废物处置前管理的安全全过程系统分析与安全评价》，为放射性废物处置前管理（包括废物的预处理、处理、整备、贮存和运输）的设施和活动及乏燃料储存设施的安全全过程系统分析和支撑性安全评价满足安全要求提供建议。

如图 15.3 所示，安全全过程系统分析包括 A～H 共 8 个组成部分：A. 安全全过程系统分析背景，B. 安全策略，C. 系统描述，D. 安全评价，E. 迭代和设计最优化，F. 不确定性管理，G. 限值、控制和条件，H. 安全论据的整合。

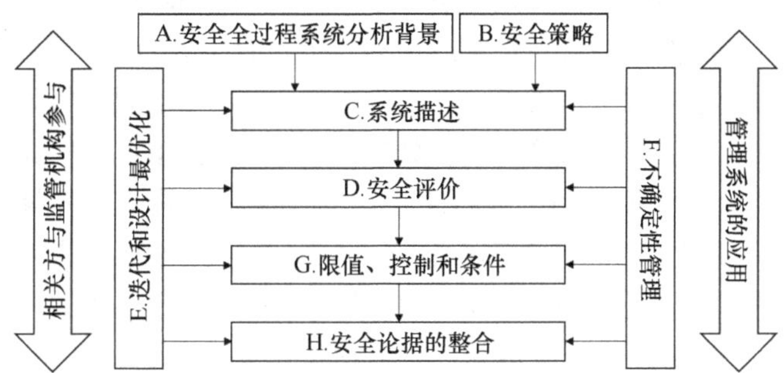

图 15.3 安全全过程系统分析的组成部分、管理系统的应用及监管机构与相关方的参与

IAEA 安全导则规定，安全全过程系统分析应当从该设施的构思就开始开发，并应在其寿期直至关闭和许可证终止的全过程得到保持。如图 15.3 所示，要求全过程应用确保所有安全相关工作质量的管理系统，并要求应用于监管流程。应当为便于所有相关方在安全全过程系统分析的开发和使用中的参与做出安排。其中，安全评价是安全全过程系统分析的主要组成部分，其基本要素是在辐射剂量和辐

射危险方面评价对人类和环境的放射性影响，涉及安全评价的其他重要方面是场址和工程、运行安全、非放射性影响和管理系统方面的评价。

安全全过程系统分析的作用是：

（1）以一种结构化、可追溯的和透明的方式整合相关信息，论证该处置系统在关闭后期间行为和性能的认识；

（2）鉴明该处置系统的行为和性能的不确定性及该不确定性的重要性分析，并鉴明重要不确定性的管理方法；

（3）通过提供合理的保证来论证长期安全，以确保该处置设施将以一种保护人类健康和环境的方式运行；

（4）采用循序渐进的方法支持处置设施建设的决策；

（5）促进相关方对处置设施相关问题的沟通。

15.3.2 国外开展安全全过程系统分析的情况

许多国家或组织使用了“安全全过程系统分析”的概念，但使用的术语可能是不同的，例如，IAEA 和芬兰用的是 safety case[8]；美国使用术语“整体系统性能分析”（total system performance analysis，TSPA），涵盖了本安全导则中描述的安全全过程系统分析的所有方面；法国使用术语“档案”（dossier）来描述安全全过程系统分析[7]；英国称其为“环境安全全过程系统分析”（environmental safety case，ESC）[9]。

营运单位对放射性废物管理设施或活动安全负有主要责任，需要开展安全全过程系统分析及其支撑性安全评价，论证其设计和运行的安全性以及与相关安全要求的符合性，这对于废物处置设施和废物处置前管理设施和活动来说都是很必要的。

对于放射性废物管理的整个流程来说，固体废物处置设施寿期时间尺度非常大，而且许多天然和人工的因素都在变化，同时科学技术水平也在发展，因而需要持续收集和更新相关论据和证据，必要时还需要专门开展相关研究以获得新证据或认识的更新，并进行系统分析和评价以保持所采用的论据在最新的有效状态，进而不断提高政府部门和相关方对该处置设施的信心。因此，开展放射性废物处置的安全全过程系统分析与安全评价是尤为重要的。

以下对 IAEA、OECD/NEA、美国等国家开展的关于放射性废物处置安全全过程系统分析作简单介绍。

1. IAEA

IAEA 在 2012 年和 2013 年分别发布了安全标准 SSG—23 和 GSG—3 后，又

于 2017 年 6 月发布了技术文件第 1814 号（TECDOC—1814），题目为《放射性废物近地表处置设施安全全过程系统分析的内容和论据示例》[10]，目的是对 SSG—23 进行解读，以及以放射性废物近地表为例对处置设施如何开展安全全过程系统分析进行说明。

在该技术文件中提出了安全全过程系统分析论据矩阵（MASC 矩阵），见表 15.2。MASC 矩阵的作用是提供关于安全全过程系统分析每个组成部分的一个框架，用于保证安全全过程系统分析每个组成部分已经在正确的决策步骤并且以合适的重要性水平得到论述。对于一个理想的安全全过程系统分析，MASC 矩阵每个单元格的相对重要性用数字“0”～“3”来表示：“3”表示该论据对于支持决策步骤是必需的；“2”表示该论据对于支持决策步骤是重要的；“1”表示该论据对于支持决策步骤是有意义的，但是不很重要；“0”表示该论据不适用于这一决策步骤。

表 15.2　不同因素相关重要性的 MASC 矩阵

主要决策步骤 \ 组成部分	行动需求	处置概念	选址和设计	建造		运行		关闭	被动有组织控制	后期许可
	决策：进行处置决定重新评价现有设施	确定给定环境和条件的处置概念和安全策略	决策：选择场址和相应设计	决定建造（营运方）	决策：建造授权和/或许可（监管方）	决定运行（营运方）	决策：运行授权和/或许可（监管方）	决定关闭并开始主动有组织控制	决定开始被动有组织控制	决定是否免除设施监管控制
背景	2	3			3		3	3	2	2
管理	1	2			3		3		3	3
相关者及监管过程	1	2			3		3	3	3	3
优化	0	2			3		3	3	0	0
不确定性	2	3			3		3		2	2
安全策略	1	3			3		3	3	1	1
系统描述	1	3			3		3	3	1	2
安全评价	2	2			3		3	3	1	1
安全论据的整合	2	2			2		2	2	1	1
限值、控制和条件	1	1			3		3	3	3	0

MASC 矩阵用于营运者和监管者开发或评审一个安全全过程系统分析以及保证安全全过程系统分析完整性和可追溯性。

2. OECD/NEA

OECD/NEA 开展了安全评价方法（MeSA）项目，总结了 NEA 关于安全全过程系统分析的早期成果，尤其是安全全过程系统分析的国际经验、长期安全标准和时间范围。在 MeSA 项目框架内，安全全过程系统分析是一系列论证和证据结构化的集合，这些论证和证据能够描述、量化和证明一个地质处置设施的安全性。安全全过程系统分析主要用于支撑处置库开发是否进入下一个阶段的决策，包含安全评价，但并不仅仅是简单的安全评价和数值计算，还包含其他能够支撑安全性的论证和证据[11]。

3. 美国等其他国家

目前，美国、芬兰、英国等国家的多个放射性废物处置设施已开展了安全全过程系统分析工作。

美国的安全全过程系统分析文件于 2014 年在 *Reliability Engineering and System Safety* 发表专刊，包括以下内容：选址、场址特性、处置场的演变和废物包设计、危险和情景、性能评价模拟、包气带流的模拟、废物包受热力和化学过程影响的退化、废物退化和流动性、迁移模拟、概念结构和计算、全系统模型综述、基本情景和各种替代情景（早期失效、岩浆、地震和人类闯入）的预期剂量、不确定性和敏感度分析、是否符合地下水保护标准的评价、总结与讨论[12]。

芬兰奥尔基洛托地质处置场的安全全过程系统分析文件包括 13 份报告，其中包括综合，设计依据，处置系统描述，特征、事件和过程，性能评价，放射性核素释放情景的构建，处置库系统的模型和数据及生物圈评价的数据基础，核素释放情景的分析，补充考虑共 9 份主报告，以及场址描述，生物圈描述，生产线，生物圈评价：模拟报告共 4 份支撑性报告[8]。

英国的德里格低放处置场是英国主要的低放固体废物处置设施，2011 年 5 月，营运单位向英国环境署提交了环境安全全过程系统分析（ESC），包括 0～3 级文件：第 0 级为非技术总结；第 1 级为最高级别总报告，总结了主要论据和支持性证据；第 2 级包括 16 个专题报告，为支持主要论据的更详细证据；第 3 级共有 95 个关键基础报告，包括同行评审、研究与开发、贮量、工程、近场、地质、水文地质、场址演变、监测、最优化、前期评估、评价过程、评价方法等，以及上述文件引用的其他数以百计的文献[9]。

瑞典 SFR（Swedish Final Repository）处置库是瑞典短寿命放射性废物处置库，位于波罗的海海底以下约 50 m 深地层中。核燃料和废物管理公司（SKB）于 2014

年提交了 SFR 处置场的长期安全分析报告，其中包括主报告和 FEP 报告、初始状态报告、过程报告、气候报告、生物圈综合报告、模型总结报告、数据报告、人类闯入报告和放射性核素迁移报告共 9 份主要参考报告，此外还包括其他参考报告[13]。

4. 中国

目前，我国生态环境部（原环保部）正在组织制定核安全法规技术文件——《放射性废物处置安全全过程系统分析与安全评价》，此外，即将修订的标准《放射性固体废物近地表处置要求》和正在制定中的标准《放射性废物地质处置设施安全要求》也分别提出了放射性废物的近地表设施和地质处置设施需开展全全过程系统分析的要求；此外，放射性废物处置前管理的安全全过程系统分析与安全评价导则也已经列入标准制定计划。

15.3.3 我国放射性废物处置安全评价与IAEA安全全过程系统分析要求的差距

15.2 节中已经提到本报告，放射性废物处置的营运单位需要按照相应法规标准提交安全分析报告和环境影响评价报告，作为阶段许可证申请的必要文件。我国现有的放射性废物处置设施的安全分析报告和环境影响评价报告，与 IAEA 对于安全全过程系统分析的要求相比，除了在结构和管理方面存在差异之外，在一些必要的技术内容上还存在着缺失或是欠缺，主要表现在以下几个方面。

1. 迭代改进

由图 15.3 可见，“迭代和设计最优化”是安全全过程系统分析的组成部分之一，而且通过循序渐进的方法支持处置设施建设的决策也是安全全过程系统分析的重要作用。在评价过程中应持续进行迭代，直至已充分达到评价目的；而且，还应持续获取补充信息，直至将决策依据改进到可做出决策的必要程度。

我国开展安全评价工作的主要目的是用于阶段性许可证的审批，往往以获得许可证为当前评价工作的终点。总体来讲，存在着早期安全评价与设计脱节的现象，安全评价的结果没有反映到后续设计上，并且在运处置设施中尚未出现更新或修订安全分析报告或环境影响评价报告来更新信息的情况。

2. 不确定性的管理

“不确定性的管理”是处置设施整个寿期的安全全过程系统分析的组成部分，

也是安全评价结果中不可分割的一部分。在评价中可通过不确定性的分析来鉴明需要进一步关注的问题，并作出相应决策来减小存在的不确定性。

这是我国当前放射性废物处置安全评价工作中缺失的一部分。鉴于放射性废物处理系统的复杂性和寿期的大时间尺度，安全评价中的诸多不确定性可以说是不可避免的，因此，对情景、模型和参数的不确定性进行分析和处理是十分必要的。

3. 处置系统和环境的演变

对于处置设施的安全全过程系统分析，除了关注场址当前的状况之外，同样关注处置系统和周围环境随时间的变化和长期的演变情况，这包括可能的自然演变和自然事件，也包括可能影响设施安全的邻近地区内的人类计划和意外活动。

在我国开展的安全评价中，更关注核素的释放对环境的影响，对于系统自身安全功能与性能的评价尚显不足，而处置系统演化的预测和评价则表现为缺失，如未对包装容器的耐久性进行验证；对于场址来讲，通常有提及地震、地质、水文、气候、自然生态等条件以及稳定性与适宜性的相关评价，但同样缺少对场址条件演化的分析。

4. 坚稳性评价

“坚稳性”对于我国放射性废物处置的安全评价来说，是一个新的概念。在 IAEA 导则中对将这一安全策略用于处置系统的部件和整个系统进行了说明，却并未提出明确的分析或是评价方法。其中，处置系统部件的坚稳性是指尽管可能会发生合理预期的干扰，但部件将继续执行预期的一项或多项安全功能；处置系统的坚稳性是指单个部件的坚稳性及其之间的相互作用。

在我国的安全评价中，开展了部分处置系统部件如场址稳定性、处置单元和边坡等安全功能的评价，对于其他的部分部件和整体性能的评价是较为欠缺的；而对于处置系统整体的坚稳性，其评价方法也是有待进一步研究的。

5. FEPs 清单和情景的开发

IAEA 导则指出，情景代表着与处置系统性能有关的 FEPs 的结构化组合，FEPs 清单可为情景开发提供基础或是对已开发的情景进行验证。因此，合理而全面的 FEPs 清单的开发与考虑对于情景的开发来说至关重要。

我国现有场址开展的安全评价中基本没有开发 FEPs 清单，从根本上讲，整体缺少开发 FEPs 清单与情景的系统方法。当前安全评价中开发的情景并不全面，更多地关注了打井、钻孔、建房居住等人类行为的影响，而忽视了一些自然事件的影响，比如山体滑坡等。

6. 评价方法

评价方法涉及诸多方面，对于其中一些方面，我国还存在着一定的不足，主要体现在：

（1）仅采用确定论方法，难以说明参数的最佳估计值或保守值的正当理由。概率论方法可通过考虑不确定参数的整个变化范围，为不确定性提供一个更加全面和明确的描述。

（2）仅采用“剂量”指标，评价指标单一，缺少其他安全指标和用于表征各个部件安全功能的性能指标。“剂量”作为评价终点，存在着很大的不确定性。

（3）部分数据代表性不够。评价中有很多数据要由实验或模型预测得到，如核素迁移数据，这对实验和模型提出了一定的要求，而我国一些场址中的一些实验的设计和模型的假设还有待推敲。

15.4 政策建议

我国现存大量放射性废物，包括核电站废物、军工遗留废物、包含较多长寿命核素的废液、堆退役产生的放射性污染石墨、重水堆乏元件、高温气冷堆乏燃料等，亟待安全处理和处置。当前，核电发展势头良好，截止到 2017 年底，我国在运核电机组 37 台，运行装机容量达到 3580 万 kW[14]，在建机组 21 台，总机组数居世界第三，在建机组数排名世界第一。核电机组运行和乏燃料后处理都将持续产生放射性废物，因此，放射性废物的安全处理与处置作为核与辐射环境安全的重要组成部分，是我国核电事业发展整体中不可或缺的一个环节。

15.4.1 完善我国放射性废物管理法规标准的建议

放射性废物的潜在危害可达到几百年甚至上万年，在如此长时间框架下，加强放射性废物管理的立法是保护当代和后代以及不给未来人类造成不适当负担成为这一放射性废物管理基本原则的必要保障。美国早在 20 世纪 80 年代就已经颁布了《低放废物政策法》和《核废物政策法》，在 20 世纪 90 年代，法国颁布了《放射性废物法》，英国颁布了《放射性物质法》，俄罗斯和韩国分别在 2011 年和 2009 年颁布了《放射性废物管理法》，日本、加拿大等国家也都颁布了针对放射性废物管理的法律，而我国针对放射性废物管理的最高水平的法规是《放射性废物管理安全条例》，并没有颁布特定法律，这将难以系统解决放射性废物的安全管理特别是安全处置问题。因此，建议我国制定《放射性废物管理法》，这是对放射性废物实施有效管理的必然趋势，也是作为《乏燃料管理安全与放射性废物管理安全联合公约》缔约国的基本要求。

当前，我国核电的设计与建造采用了国际最高安全标准，与 IAEA 核电安全标准保持同步跟踪与更新。然而，在放射性废物管理方面，我国现行有效的放射性废物管理法规标准规范却绝大多数还是基于 20 世纪末 IAEA 的要求、标准和导则制定的，严重滞后，与国外发达国家相比至少落后 20 年。总体来讲，并不能适应我国政府监管和公众对核与辐射安全严重关注的实际需要，与我国核工业大国和核电大国的地位极不相称。

近年来 IAEA 颁布了一系列放射性废物管理安全标准导则，如安全导则 WS—G—2.5 号《低、中水平放射性废物的处置前管理》、具体安全要求 SSR—5 号《近地表处置设施》、特定安全导则 SSG—23 号《放射性废物处置的安全全过程系统分析与安全评价》等，建议我国也尽快采纳与借鉴国际放射性废物管理最高安全标准，修订与制定我国的放射性废物管理法规标准。

15.4.2 开展放射性废物处置安全全过程系统分析的建议

从本质来讲，安全全过程系统分析是由一系列安全论据整合而成。由于一个处置设施寿期的时间尺度非常大，许多天然和人为因素都在变化，同时科学技术水平也在发展，因此需要持续收集和更新相关论据和证据，进行系统分析和评价以保持所采用的论据保持在最新的有效状态，进而不断提高监管部门和相关方对处置设施的信心。

换言之，安全全过程系统分析的开发是一个随着处置设施建设的演变而变化的迭代过程。安全全过程系统分析的技术详细程度和形式取决于项目的开发阶段、决定权和特定的国家要求。早期阶段的安全全过程系统分析为设施的选址、设计、开挖和建造、运行和关闭有关的决策提供了基础，以便于通过鉴明需要进一步关注的问题、加强对影响安全性问题的认识以及适当的设计选择，来减小存在的不确定性。

与 IAEA SSG-23 的要求相对比，我国尚未针对处置设施开展安全全过程系统分析，现有近地表处置场的安全分析和环境影响评价中存在没有建立特征、事件和过程清单，情景开发不全面，采用的核素迁移数据未能反映场址实际情况，评价指标单一（仅采用“剂量”指标）等问题，总体来讲，安全论证不够充分，不足以支撑处置设施关闭后几百年内的安全性，与 IAEA 要求和各国已开展的安全全过程系统分析工作存在一定的差距。这可以归结为相应标准体系不够完善，以至于现有安全分析和环境影响评价工作缺乏明确、有效的依据，因此，建议我国以 IAEA 导则为参考，制定安全全过程系统分析标准，为我国放射性废物管理设施开展相应工作提供指导并形成约束；或者仍然沿用当前开展安全分析和环境影响评价的要求，通过制定或修订原有标准使其能有效支撑放射性废物管理设施的长期安全性论证。

除了完善相应标准，还需要针对放射性废物管理的安全评价开展一些研究工作，以弥补当前安全分析和环境影响评价中的知识缺口和技术不足。这包括放射性废物处置设施的坚稳性研究、安全评价技术的研究、处置系统及其外部环境长期演变的研究、核素释放情景的构建、参考生物圈的研究、核素迁移模型研究和实验数据的获得、安全评价指标的研究等，这都是应当明确列入中长期研究规划中的内容。

此外，除了安全评价这一重要组成部分之外，安全全过程系统分析包括一些其他组成部分，如安全策略、迭代和设计优化、不确定性的管理等，这些组成部分使得安全全过程系统分析具有更加全面和完善的体系，这对于放射性废物管理设施尤其是放射性废物处置设施，在公众沟通、质量控制、知识和资料的延续以及透明性和可追溯性的保持方面具有重要意义。

参考文献

[1] 环境保护部, 工业和信息化部, 国家国防科技工业局. 放射性废物分类. 2017.

[2] GB 14500—1993. 放射性废物管理规定. 1993.

[3] HAF 401—1997. 放射性废物安全监督管理规定. 1997.

[4] EJ/T 532—1990. 低、中水平放射性固体废物暂时贮存库安全分析报告要求. 1990.

[5] GB 9132—1988. 低中水平放射性固体废物的浅地层处置规定. 1988.

[6] HAD 401/06—2013. 高水平放射性废物地质处置设施选址. 2013.

[7] IAEA. The Safety Case and Safety Assessment for the Disposal of Radioactive Waste. IAEA Safety Standards Series No. SSG-23, Vienna, 2012.

[8] Posiva Oy. Safety Case for the Disposal of Spent Nuclear Fuel at Olkiluoto-Synthesis 2012. FIN-27160 Eurajoki, Finland, 2012.

[9] LLW Repository Ltd. The 2011 Environmental Safety Case Non-technical Summary. LLWR/ESC/R(11)10034, 2011.

[10] IAEA. Contents and SampleArguments of a Safety Case for Near Surface Disposal of Radioactive Waste. IAEA-TECDOC-1814, Vienna, 2017.

[11] NEA. Methods for Safety Assessment of Geological Disposal Facilities for Radioactive Waste, Outcomes of the NEA MeSA Initiative. NEA No. 6923, Paris, 2012.
[12] Helton J C, Hansen C W, Swift P N. Performance assessment for the proposed high-level radioactive waste. Reliability Engineering and System Safety, 2014, (122): 1-6.
[13] SKB. Long-term Safety for the Final Repository for Spent Nuclear Fuel at Forsmark. Main Report of the SR-Site Project, SKB Report TR-11-01, Stockholm, 2011.
[14] 中国核能行业协会. http://www.china-nea.cn/html/2018-01/39765.html.

第 16 章

放射性废物的处理与整备

16.1 引　　言

放射性废物是指含有放射性核素或被放射性核素污染、其放射性浓度或放射性活度超过国家规定限值的废弃物。按其放射性活度水平可分为低放废物、中放废物和高放废物，按其物理性状可分成气载废物、液体废物和固体废物[1]。

放射性废物产生于核工业各环节以及使用放射性物质的各种活动，即来自核燃料循环和非核燃料循环工艺体系或部门。各种核活动所产生的核废物，以核燃料循环过程为主，尤其是核燃料后处理过程，尽管其所产生废物体积少于各种来源废物总体积的 1%，其放射性却占全部废物放射性活度总和的 99%左右。同时，乏燃料不应看做废弃物，而应该看做一种可回收的资源。乏燃料后处理除去能够回收有用的可裂变材料，可节省天然铀 30%左右，若经过快中子堆增殖，可以使铀资源利用率提高 60 倍左右；除此之外，还可以提取其他有用的放射性材料，这些核素在工业、医疗卫生、科学研究等领域都具有重要用途。可以说乏燃料是放射性核素的宝库，其综合利用的前景极其广阔。

放射性废物处理和整备，是改变放射性废物的物理、化学性质，使之变成适于往大气、水体排放或作最终处置的状态所实施的工艺过程。处理的主要作用是减小体积、去除放射性核素和改变其他成分，即通常所说的“三废”净化过程。整备包括将放射性废物转化成适合运输、贮存和处置的形态的相关活动，包括固定、固化、包装等。

对于放射性废物，要根据其类别、组成等特性选取不同的处理方式。对于放射性废液的固化，有水泥固化、沥青固化、树脂固化、玻璃固化和陶瓷固化等方式。对于中低放废液固化变成中低放固体废物后可采用近地表处置方式，隔离期不少于 300 年；而高放废液由于其放射性水平高、毒性大、腐蚀性强等特点，是最难处理处置的放射性废物，对于高放废液的处理，如果要进行固化，可采用玻璃固化，将其由液体转化为玻璃固化体，然后再进行深地质处置。废物处置系统应提供足够长的安全隔离期，特别是对于高放废物和 α 废物。

在核燃料循环的各个环节中产生的放射性废物，对于中低放废物的安全处理，我国已有比较成熟的工艺技术；而高放废液的处理难度最大，最受人们关注，且我国目前对于高放废液的处理整备方法还不成熟，因此本章重点关注的是高放废液的处理整备技术。

16.2 高放废液的来源、组成特点和处理方法

高放废液主要是乏燃料后处理 PUREX 流程共去污循环排出的萃取残液，它集中了乏燃料中 90%以上的放射性，包含残存的铀钚（0.25%～0.5%）、次锕系元素（MA）镎、镅和锔以及长寿命的裂片元素，是一种放射性高、毒性强的废液。

目前现存的高放废液主要有两种：一种是世界核大国在研发核武器过程中遗留的生产堆高放废液，除少部分采用玻璃固化或分离后玻璃固化处理外，大部分都在高放废液储罐中暂存，给环境和人类造成潜在危害。另一种是核电站乏燃料后处理产生的动力堆高放废液，大部分采用玻璃固化方式进行处理，少部分暂存在高放废液储罐中。

高放废液中的放射性核素对人类健康的影响，可以用核素的毒性来表示，图 16.1 为乏燃料从反应堆卸出后主要放射性核素毒性随时间的变化[2]，以 7 t 天然铀作为参考，最初的几百年，乏燃料的毒性主要来自裂变产物（主要是 Sr90 和 Cs137），然后是次锕系元素（镎、镅、锔），1000 年以后放射性毒性主要是钚占主导作用，而乏燃料的毒性要达到天然铀的水平则需要衰变更长时间。

目前国际上对高放废液的处理方法的研究主要集中在两个方面：一是将高放废液直接进行玻璃固化后，进行深地质处置；二是通过放化分离，将高放废液中的次锕系元素分离出来，进行嬗变处理，剩余的长寿命核素和微量的次锕系元素进行玻璃固化处理[3-5]。从高放废液处理技术的长远发展来看，分离—嬗变技术无疑是一种更先进的技术，但分离—嬗变技术还不完善，距离实现工业化还需要较

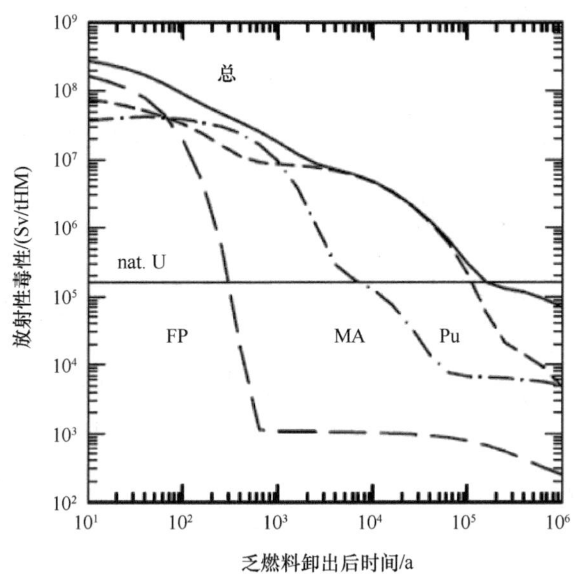

图 16.1 1 t 乏燃料在卸出后毒性随时间的变化

（乏燃料的 U235 的最初丰度为 4.2%，燃耗为 50000 MWd/tHM，参考线为 7 t 天然铀：7 t 天然铀生产 1 t U235 的丰度为 4.2%的核燃料）

长的时间。因此，高放废液玻璃固化技术是目前国际上研究最多、技术相对成熟且最具有工程应用前景的技术。

分离—整备技术是在尚不具备嬗变的条件下，可以先通过分离方法将锕系元素、长寿命裂变元素、高释热元素 Sr90 和 Cs137 分离出来，分离出来的锕系元素和高释热元素，可以采用几种不同的处理方式，如对于长寿命锕系元素可以采用玻璃固化深地质处置，储存相当长的时间使其放射性的吸入毒性降低到天然铀的水平；如不采用玻璃固化方式，而是采用变成固体氧化物的形式暂存，待今后与嬗变技术结合。对高释热元素 Sr90 和 Cs137 也有两种处理处置方式可选择：一是进行玻璃固化深地质处置，由于其半衰期为 30 年左右，处置时间在几百年以内，其放射性吸入毒性就可以降低到天然铀的水平；二是分离出来的高释热元素 Sr90 和 Cs137 也可以转型成为稳定固体形式，不需要进行深地质处置，而是暂存于具有工程屏蔽的近地表进行衰变储存，待衰变几百年后再作为低放废物处置[6]。

图 16.2 显示了高放废液处理处置的技术路线。

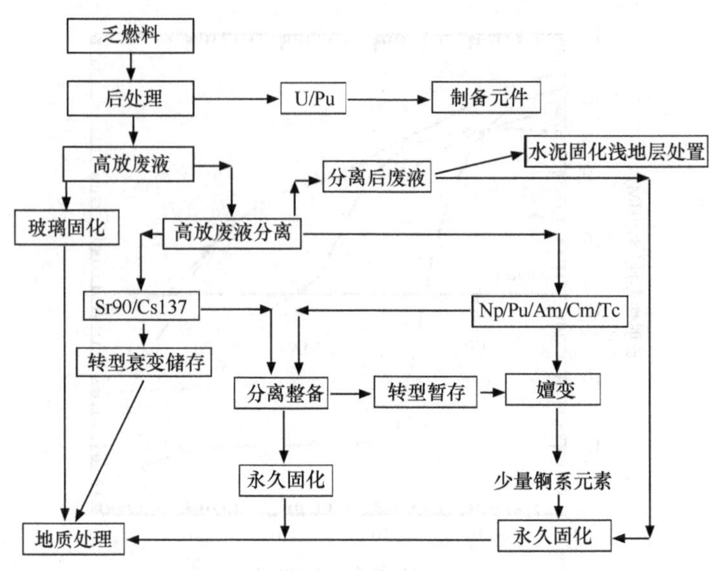

图 16.2 高放废液处理处置技术路线

16.3 高放废液的分离

16.3.1 高放废液的分离要求

一方面，高放废液分离技术可以与嬗变结合，大大减少了需要深地质处置的废物量，缩短了地质处置库的监控年限；另一方面，由于高放废液中需要分离的核素实现了分离，因此可以根据放射性核素性质不同进行分类管理，改进高放废物的管理。

乏燃料中的其他易挥发的长寿命裂变元素，如 ^{129}I 在乏燃料后处理过程得到回收。针对高放废液需要分离的核素包括：后处理后剩余的 U 和 Pu，次锕系元素（Np、Am 和 Cm），Tc、Sr 和 Cs。

先进高放废液处理处置技术的最终目标是使需要地质处置的废物量最小化，降低次锕系元素和长寿命裂变核素的长期危害风险。因此高放废液分离的最高目标是：分离后的废液能够采用水泥固化，达到非 α 化和中低放化的要求，可以近地表处置，分离出来的次锕系元素和长寿命裂变元素纯度尽量高，一方面能够满足嬗变的技术要求，另一方面在嬗变技术没有工业应用之前，如采用永久固化方式时可以使废物量达到最小。

表 16.1 列出了我国现存的生产堆高放废液分离处理后采用水泥固化近地表处置达到非α化和中低放化要求所需的去污系数[7]。

表16.1 某厂高放废液分离处理后进行水泥固化近地表处置所需的去污系数

	根据 GB 9133—1995 需要达到的去污系数（DF）
总α	＞380
Sr90	＞10
Cs137	＞13.5
Tc	＞100

注：假定每克玻璃包含 0.2 g 氧化物，密度ρ=2 g/cm^3；每克水泥包含 0.13 g 盐，密度ρ=2 g/cm^3。

而对于燃耗高的动力堆乏燃料后处理产生的高放废液，如果采用分离法处理，分离后的废液进行水泥固化，要达到可近地表处置的非α化和中低放化废物要求，可根据 GB9133—1995 中关于中低水平放射性废物的近地表处置规定，计算出高放废液分离处理所需去污系数，见表 16.2。

表 16.2 高放废液分离处理后进行水泥固化近地表处置所需的去污系数

核素	高放废液比活度/(Bq/tU)	标准/(Bq/kg)	去污系数
TRU（Np/Pu/Am/Cm）	4.59×10^{14}	4×10^{5}	$>10^{6}$
Sr+Y	7.05×10^{15}	4×10^{11}	$>10^{3}$
Cs+Ba	1.13×10^{16}	4×10^{11}	$>10^{3}$
RE 中 Am/Cm	4.59×10^{14}	4×10^{6}	$>10^{6}$
Tc	7.33×10^{11}	4×10^{6}	＞250

注：核燃料 U235 初始富集度为 4.45%，燃耗为 55000 MWd/tU，卸料冷却时间为 8 年，后处理 PUREX 流程去除 99.75%铀、钚和 80%镎后的高放废液。假定每克玻璃包含 0.2 g 氧化物，密度ρ=2 g/cm^3；每克水泥包含 0.13 g 盐，密度ρ=2 g/cm^3。

由于锶和铯的分离技术指标不高，在工业实际应用中容易实现，但对于超铀元素的去污系数比较高，在实验室或小规模实验中容易实现，但要在工业实际应用中实现则难度较大。如果能够实现上述目标，会对高放废液的处理处置产生重大的影响。

图 16.3 为分离—嬗变对乏燃料中放射性核素毒性的影响[2]，可以看出，通过后处理，如果将乏燃料中 99.9%的 U 和 Pu 分离出来循环，其毒性的水平要达到天然铀的水平还需要衰变相当长时间；如果将乏燃料中 99.9%的 U、Pu 和次锕系元素分离出来进行循环和嬗变，在 300 年左右时间内，其毒性主要由裂变产物决定，衰变 300 年左右，其毒性水平就可达到天然铀的毒性水平。因此，针对嬗变的要求，在乏燃料后处理去除 99.75%的 U、Pu 和部分 Np 后，再通过高放废液分离技术将 99.9%的次锕系元素和剩余的 Pu 分离出来，剩余的核素经过 300 年左右的衰变就可变成可以近地表处置的废物。因此，从放射性核素的嬗变、放射性废物管理以及公众对地质处置监控的时间接受程度考虑，高放废液中 Pu 和次锕系元

素的分离技术指标控制≥99.9%即可。如果再将废液中锶和铯分离，分离后的废液固化后为中低放 α 废物，地质处置几百年后就可衰变为非 α 废物。同时，由于最初的几百年内，高放废液中锶和铯是释热的主要贡献者，因此分离后锶和铯可以转型衰变储存，降低对地质处置库的影响，也可永久固化地质处置。

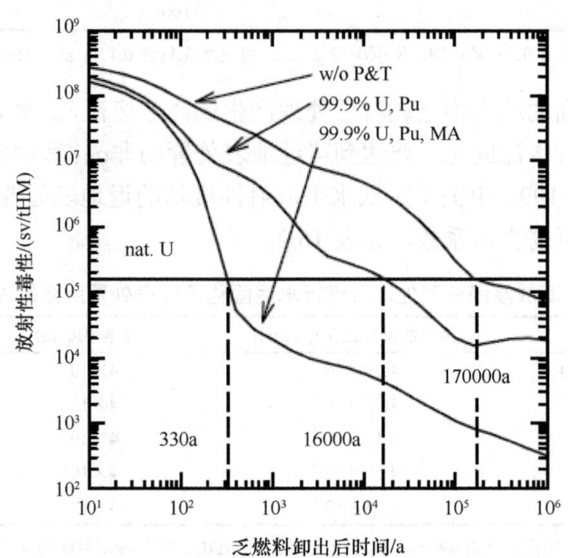

图 16.3 分离嬗变对卸出后乏燃料毒性的影响

乏燃料的 U235 的最初丰度为 4.2%，燃耗为 50000 MWd/tHM，参考线为 7 t 天然铀：
7 t 天然铀生产 1 t U235 的丰度为 4.2%的核燃料

因此，根据上述分析制定了高放废液分离的最低技术指标，见表 16.3。通过分离和嬗变，可以控制需要地质处置废物的监控年限在千年以内或几百年以内，这样无论从社会、经济、环境和技术，还是人类可控制的时限保证方面都可以实现，保证核能的可持续发展。

表 16.3 高放废液分离的最低技术指标

核素	高放废液比活度/(Bq/tU)	去污系数
TRU（Np/Pu/Am/Cm）	4.59×10^{14}	$>10^{3}$
Sr+Y	7.05×10^{15}	$>10^{3}$
Cs+Ba	1.13×10^{16}	$>10^{3}$
RE 中 Am/Cm	4.59×10^{14}	$>10^{3}$
Tc	7.33×10^{11}	>250

注：核燃料 U235 初始富集度为 4.45%，燃耗为 55000 MWd/tU，卸料冷却时间为 8 年，后处理 PUREX 流程去除 99.75%铀、钚和 80%镎后的高放废液。

16.3.2 国内外高放废液分离技术研究现状

无论是高放废液的分离—嬗变技术，还是分离—整备技术，高放废液分离是前提和基础。高放废液分离是采用化学分离技术对高放废液中的放射性核素进行分离。由于高放废液是来自乏燃料后处理 PUREX 流程的高放射性水溶液，因此高放废液分离主要是采用水法分离技术。

水法高放废液分离方法有很多种，包括沉淀法、离子交换法、色层、溶剂萃取法等，但考虑到在高放条件下的工业应用技术、溶剂萃取法在乏燃料后处理的成功应用经验以及溶剂萃取法独有的技术特点，溶剂萃取法是目前高放废液分离的首选方法。本节主要介绍溶剂萃取法高放废液分离技术的研究状况。

1. 中国高放废液分离技术

1）中国高放废液分离技术研究

中国从 20 世纪 70 年代开始进行高放废液分离技术的研究，以清华大学为代表的研究机构，经过几十年技术积累，取得了令人瞩目的成果，掌握了具有自主知识产权的高放废液分离技术。

从 20 世纪 80 年代开始，进行了从高放废液中去除锕系元素的 TRPO 流程、冠醚去除锶流程、杯芳烃冠醚去除铯流程以及锕系元素与镧系元素分离的 Cyanex301 流程研究，完成了基础化学、工艺、萃取模型、冷实验等方面的研究，各个流程所用萃取剂的结构见图 16.4。在完成以上研究工作的基础上，针对不同的高放废液组成特点，完成了真实动力堆高放废液的初步热实验和两次生产堆高放废液的热实验，同时还完成了工业规模生产堆高放废液分离设备流程台架验证，以及镧系元素和锕系元素的热实验验证，建立了具有中国自主知识产权的高放废液萃取法全分离流程[8-17]，其流程见图 16.5。

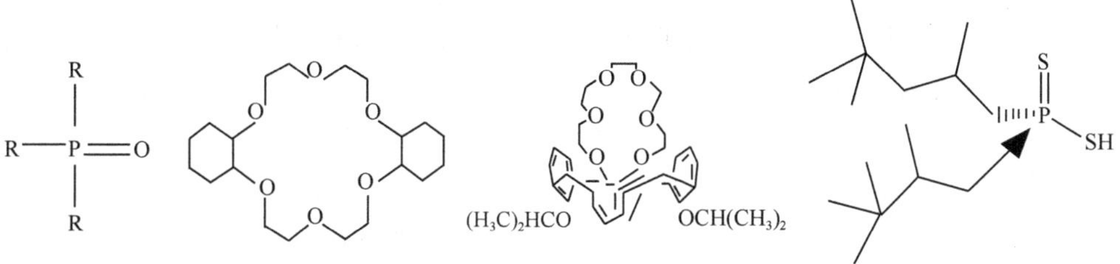

图 16.4 TRPO（R 为含 C_6—C_8 的烷基）、冠醚、杯芳烃冠醚、Cyanex 301 分子结构

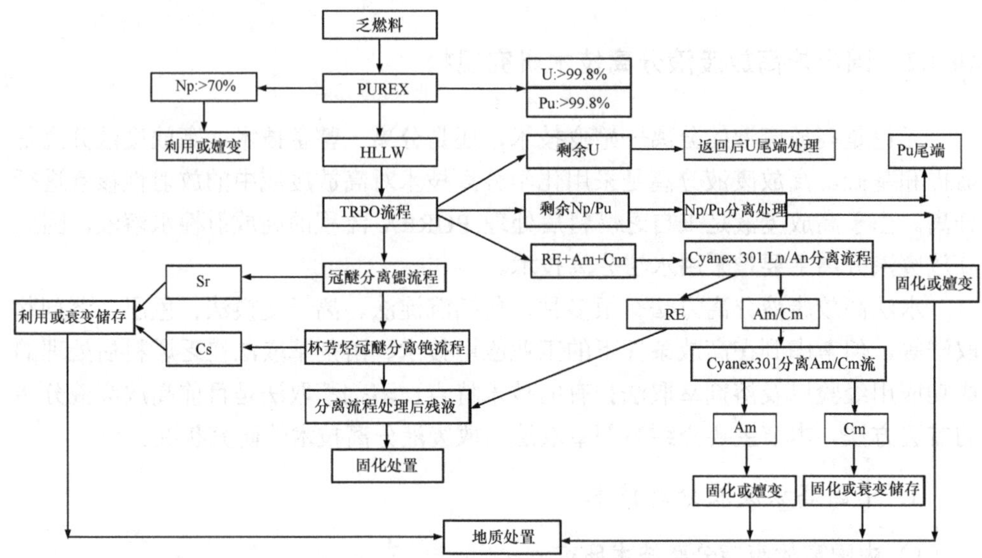

图 16.5 中国高放废液分离流程示意图

从表 16.4 可以看出，生产堆高放废液的热实验取得了很好的结果，满足了高放废液非α化和中低放化的技术指标。实验处理了 300 Ci 的高放废液，是国际上同等规模热实验中运行时间最长和处理量最大的高放废液萃取法全分离流程的热验证实验。

表 16.4 生产堆高放废液分离热实验效果

核素	去污系数
总 α	>1000
Sr90	>10000
Cs137	>6000
Tc99	>1500
Ln 中 Am	>1000
Am 中 Ln	>100

为了进一步推动生产堆高放废液萃取法全分离技术的工业化应用，进行了高放废液分离技术设备流程台架实验研究，实验中采用工业规模的脉冲萃取柱和离心萃取器设备，目的是通过该台架进行关键设备和流程的中试验证，为工程设计提供设计依据和参数。图 16.6 为生产堆高放废液萃取法全分离流程台架实验设备布置图。实验结果见表 16.5，达到了从高放废液中分离锕系、Sr 和 Cs 的技术要求；实验证明工艺流程是可靠的，关键分离设备和测控技术是可靠的，可以满足工业应用要求。

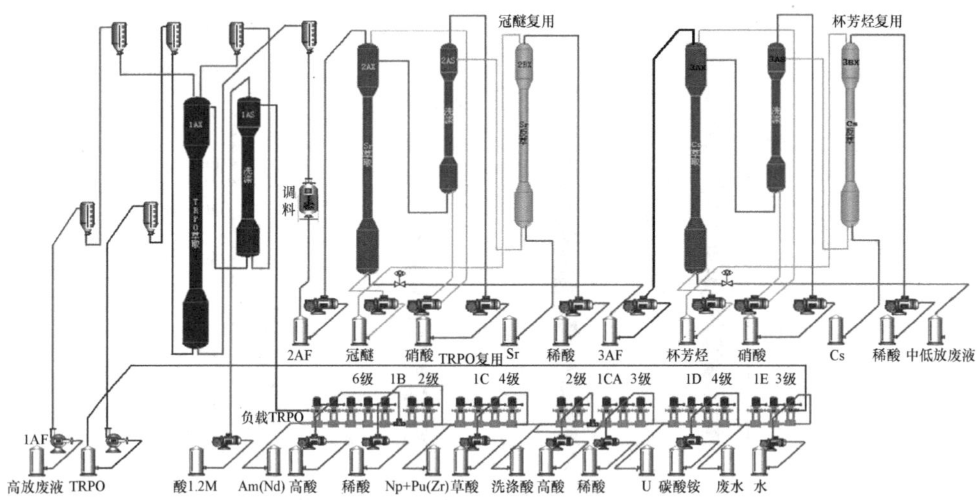

图 16.6 生产堆高放废液萃取法全分离流程台架实验设备布置图

TRPO 流程萃取段、洗涤段设备采用脉冲萃取柱，各反萃段设备采用 $\phi 70$ 离心萃取器，冠醚和杯芳烃冠醚流程设备采用脉冲萃取柱

表 16.5 台架实验中各个核素的去污系数

核素	去污系数
Nd	＞1000
Zr	＞4700
U	＞3000
Sr	＞250
Cs	＞700

2）高放废液分离流程处理我国生产堆高放废液分离效果

生产堆高放废液经过全萃取分离技术处理后，残余组分变成了非α化的中放废液，可以采取水泥固化，浅地层处置。分离出来的锕系元素可以转型暂存，待将来嬗变处理，分离出来的 Sr90 和 Cs137 可转化为稳定的形态衰变储存，Sr90 和 Cs137 等具有重要应用价值的同位素资源，也可以加以利用。如果将分离产物进行玻璃固化作为废物处理，图 16.7 给出了生产堆高放废液直接玻璃固化与分离后玻璃固化的体积比较。可以看出生产堆高放废液经过分离流程处理后，变成了中低放废液，水泥固化后为非α中低放废物。α废物和高放废物总减容倍数可达近 30 倍。因此分离流程处理高放废液可以大大减少深地质处置的废物体积。

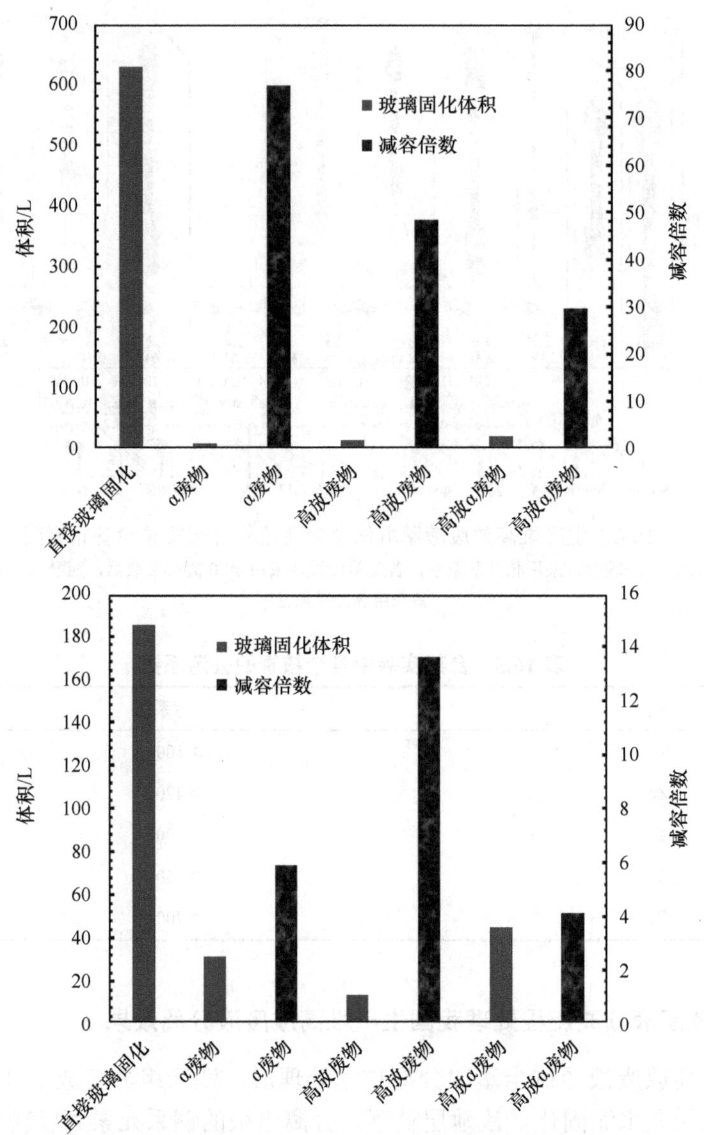

图 16.7 高放废液直接玻璃固化与分离后玻璃固化的体积比较

上图：1 m^3 生产堆高放废液，下图：按每 tU 后处理产生的动力堆高放废液体积计算。

减容倍数=直接玻璃固化体积/分离产物玻璃固化体积

生产堆高放废液全萃取分离技术除完成以上研究工作外，还需要进行工程台架热验证，对工艺和设备进行工程热验证，目前该技术已具备工程热验证的条件，正在进行工程热验证台架实验的申请立项工作。

在完成生产堆高放废液全萃取分离技术的研究基础上，也对动力堆高放废液全萃取分离技术进行了大量研究，已完成了基础化学研究、初步工艺研究以及初步的工艺热实验验证，结果见表 16.6。可以看出，锕系元素都达到了良好的去污效果，可以达到嬗变的技术要求，但要达到分离的最高技术指标，还需要继续开展研究工作。根据初步的实验结果可以判断，采用上述高放废液分离流程处理动力堆高放废液可以满足分离—嬗变的技术指标要求。

表 16.6　TRPO 热实验的锕系元素去除效果

锕系元素	萃取级数	去污系数
Np237	10	$>4.1\times10^3$
Pu239	10	>950
Am241+Pu241	10	$>3.2\times10^3$
U238	10	$>7\times10^3$

根据动力堆高放废液的组成和分离技术指标要求，计算出动力堆高放废液直接玻璃固化与分离后玻璃固化的体积比较，见图 16.7。如果将分离出的 Sr、Cs 和锕系元素均玻璃固化，其最终需要地质处置的玻璃固化块体积与高放废液直接玻璃固化块体积比为 1∶4，高放废液分离使需要地质处置的高放废物得到减容，同时也可以实现高放废物和α废物的分别处置，对放射性废物的处置及管理是合理的。

2. 世界各国高放废液分离技术

除中国外，世界核电大国都开展了高放废液分离技术的研究。美国提出了分离锕系元素的 TRUEX（transuranium extraction）流程、分离锶的 SREX（strontium extraction）冠醚流程和从碱性高放废液中分离铯的杯芳烃冠醚 CSSX（cesium solvent extraction）流程、镧系和锕系元素分离的 TALSPEAK（trivalent actinide lanthanide separation by phosphorous-reagent extraction from aqueous komplexes）流程[18-23]；欧洲提出了分离锕系元素的 DIAMEX（diamide extraction）流程、分离铯的杯芳烃冠醚流程以及镧系和锕系元素分离的 SANEX（selective actinide extraction）流程[24-27]；日本研发了分离锕系元素的 DIDPA 流程；日本与欧洲共同开发了 TODGA 流程[28,29]。

3. 世界各国高放废液分离流程比较

表 16.7 对世界上主要的高放废液分离流程进行了比较，除美国的 CSSX 流程已经进行工业应用外，其他流程还处于实验室与中试规模验证之间的阶段。中国生产堆高放废液分离技术正处于工程验证和中试规模热验证阶段，处于先进行列。

表 16.7 世界主要高放废液分离流程比较

发展阶段	技术发展水平	流程的应用程度	中国分离流程				美国分离流程				欧洲/日本分离流程				
			TRPO	冠醚	杯芳烃冠醚	Cyanex 301	TRUEX	SREX	CSSX	TALSPEAK	DIAMEX	DIDPA	TODGA	SANEX	杯芳烃冠醚
初级阶段：概念验证	1	第一次提出流程的新的概念，如提出采用某种萃取剂萃取某种核素的新流程													
	2	流程的可行性验证													
	3	对流程进行计算机模拟，确定流程实验的基本数据													
中级阶段：原理验证	4	模拟料液冷实验													
	5	实验室规模真实高放废液热实验验证													
	6	规模较大的热实验验证													
高级阶段：性能验证	7	工程验证：发展成工程流程													
	8	中试规模的热验证													
	9	工业应用													

分离锕系元素　分离锶　分离铯　镧系/锕系元素分离

16.3.3 我国高放废液分离技术研究和发展建议

高放废液的安全处理处置是核能可持续发展需要解决的关键问题之一，根据中国高放废液分离技术的发展和中国核燃料循环战略要求，提出了中国高放废液分离技术研究和发展建议。

1. 高放废液分离技术研究的意义

（1）高放废液分离技术与嬗变结合，通过嬗变技术将长寿命的放射性核素变成短半衰期或稳定核素，消除或降低放射性核素的长期危害。分离—嬗变技术是解决核能发展过程中放射性长期危害最具应用前景的技术，是先进核燃料循环的关键技术之一，先进核燃料循环可以实现核能利用最大化和放射性废物最小化的目标。另一方面，在分离嬗变工业应用前，可采用分离整备技术，减少需要深地质处置的放射性废物体积，缩短地质处置库的建设周期，降低地质处置的成本。

（2）高放废液分离技术可以与乏燃料后处理技术相衔接，形成乏燃料后处理一体化技术，使乏燃料后处理技术得到优化和简化，降低成本，提高乏燃料后处理技术的使用效率。

（3）分离—嬗变技术在核燃料循环后段的应用，会对核能发展产生重要影响，需要根据我国核能可持续发展的要求，对乏燃料后处理、高放废液分离和嬗变等技术进行研究，建立适合中国核能发展的核燃料循环后段技术发展路线图。

2. 高放废液分离技术方案

1）高放废液分离的核素及其处理处置方法

（1）后处理流程提取了 99.5%以上的 U 和 Pu，大部分 Np 和 Tc，以及长寿命裂变元素 I129。

（2）高放废液分离流程分离后处理剩余的 U、Pu、Np 和 Tc，所有次锕系元素（Am、Cm），Sr 和 Cs。

（3）分离后各个物流的处理处置：U 和 Pu 返回后处理流程，Np 和 Tc 及次锕系元素可以采用转型暂存方式，待嬗变技术成熟后进行嬗变，也可采用永久固化方式，进行地质处置。分离的 Sr 和 Cs 可采用转型或永久固化方式衰变储存，最终选择合适的处置方式。分离后的高放废液如达到非 α 化和中低放化要求，则可进行水泥固化近地表处置，如达不到，则进行永久固化地质处置。

2）高放废液分离技术方案建议

采用 TRPO 流程分离锕系元素、冠醚分离锶、杯芳烃冠醚分离铯以及 Cyanex 301 流程进行镧系元素和锕系元素的分离，同时还可以开发新的分离流程。

3. 中国高放废液分离技术研究和发展规划建议

中国高放废液分离技术经过几十年的研究，已经取得了丰硕成果，中国生产堆高放废液分离技术已具备工程验证的条件，应大力推进高放废液分离技术的工程验证工作，还要针对动力堆高放废液进行分离技术的研究。因此，需要根据中国核燃料循环的战略要求，制定高放废液分离技术的发展路线，指导今后高放废液分离技术的研究和应用，发展具有中国特色的先进核燃料循环技术，保证中国核能的可持续发展。

1）2016～2021 年

（1）生产堆高放废液分离技术的工程热台架验证平台建设。

生产堆高放废液分离技术具备了进行工程热验证的条件，需加快项目的实施，建设生产堆高放废液分离技术工程热台架验证平台，台架设计中既要满足生产堆高放废液分离技术要求，也要考虑到今后动力堆高放废液分离技术热验证的技术要求。

（2）开始动力堆高放废液分离技术的研究。

针对动力堆高放废液进行相关的技术研究，包括工艺的优化、放射性示踪、实验室规模热实验验证等研究工作。

2）2022～2025 年

（1）完成生产堆高放废液分离技术工程热验证。

（2）完成动力堆高放废液分离技术工程热验证。

3）2026～2030 年

高放废液分离技术在中国大型乏燃料后处理厂中的应用。

16.4 高放废液玻璃固化

16.4.1 高放废液玻璃固化处理的重要性

1. 高放废液玻璃固化处理是制约核能可持续发展的瓶颈技术之一

核能可持续发展依赖于铀资源的充分利用和放射性废物的最小化。目前国际上运行的热堆核电站，其铀资源的利用率不到 1%，乏燃料经后处理提取未燃烧完的铀和新产生的钚，在热堆核电站进行循环使用，铀的利用率可提高 0.2～0.3 倍。若通过快堆进行燃料循环，可使铀资源利用率提高 60 倍左右。因此，为实现核能可持续发展，很多国家（包括中国）都采用了闭式燃料循环政策，即乏燃料后处理—再循环的技术路线。

在后处理过程中势必产生一定量的高放废液，由于高放废液具有放射性比活度高，释热率高，含有很多半衰期长、生物毒性大的核素等特点，它的处理处置受到了人们的重点关注。今后即使将高放废液进行分离—嬗变，最终仍有一定量的长寿命裂变产物核素和次锕系元素需固化处理。高放废液如果不能及时进行固化处理和安全处置，必将制约核能的可持续发展。

高放废液固化处理技术是制约核能可持续发展的瓶颈技术之一，这是因为该技术涵盖核化工、放射化学、高温化学、机械设计和制造、硅酸盐材料学、自动化控制等专业和学科，是高科技结晶的产物。同时涉及强放射性和高温操作，对材料和设备要求高，需要远距离操作和维修，技术难度大。以日本六个所后处理厂为例，尽管该厂已建成十多年，但高放废液玻璃固化段存在诸多问题，难以安全有效地运行，导致其后处理厂至今没有运行。

2. 高放废液玻璃固化处理是消除高放废液潜在重大安全隐患的有效方法

高放废液的化学成分复杂，含有乏燃料中几乎全部的非挥发性裂变产物，未回收的铀和钚，以及大部分其他超铀核素，总共数十种元素的 200 多种同位素，这些同位素有些具有很长的半衰期，超过百万年，有些毒性很强，属于高毒和极毒类。此外，高放废液酸度高、腐蚀性强、发热量大，在储存过程中会对环境造成很大的潜在风险，一旦泄漏将对环境造成不可估量的危害。因此，不宜长期大罐储存，应尽早进行固化处理。

高放废液经过玻璃固化处理后，产生的玻璃固化体具有良好的化学稳定性、机械稳定性、热稳定性、抗辐照性等，在深地质处置后能够安全贮存上万年，大大降低了液体贮存的风险，是消除高放废液潜在重大安全隐患的有效方法。

16.4.2 玻璃固化技术国内外发展现状

1. 玻璃固化技术国外发展现状

目前国际上高放废液的处理普遍采用的是玻璃固化的方法。半个多世纪以来，法国、美国、德国、俄罗斯、日本、印度等国家针对高放废液玻璃固化材质、玻璃固化工艺和设备等方面开展了大量研究[3]。迄今高放废液玻璃固化工艺已发展了四种：感应加热金属熔炉一步法罐式工艺（罐式法）、回转煅烧炉+感应加热金属熔炉工艺（两步法）、焦耳加热陶瓷熔炉工艺（电熔炉法）、冷坩埚感应熔炉工艺（冷坩埚法），如图 16.8 所示。目前除了工业化时间最早的罐式法由于熔炉寿命短、处理量低等原因已被淘汰外，其余三种工艺都在工程应用。四种玻璃固化工艺原理图如图 16.9 所示。

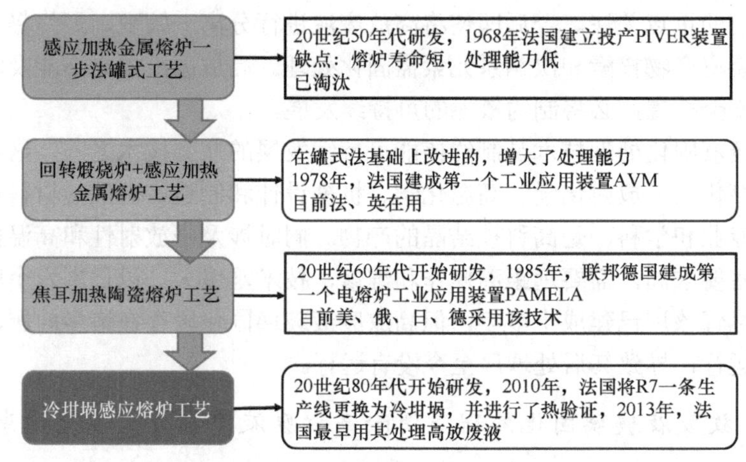

图 16.8 玻璃固化工艺研发及应用历程

罐式法是将高放废液的蒸发浓缩液和玻璃形成剂同时加入金属熔炉中，进行批式生产。金属熔炉由中频感应加热器分段加热和控制温度。废液在罐中蒸发、干燥、煅烧，与玻璃形成剂一起熔融、澄清，最后从下端冻融阀排出玻璃熔体。该技术的特点是：设备简单，容易控制，熔炉寿命短（熔制 25～30 批玻璃就得更换熔炉），处理能力低。

两步法工艺是在罐式工艺基础上发展起来的，第一步先将高放废液在回转煅烧炉中煅烧成固态煅烧物，第二步把煅烧物与玻璃形成剂分别加入中频感应加热金属熔炉中熔铸成玻璃，最后注入玻璃贮罐中。将高放废液提前在煅烧炉内煅烧处理，有效地提高了玻璃固化体的生产能力。法国 AVM 和 AVH 及英国的 AVW 都属于这种工艺。这种工艺的主要优点是连续生产，处理量大（如 AVH 处理能力为 75 L/h）。缺点是工艺比较复杂，熔炉寿命短（感应熔炉寿命约 5000 h）。

电熔炉采用电极加热，炉体由耐火陶瓷材料组成。连续液体加料，高放废液与玻璃形成剂分别加入熔炉中，高放废液在熔炉中进行蒸发并与玻璃形成剂一起熔制成玻璃，熔体由底部或溢流口以批式或连续方式卸料。美国、德国、俄罗斯、日本等都采用这种工艺。该技术的优点是处理量大，工艺相对比较简单，熔炉寿命可达 5 年左右；缺点是电熔炉体积大，给更换和退役带来较多麻烦，熔炉底部的贵金属沉积会影响出料。

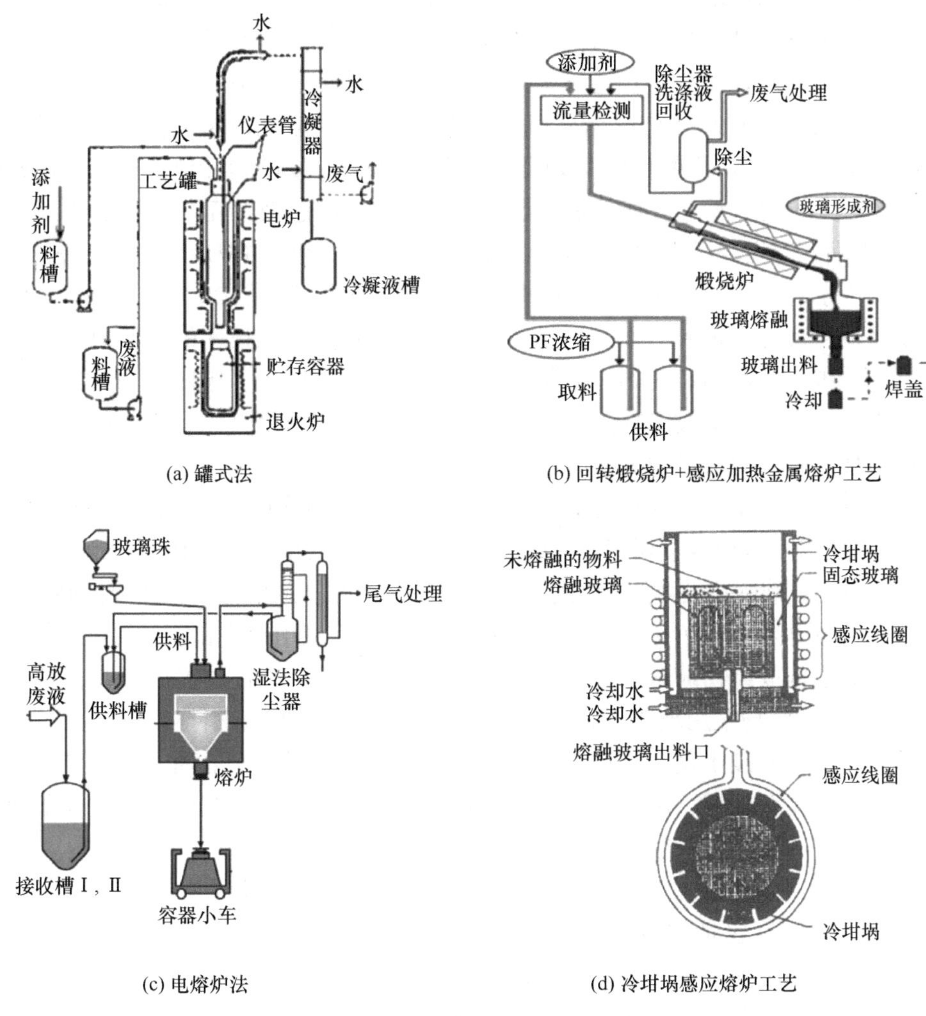

图 16.9　四种玻璃固化工艺原理图

两步法和电熔炉法是当前应用最多、相对成熟的玻璃固化技术，尽管两者加热原理不同，但都存在两个方面不足：①加热熔体的温度受限，一般熔炉运行温度控制在 1150 ℃或更低；②高温熔体对设备腐蚀严重，对于电熔炉来说，由于高温熔体对熔炉及电极的腐蚀，每 5 年左右就需更换 1 次，而金属熔炉则需每年更换 1 次。熔制温度的限制制约了玻璃固化体配方组成的变化范围，从而影响了待处理高放废液在玻璃体中的包容量。为解决上述两个方面的问题，20 世纪 80 年代中期开始了冷坩埚玻璃固化技术的研发。

冷坩埚固化技术是利用电源产生高频（10^5～10^6 Hz）电流，通过感应线圈转换成电磁流透入到待加热物料内部形成涡流而产生热量，实现待处理物料直接加热熔融[31]。冷坩埚炉体是由通冷却水的金属弧形块或管组成的容器（容器形状主要有圆形或椭圆形），工作时金属管内连续通冷却水，坩埚内熔融物的温度可高达 2000 ℃以上，但坩埚壁仍保持较低温度（一般低于 200 ℃），使其在运行过程中在炉体近套管内低温度区域形成一层 1～3 cm 厚的固态玻璃壳（冷壁），因此称为"冷"坩埚。冷坩埚不需耐火材料，不用电极加热，熔融的玻璃包容在冷壁之内，大大减少了对熔炉的腐蚀作用，使冷坩埚的使用寿命可大于 20 年。此外，冷坩埚体积小，重量轻，拆卸方便，退役容易，退役废物少。该技术的主要缺点是能耗较高。法国、俄罗斯、美国、韩国、印度等均对其进行了多年研究，其中俄罗斯和法国率先实现了该技术在处理放射性废液上的工程应用[31-35]。目前冷坩埚技术已成为最具有应用前景的高放废液玻璃固化技术。

随着高放废液冷坩埚固化技术的发展，国际上利用冷坩埚固化技术处理中放泥浆、金属废物、放射性废树脂、超铀废物等方面研究也在开展之中，韩国已在 2009 年将冷坩埚玻璃固化技术用于处理核电站产生的可燃干放射性废物和废树脂等。因此，冷坩埚固化技术有望成为放射性废物处理中最有应用价值和前景的技术。

对于中低放废物玻璃固化处理的经济性，韩国曾经进行过评估[36]，在评估过程中，比较了废物采用玻璃固化处理与在用的废物处理方法进行处理产生的费用。在用的废物处理技术是：废树脂经废树脂干燥系统进行干燥处理，然后装入高整体容器进行储存处置，浓缩的含硼废水通过浓缩废物干燥系统用石蜡进行干燥和固定，装入的是 200L 废物桶。

在进行经济性评估时，重点考虑了与废物的处理、处置相关的费用，影响费用的主要因素包括桶数、贮存、运输和处置等。当前废物处理系统与玻璃固化设施的费用分析结果列于表 16.8，从表 16.8 中可以看到，当安装了玻璃固化设施后，由于废物体积减小，每年合计的费用是降低的。然而，由于使用玻璃固化技术相比较原有废物处理系统会产生额外的费用（表 16.9），包括每年的运行费及设施建造费用，玻璃固化设施运行每年增加了 70.7 万美元，初始建造费用为一次性投资，需 3000 万美元。事实上，现有废物处理设施运行每年也是有一定的运行费用，但在韩国的研究比较中更强调了运行一个新建的玻璃固化设施的费用。

表 16.8　费用分析的结果　　（单位：1000 美元/年）

比较因素	当前废物处理系统	玻璃固化处理系统
废物桶费用	54	20
中间暂存费	197	30
运输费	66	10
处置费用	623	96
总计	940	156

表 16.9　采用玻璃固化技术时一些额外增加的费用

产生费用的因素	费用/(1000 美元/年)	备注
维护费	192	每年的运行费
人工费	277	
辐射防护费	108	
玻璃形成剂的费用	130	
总计	707	
建造费	30000000 美元	一次性投资

玻璃固化设施的处置费用相比当前的废物处理系统减少了 85%。需要注意的是，处置费用的增加是经济分析评估中最敏感的因素。从图 16.10 中可以看出，当处置费用以每年高于 10%的速率递增时，采用玻璃固化设施来处理废物比当前的废物处理设施更加经济。

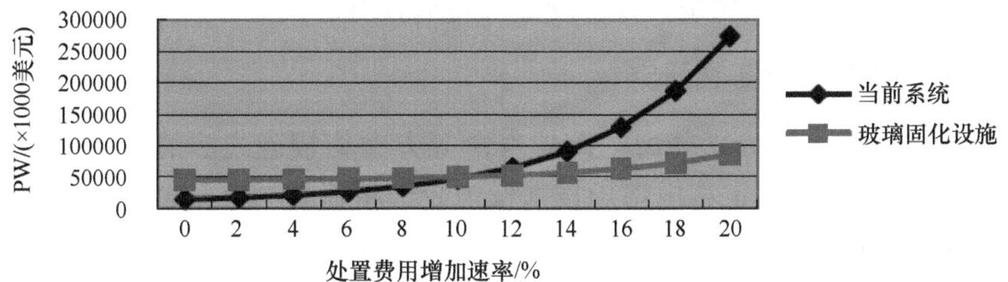

图 16.10　现市值分析结果（PW）与处置费用每年增加速率的关系

评估结果表明，在综合考虑设施建造费用、废物处理费用以及处置费用后，玻璃固化技术由于高的减容比大大降低了处置费用，若考虑处置费用每年增加 10%，最终使得综合成本优于其他在用的废物处理技术。

2. 玻璃固化技术国内发展现状

我国从20世纪70年代初开始高放废液玻璃固化处理技术研究，已有40多年的历史，虽然相对法国、美国等国来说，起步较晚，但在高放废液玻璃固化处理工艺和玻璃配方方面也开展了大量的工作，并取得了一系列研究成果。先后开展了罐式熔炉、电熔炉、冷坩埚三种工艺的研究；同时为配合各种固化工艺，开展了玻璃、人造岩石、玻璃陶瓷等固化配方的研究。

1）罐式玻璃固化工艺研究

在我国高放废液玻璃固化发展初期，国外提出了很多固化工艺，其中有代表性的高放废液玻璃固化工艺主要有两种：一种是相对简单的罐式法；另一种是相对复杂的回转煅烧+感应熔融两步法。中国原子能科学研究院（以下简称原子能院）根据现有状况及技术研发的难易程度，最初选择了相对简单、投资较少的罐式玻璃固化。

20世纪80年代初，原子能院自主设计建立了一套罐式玻璃固化实验装置（1/8规模装置），主要设备包括加料系统、固化系统、气体吸收系统和感应炉电源装置及罐测温、控制系统。中频感应罐式熔炉容积为10 L，六段控温。气体吸收系统由两级碱吸收塔组成。进行了20批次连续运行实验，突破了罐式玻璃固化的中频感应加热电源关键设备技术，掌握了罐式玻璃固化工艺，研究成果接近当时的法国技术水平[37]。在1/8规模装置的基础上，原子能院、核二院（中国核电工程有限公司的前身）和中核四川环保工程有限责任公司联合建立了1∶1规模的冷台架，但由于后续国家政策调整，该套冷台架并未启用。

2）电熔炉玻璃固化工艺研究

鉴于电熔炉技术在处理能力、熔炉寿命等方面相较罐式法的优势，我国在1986年经过专家论证确定将电熔炉技术作为我国将建立的第一个玻璃固化工厂的首选技术，并开始该技术研究。

1986年以后，我国与当时的联邦德国开展了玻璃固化电熔炉的联合设计。1990年研制了电熔炉玻璃固化用高放废液玻璃固化配方，筛选的配方在德国卡尔斯鲁厄核研究中心的电熔炉上进行了验证，取得了良好的效果。1994年在中核四川环保工程有限责任公司内建立了玻璃固化1∶1工程规模冷台架，于2000年和2001年进行了两轮玻璃固化运行实验，原子能院对400多个产品玻璃进行了性能测试，为工程评价提供了有用参数。

2009 年我国与德国签订合同，引进德国电熔炉技术和设备，建立我国第一座玻璃固化工厂。目前该项目正处于设备安装阶段，预计 2018 年开始进行调试。

针对电熔炉玻璃固化工艺，原子能院开展了高放废液玻璃固化基础配方研究，并建立了一系列固化体性能评价方法和实验装置，主要有高温黏度、高温电阻率、静态浸出（MCC-1）、动态浸出（Soxhlet）、PCT、密度、均匀性等测试方法和装置。

3）冷坩埚玻璃固化工艺研究

原子能院从 20 世纪末开始跟踪冷坩埚玻璃固化技术，2006 年开始开展冷坩埚玻璃固化技术研究，经过近十年的研究已建立起我国第一套冷坩埚实验室原理装置（图 16.11），主要包括：冷坩埚埚体、高频电源、进料系统、出料系统、尾气系统、冷却系统、控制系统等。研制的冷坩埚埚体直径 300 mm，高 500 mm。高频电源功率 100 kW，频率 300～700 kHz。在该阶段研究中所采用的进料方式为化学试剂直接进料[38]。

图 16.11　原子能院所建立的冷坩埚实验室原理装置

在该装置上开展了模拟高放废液玻璃固化的连续运行工艺研究，成功进行了冷坩埚启动、扩熔、周期熔融，获得了冷坩埚玻璃固化连续运行工艺参数。对于所处理的模拟高放废物玻璃组成，冷坩埚运行温度为 1200 ℃，玻璃固化体生产能力可达 10 kg/h。

2017 年，原子能院在前期科研工作的基础上，又建立了一套直径 500 mm 的冷坩埚玻璃固化实验装置（图 16.12），该装置相比原理装置，在生产能力、自动化水平、熔炉效率改善方面有了很大提高，并着重进行了搅拌技术、闸板阀卸料技术攻关研究，通过研究建立了水冷机械搅拌装置和闸板阀卸料装置。该套装置玻璃固化体生产能力为 15 kg/h，也已经完成了 24 h 联动试验。通过该阶段的研究，我国已经初步掌握了冷坩埚玻璃固化技术。后续着重进行两步法冷坩埚玻璃固化的工程化技术研究。

图 16.12　冷坩埚玻璃固化实验装置（冷坩埚直径 500 mm）

16.4.3　我国高放废液玻璃固化处理的需求

根据我国后处理技术发展规划（图 16.13），拟建 200 t/年、800 t/年后处理厂，届时每年将产生数百立方米的高放废液。对于后处理厂连续运行产生的大量高放废液，必须配备与之相适应的玻璃固化设施，及时将其进行玻璃固化处理，实现液转固，降低高放废液储存的安全风险。

随着反应堆核燃料燃耗不断提高，乏燃料中裂变产物和锕系元素的含量会越来越高（表 16.10）。此外，我国还正在开发示范快堆的建设，乏燃料后处理产生的高放废液中锕系元素和裂变产物的含量及元素间的组成比例与动力堆废液有很大差别。由燃料燃耗加深引起的发热率及裂变产物和锕系核素含量变化势必会影响固化体配方及固化工艺，当前的电熔炉工艺和回转煅烧+热金属熔炉工艺不能满足需求，因此，需要研发熔制温度更高、适用性更广的固化工艺，如冷坩埚固化工艺。

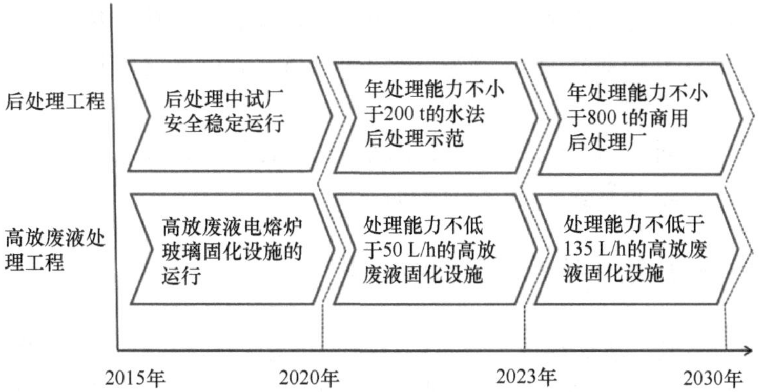

图 16.13　我国后处理技术及相应玻璃固化设施建设的发展规划

表 16.10　动力堆乏燃料燃耗与超铀元素及裂变产物元素产生量的关系

元素	含量[a]/(kg/t)					
燃耗/(GWD/tU)	30	40	50	60	70	80
U	946	918	907	896	884	872
Np	0.59	0.86	0.90	0.91	0.89	0.85
Pu	9.18	10.18	10.46	10.79	10.98	11.25
Am	0.49	0.93	1.28	1.34	1.40	1.58
Cm	0.10	0.88	1.03	1.39	1.83	2.94
Zr	4.27	6.23	7.07	7.85	8.65	9.48
Mo	4.24	6.52	7.45	8.42	9.47	10.48
Tc	0.93	1.28	1.40	1.51	1.61	1.69
Ru	2.98	5.28	6.10	7.09	8.17	9.40
Rh	0.57	0.60	0.63	0.67	0.67	0.62
Pd	2.13	4.33	5.41	6.43	7.50	8.89
Sr	0.99	1.36	1.41	1.54	1.67	1.82
Cs	3.20	4.87	5.09	5.76	6.49	7.30
Ba	1.92	3.11	4.09	4.63	5.19	5.81
R·E[b]	12.20	19.10	22.00	24.80	27.80	31.60

注：a 元素含量数据是由 Origin 2 程序计算得出（PWR，3% U235）。

b R·E 为 La、Ce、Pr、Nd、Sm、Eu 和 Gd 等 7 元素的总和。

随着高放废液分离—嬗变技术的工程化应用，待处理的高放废液总量会大大降低，但是分离不能改变放射性的量，嬗变只能降低次锕系元素的量，最终仍有一定量的长寿命裂变产物核素和次锕系元素需固化处理，并进行深地质处置。由于分离前后的高放废液组成相差较大，相较于硼硅酸盐玻璃固化，陶瓷固化或玻璃陶瓷固化更适合长寿命裂变产物核素和次锕系元素的固化处理，而这两种固化技术需要更高的熔制温度。

因此，自主研发适用性更广的冷坩埚玻璃固化技术以满足今后各种类型高放废液玻璃固化处理的需要是十分必要的。

16.4.4 我国玻璃固化技术今后发展趋势

我国今后高放废液处理技术的发展路线应立足现状，着眼未来，紧跟国际。综合考虑当前分离—嬗变技术的研发现状以及我国后处理厂建设规划进度，将我国高放废液处理分为三步走的发展思路是比较合理的，即直接玻璃固化处理、分离—整备处理和分离—嬗变—固化处理。

1. 直接玻璃固化处理

在分离技术尚未成熟前，采用直接玻璃固化技术能够消除现有国内生产堆高放废液贮存的安全隐患。国内目前正在建设的第一座玻璃固化工厂，预计在2020年后建成投产，该固化处理设施主要是为了处理我国过去贮存的生产堆高放废液。

在此期间，还要加快自主研发冷坩埚固化技术，以适应不同动力堆高放废液的固化处理。预计2025年前后具备自主设计建造冷坩埚玻璃固化工程的能力。

2. 分离—整备处理

分离—整备处理：通过化学分离从高放废液分离出次锕系元素、长寿命裂变产物Cs137、Sr90等，使高放废液变为中放废液。分离后的废液进行分类整备，对含次锕系元素、长寿命核素高放废液进行分类玻璃固化或陶瓷固化处理。

2009年清华大学利用TRPO流程对我国生产堆高放废液进行了热试验，分离效果较好[39]。原规划在“十二五”开展中试热验证工作（包括能力建设和验证试验），预计“十三五”末完成，但至今仍未立项，预计推迟到2020年左右，2025年左右完成动力堆乏燃料后处理产生的高放废液的热实验验证。至2030年，我国完全掌握具有自主知识产权的高放废液分离技术，具备高放废液分离工程的设计建造能力。

从我国目前的技术研发现状来看，在中试厂和200t/年后处理厂采用分离—整备技术可能存在一定的技术难度，而且分离后产生大量的释热核素Sr90、Cs137等的储存也没有解决。因此，分离—整备有望在我国大型乏燃料后处理厂得到应用。

3. 分离—嬗变—固化处理

分离—嬗变—固化处理：首先通过化学分离把高放废液中的超铀元素和长寿命裂变产物分离出来，制成燃料元件或靶件送反应堆或加速器中，通过核反应使之嬗变成短寿命或稳定核素。通过嬗变后仅有少量的未嬗变完全的核素以及新产生的长寿命核素需要进行固化处理，实现了高放废液的大体积减容，减少了高放废液地质处置的负担和长期风险。

从国际分离—嬗变的技术研发来看，主要的技术难点不在于高放废液的分离，而在于嬗变装置、嬗变靶等的研发。预计高放废液分离—嬗变投入运行仍需 50 年以上。中国科学院的先导专项正在推进，预计 2050 年以后才能初步掌握分离—嬗变的关键技术，2060 年以后具备热验证的能力。

16.4.5 我国玻璃固化技术的今后主要研究内容

由于我国反应堆堆型较多，从而乏燃料后处理产生的高放废液组成差异较大，在进行玻璃固化技术研发时，应着眼于今后几十年的废液处理，尽量选择适应性更好的固化技术。冷坩埚玻璃固化技术由于具有熔制温度高、熔炉寿命长、适用范围广等显著的优点，是一种先进的玻璃固化技术，可作为我国今后玻璃固化的主要发展方向。同时我国正在建设的第一座玻璃固化工厂是引进德国的电熔炉玻璃固化技术，我们应在引进平台基础上，对一些国内尚未掌握的关键技术尽快消化吸收，提高自身能力。

1. 冷坩埚技术的自主研发

1）冷坩埚玻璃固化急需解决的关键技术

一个完整的玻璃固化工艺流程包括高放废液进料、基础玻璃进料、玻璃熔制、玻璃出料、产品容器的处理、尾气净化处理、二次废液再浓缩和其他辅助系统等工艺过程，涉及很多关键技术（包括材料、工艺、设备及标准等），是高科技结晶的产物。冷坩埚玻璃固化技术实现工业化应用，需要重点攻克以下 5 项关键技术[9]。

A. 高放废液预处理技术

如何将高放废液由液态转化为适合进入冷坩埚内进行固化处理的形式（氧化物含量、含水量、颗粒度），是保证冷坩埚的处理能力及产品质量的一个关键。研究中着重于两个方面：煅烧炉的结构和煅烧工艺。煅烧炉设计时需要考虑如下几个因素：煅烧炉分段、刮板布置及形状（解决结疤问题）、进料方式设计（喷淋、雾化等）、出料口设计（与冷坩埚的衔接）、维修更换方式等。

煅烧炉内的温度分布、煅烧炉的转速和倾斜角度等对煅烧产物的物性（含水量和硝酸盐含量）有很大影响，煅烧工艺主要是通过研究确定煅烧炉内的温度分布及运行工艺参数。

B. 冷坩埚研制及与高频电源的匹配技术

为保证冷坩埚能够高效地熔制玻璃，最大限度地利用高频电源能量，需要对埚体结构和高频电源的频率与功率进行合理设计，使冷坩埚与高频电源能够匹配。

埚体结构研究重点解决冷坩埚的生产能力、磁通密度、冷壁厚度、密封性等问题。具体在埚体结构参数设计时主要考虑：埚体直径和高度、分瓣数、瓣间距、壁厚、分瓣形状（圆形管状、弧形块状）、集水环的位置及大小等。

高频电源的参数设计主要包括：电源的频率和功率，感应线圈的高度、匝数、匝间距等。

C. 搅拌技术

由于冷坩埚加热的特点导致熔炉内温度分布不均匀，中心高温区与埚底部低温区最高可相差几百度，埚底温度过低会导致出料困难，因此为确保能够正常出料，不得不降低熔制液位高度，从而导致生产能力降低。运行过程中增加搅拌有利于降低冷坩埚内的温度差，增大高温熔区的体积，提高玻璃生产能力，提高玻璃固化体的均匀性，同时还有利于避免贵金属在坩埚底部的沉积。

搅拌主要有两种方式：机械搅拌和鼓泡搅拌。由于冷坩埚内的使用环境与常规的玻璃熔制环境有很大的区别，不仅是在高温下操作，还是在高黏度、高腐蚀性、强磁场、强放射性条件下操作，因此机械搅拌桨和鼓泡搅拌装置的结构设计与常规搅拌不同，是该技术研发的重点和难点。

D. 卸料技术

冷坩埚玻璃固化技术在处理高放废液时，为保证固化处理过程能够连续进行，必须使高温熔体定期从熔炉内卸出。由于冷坩埚埚底在运行过程中与埚壁一样也存在一层冷壳，且由于埚底透磁效果较差，埚底部的玻璃温度相对较低，冷壳较厚，不利于正常出料。

目前对于冷坩埚出料有两种技术：冻融阀和闸板阀。研究主要是要合理设计埚底和出料阀门的结构，从而降低坩埚底部冷壳的厚度，保证熔体正常卸料。同时考虑到冷坩埚长期运行处理放射性废物，出料装置不仅要能够长期使用，且要能够与产品容器对接保证密封性。为今后远距离维修方便，装置要容易更换。

E. 启动技术

废物玻璃常温下为介电体，高温熔融后变为导体，要使用电磁感应加热必须先将固态玻璃体转变为熔融玻璃液，这一过程称为“启动”。

启动方法有很多种，如热辐射能熔化、焰熔化、电弧加热熔化、高频熔化、微波加热、等离子体启动等。冷坩埚玻璃固化在选择启动方法时需要考虑以下几个问题。

（1）启动材料的复用问题。冷坩埚是有埚盖的，埚盖上布置有进料口、尾气出口、热电偶、搅拌桨等，不适宜来回拆装，因此启动方法最好选择启动材料能够在启动完成后留在熔体内不需再取出的。

（2）启动材料的易导电问题。为保证启动效果，启动材料应选择易导电、发热量高的物质，如金属钛，石墨等。

（3）启动材料对玻璃体配方无影响。启动材料燃烧完全后，产物应对玻璃性质没有较大影响。

2）冷坩埚玻璃固化急需开展的基础研究

冷坩埚玻璃固化工艺技术研究过程，涉及许多基础性科学问题需要解决，以保证冷坩埚玻璃固化设施安全、稳定、可靠运行以及生产的玻璃固化体满足高放地质处置要求。主要开展的基础研究方向如下：

（1）贵金属裂变产物在玻璃熔体中的行为研究。Ru、Rh、Pd 等贵金属裂变产物在硼硅酸盐玻璃以何种化学形态存在，是否在冷坩埚内会发生沉积，如果发生沉积对熔炉正常运行有何种影响，沉积是否会导致出料困难等还未开展研究，国外也无冷坩埚固化长期运行的数据，这直接影响到冷坩埚固化正常运行及搅拌等工艺参数的选择。

（2）高放废液预处理过程多价态核素的形态研究。将高放废液由液态转化为可进入冷坩埚内进行固化的形式，多价态 Np、Tc、Ru 等元素的氧化物是否形成团聚，附着性如何，与其他裂变产物能否共熔等还没有开展过研究，这些问题不搞清楚将直接影响冷坩埚的处理能力及产品质量。

（3）玻璃熔体均匀性判断依据。无论利用机械搅拌桨进行搅拌还是鼓泡方式进行搅拌，如何判断熔融玻璃体是否完全均匀，关键核素是否有沉积，用何种方法、手段、仪器来指示，是工艺研究不可或缺的。

（4）冷坩埚玻璃固化配方研究。由于冷坩埚玻璃固化温度高，可达 2000 ℃以上，因此对基础配方的选择与以前有很大的不同，对关键核素的包容量如何，固化体浸出率如何，能否满足高放地质处置的要求等还没有研究。

（5）玻璃体对包装材料的蚀变行为研究。高放废液酸度高，且预处理和固化过程有氧气存在，因此，高价态元素都可能以氧化态形式存在，而且贵金属裂变产物可能存在沉积问题，这些现象都可能影响到玻璃固化体储存安全问题。

除此之外，还要考虑工艺运行过程的产品分析、工艺监测等方面的应用基础问题。

3）冷坩埚技术研发规划

本着科研发展的规律，冷坩埚玻璃固化技术研发分为四个阶段，见图 16.14，通过这几个阶段的研究突破所有上述的关键技术，解决基础科研问题，建立不同规模的装置。冷坩埚玻璃固化技术的研发应遵循“以我为主，引进为辅”的原则，采取先解决关键技术再进行系统集成方式，加快研发进程，力争在 2025 年左右能够全面掌握冷坩埚玻璃固化技术，具备自主设计建造玻璃固化工厂的能力。在 2030 年左右能够自主建成冷坩埚玻璃固化设施，在后处理厂中实现玻璃固化技术的国产化。

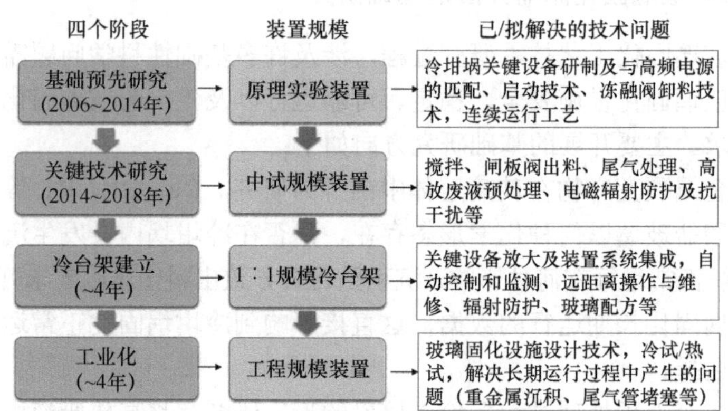

图 16.14　我国冷坩埚研发阶段描述

2. 引进技术的消化吸收

根据当前我国玻璃固化技术发展现状，高放废液的输送和进料、基础玻璃进料、玻璃出料、二次废液再浓缩和其他辅助系统等涉及的技术已基本成熟，仅有个别需要进一步的优化验证；产品容器的处理、尾气净化处理等国内已有一定的研究基础，但还需工程验证；玻璃熔制的关键设备——电熔炉，国内研究基础薄弱，在引进项目中，也未引进熔炉设备设计技术，其设备的详细设计完全由德方完成，因此中方未掌握深层的设计原理，要将其实现国产化，需要重点进行研究。

因此，针对高放废液电熔炉玻璃固化工艺技术，建议今后需开展的主要工作如下。

1）电熔炉的消化吸收及国产化研究

电熔炉是用于玻璃熔制的关键设备，其技术核心在于熔炉结构的合理设计以及电极材料、耐火材料。目前，尽管已经引进了电熔炉，但对于熔炉深层的设计原理并未掌握，熔炉耐火材料国内还没有确定的替代品，需要进行调研和合作研发，电极材料国内也还不能生产，需要进口，这种材料的机械加工国内还未掌握。此外，长时间的验证考验是十分重要的，如熔炉尾气管问题，只有在长时间运行考验下才能体现并进行解决。

2）产品容器处理系统的工程验证研究

产品容器处理系统包括产品容器的制造、去污、焊接、转运和贮存等，国内已有研究基础，但尚缺乏工程验证。

3）尾气系统的优化及改进研究

高放废液在熔炉中经过蒸发、煅烧，生成煅烧物后与玻璃珠一起熔制成产品玻璃，在这个过程中有大量的气体产生，同时亦掺入了大量空气，这些气体夹带了一定量的固体微尘。这样，从熔炉排出的这些尾气含有很高的放射性、固体颗粒物及氮氧化物等，因此必须经过净化处理，通常是采用湿法-干法结合的处理方法。对于尾气处理工艺，国内有一定的研究基础，目前存在的主要问题是材料的腐蚀问题和长期运行状态下过滤器芯的更换。因此需要针对熔炉尾气管堵塞问题、尾气湿法处理中关键设备的设计及材料等进行研究。

16.4.6 高放废液玻璃固化技术研发存在的问题和政策建议

1. 我国高放废液玻璃固化技术研发存在的主要问题

一是技术研发费用难以持续保证，技术储备不足。我国 20 世纪 70 年代开展玻璃固化研究，至今 40 多年了。起初我国高放废液罐式玻璃固化技术已达国际先进水平，随后由于引进德国的焦耳炉（电熔炉）技术，我国玻璃固化技术在关键设备研发就处于停滞状态，经费时有时无，投入的经费也主要集中在玻璃固化配方研究方面。目前冷坩埚技术研发有两个渠道：一个是国家国防科工局退役治理专项，另一个是后处理重大专项。后处理重大专项 2016 年暂停，直接影响到冷坩埚玻璃固化技术研发进程。

二是技术队伍匮乏。由于前期资助不力，从事玻璃固化方面的人才严重流失，目前处于断档阶段，急需加快相关人才的引进和培养。

三是实验设施难以适应工程技术研发需要。作为一个核大国，我国没有专门从事放射性废物处理技术研发和退役治理技术研发的设施，现有设施从通风、辐射防护、设施能力等方面不具备开展相关研究的条件，只能是研发到一定阶段考虑实验场地问题。

2. 政策建议

（1）建议国家层面上重视高放废液玻璃固化的基础科研工作。

我国虽然从 20 世纪 70 年代就开始玻璃固化技术研究，但由于重视不够，投资时断时续，到现在仍未自主掌握高放废液玻璃固化技术。高放废液中集中了核工业废物中 99%以上的放射性，它的安全妥善处理必须高度重视，否则一旦泄漏，引发的将是灾难性事故。国外很多国家都已经建成了玻璃固化工厂，并且不断研发新的固化技术。我国作为一个核大国，不能一直把高放废液的处理技术寄托在引进上，还是应该重视并加大科研投资，争取尽早自主掌握这项技术，能够自行设计建造玻璃固化工厂，确保我国核能实现可持续性发展。

技术研发是需要时间的，也应该是多元化的，为了今后能够有更多可选择的、安全的、先进的技术，建议国家和政府部门应高度重视高放废液处理的基础科研工作。

（2）建议将冷坩埚玻璃固化技术作为我国高放废液固化处理的优选技术，并加快自主研发。

从目前国际上已应用的高放废液玻璃固化工艺来看，冷坩埚具有适应范围广、处理废物种类多、退役成本低等优势，建议我国将冷坩埚玻璃固化技术作为我国高放废液处理的优选工艺。从中核四川环保工程有限责任公司引进德国的玻璃固化技术来看，无论从技术谈判、工艺设备引进、工艺调试和运行、引进经费等方面来看，我国不掌握该技术永远受制于别人。根据我国核电发展的需要，应加快自主研发冷坩埚固化技术，尽快掌握冷坩埚玻璃固化技术，满足我国今后后处理厂建设的需要。

（3）建议对已经引进的电熔炉技术进行消化吸收。

我国已经引进了一套电熔炉玻璃固化技术，现正处于设备安装调试阶段，对于引进的技术，不能仅局限于用其处理废液，更主要是要在引进的基础上对其进行消化吸收，掌握该项技术。国外已有将玻璃固化技术用于中低放废液处理的实例，我国今后也不能完全排除将电熔炉技术用于处理中低放废液的可能性。因此掌握了电熔炉玻璃固化技术也可以为今后其他废物的处理提供可选择的技术。

（4）加快退役治理技术研发中心建设。

我国退役治理技术研发中心从规划、讨论、评估到现在已过去若干年，至今没有得到立项批复。从冷坩埚玻璃固化技术研发、军工核设施退役等方面需求考虑，急需加快退役治理技术研发中心建设的立项批复，并加快设施的建设。在我国尽快建一个玻璃固化研究设施，用于进行科研工程验证，对于促进玻璃固化技术的工程化具有重要意义。

参考文献

[1] 放射性废物的分类(Classification of Radioactive Waste). 环境保护部公告, 2017 年第 65 号文, 发布日期: 2017-12-1, 实施日期: 2018-1-1.

[2] Geist A, Malmbeck R. Separartion of minor actinides in the partitioning and transmutation context. 8 th International Topical Meeting on Nuclear Applications and Utilization of Accelerators (AccApp'07), Pocatello, Idaho, July 29-August 2, 2007.

[3] 罗上庚. 放射性废物处理与处置. 北京: 中国环境科学出版社, 2006.

[4] Assessment of Partitioning Processes for Transmutation of Actinides. IAEA-TECDOC-1648 INTERNATIONAL ATOMIC ENERGY AGENCY VIENNA, 2010.

[5] Actinide and Fission Product Partitioning and Transmutation. Eighth Information Exchange Meeting, Las Vegas, Nevada, United States, 9-11 November, 2004, OECD 2005, NEA, No. 6024.

[6] Liu X G, Xu J M, Chen J, et al. Partitioning and conditioning options based on Chinese High-Level Liquid Waste Full Partitioning Process-11440. WM2011 Conference, Phoenix, AZ, USA, February 27-March 3, 2011.

[7] 宋崇立. 分离法处理我国高放废液概念流程. 原子能科学技术, 1995, 29(3): 201-209.

[8] 朱永贈, 王建晨. 三烷基(混合)氧膦萃取剂在核化工中的应用.中国工程院化工冶金与材料工程学部第六届学术会议, 山东济南, 10 月 16-19 日, 2007.

[9] Zhu Y J. An extractant (TRPO) for the removal and recovery of actinides from high level radioactive liquid waste. ISEC'83, p9, Denver, Colorado, USA, 1983.

[10] Zhu Y J. The separation of americium from light lanthanides by cyanex 301 extraction. Radiochim Acta, 1995, 68(2): 95-98.

[11] 陈靖. 二(2, 4, 4 三甲基戊基)-二硫代膦酸萃取分离 Am 和镧系元素. 清华大学博士学位论文, 1996.

[12] Wang J C, Song C L. The hot test of partitioning strontium from high-level liquid waste by DCH18C6. Radiochimica Acta, 2001, 89(3): 151-154.

[13] Wang J C, Song C L. Hot test of trialkyl phosphine oxide (TRPO) for removing actinides from highly saline high-level liquid waste (HLLW). Solvent Extraction & Ion Exchange, 2001, 19(2): 231-242.

[14] Wang J C, Chen J, Jing S. Verification of the calixcrown process for partitioning cesium from high-level liquid waste (HLLW). Solvent Extraction and Ion Exchange, 2015, 33(3): 249-263.

[15] Wang J C, Jing S, Chen J. Demonstration of a crown ether process for partitioning strontium

from highlevel liquid waste (HLLW). Radiochimica Acta, 2016, 104(2): 107-115.

[16] Chen J, Tian G X, Jiao R Z, et al. A hot test for separating americium from fission product lanthanides by purified Cyanex 301 extraction in centrifugal contactors. J Nucl Sci Technol, 2002, S3: 325-327.

[17] Chen J, Wang J C, Jing S. A pilot test of partitioning for the simulated highly saline high level liquid waste. Global 2007: Boise, Idaho, September 9-13, 2007: 1831-1835.

[18] Law J D, Brewer K N, Herbst R S, et al. Demonstration of the TRUEX process for partitioning of actinides from actual ICPP tank waste using centrifugal contactors in a shielded cell facility. INEL 96/0353, 1996.

[19] Law J D, Wood D J, Todd T A, et al. Demonstration of the SREX process for the removal of ^{90}Sr from actual highly radioactive solutions in centrifugal contactors. INEL/CON–97-00706, 1997.

[20] Walker D D, Norato M A, Campbell S G, et al. Cesium removal from Savannah River site radioactive waste using the caustic-side solvent extraction (CSSX) process. Sep Sci Technol, 2005, 40: 297-309.

[21] Geeting M W, Brass E A, Brown S J, et al. Scale-up of caustic-side solvent extraction process for removal of cesium at Savannah River Site. Sep Sci Technol, 2008, 43: 2786-2796.

[22] Grimes T S, Tillotson R D, Martin L R. Trivalent lanthanide/actinide separation using aqueous-modified TALSPEAK chemistry. Solvent Extraction and Ion Exchange, 2014, 32: 378-390.

[23] Chew D P, Hamm B A. SRR-LWP-2009-00001, Liquid Waste System Plan. Rev, 2013.

[24] Dozol J F, Ludwig R. Extraction of Radioactive Elements by Calixarenes//Moyer B A. Ion Exchange and Solvent Extraction. Boca Raton, FL: CRC Press, 2010, 19: 195-318.

[25] Madic C, Blanc P, Condamines N, et al. Actinide partitioning from high level liquid waste using the DIAMEX process. RECOD'94, April, London, UK, 1994.

[26] Baron P, Heres X, Lecomte M, et al. Separation of the minor actinides: The DIAMEX-SANEX concept. Global 2001: Back-end of the Fuel Cycle: From Research to Solutions, Paris, France, 2001.

[27] Modolo G, Asp H, Schreinemachers C, et al. Development of a TODGA based process for partitioning of actinides from PUREX raffinate Part Ⅰ: Batch extraction optimization studies and stability tests. Solvent Extraction and Ion Exchange, 2007, 25(7): 703-721.

[28] OECD/NEA. National Programmes in Chemical Partitioning—A Status Report. 2010.

[29] Morita Y, Glatz J P, Kubota M, et al. Actinide partitioning from HLW in a continuous DIDPA extraction process by means of centrifugal extractors. Solvent Extraction and Ion Exchange, 1996, 14(3): 385-400.

[30] 胡唐华, 冯孝贵, 鲍卫民, 等. 冷坩埚技术在核废物处理中的应用. 核技术, 2001, 24(6): 521-528.

[31] Sobolev I A, Dmitriev S A, Lifanov F A, et al. A history of vitrification process development at sia radon including cold crucible melters. WM '04 Conference, Tucson: AZ, 2004.

[32] Do-Quang R, Petitjean V, Hollebecque F, et al. Vitrification of HLW produced by uranium/molybdenum fuel reprocessing in COGEMA's cold crucible melter. WM'03 Conference, Tucson: AZ, 2003.

[33] Sugilal G. Experimental analysis of the performance of cold crucible induction glass melter.

Applied Thermal Engineering, 2008, 28: 1952-1961.

[34] Choi K, Kim C W, Park J K, et al. Pilot-scale tests to vitrify Korean low-level wastes. WM'02 Conference, Tucson: AZ, 2002.

[35] Ramsey W G, Gray M F, Calmus R B, et al. Next generation melter(s) for vitrification of hanford waste: Status and direction. The U. S. Department of Energy Assistant Secretary for Environmental Management, 2011.

[36] Kim S, Lee K J, Ji P K, et al. Economic assessment on vitrification facility of low and intermediate-level radioactive waste in Korea. WM'03 Conference, Tucson: AZ, 2003.

[37] 邵辅义, 严家德, 张宝善, 等. 含硫酸盐模拟高放废液罐式法玻璃固化中间装置中硫的分布. 原子能科学技术, 1990, 24(4): 58-65.

[38] 刘丽君, 张生栋.放射性废物冷坩埚玻璃固化技术发展分析. 原子能科学技术, 2015, 49(4): 589-596.

[39] 陈靖, 王建晨. 从高放废液中去除锕系元素的 TRPO 流程发展三十年. 化学进展, 2011, 23(7): 1366-1371.

第 17 章 放射性废物处置

17.1 引　　言

放射性废物的安全处置，是事关公众健康和环境安全的大事，是核能可持续发展的保障条件。早在 20 世纪 90 年代，国际原子能机构发布的有关放射性废物管理的规定，对放射性废物处置提出了保护环境、保护人类及其后代健康、保证不给后代人造成不适当负担的基本原则。

放射性废物处置属于核燃料循环的最后一个环节，采取措施使放射性核素在衰变到对人类无危害水平之前与生物圈隔离。我国采纳国际原子能机构的标准，对不同类型废物作如下不同处置[1]：①极短寿命废物，此类废物中的放射性核素半衰期极短，一般小于 100 天，放置几天最多两三年就可衰减到解控水平；②极低放废物，此类废物的放射性水平极低，长寿命核素的活度浓度非常有限，只需要简单包装和隔离措施，可以用填埋处置；③低水平放射性废物，此类废物短寿命核素活度浓度可能较高，但长寿命核素含量有限，可用近地表处置，一般隔离 300～500 年即可达到环境允许的水平；④中水平放射性废物，废物中含相当数量的长寿命核素，特别是 α 放射性核素，这类废物需要采取中等深度处置；⑤高水平放射性废物，这类废物所含放射性核素活度浓度很高，产生大量衰变热，或者含有大量长核素，此类废物必须进行深地质处置。

放射性废物安全处置的最主要威胁来自地下水。地下水将放射性废物中的放射性核素浸出、扩散和迁移至生物圈。为了安全处置放射性废物，科学家们设计了阻滞和延缓放射性核素迁移的多重屏障，这些屏障分为工程屏障和天然屏障。工程屏障包括废物体、废物包装容器和回填材料，天然屏障包括地质体、岩石、土壤等天然介质。现在不仅高放废物地质库必须有坚稳的多重屏障隔离体系，保证处置废物的良好包容和隔离，低、中放废物的处置也采取多重屏障隔离体系。图 17.1 为采用多重屏障的高放地质处置库示意图。

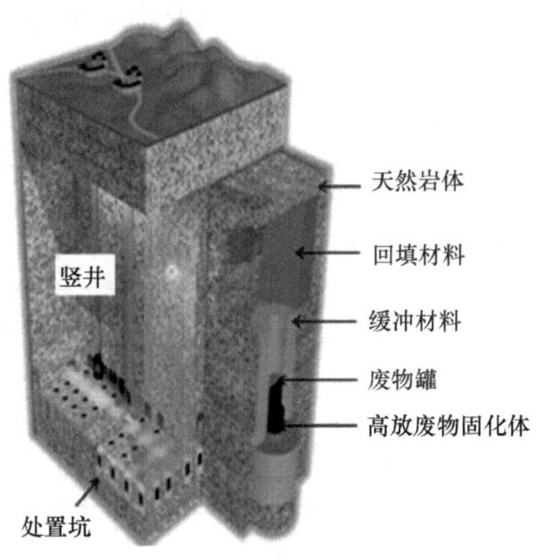

图 17.1　采用多重屏障的高放地质处置库示意图

本章分析了新形势下，从我国核能安全利用中长期发展战略角度，剖析我国放射性废物处置的需求，以及国外放射性废物处置经验和教训，分析我国存在的问题并提出解决的方案与建议。

17.2　我国放射性废物处置的需求分析

我国放射性废物主要产生于核电站和核燃料循环设施，核技术利用活动产生的放射性废物量相对较少。

17.2.1　我国核电站低、中放废物量预测

2020 年我国核电装机总容量将达到 58 GWe，在建容量 30 GWe。按照国家能源局牵头制订的核电“十三五”规划的初步方案，预计 2030 年我国核电装机容量将达到 120～150 GWe。

据统计[2]，我国现在运行核电机组每台机组每年运行生产的固体放射性废物量平均约为 80 m^3，这放射性固体废物量是指核电厂运行期间产生的所有放射性废物经处理和整备后（含废物包装容器）需要送到低、中放水平放射性废物处置场进行最终处置的放射性废物量。到 2010 年底，我国核电机组运行累计的最终废物量约为 10000 m^3。

我国在建和新建的二代改进型核电机组预期每台机组每年产生固体放射性废物体积可达到 50 m^3 [2]。

根据我国核电建设的发展形势，估算核电机组每年运行产生的固体废物量和累计的废物量。图 17.2 为我国核电站每年产生固体废物量预测值，图 17.3 为累计每年产生放射性废物量预测值[2]，这里不包括核电机组退役产生的放射性废物量。

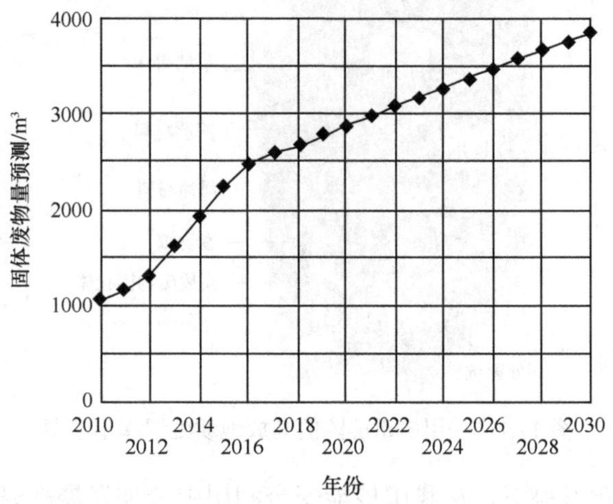

图 17.2　我国核电站每年产生固体废物量预测值

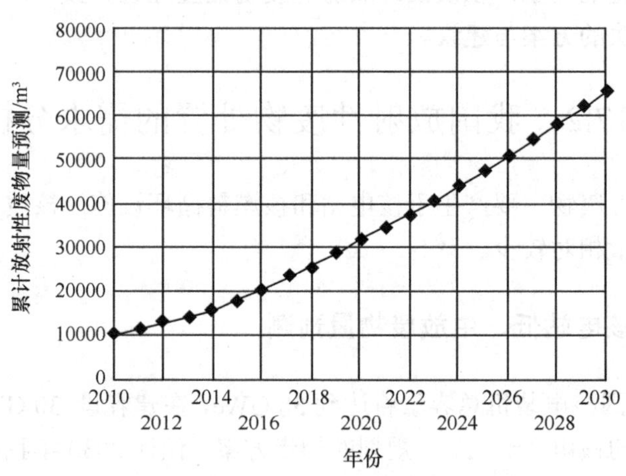

图 17.3　我国核电站累计每年产生放射性废物量预测值

初步估算，我国核电站在 2020 年、2030 年和 2040 年累计产生的低、中放废物量的低值将分别为 2.6 万 m^3、7.9 万 m^3 和 16.1 万 m^3，高值将分别达到 3.7 万 m^3、14.2 万 m^3 和 30.7 万 m^3，见图 17.4。

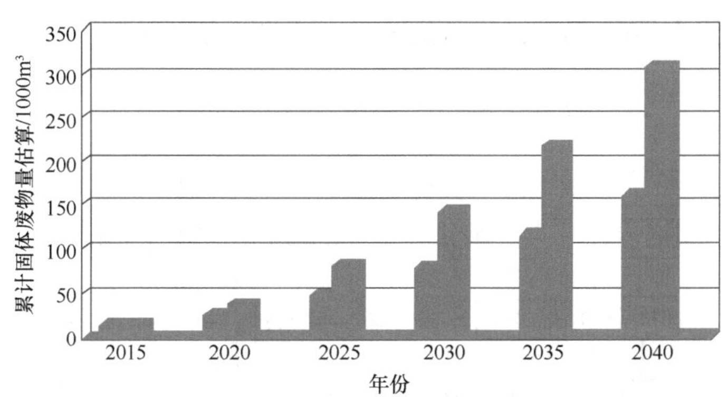

图 17.4　我国核电站累计固体废物量估算值

核电站退役废物的数量与电站的类型、大小、退役策略和技术路线等许多因素有关[3]。按国际经验，一个核电站退役产生的固体废物量可能和其运行所产生的固体废物总量在同一个量级。在这些退役废物中，主要是建筑垃圾、污染的混凝土和废钢铁，大部分属于低放废物和极低放废物。我国第一座核电站（秦山一期）按 40 年寿期将在 2030 年后进入退役。

17.2.2　我国核燃料循环放射性废物处置的需求分析

核燃料循环包含前段和后段两大类设施，见图 17.5。核燃料循环前段设施产生的废物量较少，废物成分简单，处置难度小，处置任务矛盾不突出。这里我们重点讨论后段的乏燃料后处理厂的废物。

我国乏燃料后处理中试厂于 2010 年完成热调试，经过几年整改之后，2016 年投入热运行，预期可形成约 60 tHM/年处理能力。

我国乏燃料后处理示范厂预期在 2025 年前建成，为示范快堆 CFR600 提供钚装料。

一座从法国引进的乏燃料后处理厂，如果进展顺利，预期在 2030 年前建成，为商用快堆 CFR1000 提供钚装料。

另外，如果后处理专项科研和快堆工程进展顺利，则一座处理乏燃料能力为 1000 tHM/年的自主设计的先进后处理厂，预期于 2040 年左右建成，为快堆（4～5 GWe）提供小批量钚装料。

根据预测的我国乏燃料后处理厂发展的规模，2050 年我国乏燃料后处理量见图 17.6。预计 2035 年后我国后处理的乏燃料可能会超过 5000 tHM。

按国外后处理厂运行经验，一座千吨级后处理厂处理每吨乏燃料，产生的低、中放 β、γ 废物量为 1.5～3.0 m^3，低、中放 α 废物量为 0.35～0.70 m^3，高放废物量为 0.5～1.0 m^3（高放废液玻璃固化体 + 废包壳与端头超压废物玻璃固化体）。

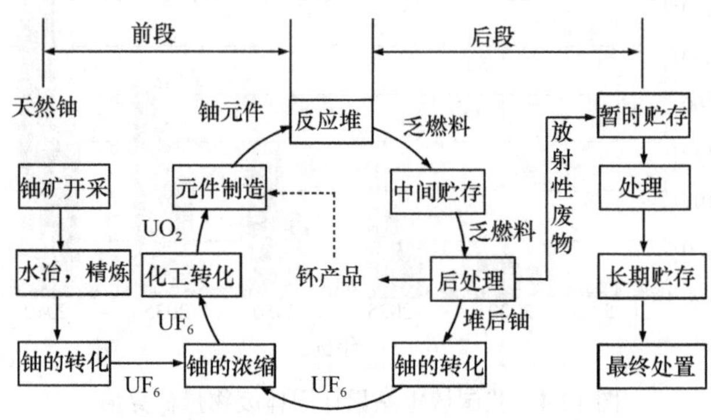

图 17.5　核燃料循环设施

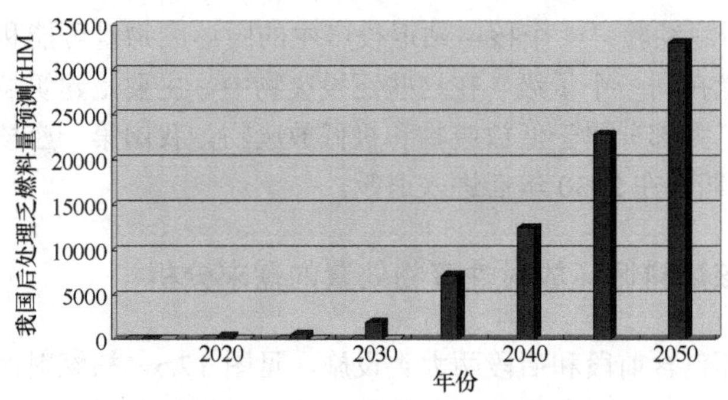

图 17.6　2050 年我国乏燃料后处理量预测

根据 2050 年我国后处理乏燃料量的预测，后处理产生的低、中放废物，α 废物（超铀废物）和高放废物的累计量预测如图 17.7～图 17.9 所示。

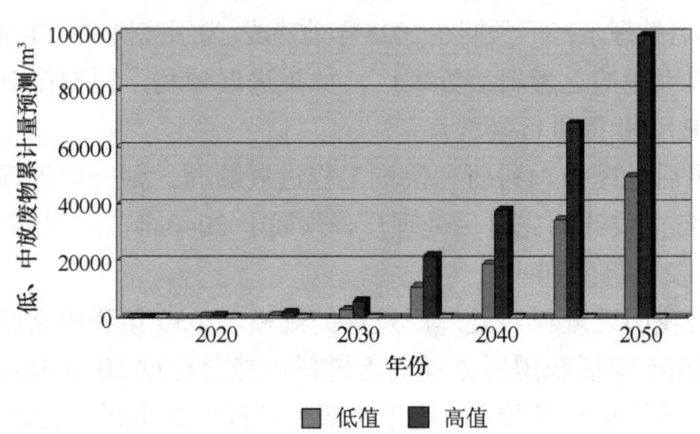

图 17.7　2050 年我国乏燃料后处理产生的低、中放废物累计量预测

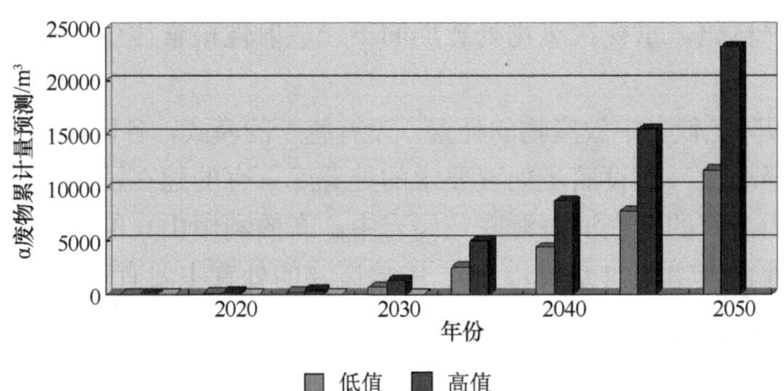

图 17.8 2050 年我国乏燃料后处理产生的 α 废物累计量预测

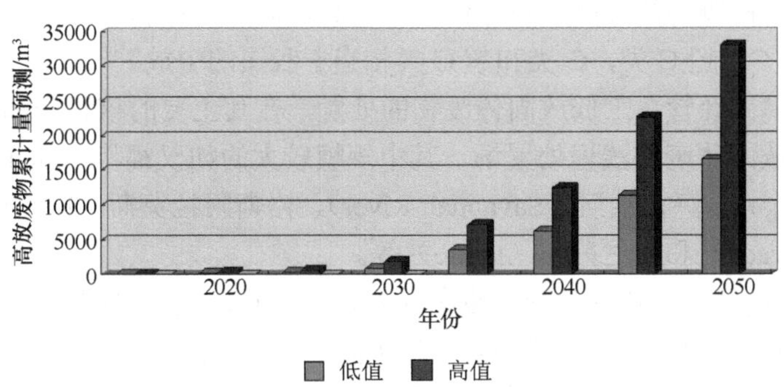

图 17.9 2050 年我国乏燃料后处理产生的高放废物累计量预测

由于我国后处理厂建设滞后，与核电废物相比，今后几十年里，我国后处理产生的各类废物的处置压力相对要小些。

17.3 国外放射性废物处置发展状况

17.3.1 国外低、中放废物处置现状

低、中放废物的安全处置，要考虑的主要核素是 Co60、Cs137 和 Sr90，一般隔离 300～500 年就可达到环境允许的安全水平。

国际上，核工业发展初期，低、中放废物处置的主要方式是海洋投弃处置或陆地简单填埋处置。美国、苏联、英国、法国、日本等国曾将不少低放废物丢进了太平洋和大西洋中。1983 年签署伦敦禁止倾废国际公约之后，停止了放射性废物的海洋处置。

自 20 世纪 70 年代以后，随着人们环保意识的不断提高，低、中放废物填埋

处置也逐渐严格化，重视在废物处置期间不让放射性核素往生物圈迁移，保证环境的安全。

现在，国际上低、中放废物的处置，没有统一的模式，各国根据本国国情，因地制宜地选择场址，建设满足处置要求的处置库。有的建在浅地下，有的建在半地下或地面上，有的建在滨海海底花岗岩中，有的利用山丘的洞穴处置，有的还利用核爆坑处置废物（如美国）。低、中放废物的处置主要有以下类型。

1. 近地表处置方式

1）美国

美国放射性废物的分类，不分低、中、高，而分为低和高。美国的低放废物分为 A、B、C、超 C 类，C 类和超 C 类相当于我国的中放。

美国能源部经管军工低放固体废物的处置，在其主要的核科研和生产基地几乎都建有低放固体废物浅埋处置场，其中规模较大的如汉福特（Hanford）、橡树岭（Oak Ridge）、萨凡纳河（Savannah River）、洛斯阿拉莫斯（Los Alamos）、内华达州（Nevada）和爱达荷州（Idaho）等。

美国 NRC 经管商业低放固体废物的处置，商用低放废物处置设施负责处置核电废物。美国最初建有 6 个处置场，后来关闭了 4 个。处置能力远不够需要，美国发布“低放废物政策法”以及“修正法案”，要求各州自建或联合建低放废物处置场，但收效甚微，只增建了 2 个。目前，美国共有 4 座低放废物处置设施在运行，即南卡罗莱纳州的巴威尔（Barwell）设施、华盛顿州的汉福特（Hanford）设施、犹他州的克里夫（Clive）设施和得克萨斯州的安德鲁斯（Andrews）设施。

早期美国在橡树岭进行过低放废液的水力压裂试验，在 1966～1979 年间，向地下 200～300 m 的页岩层中共注入了 8800 m^3 的低放废液灰浆，放射性总活度为 2.37×10^{17} Bq。美国还利用内华达州核爆基地部分废弹坑处置军工低放废物，包括 C 类废物和超 C 类废物。

2）法国

法国对低、中放废物实行集中处置的方针。由放射性废物管理局（ANDRA）统一管理全国的放射性废物的处置。

法国第一座芒什（Manche）处置库位于阿格后处理厂附近，为半地下式混凝土构筑物。整个构筑物建在水泥底板上，在底板下设有集水和排水系统。该处置库采用多层结构顶盖。1969 年投入运行，接收了 52.7 万 m^3 废物，1994 年关闭，处置库关闭后控制期为 300 年。图 17.10 为芒什处置场封盖关闭后的照片。

法国第二座处置场奥布（l'Aube）处置场于 1992 年开始接收废物，设计库容为 100 万 m^3，预期于 2040～2050 年关闭。奥布处置场采用全地上结构。废物桶处置在混凝土构筑物中，处置单元的长和宽各 20 m，高 8 m。一个处置单元平均可处置约 2200 m^3 废物。处置单元分行排布，一行有多个处置单元，行与行之间的间隔约 25 m。处置单元上方有活动顶盖，确保在接收废物期间，雨水不会进入处置单元。当一个处置单元装满后，即用防水涂层覆盖，并移走活动顶盖。处置库设置独立的集水系统，收集任何可能渗入处置系统的水。图 17.11 为奥布处置场的处置单元及其活动顶盖。

图 17.10 法国芒什处置场封盖关闭后

图 17.11 法国奥布处置场的处置单元及其活动顶盖

3）英国

英国德里格（Drigg）低放废物处置场位于 THORP 后处理厂附近，自 1959 年投入运行以来，已接收约 100 万 m^3 低放废物。英国早期的低放废物采用沟埋方式，共建有 7 条处置沟。1988 年以后采用工程混凝土窖仓（8#和 9#窖），8#和 9#窖的处置容量分别为 20 万 m^3 和 11 万 m^3。目前，德里格处置厂正在申请扩容，申请建设 9a#、10#和 11#等 3 个处置窖仓。

由于德里格处置厂建在北海边上，地基仅高出海平面 5～20m，人们担心处置场将来有被海潮淹没的危险。图 17.12 为德里格低放废物处置场俯视图。

4）西班牙

西班牙的放射性废物由国家放射性废物公司（ENRESA）负责管理。1992 年 10 月，埃尔卡博里尔（El Cabril）低、中放废物近地表处置场建成并投入运行。处置场按多重屏障原则进行设计，低、中放废物桶置于处置窖仓内的混凝土容器中，处置窖仓底下的视察走廊里设有排水控制系统，处置窖仓在运行和封盖作业期间，均有活动金属顶棚遮盖，防止雨水进入处置单元。处置作业完成后，采用多结构顶盖封顶。处置场关闭后需要监护 300 年。图 17.13 为西班牙埃尔卡博里尔低、中放废物处置场结构示意图。

图 17.12　英国德里格低放废物处置场俯视图

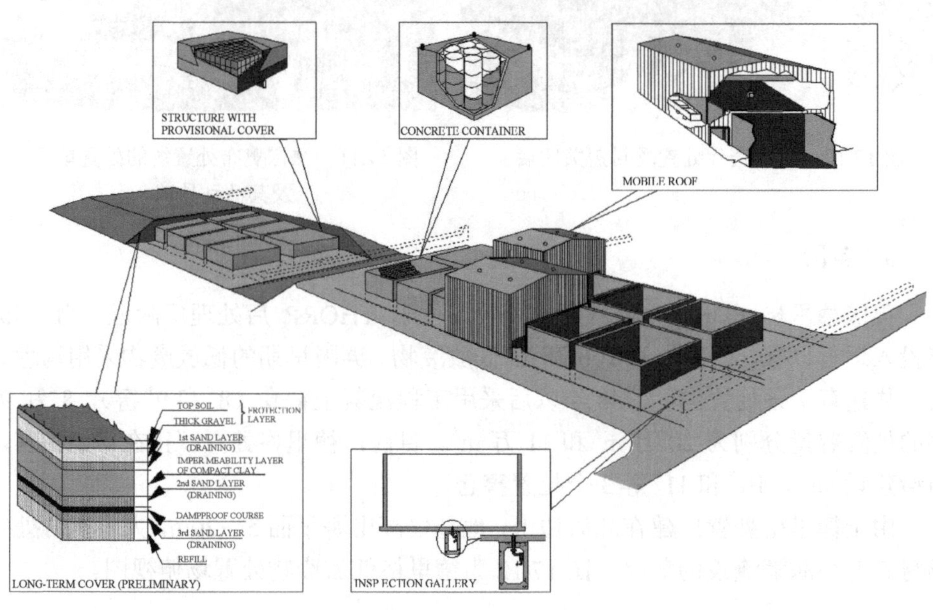

图 17.13　西班牙埃尔卡博里尔低、中放废物处置场结构示意图

5）日本

日本低放废物处置场建在北海道六个所。处置库的混凝土坑建在地下 10 m 深处，采用多重屏障措施使废物与生物圈隔离，迄今已处置低放废物 28.5 万桶。图 17.14 为六个所低放废物处置作业示意图。

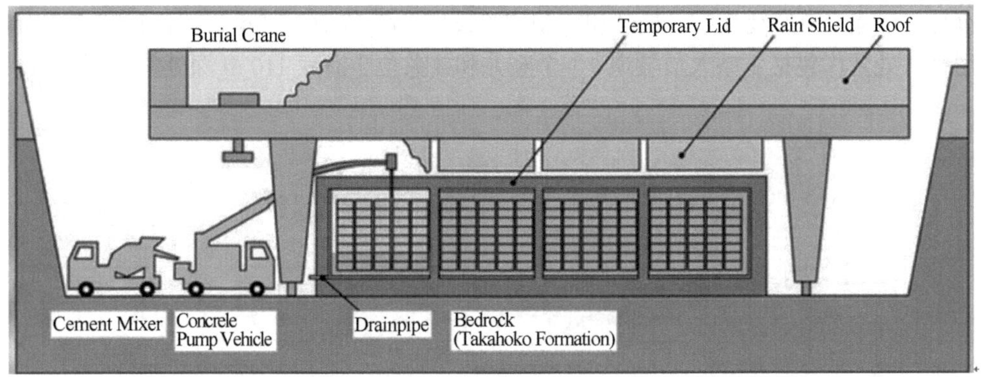

图 17.14 日本六个所低放废物处置作业示意图

2. 人工岩洞处置方式

1）瑞典

瑞典核燃料和废物管理公司（SKB）负责管理瑞典的核废物。低、中放废物处置库 SFR 于 1983 年开始建造，1988 年投入运行。SFR 另具特色，建于离海岸约 1 km 的海床下 60 m 处的岩床里，设计容量为 6.3 万 m^3，由 4 条 160 m 长的壕及 1 个直径 30 m、高 50 m 的混凝土筒仓（silo）所组成，由 2 条隧道将地下处置设施与地面相连通。SFR 的布置如图 17.15 所示。SKB 还设计了在该库址再建造 6 条 240～275 m 长壕（图中左下方），为瑞典核电站退役废物处置所用。

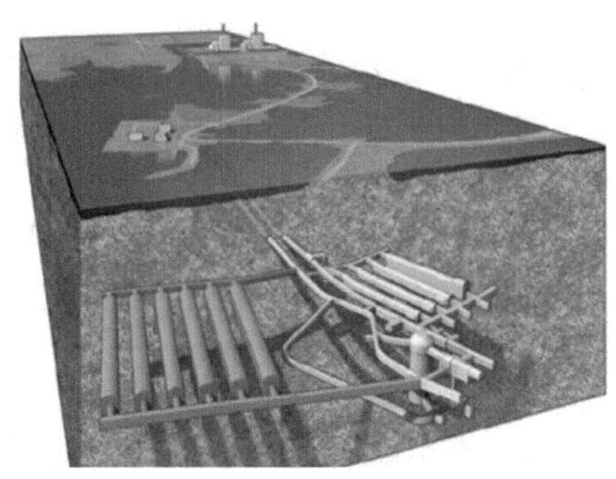

图 17.15 瑞典低、中放废物处置库的布置

芬兰有 2 座低、中放废物处置库，Olkiluoto 处置库于 1992 年开始运行，处置库有 2 个竖井、1 条施工通道和 2 个位于海底 60～95 m 深处的筒仓，1 个处置低放废物，1 个处置中放废物；还有 3 个筒仓，2 个处置退役低放废物，1 个处置退役中放

废物。地面上有废物接收、处理和控制构筑设施（图 17.16）。Loviisa 于 1998 年开始运行，处置库包括 1 条人员隧道、1 个竖井和 4 条位于海底 110 m 深处的处置巷道。

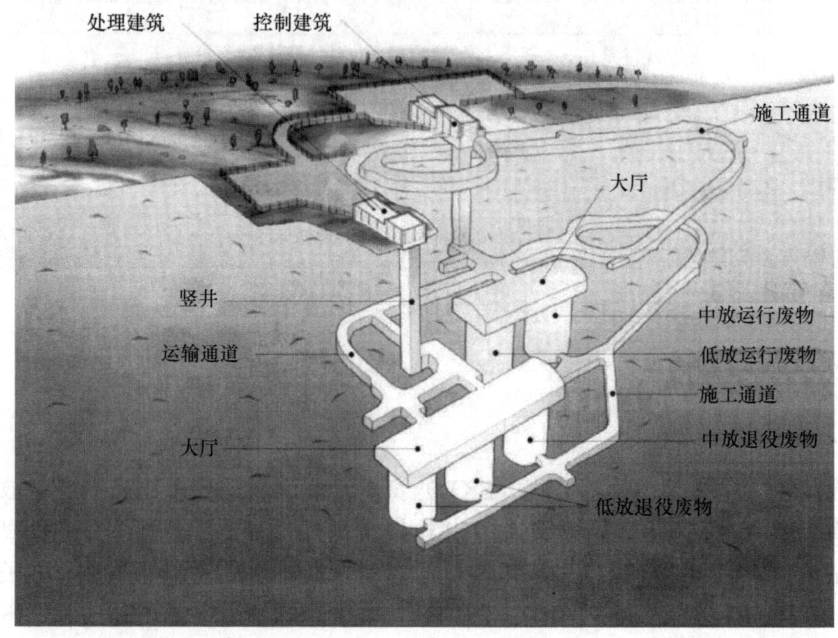

图 17.16　芬兰 Olkiluoto 处置库

2）韩国

韩国月城（Wolsong）处置库的第一期工程，在海平面以下 80～130 m 深处，建造 6 个地下筒仓（直径 25 m，高 50 m）。工程设施包括施工隧道（1950 m）、操作隧道（1415 m）和竖井（207 m），处置库总体结构如图 17.17 所示。一期工程于 2013 年 11 月完工，6 个筒仓可处置 10 万桶废物（3.5 万 m^3）

韩国正在筹建第二期工程，是在同一场址上的近地表处置库。

3. 废矿井处置方式

关于废矿井处置，国际上有用废铀矿、废铁矿和废盐矿等。对废矿井的最基本要求是要没有地下水入侵废物的风险。废矿井处置，国际上以德国研究开发最多，下面介绍几例：

德国开发了阿塞（Asse-Ⅱ）废盐矿处置库、莫斯莱本（Morsleben）废盐矿处置库以及康拉德（Konrad）废铁矿处置库。

图 17.17 韩国月城低、中放废物岩洞处置库

Asse-Ⅱ盐矿位于德国下萨克森州地下盐丘中，1906～1964 年在 490～750 m 深度 13 层上共挖出 131 个硐室（标准硐室长 60 m×宽 40 m×高 15 m），总容积 3.6×10^6 m^3，其中部分硐室可用于处置低、中放废物。Asse-Ⅱ废盐矿经过几年改造后，在 1967～1978 年共试验处置了 14 万桶低放废物（图 17.18）和 1300 桶中放废物，约 47000 m^3，总放射性 10^{16} Bq。 1978 年 12 月 31 日停止试验处置活动。

图 17.18 德国 Asse-Ⅱ处置库处置低放废物

现在发现，Asse-Ⅱ矿区有地质结构不稳定和渗水重大安全问题。2013 年德国通过一项法案，决定从 Asse-Ⅱ库中回取出废物，这将要耗费巨大经费和时日。

莫斯莱本废盐矿处置库原为民主德国建造，于 1971 年投入使用，废物处置于

400～600 m 深层挖空的盐硐中（图 17.19）。至 1998 年共处置了 3.68 万 m^3 低、中放废物及 6621 个密封放射源，放射性总活度 0.38 PBq。

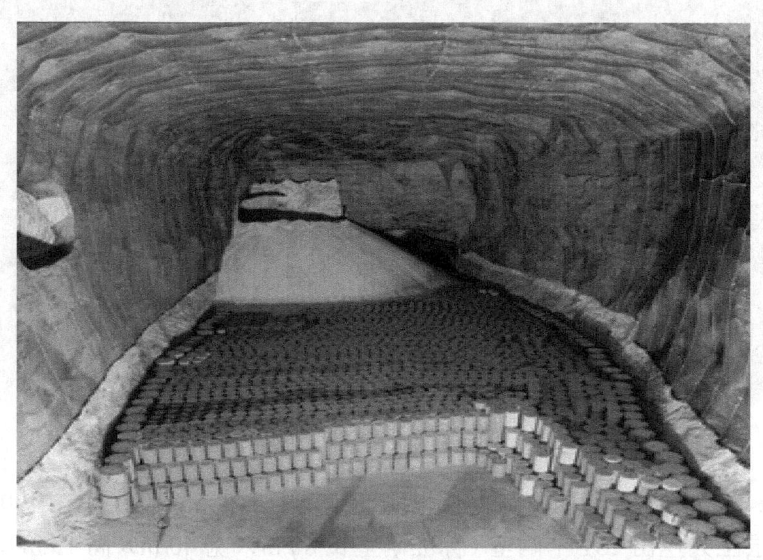

图 17.19　莫斯莱本处置库将低、中放废物处置于盐硐中

莫斯莱本处置库终止处置废物后，发现盐丘稳定性变差，因为废物处置只使用了莫斯莱本盐矿的部分空穴，处置库可能会出现塌陷。2003 年泵进坑中 48 万 m^3 盐-混凝土，稳定其上层，计划还要灌进 400 万 m^3 盐-混凝土，稳定其下层。

康拉德处置库位于下萨克森州，是一座废弃的干燥铁矿。1965～1976 年开采过 660 万 t 铁矿石。研究表明，在 800～1300 m 深层上可处置产热量可忽略（negligible heat）的放射性废物。已在 850 m 深层上建造了处置单元，许可处置的废物量 30.3 万 m^3，总 β 活度 10^{18} Bq，总 α 活度 10^{17} Bq。康拉德处置库经过 20 多年广泛调查研究、安全分析和评价，以及多次向公众公布展示情况和征询意见，2007 年 3 月 26 日获得国家许可，预期 2023 年投入使用。

17.3.2　国外高放废物（乏燃料、超铀废物）处置的开发研究

1. 国外高放废物（含乏燃料）处置研发现状[4]

自 20 世纪 60 年代以来，深地质处置已成为国际公认的高放废物安全处置方式。在过去的 50 多年里，在处置工程、选址和场址评价、处置化学、安全全过程

系统分析和评价等方面开展了大量研发工作，取得了长足进展。

世界上绝大多数国家拟采用深地质层处置高放废物（含乏燃料），各国拟选用的地质处置库围岩为花岗岩、凝灰岩、岩盐和黏土岩。目前，在处置库工程建设方面处于领先地位的是美国、芬兰、瑞典和法国。

1）美国

美国地质处置计划由能源部负责。一座用于处置军工超铀废物的深地质处置库，即废物隔离示范设施（WIPP），位于新墨西哥州卡尔斯巴德（Carlsbad）以东 48 km 处，它建在地下 600 m 深处的岩盐层，这里的地质结构的稳定期超过 2 亿年。于 1981 年开始建造，1999 年建成投入运行，这是世界上第一座深地质处置库，虽然它只用于处置超铀废物，但它对高放废物处置库的设计、建造和运行具有示范意义。图 17.20 和图 17.21 分别为 WIPP 处置库示意图和处置库内处置的超铀废物。

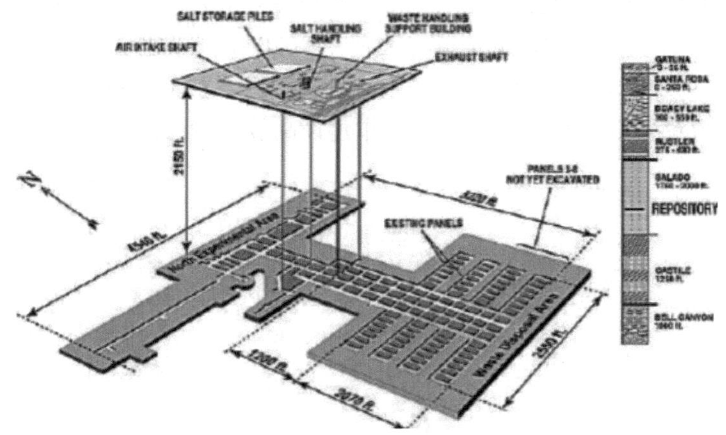

图 17.20　美国 WIPP 处置库示意图

图 17.21　美国 WIPP 处置库内处置的超铀废物

美国原计划在尤卡山建一座高放废物地质处置库，用于处置乏燃料和高放玻璃固化体。该处置库选址在内华达州，围岩为凝灰岩，2002 年得到了国会和总统的批准。奥巴马上台后，2010 年下令停止了尤卡山项目。现在，美国并不放弃高放废物地质处置计划，美国计划重新选址，预计 2048 年建成高放废物地质处置库。

2）瑞典

SKB 为瑞典乏燃料处置的实施机构。瑞典从 1976 年开始处置技术研发，1995 年建设了世界著名的 Aspo 大型地下实验室。瑞典采取乏燃料直接深地质处置的技术路线，处置库拟建在 Forsmark 核电站附近的地下 500 m 左右深的花岗岩基岩之中，这里地质结构稳定，已有长达 19 亿年的历史。处置库设计处置容量为 1.2 万 t 乏燃料，采用 KBS-3 型多重屏障系统（图 17.22），乏燃料置于 5 cm 厚的纯铜罐中，由缓冲材料膨润土充填作为工程屏障。2009 年 6 月瑞典政府批准了 Forsmark 场址。2011 年递交处置库建造申请，计划在 2020 年开工建设，建设周期约为 10 年。瑞典在 1972 年第一座核电站建设发电时，就已要求上缴资金预留用于废物管理，目前已筹集 450 亿克朗的基金，用作建设高放处置库的资金。

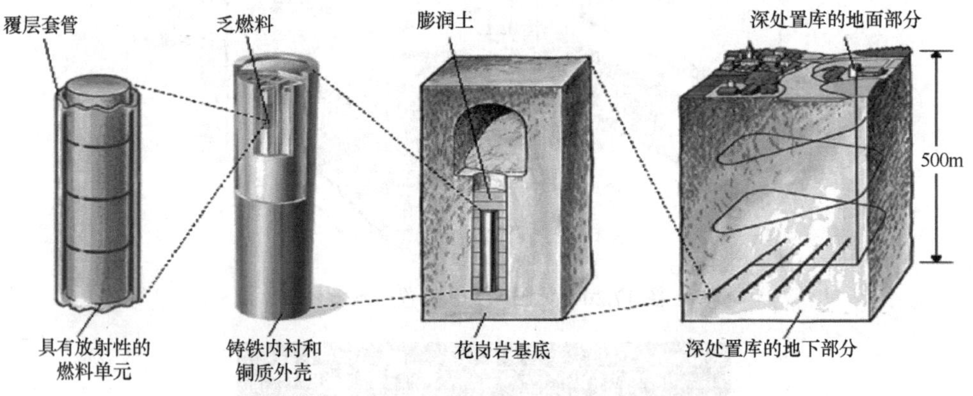

图 17.22　瑞典乏燃料处置多重屏障系统示意图

3）芬兰

芬兰有 2 座核电站（4 台机组），核电占总发电量的 32%。预计需处置的乏燃料为 6500 t。由两个核电站共同出资成立的 Posiva 公司为乏燃料最终处置的实施机构。2004 年，芬兰在 Olkiluoto 开始建设了 ONKALO 地下实验室。与瑞典一样，芬兰也采取乏燃料直接深地质处置的技术路线，采用瑞典提出的 KBS-3 型多重屏障系统，处置库拟建在深 500 m 左右的花岗岩基岩之中（图 17.23）。

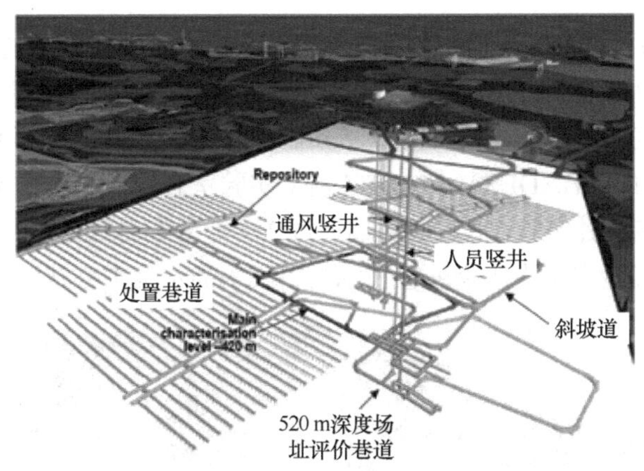

图 17.23　芬兰乏燃料地质处置库示意图

据估算，芬兰乏燃料最终处置库的总费用为 15 亿欧元（2003 年数据），其中研究开发费用为 2.5 亿欧元。处置费用来自电费，据报道，所需的费用已筹集完毕。2001 年 5 月，芬兰政府批准 Olkiluoto 核电站附近的乏燃料最终处置库场址。2015 年 11 月，芬兰政府为处置库颁发了许可证，预期 2023 年建成并投入运行，这将成为全世界首座高放废物地质处置库。

4）法国

法国国家放射性废物处置机构（ANDRA）负责高放废物处置研发工作。法国采取深地质处置技术路线，选址工作始于 20 世纪 80 年代，2004 年建成地下实验室。2010 年法国启动了地质处置库计划，已经确定 Meuse/Haute Marne 黏土岩场址，经过 2013 年的公开论证之后，ANDRA 于 2017 年提交处置库建设申请，预期 2019 年之前获得处置库建造许可，2025 年建成处置库，2029 年开始运行。法国预计到 2040 年将有 $5.0\times10^3\ m^3$ 的高放废物玻璃固化体和 $8.3\times10^4\ m^3$ 的超铀废物需要深地质处置。

5）瑞士

瑞士有 5 台核电机组在运行，乏燃料总量将达到 3000 t，确定采取深地质处置技术路线。处置库围岩似选花岗岩或黏土岩，已建有 2 个地下实验室：位于花岗岩中的 Grimsel 地下实验室和位于黏土岩中的 Mont Terri 地下实验室，大量的现场试验正在进行。瑞士深地质处置工作由核废物处置机构（Nagra）负责。

6）比利时

尽管比利时目前尚未公布高放废物（乏燃料）的地质处置规划，但它是在欧洲最早开始建设地下实验室的国家。比利时选择黏土岩作为地质处置库的围岩，从1980年开始，比利时就在莫尔（Mol）地下225 m深处的黏土层中建造了地下实验室："高放废物处置实验场"（HADES）。HADES地下实验室有一条长150 m、直径3.5 m的主坑道，用于开展各种实验，主坑道两端通过2个竖井与地面连通（图17.24）。IAEA将HADES地下实验室定为废物处置技术与科学培训示范中心（COE）。

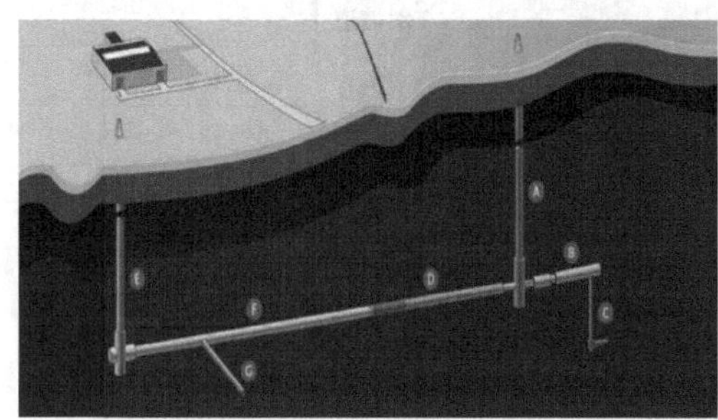

图17.24 比利时HADES地下实验室

7）加拿大

加拿大预计产生6.0×10^3 t乏燃料，加拿大用CANDU型堆，以天然铀作燃料，乏燃料不作后处理直接处置。加拿大核废物管理机构（NWMO）负责乏燃料处置的研发工作。2004年6月 NWMO公布了3种长期管理的概念设计方案供公开评议：反应堆场区储存方案、中央区扩展储存方案和深地质最终处置方案（考虑可回取性）。NWMO将根据公开评议的结果向加拿大政府提供乏燃料长期管理的建议。

8）日本

日本实施乏燃料后处理路线和深地质处置方案。2000年成立了"高放废物地质处置实施机构"（NUMO），负责具体的选址和建库工作。该机构于2002年启动了高放废物处置库的选址工作，向日本3239个社区征集志愿建库场址。但是，至今收效甚微，尚无一地献址。

日本从2000年开始，已建造2个地下实验室，即瑞浪（Mizunami）和幌延（Horonobe）竖井+平巷型地下实验室（图17.25）。前者位于地下1000 m的花岗岩中，后者位于地下 500 m 的沉积岩中，研究花岗岩和沉积岩处置高放废物的适宜性。

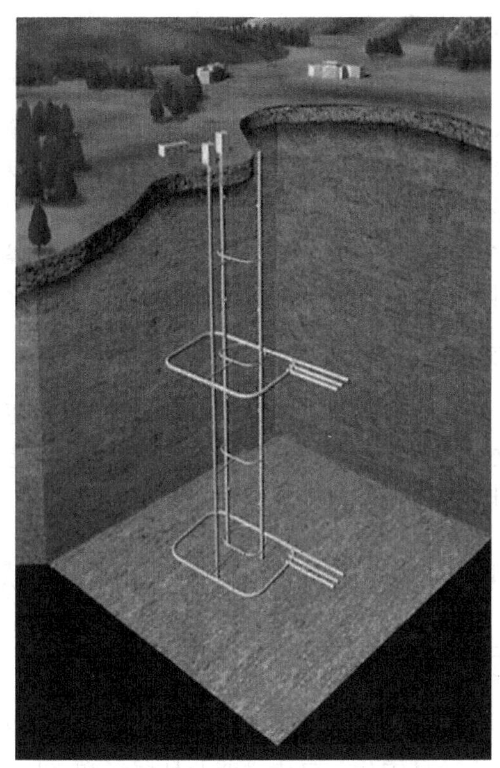

图 17.25　日本幌延地下实验室

2. 国外高放废物处置研发的经验[4-7]

1）坚持国家主导和公众参与

由于高放废物的敏感性，高放废物深地质处置库不仅是一项高科技系统工程，而且是一项政治和社会关注的工程。世界各国都由国家主导，在国家层面上进行决策和推进。国际经验表明，公众的理解和支持是高放废物处置库选址和建造成功的关键，必须有公众和地方政府的参与。

2）重视法规体系和管理体制的建设

多数国家高放废物立法和管理体制共同的特征是：①制定完备的法规标准，严格依法掌控高放废物管理活动；②构建完善的管理体制和运行机制，包括执行、审管、监督、资金管理、咨询等。政府在决策和制订计划上起决定性作用；执行机构起着带领和组织实施的作用。

3）预筹资金和管好经费

国际实践表明，完善的筹资机制和经费管理措施是高放废物地质处置研究开发不可少的条件。根据“废物产生者付费”的原则，多数国家都要求废物产生者提供废物处置的经费。国际上筹资机制主要有两种：基金制和储备金制。计价方式有两种：在核电电价中征收（以每千瓦时计价）；按废物量（重量或体积）计价。各国由政府负责制定（或审批）资金的计价和管理规则，通常采用低风险的方式管理基金，如注入国家账户、投资国债等使其保值增值。

4）拥有先进研究设施和强力研发队伍

高放废物安全处置需要有强技术能力作保证。北美和西欧各国对处置技术的开发极为重视，建立了较为完善的地面及地下研究设施，配置强力的研究开发队伍，并开展广泛的国际合作。

17.4 国内放射性废物处置开展状况

17.4.1 国内低、中放废物处置

从 20 世纪 80 年代以来，我国已分别在西北、华南、华东和西南等地区进行了低、中放废物处置场选址工作。已建成西北处置场和飞凤山处置场，主要为处置军工核燃料循环工业的运行和退役废物服务。

西北处置场位于玉门市西北 50 km 的戈壁滩上，规划处置容量为 20 万 m^3，一期设计处置容量为 6 万 m^3，首批建设处置容量为 2 万 m^3。1995 年动工建设，1998 年建成首批工程，同年投入试运行。西北处置场属于坟丘式结构，处置单元建于地表以下 7 m 地坑内。处置单元为钢筋混凝土结构，处置满后，进行封顶，覆盖 5 m 以上 6 层砂、石、土不同结构的覆盖层，并恢复地貌。

飞凤山处置场位于四川广元，也属于近地表处置场，总容量 12 万 m^3，第一期工程容量为 4 万 m^3。飞凤山处置场所在区域多山地，降水较多，处置单元建在平整后的山腰上，处置单元为钢筋混凝土结构，处置单元顶部设有挡雨仓房。考虑到四川地区地震较多，特对处置单元周围的边坡进行了加固。处置单元填满后进行封顶覆盖，恢复地貌。

广东大亚湾曾建过北龙处置库，现在仅作废物贮存库在使用。

17.4.2 国内高放废物处置技术开发状况[4-8]

国内高放废物（α废物）处置技术的开发可分为三个阶段。

1. 1985～2000 年期间，研究起步阶段

这一阶段开展对国外高放废物地质处置的跟踪调研、对我国高放废物地质处置的规划研究、处置场址区域筛选和一些基础性研究等。研究队伍小、研究设施缺乏、研究经费少，因此研究成果有限，但对人才培养、后续工作的开展起到了重要的作用。

2. 2001～2010 年期间，稳步发展阶段

这一阶段国家颁布了《中华人民共和国放射性污染防治法》和《放射性废物管理条例》。对高放废物地质处置，发布了《高放废物地质处置研究开发指南》。

在选址和场址评价方面，开展了处置库场址的区域比选，并在甘肃北山开展了以钻孔为主的场址评价工作，确定了甘肃北山为首选预选区，还在新疆、内蒙古开展了选址和场址钻探工作，开展了黏土岩场址的筛选。

在工程屏障方面，确定了高庙子膨润土为首选缓冲回填材料。在工程设计方面，提出了高放废物处置库的概念设计。

在核素迁移方面，开展了一批关键核素在甘肃北山花岗岩和内蒙古高庙子膨润土中迁移行为研究。

在安全评价方面，引进了一批安全评价软件，以甘肃北山为参考场址，开展了安全评价初步研究。

高放废物地质处置的研究，除了中核集团的 5 家院所外，一批中国科学院的院所、大学也承担了研发项目，科研队伍壮大。

3. 2011 年至今，地下实验室规划取得进展

在总体规划方面，明确了地下实验室的建设目标，提出我国地下实验室的总体定位是：建设在特定场区（处置库重点预选区）有代表性的花岗岩中 500 m 深度左右、功能较为完备、具有扩展功能的国际先进水平的科研设施和平台（“特定场区型”地下实验室），为高放废物地质处置研究开发和场址评价服务。

在处置库场址筛选方面，加大了对甘肃北山预选区的场址评价工作，至 2015 年底已经在甘肃北山完成了 27 个钻孔。同时，还在新疆、内蒙古筛选出 6 个预选地段，并开展了初勘。

在工程屏障方面，建立了膨润土研究大型实验台架，加大了膨润土的工程性能研究。

在地下实验室设计方面，启动了地下实验室安全技术研究和地下实验室前期工程科研两个项目，制定了地下实验室选址准则。2016 年 3 月，确定甘肃北山新场为地下实验室场址，上报“地下实验室”立项建议书。此外，还在甘肃北山建设了“北山坑探设施”，用于地下实验室安全技术研究。

在国际合作方面，与 IAEA 和欧盟合作研究及双边（如中法、中德、中比、中日等）合作的项目很多，与法国、瑞典、芬兰、德国、日本、美国等多个国家签署了合作备忘录。重点开展地下实验室选址和设计，膨润土特性研究，花岗岩高温蠕变研究等许多关键技术的研究。在过去的十多年中，我国派出许多科研人员参观考察了瑞典的 Aspo、芬兰的 ONKALO、法国的 Meuse/Haute Marne、瑞士的 Grimsel 和 Mont Terri、美国尤卡山等地下实验室。IAEA、美国、法国等十几个国际组织和国家的官员及专家 200 多人先后来我国交流和考察了高放废物的处置。这许多合作交流活动为我国建设地下实验室、掌握高放废物地质处置技术打下了基础。

17.5 存在问题与建议方案

放射性废物的安全处置是事关环境安全和子孙后代健康的国家大事和千秋大业。《中华人民共和国放射性污染防治法》对低、中放废物与高放废物的处置作了规定。2017 年发布的《中华人民共和国核安全法》对低、中放废物与高放废物的处置重作了规定，明确指出：低、中水平放射性废物在国家规定的符合核安全要求的场所实行近地表或者中等深度处置。高水平放射性废物实行集中深地质处置，由国务院指定的单位专营。

目前，我国在用的低、中放废物的处置库有 2 个，军工低、中放废物的处置场所基本落实；核电运行产生的低、中放废物的处置库迟迟建不起来，有些核电站已经出现了临时贮存库超期服役带来的安全隐患；对于高放废物的处置，虽然 2006 年制订的发展战略规划指南计划 2020 年建成地下实验室，但目标要延迟，正在奋力推进。

17.5.1 低、中放废物的处置

早在 1985 年，国务院就做出了低、中放废物的临时贮存不超过 5 年的规定，

但现在许多核设施中的废物贮存已远超过 5 年。有些装废物的金属桶已经有腐蚀，出现放射性物质泄漏，存在安全隐患，急需进行处置。

我国西北处置库 1998 年建成，规划处置容量 20 万 m^3，首期工程 6 万 m^3。飞凤山处置库 2012 年建成，规划处置容量 12 万 m^3，首期工程 4 万 m^3。西北处置库和飞凤山处置库主要为军工低、中放废物的处置服务，解决军工遗留废物和核燃料循环废物，包括它们的退役废物，处置任务已很重。

我国核电建设发展很快，现在全国已有 40 个核电机组在运行。我国第一座核电站秦山一期自 1991 年开始运行以来，许多运行废物都还贮存在现场的废物贮存库中，其安全性令人担忧。

我国的核电站现都位于潮湿多雨的濒海地区，废物多存放在薄壁碳钢桶中，这些废物盼望早日转移到废物处置库中，“入土为安”颇为迫切。

此外，我国各省、市和自治区都已建立了核技术利用废物贮存库（俗称“城市放射性废物库”），按生态环境部的建库标准，这些废物库中贮存的废物，有一些是不能衰减到安全水平的废物，它们是要转移到废物处置库去的，现在，它们所要转移的场所或去处并未落实。

建议措施：

（1）统筹兼顾，做好顶层设计。

在新形势下，需要统筹兼顾核电发展、燃料循环产业与核军工生产，做好低、中放废物处置场建设的顶层设计。我国核电中长期发展规划对核电站有了布局，但对核电废物的处置无具体规划，应尽快出台总体规划，合理布局全国低、中放废物处置库的建设。

我国幅员辽阔，核设施产生的低、中放废物，不可能集中送到一两个地方去进行处置，但也不能过于分散，处置场地遍地散花。“捆绑式发展”不等于一个核电站建一个废物处置场（库）。采取就近和相对集中处置的原则，如一个核电大省建一个处置场（库）或两三个核电小省建处置场（库）协作区，这是可取的模式，可以降低废物的运输费用、减少安全风险和有利于协调管理。

（2）强化管理，完善管理体制和运行机制。

放射性废物的安全处置属于国家职责，必须坚持政府主导，由政府主管部门（如国防科工局）全权负责，授权有资质的单位负责处置场（库）的选址、建设、运行、关闭和关闭后的监管，由环保部门负责对处置库运行期间及其关闭后监控期内的辐射安全监督。

现在，国家国防科工局和生态环境部专职负责废物处置场的工作人员太少，应接不暇。国际上，法国、英国、瑞典、韩国、西班牙、比利时等许多国家都设有负责放射性废物处置场（库）选址、建设、运行、关闭的机构，建立明确的责任主体，职责分明，专抓共管，砥砺推进，这个经验值得借鉴。

（3）因地制宜选好场址，做好安全全过程系统分析与安全评价。

国际经验表明，低、中放废物处置场有多种构筑形式。我国地域广阔，场址选择可按因地制宜的原则，不求一律。例如，我国西北地区，地广人稀，比较适宜采用"坟丘式"近地表处置；南方地区多山地丘陵，人口稠密，土地资源紧张，比较适宜采用"岩洞式"处置方式。具体的处置方案，应视处置库当地的地质、水文地质、工程难度和工程造价等综合因素而定。

低、中放废物处置场的选址，首要考虑的因素是地质和水文地质条件，应高度重视避水、防水、泄水和排水，应做好安全全过程系统分析与安全评价。

（4）加速推进中等深度处置库的建设。

对于一些长寿核素，如 C14、Ni59、Nb94、Tc99、I125、Ra226、Pu241、Cm242等，隔离 300～500 年后，基本还保持着原来的活度浓度和总活度。

IAEA 近年发布的几个文件，如《放射性废物分类》（GSG—1，2009 年）、《放射性废物处置》（SSR—5 ，2011 年）、《放射性废物处置的安全全过程系统分析与安全评价》（SSG—23，2012 年）、《放射性废物近地表处置设施》（SSG—29，2014 年）等，都提出含长寿命核素多的低、中放废物不能用近地表处置，需要采取中等深度处置。

在我国，甘肃和四川两个生产堆及原子能院重水堆退役，都有不少含 C14 石墨废物，我国有不少含镭废物和废中子源等。据不完全统计，我国这类长寿命核素的低、中放废物约有 1 万 m^3。这些废物不能混进普通的低、中放废物中用近地表处置，必须采取中等深度处置，加速推进中等深度处置库的建设不容忽视。国际上，美国和英国等国过去不合格处置的废物，现在要挖出来，重新分类包装处置的教训值得记取。

（5）管好经费筹措和使用。

军工低、中放废物处置的费用由政府承担，核电废物的处置费用由废物产生承担，这是世界共行的原则。

国际上，商业处置场的收费、支付和管理，各国有不同的做法，五花八门。我们要根据国情和地情，研究经费筹措和使用的办法。有一些国际经验是值得参考的，例如：①不同活度水平的废物应设不同收费标价，防止用掺混的办法减少付费；②制定处置场关闭后的监管费用由谁负担和提取留存的办法；③对外省（市、自治区）送来处置的废物增收差价补贴；④处置场尽可能创造条件修复运输造成的破损废物桶，避免回返之难，但应增收费用。

（6）扩大公众参与，获得公众信任和支持。

公众参与、公众信任和支持是成功建设低、中放废物处置库（场）的国际普遍经验。为了使公众了解、接受和支持处置库（场），国际有以下两条重要经验：

一是要加强科普宣传，包括组织参观、参加听证会等，使他们认识到采用多重屏障隔离措施，可以确保处置库（场）周围的公众健康和环境安全。

二是要采取各种切实措施，使处置库（场）的利益相关者感到处置库（场）的建设和运行与他们的切身利益挂钩，使他们确实得到了好处。

（7）节约利用处置库资源，重视废物最小化。

低、中放废物处置库（场）选址难，这是国际普遍情况，英国称，低、中放废物处置库（场）是国家宝贵的资源，这一看法已得到世界普遍的认同。用好处置库（场）这一宝贵资源，应该从以下两方面做起：

一是要科学规划，合理堆放废物，有效利用处置库的库容，特别是大件废物的放置，要周密计划，节约使用场地。

二是实现废物最小化，这是最根本，也是最重要的做法。废物最小化的措施很多，包括优化管理、减少源项、再循环再利用、减容处理等，使废物产生量以及废物活度可合理达到最小。现在，我国年固体废物产生量超过 100 m^3 的核电机组还不少，离实现单台机组年固体废物产生量 50 m^3 的目标还有很大差距，这是必须正视的短板，必须努力跟进赶上。

（8）加强铀矿冶废物的管理。

铀矿冶废物量大，历史旧账多，铀矿冶废物的治理，在许多国家都堪称难题。我国铀矿冶废物分布甚广，管理标准不完善，处理处置技术需要改进和提高，为适应新形势下环境保护的要求，需要开展的研究项目很多，例如：铀矿冶尾矿（渣）矿井处置的环境影响研究，矿井处置的地下水影响研究，地浸采矿地下水修复技术的研究，尾矿库和废石堆高效覆盖材料研究，换土治理修复的成本和效率研究等。

17.5.2 高放废物（包括乏燃料和α废物）的处置[8]

建造国家高放废物处置库，是一项涉及众多学科和技术的系统工程，从选址到建成处置库，需要 40～50 年甚至更长时间，需要分若干阶段稳步推进。

（1）应设立管理高放废物处置研发的责任主体单位。

国际经验指出，高放废物处置库建设每个阶段需要做许多重要的决策，需要在政府部门设一机构，负责国家层面的领导，并确定一个责任主体单位，对项目实施具体领导，使我国高放废物（包括乏燃料和 α 废物）的处置工程统筹规划、协调发展、分步决策、循序渐进。

（2）加快建成高放废物处置地下实验室。

地下实验室是在处置环境下研究高放废物地质处置的必不可少的平台。利用地下实验室，可开展一系列处置库工程技术研究，优化处置库设计方案；开展场址详细特性评价，为处置库的设计和最终建造提供场址的详细数据；开展现场条件下的核素化学行为和迁移等研究；开展安全评价研究，提供处置库设计和建造阶段的安全评价报告；开展综合试验研究，综合评价各领域技术成果的适用性和不确定度。

国外已建成26个地下实验室，为了提升我国高放废物地质处置研究能力和条件保障能力，必须加快建设地下实验室。早先计划2020年建成，现在已有迟延，我们要砥砺奋进，争取2023年建成地下实验室。

参考文献

[1] 罗上庚. 放射性废物处理与处置. 北京：中国环境科学出版社, 2006.
[2] 张志银, 严沧生, 黄来喜. 核电厂放射性废物最小化. 北京：中国原子能出版社, 2013.
[3] 罗上庚, 张振涛, 张华. 核设施与辐射设施的退役. 北京：中国环境科学出版社, 2010.
[4] IAEA. Disposal of radioactive waste: Specific safety requirements. IAEA safety standards series No. SSR-5[R], Vienna, 2011.
[5] 王驹, 范显华, 徐国庆, 等. 中国高放废物地质处置十年进展. 北京：原子能出版社, 2004.
[6] 张华祝. 中国高放废物地质处置：现状和展望. 铀矿地质, 2004, 20(4): 193-195.
[7] 潘自强, 钱七虎. 我国高放废物地质处置战略研究. 北京：原子能出版社, 2009.
[8] 王驹. 新世纪中国高放废物地质处置. 北京：中国原子能出版社, 2017.